AF356894

ENCYCLOPÉDIE AGRICOLE

Publiée sous la direction de G. WERY

Couronnée par l'Académie des Sciences morales et politiques
et par la Société nationale d'agriculture

G. COUPAN

MACHINES DE RÉCOLTE

Encyclopédie Agricole

ENCYCLOPÉDIE AGRICOLE
Publiée par une réunion d'Ingénieurs agronomes
SOUS LA DIRECTION DE G. WERY

MACHINES DE RÉCOLTE

PAR

Gaston COUPAN

INGÉNIEUR AGRONOME
CHEF DES TRAVAUX DE GÉNIE RURAL A L'INSTITUT NATIONAL AGRONOMIQUE

Introduction par le D* *P. REGNARD*

DIRECTEUR DE L'INSTITUT NATIONAL AGRONOMIQUE

Avec 327 figures et 41 tableaux intercalés dans le texte.

3ᵉ mille

PARIS

LIBRAIRIE J.-B. BAILLIÈRE ET FILS

19, rue Hautefeuille, près du Boulevard Saint-Germain

1913

L'Institut National Agronomique.

INTRODUCTION

Si les choses se passaient en toute justice, ce n'est pas moi qui devrais signer cette préface.

L'honneur en reviendrait plus naturellement à l'un de mes deux éminents prédécesseurs :

A Eugène TISSERAND, que nous devons considérer comme le véritable créateur en France de l'enseignement supérieur de l'agriculture : n'est-ce pas lui qui, pendant de longues années, a pesé de toute sa valeur scientifique sur nos gouvernements et obtenu qu'il fût créé à Paris un Institut agronomique comparable à ceux dont nos voisins se montraient fiers depuis déjà longtemps ?

Eugène RISLER, lui aussi, aurait dû, plutôt que moi,

présenter au public agricole ses anciens élèves devenus des maîtres. Près de douze cents ingénieurs agronomes, répandus sur le territoire français, ont été façonnés par lui; il est aujourd'hui notre vénéré doyen, et je me souviens toujours avec douce reconnaissance du jour où j'ai débuté sous ses ordres et de celui, proche encore, où il m'a désigné pour être son successeur (1).

Mais, puisque les éditeurs de cette collection ont voulu que ce fût le directeur en exercice de l'Institut agronomique qui présentât aux lecteurs la nouvelle *Encyclopédie*, je vais tâcher de dire brièvement dans quel esprit elle a été conçue.

Des Ingénieurs agronomes, presque tous professeurs d'agriculture, tous anciens élèves de l'Institut national agronomique, se sont donné la mission de résumer, dans une série de volumes, les connaissances pratiques absolument nécessaires aujourd'hui pour la culture rationnelle du sol. Ils ont choisi pour distribuer, régler et diriger la besogne de chacun, Georges WÉRY, que j'ai le plaisir et la chance d'avoir pour collaborateur et pour ami.

L'idée directrice de l'œuvre commune a été celle-ci : extraire de notre enseignement supérieur la partie immédiatement utilisable par l'exploitant du domaine rural et faire connaître du même coup à celui-ci les données scientifiques définitivement acquises sur lesquelles la pratique actuelle est basée.

Ce ne sont pas de simples Manuels, des Formulaires irraisonnés que nous offrons aux cultivateurs ; ce sont de brefs Traités, dans lesquels les résultats incontestables sont mis en évidence, à côté des bases scientifiques qui ont permis de les assurer.

Je voudrais qu'on puisse dire qu'ils représentent le véri-

<hr>

1) Depuis que ces lignes ont été écrites, nous avons eu la douleur de perdre notre éminent maître, M. Risler, décédé, le 6 août 1905, à Calèves (Suisse). Nous tenons à exprimer ici les regrets profonds que nous cause cette perte. M. Eugène Risler laisse dans la science agronomique une œuvre impérissable.

table esprit de notre Institut, avec cette restriction qu'ils ne doivent ni ne peuvent contenir les discussions, les erreurs de route, les rectifications qui ont fini par établir la vérité telle qu'elle est, toutes choses que l'on développe longuement dans notre enseignement, puisque nous ne devons pas seulement faire des praticiens, mais former aussi des intelligences élevées, capables de faire avancer la science au laboratoire et sur le domaine.

Je conseille donc la lecture de ces petits volumes à nos anciens élèves, qui y retrouveront la trace de leur première éducation agricole.

Je la conseille aussi à leurs jeunes camarades actuels, qui trouveront là, condensées en un court espace, bien des notions qui pourront leur servir dans leurs études.

J'imagine que les élèves de nos Écoles nationales d'agriculture pourront y trouver quelque profit et que ceux des Écoles pratiques devront aussi les consulter utilement.

Enfin c'est au grand public agricole, aux cultivateurs, que je les offre avec confiance. Ils nous diront, après les avoir parcourus, si, comme on l'a quelquefois prétendu, l'enseignement supérieur agronomique est exclusif de tout esprit pratique. Cette critique, usée, disparaîtra définitivement, je l'espère. Elle n'a d'ailleurs jamais été accueillie par nos rivaux d'Allemagne et d'Angleterre, qui ont si magnifiquement développé chez eux l'enseignement supérieur de l'agriculture.

Successivement, nous mettons sous les yeux du lecteur des volumes qui traitent du sol et des façons qu'il doit subir, de sa nature chimique, de la manière de la corriger ou de la compléter, des plantes comestibles ou industrielles qu'on peut lui faire produire, des animaux qu'il peut nourrir, de ceux qui lui nuisent.

Nous étudions les manipulations et les transformations que subissent, par notre industrie, les produits de la terre :

la vinification, la distillerie, la panification, la fabrication des sucres, des beurres, des fromages.

Nous terminons en nous occupant des lois sociales qui régissent la possession et l'exploitation de la propriété rurale.

Nous avons le ferme espoir que les agriculteurs feront un bon accueil à l'œuvre que nous leur offrons.

Dʳ PAUL REGNARD,
Membre de la Société nationale
d'Agriculture de France,
Directeur de l'Institut National
Agronomique.

Cours de M. Regnard à l'Institut National Agronomique

PRÉFACE

La diminution progressive et les exigences croissantes du personnel presque exclusivement chargé, jusqu'à ces dernières années, de l'exécution des travaux agricoles obligent les agriculteurs à donner, au matériel mécanique destiné à remplacer les ouvriers disparus, autant d'attention qu'aux autres facteurs qui lui assurent une production intensive et économique. L'homme est le plus coûteux de tous les moteurs ; il n'est capable, en outre, que d'efforts peu intenses en comparaison de ceux que produisent les animaux de trait et, *a fortiori*, les machines motrices inanimées ; mais, en revanche, il est doué d'intelligence, et, par suite, son rôle apparaît, de plus en plus, en Agriculture aussi bien qu'en Industrie, comme devant être de diriger les puissances intelligentes qu'il a sous sa domination.

Nous avons longuement exposé, dans d'autres volumes de l'ENCYCLOPÉDIE AGRICOLE, l'intérêt qu'a l'Agriculteur à faire usage de machines bien construites, établies de façon à utiliser surtout les moteurs qui fournissent l'énergie au taux le moins élevé et à n'exiger de l'homme qu'un effort très restreint. Nous n'insisterons donc pas davantage sur ces considérations, et nous nous bornerons à signaler leur importance toute particulière pour des façons qui, comme les travaux de récolte proprement dits, doivent souvent être accomplis très rapidement, et parfois dans des conditions défavorables.

La multiplicité des types, parmi les machines offertes aux Agriculteurs pour l'exécution d'un ouvrage déterminé, est toujours considérable ; mais si l'on a de quoi choisir, la fixation judicieuse du choix n'est pas facile, au moins dans d'assez nombreux cas. Pour le matériel étudié dans le présent volume, la complication apparente de certains mécanismes, la presque impossibilité de suivre le fonctionnement d'organes que la nécessité de les protéger rend peu visibles, rebutent parfois l'acheteur ; les catalogues, malgré le luxe d'illustrations auquel, sous l'effet d'une concurrence active, les constructeurs se sont livrés, ne renseignent qu'imparfaitement, et l'on ne saurait exiger de ceux qui les éditent une impartialité absolue.

Aussi avons-nous cherché, en rédigeant ce petit traité, à atteindre un double but : exposer, aussi simplement que possible, le principe même de chaque catégorie de machines et le mode de fonctionnement des organes les plus importants; rappeler les bases, résultant d'expériences longuement poursuivies ou de recherches d'ordre scientifique, sur lesquelles l'appréciation des divers mécanismes peut être fondée.

Sous le titre très général de Machines de Récolte, nous présentons aujourd'hui au public agricole une étude des principaux instruments qui sont employés dans nos exploitations depuis le moment où, les plantes ayant achevé l'évolution prévue, il est nécessaire de les séparer du sol, en totalité ou en partie, c'est-à-dire depuis la récolte proprement dite, jusqu'au moment où doivent être pratiqués les traitements qu'il y a avantage à faire subir, dans la ferme même, aux produits du sol, soit pour les livrer au commerce ou à l'industrie, soit pour les faire consommer par le personnel ou par les animaux.

En conséquence, nos Machines de Récolte sont divisées en trois parties.

La première a comme objet les *machines pour la récolte des fourrages et des céréales* : après quelques lignes consacrées aux instruments à bras, faucille, faux et sape, nous y abordons l'étude des machines destinées à couper, faner, ramasser, mettre en meules et engranger les fourrages ; nous y passons en revue les faucheuses mécaniques, les faneuses, les râteaux à cheval, sans négliger les machines récemment introduites en France, comme les vire-andains et les râteaux à décharge latérale, ni le matériel, peu connu de nos compatriotes, pour l'enlèvement rapide des foins : ramasseurs et chargeurs de fourrages, machines à confectionner les meules, engrangeurs, etc. Vient ensuite la récolte des céréales, que nous avons réunie à celle des fourrages dans un même chapitre, en raison des analogies que présentent, au moins sous le rapport des organes de coupe, les faucheuses et les moissonneuses. Nous examinons en premier lieu l'adaptation des faucheuses aux travaux de moisson, puis les machines spéciales, moissonneuses-javeleuses et moissonneuses-lieuses. Pour ces deux dernières catégories d'instruments, nous nous sommes efforcé d'indiquer d'une manière aussi claire que possible, et en complétant notre exposé par de nombreux schémas, composés et exécutés par nous, le fonctionnement des organes qui, comme celui des pièces de javelage automatique ou des noueurs de lieuses, est d'une compréhension un peu délicate.

Nous donnons, en terminant, l'énumération des moissonneuses et des lieuses diverses.

L'arrachage des récoltes enterrées, tubercules et racines, com-

prenant l'étude des arracheurs de pommes de terre, de betteraves, etc., est traité dans la deuxième partie.

La troisième est réservée à la *préparation des récoltes*: elle est divisée en plusieurs chapitres, où sont examinés, successivement, l'égrenage des céréales, celui des légumineuses fourragères et celui du maïs, le nettoyage, la classification, l'aplatissage, le concassage des grains et, accessoirement, leur transformation en farine et la confection du pain; viennent ensuite le travail des fourrages, comprenant leur bottelage, leur compression et leur division, puis le nettoyage et la division des racines et des tubercules, la fragmentation des aliments très durs et la préparation de certains mélanges alimentaires. Nous rencontrons notamment, dans cette troisième partie : les machines à battre; les tarares ; les cribleurs, trieurs et sélectionneurs ; les aplatisseurs, les concasseurs, les moulins et les pétrins ; les presses à fourrages, les hache-paille, les broyeurs d'aliments ligneux ; les nettoyeurs et les laveurs de tubercules et de racines; les coupe-racines, les cuiseurs et broyeurs de tubercules ; les brise-tourteaux : les mélangeurs de mélasse, etc.

Nous avons adopté, cette fois encore, pour passer en revue ces différentes machines, l'ordre logique de leur succession dans les travaux agricoles, et nous avons suivi, comme dans nos précédents ouvrages, la méthode employée par notre savant maître, M. Maximilien Ringelmann, membre de la Société nationale d'Agriculture, Directeur de la Station d'Essais de Machines, dans le cours de Génie rural qu'il professe à l'Institut national Agronomique. Nous nous sommes borné, au lieu de rédiger un traité descriptif qui ne pourrait avoir qu'une valeur d'actualité, bien relative, du reste, étant données ses dimensions, à étudier séparément, dans chaque catégorie d'instruments, les organes spéciaux qui, réunis, constituent les diverses machines; nous avons essayé d'indiquer, pour chacun d'eux, les dispositifs qui peuvent être considérés, dans leur ensemble, comme recommandables ou condamnables *a priori*. Nous espérons d'autant mieux avoir réussi à fournir aux agriculteurs les éléments d'appréciation rationnelle du matériel rural que nous avons fait suivre, dans chaque chapitre, l'étude analytique proprement dite de tableaux résumant les résultats d'expériences pratiques et d'essais dynamométriques exécutés, presque tous, par M. Ringelmann avec une haute précision scientifique et dans des conditions très variées. Nous avons eu, en outre, la bonne fortune de pouvoir reproduire *in extenso* les remarquables rapports de M. Ringelmann sur les essais de faucheuses et de moissonneuses qu'il exécuta à Tulle et à Noisiel; l'examen de ces documents fondamentaux fera voir à nos lecteurs quelle sûreté de méthode, quelle conscience scientifique président aux recherches de l'éminent professeur, et quel parti les praticiens peuvent tirer de semblables travaux. Que M. Ringelmann veuille bien agréer ici l'expression sincère de la vive reconnaissance et du profond dévouement de son ancien élève, devenu son collaborateur et resté son fidèle disciple.

Les Machines de Récolte sont, en quelque sorte, la suite naturelle des Moteurs Agricoles et des Machines de Culture déjà parus dans l'Encyclopédie agricole. Nous avons étudié, dans ces trois volumes, l'ensemble du matériel le plus habituellement mis en œuvre par les cultivateurs. Le nombre des machines examinées est considérable, et, néanmoins, il s'en faut de beaucoup qu'on puisse trouver dans nos différents ouvrages toutes celles qui existent actuellement, ou même qui sont utilisées en France. Il y a à cela plusieurs motifs. Tout d'abord, nos livres font partie d'une Encyclopédie, et, par suite, chaque auteur doit, pour éviter des répétitions regrettables, se limiter au cadre qui lui est indiqué ; nous n'avons donc décrit aucune des machines qui, comme les pressoirs, les séchoirs à fruits, les machines à traire, les défibreuses de textiles, les machines à désinfecter, etc., sont infiniment mieux à leur place dans les volumes, précédemment publiés ou déjà prévus, des sections de technologie, d'hygiène, etc., et peuvent y être l'objet de développements beaucoup plus importants que dans les nôtres. En second lieu, chargé d'un travail d'ensemble, nous avons cru devoir nous borner aux machines dont on fait usage, à peu près partout, sur toute l'étendue de notre territoire ; aussi avons-nous passé sous silence des machines qui, comme celles au moyen desquelles on arrache le chanvre ou fabrique des paillassons, ne sont que d'un emploi assez local. Enfin, pour ne pas trop dépasser le nombre de pages et de figures prévu, et néanmoins donner aux questions importantes le développement nécessaire nous avons sacrifié complétement certains appareils, soit que leur extrême simplicité ait pu nous dispenser de les examiner, soit que leur faible prix d'achat rende négligeables les conséquences d'une erreur de choix, ou encore que l'agriculteur puisse être mis à l'abri de mécomptes sérieux par suite de garanties spéciales : nous avons, ainsi, cru pouvoir supprimer, au moins pour le moment, la catégorie des appareils de pesage, la vérification obligatoire, par le service des poids et mesures, donnant une sécurité suffisante à l'acheteur.

Les machines pour l'élévation des eaux seront annexées à la deuxième édition de nos Moteurs Agricoles.

Il va sans dire que nous n'avons pas pu songer à aborder l'étude du matériel destiné aux exploitations coloniales.

Gaston Coupan.

MACHINES DE RÉCOLTE.

PREMIÈRE PARTIE

RÉCOLTE DES FOURRAGES ET DES CÉRÉALES

I. — MACHINES EMPLOYÉES A BRAS.

Ces machines sont en usage depuis fort longtemps. Certaines d'entre elles, comme les faucilles, ont été employées par l'homme probablement aussitôt qu'il connut le métal; on en trouve dans les stations de l'époque du bronze, et les peuplades dont la civilisation est peu avancée s'en servent presque exclusivement pour couper les céréales et les fourrages.

Faucille.

A l'heure actuelle, la faucille est employée d'une façon courante en petite culture, notamment pour la récolte des céréales semées sur billons; mais on la rencontre même dans les grandes exploitations, comme chez les simples particuliers, où elle sert à couper les petites quantités de fourrage frais destinées à la basse-cour.

C'est une lame généralement recourbée en forme de demi-cercle, pointue à l'une de ses extrémités et pourvue, à l'autre, d'une *soie* qui permet de la fixer dans une poignée en bois. Le bord concave de la lame est aminci en biseau tranchant; le plus souvent, l'une des faces du biseau est garnie de petites entailles un peu obliques au bord, tandis que l'autre face est lisse. Le tranchant se trouve ainsi pourvu d'un grand nombre de petites dents très aiguës, qui facilitent la coupe. On repasse les faucilles émoussées sur une meule, en ayant soin de n'user que le côté lisse ; les inégalités d'épaisseur résultant des entailles font que le tranchant reprend automatiquement la forme dentelée. Il existe aussi des faucilles dont les deux faces sont lisses ; elles sont moins employées que les autres.

Fig. 1. — Faucille type américain (Roffo et Cie).

Les dimensions et l'ouverture de la lame sont très variables suivant les régions et d'après l'usage auquel la faucille est destinée. Quand cette lame est presque rectiligne et très courte, l'instrument porte souvent le nom de *crochet* ; on l'appelle, au contraire, un *volant* quand la corde atteint de 40 à 50 centimètres. La longueur ordinaire des faucilles est de 20 à 30 centimètres.

Longtemps aux mains des taillandiers, la fabrication de ces instruments est devenue industrielle ; on fait maintenant des faucilles en acier embouti (fig. 1).

Faux.

Cette machine, employée par presque toutes les nations civilisées, semble dater de l'apogée de la puissance romaine. Elle consiste en une lame tranchante, placée obliquement à l'extrémité d'un manche souvent très long, et que l'ouvrier déplace sur le sol en la maintenant parallèle à ce dernier.

La lame est actuellement constituée par une tôle d'acier mince, emboutie, large de 7 à 12 centimètres en sa partie

médiane, et qu'une *queue* q permet de relier au manche
(fig. 2). A l'opposé du tranchant, elle est repliée du côté
concave de façon à for-
mer une *nervure dorsale n*.
Le tranchant t s'étend de
la pointe p au voisinage
de la queue ; lorsqu'il
présente, dans cette der-
nière région, un renfle-
ment t', on dit que la faux
est à *talon*.

Comme la faux, pen-
dant le travail, repose sur
le sol ou, du moins, sur le
feutre formé par les éteubles (1), l'emboutissage de
la lame, tout en augmen-
tant la résistance, diminue

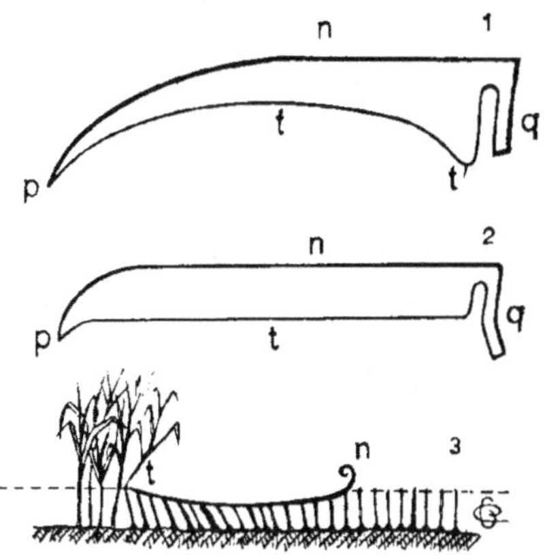

Fig. 2. — Types de lames de faux
avec talon (1) et sans talon (2).
— Section de la lame (3).

les chances d'avaries résultant de la rencontre d'une pierre ou
d'une taupinière. C'est, en effet, le côté convexe qui est placé
à la partie inférieure ; le tranchant est donc à l'extrémité
d'une partie oblique relevée qui permet à la faux de sauter
facilement par-dessus les obstacles peu importants.

La forme et les dimensions des lames sont très variables ;
on peut dire que, dans chaque région agricole, existe une faux
particulière, dont l'époque d'adoption est inconnue, et qui est
préférée à toute autre. Certaines faux, comme en Normandie,
sont grandes et fortement courbées ; d'autres sont courtes
et droites, etc.

Les manches des faux, terminés par une douille pour
éviter l'éclatement du bois, sont également très différents de
formes et de dimensions, suivant les régions. En général, ils
sont rectilignes ou légèrement contournés ; quelquefois, cependant, ils sont recourbés en crosse à l'extrémité opposée à la

---

(1) On appelle *éteuble*, *éteule* ou encore *esteuble*, le chaume qui reste sur le sol
après la moisson ; pour plus de simplicité, et à défaut d'un vocable spécial, nous
avons employé ce terme pour désigner la partie du fourrage qui reste en relation
avec les racines.

lame. Pour faciliter la manœuvre, le manche est garni d'une ou de deux poignées en bois, engagées dans des mortaises ou, ce qui est préférable, maintenues par des douilles et serrées par des coins. Quelquefois, lorsque le manche est court, une béquille terminale remplace l'une des poignées.

La faux est une véritable machine de précision, que l'ouvrier doit régler en fonction de sa taille et de sa vigueur corporelle. Il ne faut pas qu'elle pique en terre, et dans ce but la pointe doit être, par rapport au manche, un peu plus haute

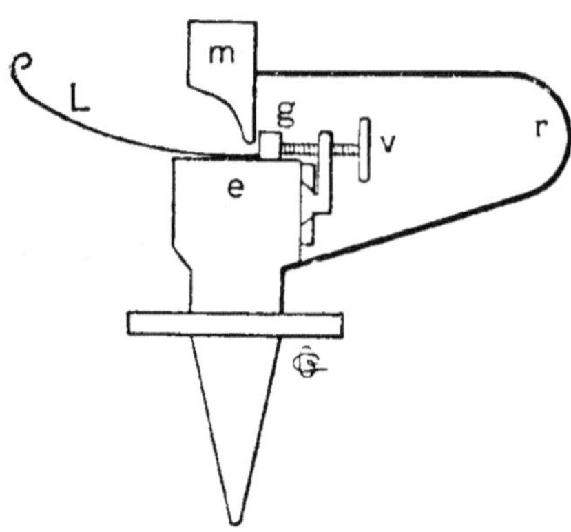

Fig. 3. — Principe d'une machine à rebattre les faux.

que le talon (de 3 centimètres en moyenne); en outre, le tranchant doit toujours être oblique par rapport aux végétaux à couper, afin que les tiges soient sciées et non cisaillées. L'ouvrier intercale des coins entre la queue et la monture du manche, de façon à modifier le *petit angle* et le *grand angle*. Le petit angle est celui que fait le manche avec le sol; il dépend donc de la taille de l'homme; les poignées montées à douille, qu'on peut déplacer le long du manche, permettent d'adapter encore mieux l'instrument à la conformation de l'ouvrier, ce qui les rend recommandables. Le grand angle est formé par le tranchant, ou par une tangente au tranchant, avec le manche; c'est de son ouverture que dépend la largeur de la bande moissonnée, et il varie, par conséquent, avec la force de l'ouvrier et avec l'intensité de la récolte. Les faucheurs très habiles règlent simultanément ces deux angles à l'aide d'un seul coin.

Au point de vue de la nature du métal qui constitue les faux, on peut diviser ces instruments en deux catégories principales : les *faux anglaises*, en acier dur, et les *faux de Styrie* (ou autrichiennes), en acier doux. Bien entendu, ces dénominations n'ont plus de valeur absolue à l'heure actuelle, car on fabrique des lames de ces deux qualités dans tous les pays civilisés. Équivalentes sous le rapport du travail, ces lames diffèrent surtout par le mode d'aiguisage : on *affûte* les faux en acier dur, et on *rebat* celles en acier doux. Ce dernier procédé nécessite une certaine habileté de la part de l'ouvrier; pourvu d'une enclume portative, qu'il fiche dans le sol, et d'un marteau, l'homme réchauffe d'abord le métal, par une série de coups de marteau rapprochés et peu intenses, puis reforme le tranchant en gradins successifs, par quelques coups plus vigoureusement appliqués, qui étendent le métal.

On a cherché à faciliter ce travail de rebattage des faux par des machines spéciales. Les plus simples consistent (fig. 3) en

Fig. 4. — Moisson avec la faux armée (d'après un cliché Mac Cormick).

une enclume portative *e*, pourvue de guides *g* réglables à l'aide d'une vis *v*, et en une masse *m*, sorte de marteau relié à l'enclume par un ressort *r*, et agissant par son côté étroit ou panne. Après avoir appliqué le tranchant de la lame L contre les guides, on frappe sur la masse à l'aide d'un marteau ordinaire; cette machine a surtout pour but d'éviter que les ouvriers, par manque d'habitude, frappent en dehors du point nécessaire.

D'autres engins, plus compliqués, dispensent de l'emploi d'un marteau. L'enclume, pourvue également de guides réglables et de pinces pour maintenir la lame, porte des montants le long desquels coulisse une masse jouant le rôle de marteau ; une came, que l'ouvrier actionne au moyen d'une manivelle, soulève d'une certaine quantité la masse, qui retombe ensuite sur la lame sous l'influence non seulement de son poids, mais aussi de ressorts de rappel.

Faux armée. — Lorsqu'on emploie la faux pour récolter les céréales, on la munit d'organes supplémentaires destinés à soutenir les tiges coupées, pour qu'on puisse les déposer en ordre sur le sol (fig. 4) ; cela facilite la confection ultérieure des javelles et évite, en outre, le froissement et le piétinement des épis. Les armatures sont assez variables. Tantôt c'est un *râteau* formé de trois ou quatre baguettes minces, en noyer ou en noisetier, étagées sur une tige perpendiculaire à la lame et entretoisées avec le manche ; les baguettes doivent être bien parallèles à la nervure dorsale de la lame et au même niveau que la pointe, pour ne pas laisser échapper de tiges coupées, ni s'enchevêtrer dans la récolte encore sur pied ; aussi les entretoises sont-elles réglables à l'aide de coins quand elles sont en bois, ou d'écrous quand elles sont en métal. D'autres fois, c'est un *ployon* formé d'arcades en bois mince fixées sur le manche ; souvent aussi, on se contente d'une seule tige, en bois ou en métal, qui sert à tendre un filet. Il convient, en tout cas, que ces armatures soient très légères, pour ne pas fatiguer inutilement l'ouvrier.

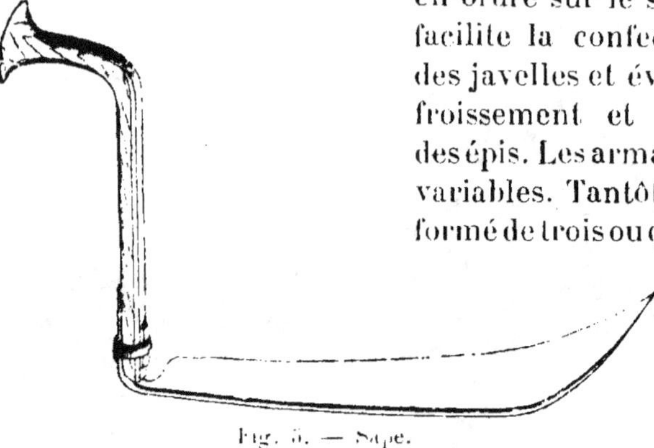

Fig. 5. — Sape.

Sape.

Cette machine, appelée également *faux flamande*, est em-

ployée surtout en Belgique et dans le nord de la France. C'est
une lame analogue à celle de la faux, mais plus petite et
montée sur un manche court qui lui est perpendiculaire (fig. 5).
L'ouvrier tient la sape d'une seule main et se sert d'un *crochet*
métallique emmanché pour maintenir les tiges qu'il veut
sectionner; il élève latéralement le bras qui tient la sape et
le fait vivement retomber. La sape ne permet pas une coupe
aussi rase que les machines précédentes.

Considérations générales sur le travail de la faux.

Dimensions générales des faux.

Longueur de la lame.	Largeur de la lame.	
	Au milieu.	Au talon.
0^m,70	0^m,067	0^m,075
0^m,75	0^m,070	0^m,078
0^m,80	0^m,072	0^m,080
0^m,85	0^m,073	0^m,082
0^m,90	0^m,075	0^m,084

Tableau N° 1. — *Chiffres moyens relatifs au travail à la faux.*

RÉCOLTES (classées par ordre de résistance décroissante).	LARGEUR de la coutelée (ou du train).	PROFONDEUR de la coutelée (ou du train).	SUPERFICIE d'un coup de faux.	SURFACE fauchée par jour.
Prairies naturelles bien garnies....	1^m,80	0^m,18	0^{mq},3240	33 ares.
Prairies artificielles.	2^m,00	0^m,25	0^{mq},50	40 —
Blé................	2^m,00	0^m,30	0^{mq},60	50 —
Avoine (8 000 coups de faux par jour).	2^m,30	0^m,36	0^{mq},8280	66 —

Travail pratique par heure.

Céréales d'hiver..................... de	4 à 6	ares.
— de printemps	5 à 7	—
Prairies naturelles....................	2,5 à 5	—
— artificielles...................	4 à 6	—

Décomposition du travail journalier d'un faucheur
(d'après Leuillet).

	Heures et fractions décimales d'heures.
Durée de travail (*de 5 h. matin à 7 h. soir*).	14ʰ,0
Fauchage proprement dit (10 000 coups de faux)..	6ʰ,4
Aiguisage (environ 100 fois par jour)	0ʰ,5
Battage (environ 2 fois par jour).........	1ʰ,0
Repas et repos...........................	2ʰ,8
Temps perdu pour retours et reprises de train................	3ʰ,3

Quantités de travail produites par les machines de récolte à bras.
(*Chiffres comparatifs.*)

Avec la faux...............................	100
— la sape................................	80
— la faucille............................	40

II. — MACHINES ATTELÉES OU ACTIONNÉES PAR DES MOTEURS.

A. — RÉCOLTE DES FOURRAGES.

La récolte des fourrages comprend plusieurs opérations : il faut, tout d'abord, couper le fourrage, puis le laisser sécher sur le sol, en le retournant de temps en temps pour que toutes les fractions soient exposées à l'air, le rassembler en andains, le charger dans des chariots et enfin le dresser en meules ou l'engranger. A chacune de ces opérations correspond une catégorie spéciale de machines : les faucheuses mécaniques, les faneuses, les râteaux à cheval, les ramasseurs de fourrage, les machines à meuler et les engrangeurs.

FAUCHEUSES MÉCANIQUES.

L'adoption des faucheuses mécaniques est postérieure à celle des moissonneuses, dont elles ne diffèrent d'ailleurs pas beaucoup, au point de vue des organes de coupe ; le travail étant plus difficile à exécuter, en raison de la mollesse

des tiges, on a simplement modifié les dimensions et la vitesse
des organes, de façon à arriver à une coupe nette.

C'est aux États-Unis, vers 1840, que les faucheuses mécaniques ont ou paraissent avoir été inventées; introduites en
France vers 1860, ces machines, malgré des essais très favo-
rables, ne se sont un peu répandues qu'après la guerre
de 1870, et principalement dans l'Est.

Le cadre de cet ouvrage ne nous permettant pas d'incur-
sion dans le domaine historique, nous ne signalerons aucune
des dispositions tentées avant l'adoption définitive du type

Fig. 6. — Faucheuse mécanique (Mac Cormick-Wallut et Cⁱᵉ).

actuel. Aujourd'hui, une faucheuse est une machine à siège,
montée sur deux roues et pourvue d'un timon (fig. 6 et 40).
Un bâti entièrement métallique, relié à l'essieu, soutient
l'organe de coupe, qui est placé à gauche ou à droite de
la machine, en avant ou en arrière des roues, mais ordinairement en avant et à droite. Cet organe de coupe est
mis en mouvement par une transmission commandée par
l'essieu.

Organes de coupe.

Ces organes sont les uns fixes (ou, plus exactement, ne
participant qu'au mouvement de translation imprimé par
l'attelage), les autres mobiles. Les premiers sont composés du

porte-lame, sur lequel sont montés les *doigts*, qui divisent la récolte en petits paquets, et les *séparateurs*, qui sont aussi munis de pièces de réglage. Les organes mobiles comprennent la *scie* ou *lame*, qui est composée de *sections* rivées sur la *tringle* ou *verge*. La scie est engagée dans des évidements que comportent les doigts, et la transmission lui communique un mouvement de va-et-vient très rapide, en même temps que la machine est entraînée dans un mouvement de translation par un attelage ou par un moteur inanimé.

Porte-lame. — C'est une pièce plate en acier laminé, d'environ 1 centimètre d'épaisseur, affectant la forme d'un trapèze dont les deux bases sont étroites; celle qui est du côté du bâti est la plus large et est pourvue d'une charnière, qui est utilisée pour relever l'organe de coupe lorsqu'on veut transporter la machine sur les chemins, et qui permet à cet organe de bien reposer sur le sol malgré les inégalités de ce dernier. Le côté avant est perpendiculaire aux bases et, également, à la direction du déplacement. Le côté arrière du porte-lame pourrait avoir une forme parabolique, puisque la pièce, encastrée du côté de la charnière et soumise à des efforts de flexion uniformément répartis, devrait être exécutée en solide d'égale résistance; comme la fabrication en serait assez compliquée, on se borne à disposer obliquement cette face, de façon à figurer le trapèze circonscrit au solide. On diminue ainsi le poids de la pièce, tout en lui conservant la solidité nécessaire.

La longueur du porte-lame est comprise entre $1^m,30$ et $1^m,40$ pour la plupart des faucheuses ordinaires à deux chevaux; elle s'abaisse à 1 mètre et même à $0^m,90$ pour les machines à un cheval. Il existe cependant des porte-lames de $1^m,50$ pour faucheuses à deux chevaux, et, dans les machines à moteur, la longueur peut être portée à $1^m,80$ ou à 2 mètres. Quant à l'épaisseur, elle doit être suffisante pour que le porte-lame ne fléchisse pas d'une façon exagérée quand on soulève l'organe de coupe; il convient toutefois de ne pas exagérer l'épaisseur, sous prétexte de rendre la pièce plus rigide, car on ne pourrait le faire qu'au détriment de la légèreté.

Le porte-lame est terminé, à ses deux extrémités, par des sabots séparateurs, organes auxquels nous consacrerons un paragraphe spécial. Sa liaison avec le bâti est assurée, comme nous l'avons vu, par une charnière. Celle-ci est constituée par des chevilles ou des boulons passés au travers des orifices pratiqués dans les pièces à réunir; pour l'organe de coupe, c'est ordinairement le sabot séparateur placé du côté de la grande base qui est muni de deux manetons, contre lesquels viennent s'appliquer les deux branches d'une fourche qu'on

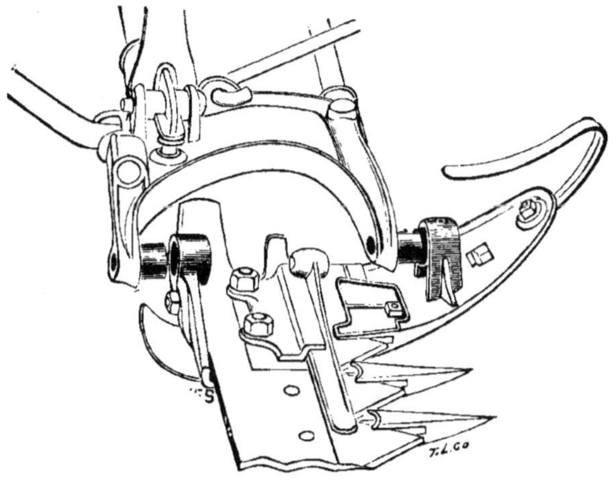

Fig. 7. — Liaison du porte-lame et du bâti (Frost et Wood-Plissonnier).

appelle quelquefois le *pont*, et qui est reliée au bâti (fig. 7). Comme cette charnière représente l'encastrement du porte-lame, elle supporte les efforts les plus considérables, et le martellement continuel auquel elle est soumise provoque une usure rapide des assemblages ; ces derniers doivent donc être aussi solides que possible, si l'on ne veut pas que la charnière prenne vite du jeu. Il convient, par suite, de choisir des machines dans lesquelles les boulons ou tourillons soient de gros diamètre et les portées longues.

Comme, malgré tout, l'usure ne peut pas être évitée, la charnière finit toujours par avoir du jeu, et le porte-lame cesse d'être perpendiculaire à la direction de traction ; il tend, comme on dit, à rester en arrière, et la scie n'est plus dans le plan d'action de la bielle. Il est généralement possible de se prémunir contre les inconvénients résultant d'un pareil état, non seulement en remplaçant à temps les pièces les plus exposées à l'usure, mais aussi en modifiant la longueur des pièces qui relient le pont au bâti. Enfin on trouve quelques machines dans lesquelles l'assemblage entre le pont et le raccord porté par le sabot intérieur est constitué par un boulon doublé d'une douille formant excentrique, de sorte qu'il suffit de faire tourner cette douille dans l'œil où elle est engagée pour redresser la lame. Ces dispositifs sont plutôt

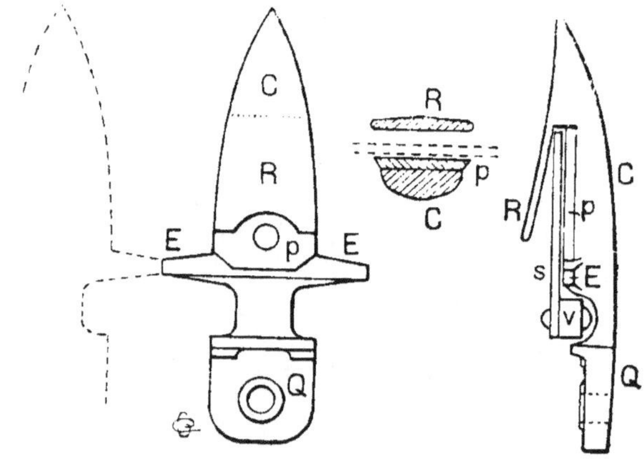

Fig. 8. — Doigt de faucheuse (plan, profil et coupe verticale).

destinés à faciliter le montage du porte-lame ou à corriger une erreur de montage qu'à rattraper le jeu; d'ailleurs, lorsque l'assemblage est constitué par des pièces robustes et de bonne qualité, le jeu ne se produit qu'au bout d'un temps de fonctionnement assez considérable, et l'on n'a besoin de le corriger que de loin en loin.

Doigts. — Ce sont des pièces métalliques allongées et pointues, fixées par des boulons sur le porte-lame, le long du bord perpendiculaire à la direction du déplacement. Ils ont pour mission de séparer la récolte en petits paquets et de maintenir les différents brins pendant que les sections viennent les frapper obliquement. Quoique la forme des doigts varie un peu suivant les constructeurs, on peut les considérer comme formés d'un corps C, d'une queue Q, de deux épaulements E et d'un recouvrement R (fig. 8). Autrefois, ces doigts étaient forgés à l'estampe, et, comme l'usure se répartit très inégalement sur les différentes parties de la pièce, on rendait celles qui étaient particulièrement exposées au frottement plus résistantes en y rapportant des mises en métal dur. Depuis les perfectionnements considérables apportés aux procédés de fonderie, on préfère, en général, faire ces doigts en fonte malléable ou en acier coulé et rapporter ultérieurement des parties en acier dur qui, convenablement emboîtées, sont maintenues par un simple rivet. La fabrication en série, en moule ou à l'estampe, permet d'obtenir des pièces rigoureusement indentiques et interchangeables. Aussi tous ces doigts sont-ils assemblés côte à côte sur le porte-lame, et les y fixe-t-on à l'aide de boulons dont la tête est noyée dans la queue du doigt ; cette dernière est placée en dessous du porte-lame, et la nervure antérieure dont elle est munie s'appuie sur le bord antérieur de celui-ci. Il en résulte que, une fois le boulon serré, toute oscillation du doigt est impossible. Les différents doigts se touchent par les épaulements E, ce qui assure une grande rigidité à l'ensemble.

Le corps présente un évidement suffisamment profond pour que la verge v de la scie et même les têtes des rivets servant à fixer les sections puissent y passer librement. Entre le corps C et le recouvrement R existe un espace suffisant pour y loger les sections ; la scie repose d'ailleurs sur une surface de glissement continue formée par la face plane du corps du doigt, sous le recouvrement, et par les épaulements E.

La figure 8 montre bien la forme la plus généralement donnée aux doigts ; on voit que la pointe est légèrement retroussée, pour donner la faculté d'abaisser la lame et obtenir une coupe plus rase sans que les doigts piquent en terre ; l'obliquité de la partie du doigt qui repose sur le sol permet en outre au porte-lame de sauter facilement par-dessus les obstacles de faibles dimensions.

En général, l'espace entre le corps du doigt et le recouvrement est ouvert ou, tout au moins, retaillé à la scie. Comme la face plane sur laquelle appuient les sections subit un frottement considérable, on y rapporte une contre-plaque en acier dur, encastrée dans le doigt et maintenue par un rivet à tête fraisée (fig. 9); on aperçoit cette contre-plaque en p sur la figure 8. Les bords latéraux en sont généralement biseautés, et l'inclinaison est opposée à celle du biseau des sections; en outre, ces tranches sont fréquemment faucillées (fig. 10).

Sections. — Tringle. — Les pièces appelées sections ont la forme de triangles dont les trois sommets sont tronqués, deux d'entre eux perpendiculairement et le troisième parallèlement à l'un des côtés considéré comme base; les deux autres côtés sont taillés en biseau. Deux trous sont percés près de la base et servent au passage des rivets de fixation (fig. 11). La longueur de la base est, le plus souvent, de 76 millimètres, et la hauteur du triangle varie de 60 à 90 millimètres, tout en restant ordinairement comprise entre 75 et 80 millimètres; les scies des faucheuses à deux chevaux sont, en général, munies de dix-sept ou de dix-huit sections.

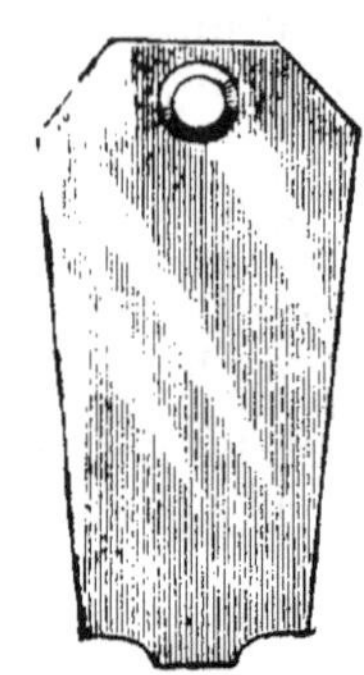

Fig. 9. — Contre-plaque lisse (Whitman and Barnes).

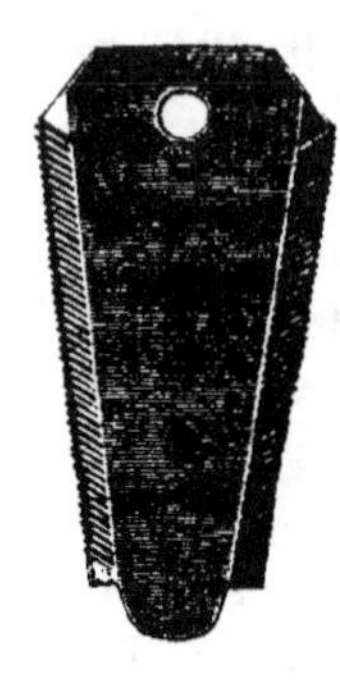

Fig. 10. — Contre-plaque faucillée (Roffo).

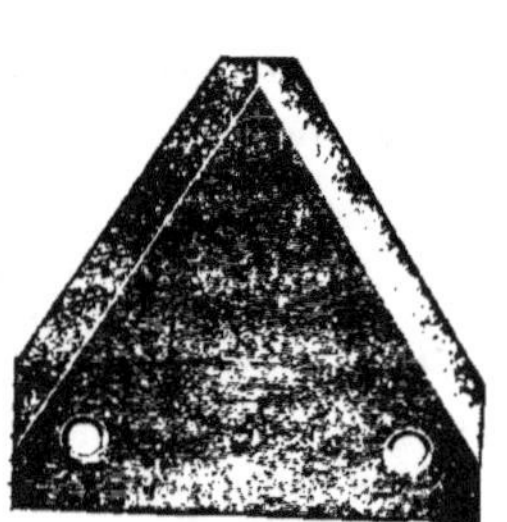

Fig. 11. — Section unie (Withman and Barnes).

On fabrique également des sections *faucillées*, c'est-à-dire dont les arêtes tranchantes sont garnies de denticulation, analogues à celles des faucilles; on les obtient, comme pour ces dernières, en pratiquant des entailles dans l'épaisseur du métal, tantôt sur le biseau lui-même, tantôt du côté de la face de la section qui guide la contre-plaque du doigt (fig. 12). Il est difficile de donner une appréciation motivée sur la valeur de ces sections faucillées, qu'on emploie d'ailleurs beaucoup plus dans les moissonneuses que dans les faucheuses.

Comme la lame doit être bien soutenue du côté de son articulation avec la bielle, et que toute la partie engagée dans le sabot-charnière n'intervient pas dans la coupe, on monte tout d'abord sur la verge une *fausse-section*, qui est généralement plus large que les vraies sections, et dont les bords ne sont pas biseautés. On termine souvent, aussi, la lame, à l'extrémité opposée, par une *demi-section*, qui a la forme d'un triangle

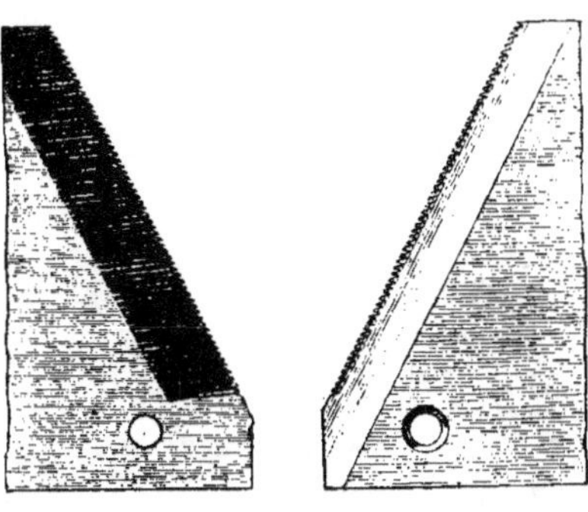

Fig. 12. — Sections faucillées en dessus (sur le biseau) ou en dessous (Roffo).

rectangle biseauté suivant l'hypoténuse, le côté de l'angle droit, non tranchant, étant à l'extérieur de l'organe de coupe.

La *verge* ou *tringle* est une barre en acier étiré, à section rectangulaire ou profilée en U, sur la face supérieure de laquelle on rapporte les organes ci-dessus, ainsi que la tête de lame.

Dans les premières machines, les trous percés à travers la verge pour le passage des rivets étaient fraisés, et la tête des rivets y était noyée. Du côté de sa face inférieure, la verge reposait, en effet, sur le doigt, et il fallait, de toute nécessité, que la surface de frottement fût parfaitement lisse. Comme ce procédé de construction était assez dispendieux, on eut recours à une tringle profilée en forme d'U renversé, de façon que la goutte de suif formant la tête des rivets ordinaires pût y être logée. On trouve encore, dans certaines machines, ces deux modes de montage; mais on préfère aujourd'hui employer des verges rectangulaires et y fixer les sections au moyen de rivets ordinaires ; il suffit, pour cela d'augmenter un peu la profondeur de l'évidement entre les épaulements et la nervure pour que les gouttes de suif ne risquent pas de heurter les doigts.

Les sections sont presque toujours placées sur la face supérieure de la verge, et leurs biseaux sont également en dessus. Il existe cependant des lames dans lesquelles le constructeur a rivé les sections en dessous de la verge. Comme les faucheuses qui en sont munies sont spécialement destinées à la récolte des foins courts, les doigts et les sabots sont très peu épais.

Tête de lame. — C'est une pièce coulée ou forgée sur laquelle se trouve un téton sphérique ou une douille servant à relier la bielle à la scie. On la fixe par-dessus les sections, et comme elle est percée de trous aux mêmes écartements que ces dernières, les mêmes

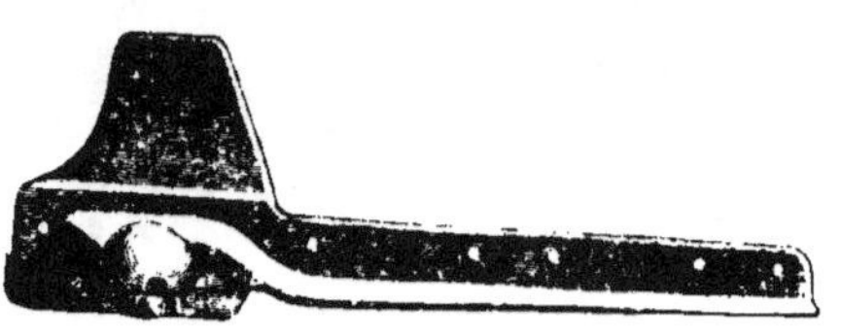

Fig. 13. — Tête de lame (Roffo et Cie).

rivets les maintiennent ; elle s'étend, depuis l'origine de la scie, sur les deux ou trois premières sections, et elle est souvent munie d'un prolongement formant fausse section (fig. 13).

Guides. — La scie, comme nous l'avons vu, est appliquée sur la surface de glissement continue formée par les contre-plaques et par les épaulements antérieurs des doigts. Il convient, toutefois, de l'empêcher d'osciller autour de l'axe de la verge, car les sections risqueraient de heurter les recouvrements et de se briser. On fait usage de guides, ou *capsules*, fixés sur le porte-lame au moyen des boulons qui servent à y maintenir les doigts ;

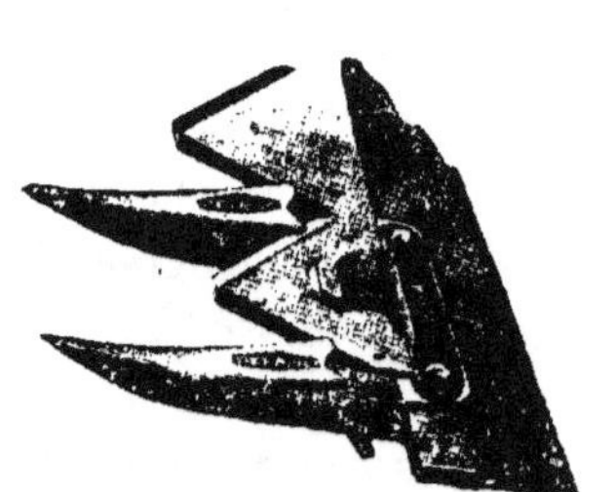

Fig. 14. — Élément de barre coupeuse. (Deering-Faul).

des pattes, venues de fonte ou estampées en même temps que le corps des guides et se prolongeant, en avant du porte-lame, jusqu'au niveau des recouvrements, maintiennent les sections contre la surface de glissement. Cinq ou six guides, également espacés sur le porte-lame, suffisent pour une barre de 1ᵐ,30 à 1ᵐ,40. Les pattes sont légèrement cintrées, près de leur raccord avec le corps du guide, pour laisser passage aux rivets. La figure 14 représente un élément de barre coupeuse complète; on y distingue deux doigts, deux sections et un guide.

Comme les faces verticales de la verge, en frottant contre les épaulements des doigts et contre le porte-lame, useraient rapidement ces pièces, on a cru améliorer le fonctionnement de la scie en la guidant, en arrière, par des roulettes articulées sur le porte-lame; on a même construit des roulettes dont l'axe était monté sur billes. Mais ces organes sont trop exposés à l'encrassement par la terre et par la poussière pour pouvoir jouer longtemps leur rôle, et, en fait, on n'a pas tardé à les abandonner. A l'heure actuelle, on protège les épaulements postérieurs et le bord antérieur du porte-lame par des pièces en acier repliées à angle droit et contre lesquelles frotte la verge; on les fixe en même temps que les guides. Ces *plaques d'usure* forment, suivant les modèles, une surface continue ou interrompue; en tout cas, on peut rapidement remplacer les éléments détériorés.

En raison des réactions intenses qui y sont développées par le mouvement de la bielle, il convient de guider très soigneusement la scie à son passage dans le sabot-charnière intérieur. La fausse section, le rebord saillant horizontal et la nervure

Fig. 15. — Sabot intérieur et plaques d'usure guidant la tête de lame
(Adriance-Platt Cᵒ).

verticale de la tête de lame y contribuent : deux plaques boulonnées sur le sabot, en avant et en arrière de la lame, recouvrent la fausse section et le rebord horizontal, en ne laissant qu'un jeu réduit ; celle d'arrière guide, en outre, la nervure verticale. Elles sont faciles à remplacer, et on peut, du reste, les garnir également de plaques d'usure (fig. 15).

Barres danoises. — On appelle ainsi des porte-lames sur lesquels on monte des doigts beaucoup plus étroits et plus minces que les doigts ordinaires, et qu'on munit d'épaulements courts, de sorte que deux de ces organes tiennent la même largeur qu'un seul doigt normal. On en place donc 34 sur une barre de 17 doigts ordinaires (fig. 16). Ils sont tantôt séparés, tantôt réunis par paire et, dans ce dernier cas, solidaires l'un

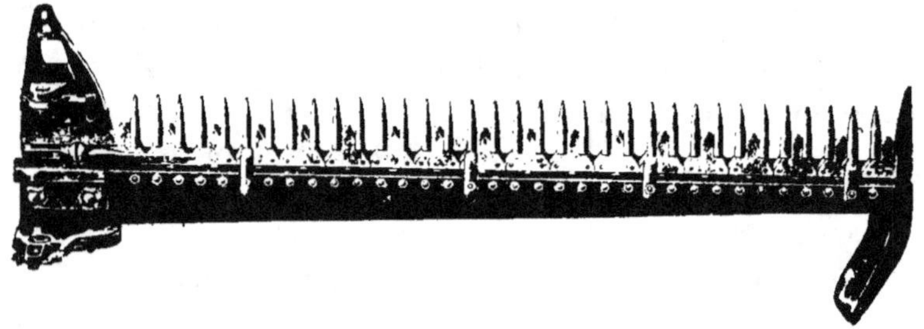

Fig. 16. — Barre danoise pour foins courts (Frost et Wood-Plissonnier).

de l'autre. Bien que ces barres spéciales existassent dès 1886, on ne les connaît guère, en France, que depuis 1906. Elles permettent, en raison des faibles dimensions des doigts, d'obtenir une coupe beaucoup plus rase que les barres ordinaires. Aussi les emploie-t-on, de préférence, pour les foins courts et les regains; on les appelle, d'ailleurs, quelquefois *barres à regains*. La scie ne présente rien de particulier.

Organes servant au réglage de la hauteur de coupe et à l'évitement des obstacles.

Sabots séparateurs. — Nous les avons déjà mentionnés, et nous savons qu'ils sont fixés aux deux extrémités du porte-lame. Ils soutiennent l'organe de coupe et contribuent à séparer nettement la récolte qu'on est en train de couper de celle qu'on coupera au tour suivant. Ces deux pièces sont en fonte, mais diffèrent l'une de l'autre par leurs formes et par leurs dimensions. Le sabot intérieur, ou sabot-charnière, est le plus volumineux ; il est retroussé et arrondi à son extrémité antérieure et porte une tringle, recourbée vers l'arrière, dont le but est de soulever les tiges longues et versées qui pourraient être couchées par le porte-lame et mal coupées. Comme, en raison de la position des animaux tracteurs, les premières sections placées de son côté n'agissent que peu ou point, son rôle, en tant que séparateur, n'est pas très important ; il agit surtout comme soutien, et il est même, parfois, dépourvu de tringle releveuse, ainsi qu'on le voit dans la figure 15.

Le sabot extérieur, plus petit que le précédent, est pointu, plus haut que large, et légèrement contourné, de façon à bien ramener la récolte vers la lame (fig. 17). Des nervures faisant fortement saillie en dehors du porte-lame protègent les organes de réglage et de soutien, tout en contribuant à bien séparer le fourrage. A l'arrière de ce sabot, et obliquement par rapport à la lame, se trouve une portée plane sur laquelle est adaptée la planche à andains.

Les deux sabots sont pourvus de pièces réglables servant

Fig. 17. — Sabot séparateur extérieur (Wood-Pilter).

à déterminer, pour chaque culture, la hauteur de coupe. Elles ne servent, en principe, qu'à donner à la lame une position moyenne, convenable, par exemple, pour toute l'étendue d'un champ déterminé ; les modifications de réglage nécessitées par les variations de la récolte sont exécutées à l'aide d'organes spéciaux, sur lesquels le conducteur agit, sans quitter le siège, en manœuvrant des leviers ou des pédales bien à sa portée.

Ces pièces peuvent être rapportées à deux types principaux : les roulettes et les patins. Les roulettes, qui ont été tout d'abord employées, et qu'on trouve encore sur beaucoup de faucheuses, sont des roues en fonte de petit diamètre, tournant autour d'une fusée constituée simplement par le boulon qui sert à les fixer sur les sabots ; celle du sabot extérieur est généralement plus petite que l'autre, de façon à pouvoir être dissimulée sous la nervure supérieure de l'organe. La figure 15 montre un sabot intérieur pourvu d'une roulette : on voit que, le boulon de fixation étant engagé dans une coulisse verticale, il suffit de remonter ou d'abaisser cette roue pour rendre la coupe plus rase ou, au contraire, plus haute. Cette coulisse constitue, en somme, un régulateur continu ; mais on peut parfaitement se contenter d'un régulateur discontinu formé, par exemple, d'une série de trous, placés au-dessus les uns des autres et dans lesquels on engage le boulon ; c'est à ce dernier type qu'on pourrait rapporter l'organe de réglage du sabot extérieur de faucheuse représenté par la figure 17.

Les Américains, tenant compte de ce que les éteubles d'herbe fraîchement coupée sont toujours un peu humides, ont pensé qu'en substituant aux roulettes des patins de glissement l'effort de traction ne serait pas augmenté ; en fait, les roulettes, malgré le soin avec lequel on les protège, risquent toujours d'être engorgées par les herbes et de ne plus tourner. A l'heure actuelle, il y a à peu près autant de machines à patins que de faucheuses à roulettes. Les patins sont en fonte et font corps avec les sabots ; ils sont toujours relevés vers l'avant, pour faciliter le glissement. Afin de pouvoir régler la hauteur de coupe, on les double de *contre-patins* en acier, placés en dessous du patin proprement dit (fig. 18), et articulés en avant du sabot, souvent au moyen d'un simple crochet engagé dans un trou : le contre-patin est muni, en arrière ou sur un côté, d'une tige redressée perpendiculairement, pourvue d'une coulisse ou de quelques trous ; on le maintient également en place avec un boulon.

Fig. 18. — Contre-patin (Plano).

Bien entendu, les roulettes ou les patins des deux sabots doivent être réglés de façon que la lame soit exactement parallèle au sol.

Articulation et levier de pointage. — Nous avons vu que le pont qui relie, au niveau du sabot intérieur, la lame au bâti, est articulé sur une pièce qui dépend de ce dernier. Le pont est, à cet effet, pourvu d'une douille dans laquelle est engagé le tourillon qui termine l'étançon du bâti. Si donc on fait tourner le pont autour de cet axe, le porte-lame suit ce mouvement, et la pointe des doigts se rapproche ou s'éloigne du sol, modifiant ainsi la hauteur de coupe. Ce mouvement de rotation est obtenu en actionnant un levier, articulé généralement autour de l'essieu des roues de la faucheuse, et entraînant une tringle attachée au pont en un point suffisamment éloigné de l'axe de rotation pour que l'effort à exercer soit peu intense. La figure 19 montre le dispositif d'ensemble ; le pont, la tringle et le levier sont en traits pleins pour la position correspondant au

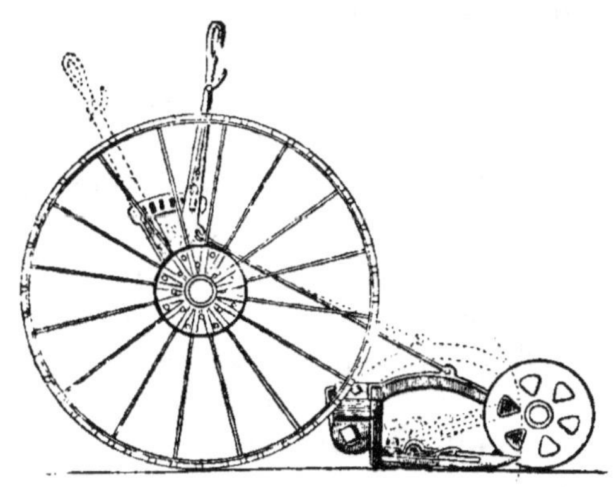

Fig. 19. — Action du levier de pointage
(Wood-Pilter).

pointage le plus bas, donc à la coupe la plus rase que permette la machine pour un réglage donné des sabots ; les lignes ponctuées représentent au contraire les mêmes organes dans la position de relevage maximum.

La rapidité avec laquelle le conducteur peut modifier la position de la lame, au moyen du levier de pointage, permet d'utiliser cet organe pour éviter les obstacles peu importants, comme les pierres et les taupinières. Si, en effet, les doigts sont relevés comme l'indique la figure, ils heurteront l'obstacle non plus par leur pointe, mais par leur face inférieure, donc obliquement, et glisseront sur lui, en soulevant le porte-lame et en le faisant pour ainsi dire sauter par-dessus la taupinière ou la pierre, sans que la barre de coupe ait été endommagée.

Relèvement du porte-lame. — Le relèvement de l'organe de coupe est généralement exécuté en deux temps. Dans une première phase, le porte-lame est soulevé parallèlement, ou presque parallèlement au sol, d'une hauteur de 20 à 30 centimètres ; pendant une deuxième période, il tourne autour de la charnière du sabot antérieur et vient occuper une position sensiblement verticale. Le conducteur dispose toujours d'un mécanisme lui permettant d'effectuer le premier mouvement sans quitter son siège, tandis que, dans la majorité des faucheuses, l'ouvrier doit, pour redresser la lame, descendre de la machine et soulever le porte-lame, en saisissant le sabot extérieur.

Les deux opérations ne doivent pas, du reste, être effectuées aussi souvent l'une que l'autre. Le soulèvement parallèle au sol permet d'éviter les gros obstacles, comme une pierre de fortes dimensions, ou les souches d'arbres qu'on trouve fréquemment dans les prairies du nouveau continent (1) ; il est en outre utile pour tourner aux extrémités des trains, car, la faucheuse pivotant presque sur place, le porte-lame revient en arrière, et, pendant ce mouvement, la planche à andains pourrait butter contre le sol, briser son attache ou fausser le porte-lame, la charnière, etc.

On ne redresse, au contraire, la lame verticalement que si l'on veut mettre la faucheuse en position de transport, pour partir et rentrer, ou pour passer d'un champ à un autre. On n'a donc pas, en général, besoin de le faire fréquemment dans le cours d'une journée de travail, et, si le conducteur doit descendre de son siège, les pertes de temps qui en résultent sont négligeables.

Le soulèvement du porte-lame s'effectuait autrefois par rotation autour de la charnière ; c'était, en somme, un redres-

---

(1) Le défrichement des forêts ne comprend pas l'extraction des souches, qui serait beaucoup trop coûteuse. Au bout d'un nombre d'années plus ou moins considérable, la pourriture a fait disparaître gratuitement ces souches et à peu près nivelé le sol. Mais on conçoit que les cultivateurs de ces régions attachent une grande importance à la facilité de soulèvement des lames de faucheuses, d'où la surabondance de détails concernant les organes qui opèrent le relevage dans les catalogues américains. Cette question est beaucoup moins intéressante pour les pays à culture avancée.

sement partiel. Il est remplacé, depuis une dizaine d'années, par le soulèvement parallèle, qu'on obtient d'une façon très simple en relevant l'étançon ; ce dernier, comme nous le verrons, est articulé sur le bâti pour permettre à la fois ce déplacement, le réglage de la hauteur de coupe et pour donner à la machine la souplesse nécessitée par les ondulations du

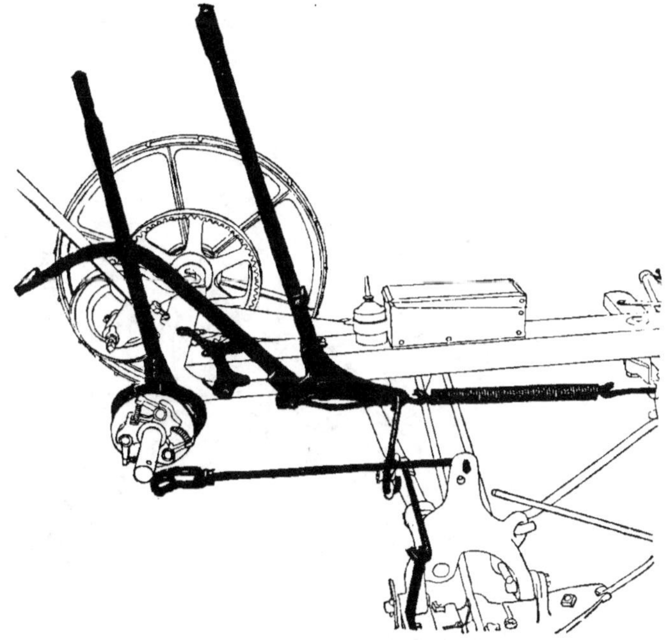

Fig. 20. — Pédale-levier, avec ressort compensateur pour soulever la lame parallèlement au sol (Champion-C. I. M. A.).

sol. Une tringle ou une chaîne, attachée au pont ou à l'étançon, permet d'exercer un effort vertical sur le porte-lame ; mais, comme le poids de ce dernier est assez considérable, il faut employer un mécanisme de commande suffisamment puissant pour que l'ouvrier n'ait pas à exercer un effort trop intense ; on adopte, en général, une pédale et un levier à main, montés sur le même axe d'articulation, et manœuvrables séparément ou simultanément, au choix du conducteur ; en outre, un puissant ressort à boudin, qui s'est tendu lorsqu'on a mis la lame en position de travail, facilite considérablement l'opération. On distingue, sur la figure 20, la pédale et le levier solidaires de la même articulation et actionnant l'étançon par l'intermédiaire d'une tringle ; le ressort à boudin placé en dessous du timon actionne l'articulation dans le même sens que le levier et la pédale : la tringle accrochée à son extrémité gauche est, en effet, attachée d'autre part à l'articulation près du point de fixation de la pédale.

Dans quelques machines, le mécanisme de soulèvement

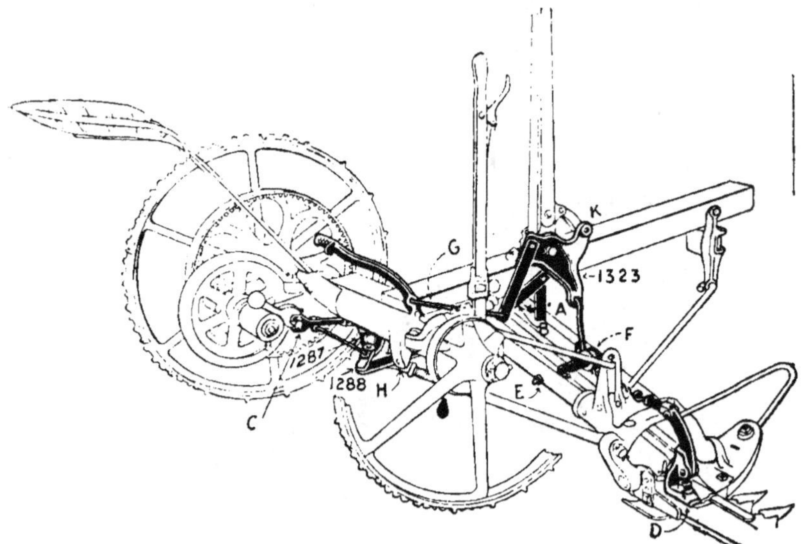

Fig. 21. — Mécanisme pour soulever et redresser le porte-lame
(Frost et Wood-Plissonnier).

permet de donner à la lame deux positions d'altitude différente : une position moyenne, suffisante pour la plupart des cas, et à laquelle la lame est amenée par la pédale seule, et une position plus élevée, qui nécessite l'emploi du levier.

Les leviers sont toujours actionnés d'avant en arrière ; quant aux pédales, on tend maintenant à les faire tourner d'arrière en avant, ce sens de mouvement n'obligeant pas l'ouvrier à modifier la position de son corps pour l'exécuter.

Lorsque le mécanisme permet de redresser verticalement la lame sans quitter le siège, le levier et la pédale actionnent à la fois l'étançon et la charnière. La figure 21 montre un semblable dispositif. Dans cette machine, la pédale, mobile d'arrière en avant, pousse la tringle G, ce qui détermine la rotation de la pièce 1323 ; la tringle qui part de cette dernière est prolongée par une chaîne qui passe sur le galet F, relié à l'étançon E, et aboutit à la branche D boulonnée sur le porte-lame un peu en avant de la charnière. La pièce 1323 peut être également actionnée par un levier à loquet, mobile devant un secteur denté qui permet de le fixer dans la position voulue. Pendant la première partie du relèvement, la chaîne étant fortement tendue par le porte-lame, la rotation de 1323, sous l'influence de la pédale, n'a d'autre effet que de soulever l'étançon E, en le faisant tourner, ainsi que son soutien H, autour de l'articulation du bâti ; la barre coupeuse est alors remontée d'environ 30 centimètres parallèlement au sol. Mais, la course de l'étançon étant limitée, si l'on manœuvre le levier d'avant en arrière, le galet F ne peut plus se soulever, puisque l'étançon est bloqué ; la chaîne glisse sur F et provoque, par l'intermédiaire de D, la rotation du porte-lame autour de la charnière.

Comme la bielle, pendant le relèvement de la lame, devient peu à peu perpendiculaire à la scie, le mouvement ne doit plus être communiqué à cette dernière ; il faut donc débrayer la machine sous peine de briser l'une des pièces de la transmission. En général, le débrayage est effectué automatiquement ; dans la figure 21, la queue A du levier entraîne, pendant la manœuvre de relèvement, la bielle B, qui aboutit à la manivelle 1288, articulée à la pièce de bâti 1287 ; cette manivelle, par l'intermédiaire d'une tringle et d'une deuxième manivelle C, dégage les griffes de l'embrayage. Lorsqu'on rabat la lame, les mêmes mouvements se produisant en sens inverse, les griffes sont remises en prise, et la scie fonctionne de nouveau.

Bâti. — Liaison du porte-lame et du bâti.

Le bâti des faucheuses est une pièce tubulaire en fonte comportant deux axes perpendiculaires l'un à l'autre, des portées de fixation pour le timon et le siège, ainsi que des boîtes de protection, ou carters, pour les engrenages, le plateau-manivelle, etc. (fig. 22). Le tube principal est engagé sur l'essieu ; c'est lui qui transmet à la machine l'effort de l'attelage. Il présente des ouvertures pour le passage des engrenages de transmission ; des écharpes, également en fonte, ou des nervures de renforcement le relient au deuxième axe.

Fig. 22. — Bâti principal de faucheuse (Mac Cormick-R. Wallut et Cie).

Le timon est ordinairement adapté sur le bâti même, dont l'obliquité dépend, par conséquent, de la taille des animaux ; les organes de réglage de la coupe permettent toujours de corriger les variations, d'ailleurs très peu importantes, qui peuvent en résulter. On trouve cependant des machines dans lesquelles le boitard de la flèche est articulé sur le bâti par un axe parallèle à l'essieu ; la lame est alors soutenue par les roulettes des sabots, et l'on revendique, en faveur de ce *bâti flottant*, la plus grande facilité avec laquelle la lame peut suivre les ondulations du sol.

L'étançon est articulé sur le tube perpendiculaire à l'essieu, de façon à être contenu dans un plan parallèle à l'essieu et à la scie. L'articulation est placée tantôt en arrière, tantôt en avant de la lame ; dans ce dernier cas, le tube est prolongé par une cuvette qui sert à protéger le plateau-manivelle, et c'est sur le bord extérieur de la cuvette qu'est adapté le boulon d'articulation ; la cuvette doit alors être plus épaisse que dans le premier cas pour pouvoir soutenir efficacement l'étançon, et il est bon qu'elle soit renforcée par des nervures, la fonte résistant mal aux efforts de flexion et de torsion. L'étançon, construit en acier forgé, est généralement terminé par une partie filetée engagée dans la douille d'articulation avec le bâti ; il est soutenu par une écharpe également en acier, souvent forgée d'une seule pièce avec l'étançon, comme dans la figure 22, mais parfois aussi simplement assemblée avec lui. Cette écharpe, articulée aussi sur le bâti, forme avec l'étançon un ensemble triangulaire indéformable, mais qu'on peut faire osciller autour des deux axes d'articulation pour soulever le porte-lame.

En vissant plus ou moins l'étançon dans la douille d'articulation, on dévie la lame vers l'avant ou vers l'arrière ; on utilise ce dispositif pour aligner la barre coupeuse lors du montage de la machine et lorsque le jeu a rendu un nouveau réglage nécessaire.

L'articulation du pont avec l'étançon est placée, dans la machine représentée par la figure 22, en dehors de l'écharpe ; on distingue nettement, sur ce dessin, le tourillon qui termine l'étançon. Mais souvent, aussi, l'écharpe n'étant que le prolongement de l'étançon, qui a été coudé deux fois pour lui donner la forme d'un V à sommet tronqué, le pont est articulé en arrière de l'écharpe.

Enfin, quand l'étançon est situé en arrière du plateau-manivelle, on réunit la cuvette qui enveloppe celui-ci au sabot intérieur par une tringle dont le but est surtout de protéger la bielle contre les chocs; cette tringle est inutile quand l'étançon est articulé sur la cuvette.

Transmissions.

Roues. — Les faucheuses sont portées par deux grandes roues à jante nervée, montées sur un essieu qui traverse le tube principal du bâti; leur diamètre varie de $0^m,75$ à $0^m,82$, et on les construit soit en fonte, soit en acier. Dans le premier cas, le moyeu, les rais et la jante sont coulés d'un seul jet; dans le second, le moyeu est en fonte, tandis que les rais et la jante sont en acier, et les nervures sont maintenues sur la jante par des boulons. Les roues en fonte sont plus fragiles, mais aussi plus lourdes que celles en acier; si elles se brisent plus facilement, elles offrent, par contre, l'avantage d'augmenter un peu le poids et, par suite, l'adhérence de la machine, qui est moins exposée à patiner dans les récoltes difficiles.

Cliquets. — Il est indispensable, pour que la faucheuse

puisse fonctionner autrement qu'en ligne droite, que les roues, tout en commandant l'essieu dont le mouvement sera transmis à la scie, ne soient pas solidaires l'une de l'autre. On les munit donc de moyeux à encliquetage, qui leur permettent de prendre des mouvements circulaires de vitesse et même de sens différents. A cet effet, les roues sont montées folles sur l'essieu, et le moyeu porte une boîte dont le rebord est garni intérieurement d'une denture formant rochet (fig. 23) ; des doigts, ou *cliquets*, articulés avec un chapeau goupillé sur l'essieu et rappelés par des ressorts, s'engagent dans ces dents. Il suffit de jeter un coup d'œil sur la figure 23 pour se rendre compte que, si la roue tourne dans le sens des aiguilles d'une montre, les cliquets sautent sur les dents, en comprimant les ressorts, sans pouvoir entraîner

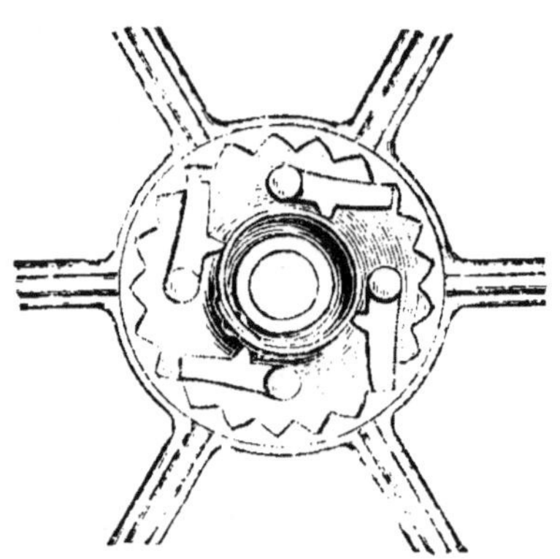

Fig. 23. — Boîte à cliquets (Harrisson Mac Gregor).

l'essieu : dans le mouvement inverse, l'extrémité libre des cliquets vient buter contre les dents du rochet, et l'essieu tourne avec la même vitesse angulaire que la roue. Quand la faucheuse se déplace en ligne droite, les deux roues agissent simultanément sur l'essieu : mais, quand elle tourne à gauche ou à droite, les cliquets de la roue placée du côté du pivot sautent sur le rochet, et l'essieu n'est plus conduit que par une seule roue. En définitive, si les roues n'ont pas toujours la même vitesse angulaire, c'est celle qui a le mouvement le plus rapide qui commande l'essieu.

On voit aussi sur la figure 23 que les quatre cliquets n'occupent pas la même position par rapport au rochet et qu'en somme il n'y a qu'un seul cliquet réellement en prise. Si les quatre cliquets étaient disposés d'une manière identique, il pourrait se faire qu'après un recul de l'attelage, lorsqu'on vient de tourner ou de dégager la lame engorgée, leurs extrémités se trouvassent toutes sur les sommets des dents du rochet, et quand on reprendrait la marche en avant, il s'écoulerait un certain temps avant que les cliquets fussent retombés au fond des dents et que la scie se remît à fonctionner ; on pourrait donc arracher l'herbe, au lieu de la couper, sur quelques centimètres. Au contraire, avec un dispositif semblable à celui que nous venons de décrire, ce temps est réduit au quart de ce qu'il serait avec un seul cliquet ou avec quatre cliquets calés à 90° les uns des autres, et il n'y a pas, en général, besoin de reculer la machine pour reprendre le travail. Les faucheuses sont toutes actuellement munies de dispositifs analogues, avec deux, trois ou quatre cliquets décalés d'une moitié, d'un tiers ou d'un quart de dent.

Quant au chapeau, c'est une douille cylindrique terminée par un plateau engagé, avec un faible jeu, dans la boîte du rochet. Il est muni, sur sa face interne, de saillies disposées de façon à former des logements pour l'articulation des doigts. Ceux-ci sont droits ou légèrement cintrés ; ils sont terminés par une partie cylindrique engagée dans les logements du chapeau et portent un goujon servant à maintenir le ressort à boudin qui les applique contre le rochet (fig. 24). Dans la figure précédente, tous les cliquets sont rappelés par un ressort circulaire unique. Il existe enfin des machines où le rochet et les cliquets sont extérieurs au moyeu.

Fig. 24. — Monture et ressorts des cliquets (Johnston Harvester Cⁿ).

Engrenages. — Le mouvement des roues est lent, car les animaux marchent à une vitesse n'atteignant pas, même lorsqu'il s'agit de chevaux, 1 mètre par seconde ; comme la lame doit, au contraire, être animée d'une vitesse de $1^m,90$ à 2 mètres par seconde pour que la coupe soit nette (1), il est nécessaire d'interposer entre l'essieu et le plateau-manivelle des engrenages multiplicateurs. D'autre part, l'arbre-mani-

(1) Le mouvement de la scie n'étant pas uniforme, ces chiffres sont applicables à la vitesse *moyenne* de cet organe. — Cf. Les moteurs agricoles, par G. Coupan, p. 6 et 92 (ENCYCLOPÉDIE AGRICOLE).

2.

velle étant perpendiculaire à l'essieu, on est obligé d'avoir recours à des engrenages d'angle pour renvoyer le mouvement dans la nouvelle direction.

Les anciennes faucheuses étaient munies d'une transmission comportant (fig. 25, en haut) : 1º deux engrenages droits A, de grandes dimensions, fixées sur les rais des roues R, engrenant avec les pignons *b* calés aux deux extré-

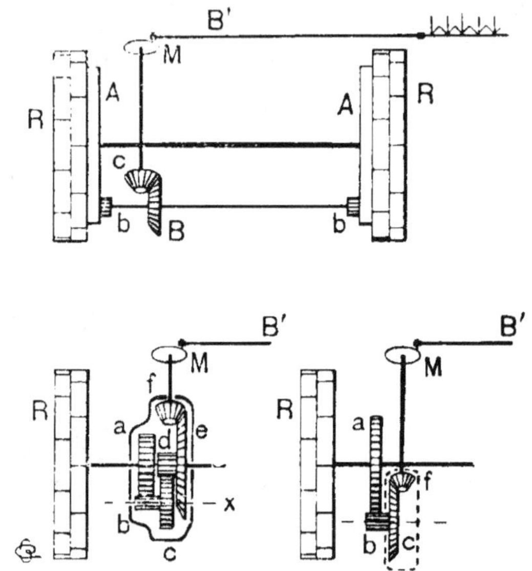

Fig. 25. — Principaux types d'engrenages de faucheuses.

mités d'un arbre intermédiaire sur lequel étaient placés les cliquets. Cet arbre supportait la roue conique B, en prise avec le pignon *c* du plateau-manivelle. Les engrenages A, passant trop près du sol, étaient fréquemment engorgés, malgré des enveloppes de protection; pour en faciliter le nettoyage, on construisit les pièces A à lanterne.

Un deuxième type de transmission, dû à Sprague, apparut vers 1872; comme tous les organes étaient enfermés dans un carter, à l'abri de la poussière et aisément lubrifiables, le public agricole lui accorda la plus grande faveur, et l'on trouve encore aujourd'hui des faucheuses construites sur le même principe (fig. 25, en bas, à gauche).

Le mouvement est pris directement sur l'essieu par la roue *a* qui y est clavetée, et qui communique le mouvement à un arbre intermédiaire *x*, parallèle à l'essieu et placé un peu en arrière. Cet arbre supporte deux engrenages *b* et *c*, généralement fondus d'une seule pièce, et dont le plus petit, *b*, est en prise avec *a*; *c* engrène, à son tour, avec un pignon *d*, solidaire d'une roue conique *e*, qui agit sur le pignon *f* de l'arbre-manivelle M; l'ensemble *de* est monté *fou* sur l'essieu, et un carter enveloppe tous ces organes.

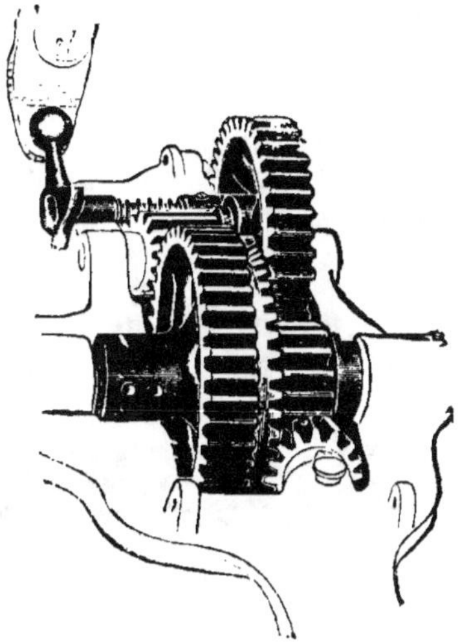

Fig. 26. — Engrenages de faucheuse du type Sprague (Wood-Pilter).

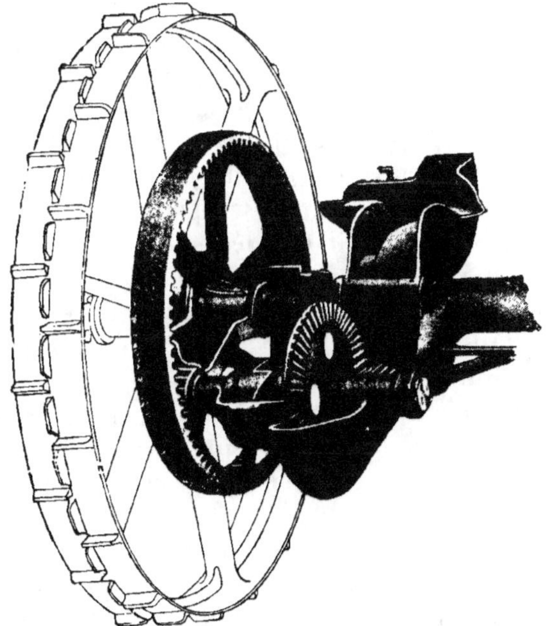

Fig. 27. — Engrenages de faucheuse (Deering-Faul).

On a cherché, depuis quelques années, à simplifier le type

Sprague, qui contient cinq engrenages entre l'essieu et le pignon de l'arbre-manivelle. Dans les types actuels (fig. 25, en bas, à droite), on a supprimé le train fou *de*, et l'on a mis en prise directement *c* avec *f*; mais il a fallu donner à la roue dentée *a* un diamètre beaucoup plus considérable pour obtenir en *f* la même vitesse; aussi les engrenages *c* et *f* peuvent-ils seuls être enfermés dans un carter, comme l'indique la figure 27.

Arbre-manivelle. — La bielle est conduite par un bouton de manivelle, fixé sur un plateau placé à l'extrémité d'un arbre logé lui-même dans le tube perpendiculaire à celui qui entoure l'essieu; cet arbre porte, à l'autre extrémité, le pignon conique désigné par *f* dans les deux paragraphes précédents (fig. 25). La bielle étant placée en dehors des roues, l'arbre-manivelle est assez long; aussi le diamètre intérieur du tube de guidage est-il beaucoup plus grand que celui de l'arbre, et c'est seulement à ses deux extrémités qu'on adapte les coussinets, généralement en bronze, qui guident la pièce mobile.

Fig. 28. — Arbre et plateau-manivelle (Plano).

Plateau-manivelle. — Cet organe, qui est en fonte, n'a pas une épaisseur uniforme; il supporte, en effet, le bouton de manivelle et la bielle, et, comme ces pièces sont animées d'un mouvement très rapide, il est nécessaire d'équilibrer leurs masses pour éviter des réactions qui useraient en peu de temps les coussinets et pourraient provoquer la rupture du plateau; c'est dans ce but qu'on renforce le plateau du côté opposé au bouton.

Le *bouton de manivelle* est un goujon maté dans le plateau; il est le plus souvent cylindrique et reçoit la douille qui termine la bielle; un écrou et une rondelle maintiennent cette dernière.

Pour éviter des réactions trop violentes sur le sabot intérieur, la bielle doit être aussi peu oblique que possible par rapport au sol. Aussi faut-il incliner l'arbre-manivelle de façon à abaisser le plateau; le plan de ce dernier n'étant pas perpendiculaire au sol, la bielle ne pourra pas osciller dans un plan et engendrera, dans son mouvement, une surface voisine d'un cône oblique ayant pour base une ellipse très aplatie. C'est une condition très défavorable au point de vue mécanique, mais à laquelle on ne peut remédier.

Le plateau-manivelle est protégé, comme nous l'avons vu, par une cuvette qui, lorsque l'étançon est placé en avant, fait corps avec le bâti tubulaire. Lorsqu'il n'en est pas ainsi, la cuvette est rapportée, au moyen de boulons, à l'extrémité de ce bâti; elle peut alors être soit en fonte, soit en tôle d'acier.

Transmissions par chaînes. — Pour éviter de donner à l'arbre-manivelle une grande longueur, on reporte parfois

Fig. 29. — Transmission de faucheuse par engrenages et chaîne
(Milwaukee-Perrier et Hafft).

les engrenages *b*, *c*, *f* de la figure 25 à l'avant du bâti; *a* et *b* sont alors réunis par une chaîne à maillons détachables. La figure 29 donne l'aspect d'une semblable transmission; on distingue le tendeur à frottement qui permet de donner à la chaîne le serrage convenable.

Bielle. — C'est l'organe qui réunit le bouton de manivelle à la tête de lame. Les réactions sur le guidage de la scie étant d'autant moins violentes que l'angle d'oscillation est plus petit, la bielle doit être longue, ce qui conduit à reporter l'arbre-manivelle le plus près possible de la roue porteuse opposée à la lame, condition favorable, comme nous le verrons, au point de vue de l'équilibre de la faucheuse.

Il existe actuellement deux types distincts de bielles:

les bielles en acier et les bielles en bois. Les premières sont généralement formées d'une tringle cylindrique sur toute sa longueur et terminée par les organes de raccord; quelques modèles sont toutefois munis de méplats à leurs extrémités. Les bielles en bois sont constituées par un corps en bois dur, tel que le frêne ou l'hickory, muni de ferrures de raccord. Les premières sont évidemment les plus simples, mais les vibrations continuelles auxquelles est soumis cet organe modifient peu à peu la structure du métal qui, de fibreux, devient granuleux; aussi les bielles métalliques sont-elles exposées à se briser au bout d'un certain temps de fonctionnement, sans que cette rupture soit toujours due à une augmentation accidentelle de la résistance opposé à l'organe de coupe. Les bielles en bois ne présentent pas cet inconvénient.

Lorsque la bielle est entièrement métallique, elle est reliée au plateau-manivelle par une douille formant coussinet, tantôt en fonte, tantôt en bronze, tantôt enfin en fonte doublée intérieurement de bronze; quelquefois, aussi, on interpose entre le coussinet et le bouton-manivelle une virole en cuivre. La douille fait corps avec la bielle lorsque la liaison avec la tête de lame permet un mouvement d'oscillation dans tous les sens (articulations sphériques); mais, quand cette liaison est assurée par un tourillon cylindrique, la bielle doit pouvoir tourner dans la douille d'une certaine quantité autour de son axe, pour permettre les mouvements de pointage. Enfin il est nécessaire que la douille ait un certain jeu sur le bouton-manivelle à cause de l'obliquité du plateau.

Pour les bielles en bois, les ferrures plates qui les terminent du côté du plateau devant être réunies par un boulon engagé dans la douille, on a été naturellement conduit à disposer ce boulon parallèlement au plateau, et le coussinet constitue ainsi un joint articulé qui donne toute la souplesse désirable à la transmission, sans qu'il y ait lieu d'accroître le jeu (fig. 30. Cette fois encore, les coussinets sont en fonte, en bronze ou en fonte garnie de bronze.

Du côté de la scie, l'articulation est fréquemment à rotule, notamment quand la bielle est en bois. La tête de lame porte, comme sur les figures 30 et 31, une tête sphérique sur laquelle viennent s'appliquer, de chaque côté d'un même plan diamétral perpendiculaire à la lame et parallèle à sa plus grande dimension, deux mâchoires métalliques concaves emboîtant

Fig. 30. — Bielle en bois, avec ses ferrures d'articulation (Adriance-Platt C⁰).

bien la tête et réunies par un boulon. Il suffit (fig. 31) de desserrer l'écrou, après avoir pressé le ressort qui l'empêche de se dévisser seul, puis d'écarter les mâchoires avec une clé spéciale formant levier pour dégager la lame ou l'en-

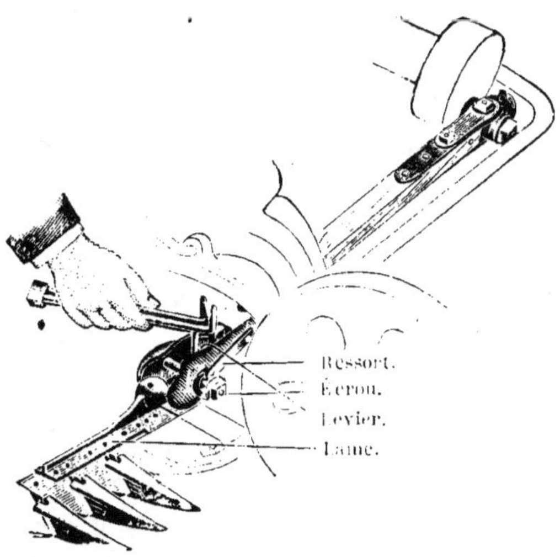

Fig. 31. — Rotule d'articulation de la bielle et de la scie (Wood-Pilter).

gager à nouveau. Dans quelques machines, la tête de lame, tout en étant de forme sphérique, est concave, et la rotule convexe est fixée à l'extrémité de la bielle.

La liaison est très souvent, aussi, constituée par un tourillon cylindrique (fig. 32). La tête de lame porte un renfort vertical percé d'un trou parallèle au plan de la lame ; la bielle, terminée par un plat, vient se juxtaposer à ce renfort, et un tourillon cylindrique, qui peut faire corps avec la bielle ou en

Fig. 32. — Tourillon cylindrique pour l'articulation de la bielle et de la lame (Deering-Faul).

être distinct, réunit les deux pièces. Afin d'éviter leur séparation en cours de fonctionnement, on empêche le déplacement latéral de la bielle au moyen d'une plaque articulée sur le sabot intérieur et maintenue par un ressort. Quand on relève cette plaque, il suffit de pousser la bielle vers l'avant de la faucheuse pour la dégager de la lame ; si, au contraire, on la rabat, la bielle et la lame sont bien solidarisées.

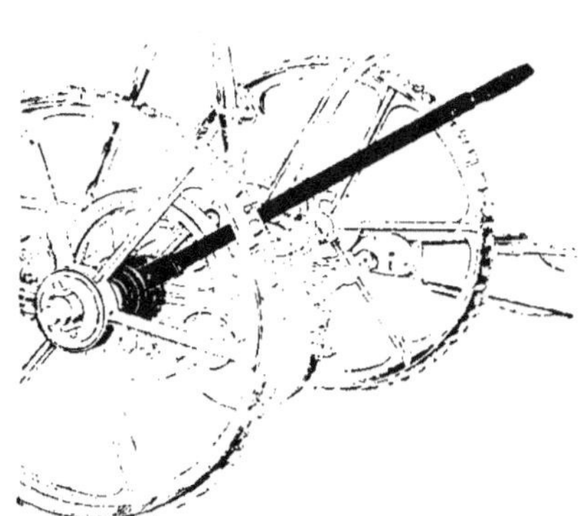

Fig. 33. — Levier de débourrage pour faucheuses (Dolberg).

Levier de débourrage. — Lorsque la scie est engorgée, il faut non seulement arrêter l'attelage, mais le faire reculer pour la dégager. On a imaginé, en Allemagne, de caler sur l'essieu une roue à rochet, que peut faire tourner un levier, articulé sur le bâti et pourvu à sa partie inférieure d'un cliquet. Le conducteur peut ainsi, sans des-

cendre de son siège et après avoir simplement arrêté son attelage, dégorger l'appareil de coupe (fig. 33).

Roulements. — L'essieu et les différents axes qui transmettent le mouvement à la scie sont munis, depuis une
dizaine d'années, de coussinets spéciaux, qui ont pour but de
transformer le glissement en roulement.

Quand les axes ne sont exposés à aucun effort latéral,
comme lorsqu'ils sont entraînés
par des engrenages cylindriques, on fait usage de *coussinets à rouleaux* interposés
entre l'arbre et la monture. La
figure 34 montre la disposition
la plus courante de ces organes ;
ils comportent une monture
composée de deux flasques
réunies par des entretoises et
présentant, sur leur face interne, des évidements qui servent
de logement aux extrémités des
rouleaux ; ces derniers sont des
cylindres en acier, tournés à

Fig. 34. — Coussinet à rouleaux
et sa monture (Champion-C. I. M. A.).

un diamètre un peu supérieur à l'épaisseur des flasques, de
façon que la monture ne frotte ni sur le bâti ni sur l'arbre.
Les logements sont, en outre, disposés de manière à empêcher les rouleaux de se coincer les uns contre les autres.

Toutes les fois, au contraire, que les arbres subissent des
poussées latérales, comme dans le cas de renvois d'angle, ou
quand ils sont entraînés par l'intermédiaire d'un embrayage,
on diminue les résistances passives par l'emploi de billes. On
se contente parfois d'interposer une bille entre l'extrémité de
l'arbre et le manchon de butée ; mais, pour soutenir un engrenage, comme le pignon conique de l'arbre-manivelle, on
adopte une disposition plus précise, semblable à celle de la
figure 35. La tête de l'arbre est évidée en forme de cuvette,
pour recevoir les billes qui appuient, d'autre part, sur une
contre-plaque en acier. Ces coussinets comportent tantôt
une bille, tantôt plusieurs, toujours assez volumineuses ; le

nombre des billes a d'ailleurs assez peu d'importance ; car, en pratique, il n'y a guère qu'une seule bille qui agisse réellement.

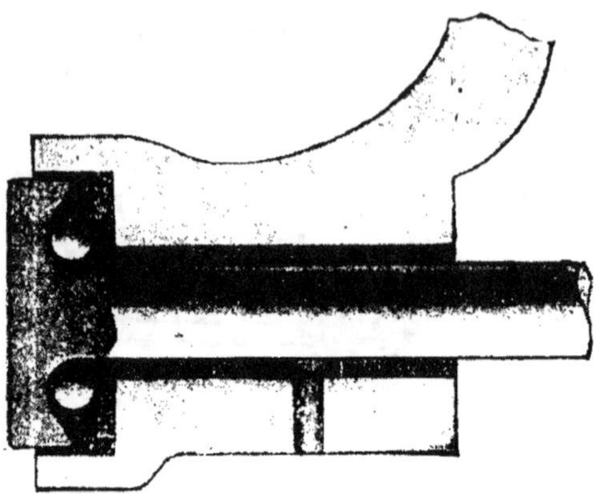

Fig. 35. — Coussinet à billes (Deering-Faul).

Bien entendu, on peut munir un arbre, quand c'est nécessaire, à la fois de billes et de rouleaux, comme l'indique la figure 36, où l'on aperçoit une butée réglable par vis qui sert à l'ajustage de l'arbre.

En général, on munit de rouleaux les deux extrémités de l'essieu et l'arbre intermédiaire de la transmission ; les billes sont réservées à l'arbre-manivelle et à la butée de l'arbre intermédiaire. On

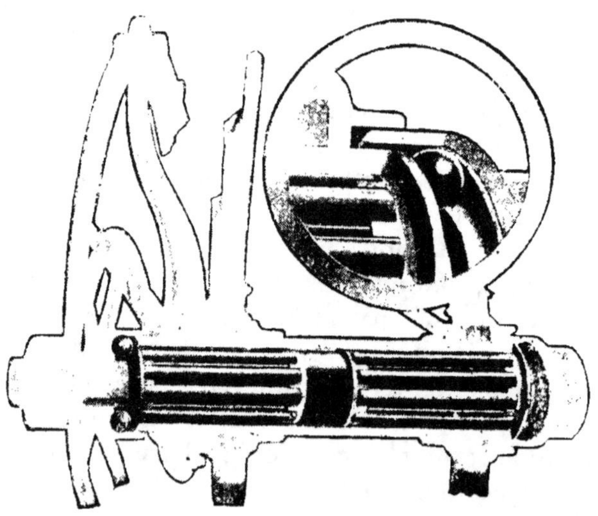

Fig. 36. — Coussinet à rouleaux et à billes (Deering-Faul).

voit sur la figure 37 la disposition d'ensemble de ces roulements.

Embrayage. — C'est l'organe qui permet d'arrêter ou de

mettre en mouvement l'organe de coupe, à la volonté du conducteur. C'est toujours un manchon cylindrique, engagé sur l'un des arbres de la transmission, auquel une manivelle, placée à portée de la main ou du pied de l'ouvrier, imprime, par une rotation d'un tiers ou d'une moitié de circonférence, un mouvement de translation le long de cet arbre. On utilise ce mouvement soit pour déplacer latéra-

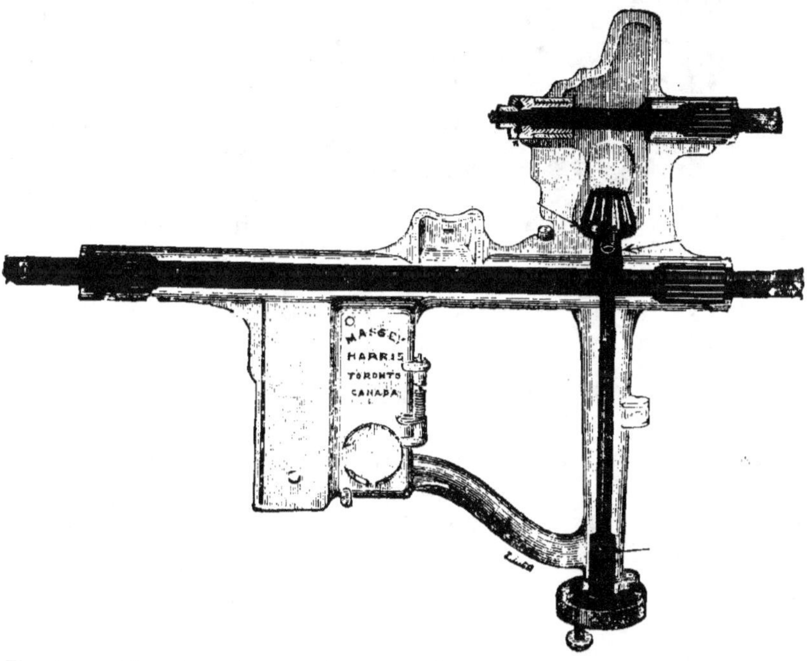

Fig. 37. — Disposition des coussinets à rouleaux et à billes dans une faucheuse (Massey-Harris).

lement un engrenage et le dégager ou le mettre en prise, soit pour solidariser l'un des engrenages avec l'arbre ou l'en libérer; dans ce dernier cas, le manchon présente intérieurement une rainure où est engagée une clavette fixée sur l'arbre, et l'un de ses bords est muni soit de broches pénétrant dans des trous correspondants pratiqués dans le corps de l'engrenage, soit de griffes qui peuvent agir sur d'autres griffes adaptées au moyeu de l'engrenage. On conçoit le grand nombre de combinaisons différentes qui ont pu être imaginées par les constructeurs ; nous nous bornerons donc à cet exposé de principes.

On peut voir sur la figure 38 un embrayage à griffes appliqué au type actuel de transmissions ; il a pour effet de solidariser la grande roue conique avec l'arbre intermédiaire ou de la rendre folle sur lui.

Fig. 38. — Embrayage de faucheuse (Osborne-C. I. M. A.).

Siège. — Attelage.

Siège. — Le siège sur lequel prend place le conducteur est une sorte de cuvette, en fonte ajourée ou en tôle emboutie, fixée à l'extrémité d'un fer plat formant ressort ; l'autre extrémité de cette monture est engagée dans un logement spécial pratiqué sur le bâti et y est maintenue par un simple boulon.

Au point de vue mécanique, le siège doit être situé de telle sorte que le poids de l'ouvrier équilibre autant que possible celui du timon.

Bien qu'on les garnisse de sacs ou de coussins, ces sièges sont, en somme, assez peu confortables. Aussi a-t-on vu apparaître, au Concours général de 1909, des sièges perfectionnés plus moelleux que ceux auxquels on était habitué. Dans certains modèles, on a conservé la cuvette en fonte, mais en la suspendant sur des ressorts à boudins logés dans des cylindres verticaux dépendant d'une chape raccordée au support plat. D'autres fois, au contraire, on supprime la cuvette, et on la remplace par deux traverses boulonnées sur le support et soutenant deux fers ronds qui sont cintrés de façon à épouser, à peu près, le profil du siège et du dossier d'un fauteuil ; une toile solide relie ces montants cintrés.

On peut aussi munir le siège des faucheuses, ou celui des moissonneuses, d'un parasol abritant le conducteur contre les ardeurs du soleil. Cette précaution, inconnue chez nous, est prise couramment par les agriculteurs américains, qui ont bien vite reconnu que plus l'homme est à l'aise, plus il fournit de travail. Il existe des abris articulés, très légers et très ingénieux, pouvant s'incliner dans tous les sens sous l'influence d'un levier placé à portée du conducteur. Nous donnons ci-contre le dessin d'un appareil plus simple,

Fig. 39. — Parasol pour faucheuses (Whitman-Wallut).

composé uniquement d'une douille reliée au siège et dans laquelle on engage le manche d'un large parapluie (fig. 39) : c'est suffisant pour abriter du soleil quand il est au plus haut de sa course, c'est-à-dire quand ses rayons sont le plus brûlants.

Attelage. — Nous avons vu que le bâti est muni d'une portée pour la fixation du timon. Celui-ci, dans les faucheuses à deux animaux, est une longue pièce de bois qui supporte, à sa face inférieure, une volée à deux palonniers. Comme la machine est montée en tilbury, il faut soutenir la flèche à l'avant. Lorsqu'elle est tirée par des bœufs, on attache directement l'extrémité du timon au joug ; si, au contraire, on emploie des chevaux, on articule à l'avant de la flèche une traverse, dite *barre de reculement*, ayant à peu près la forme d'un palonnier et terminée à ses deux extrémités par des anneaux où passent des cuirs ou des cordes qui servent à les relier au collier (fig. 42) ; on soutient aussi cette traverse par des collerons.

Dans les faucheuses à un cheval, la flèche est remplacée par deux brancards adaptés à l'extrémité d'un faux timon, qu'on ajuste sur la faucheuse comme les timons ordinaires.

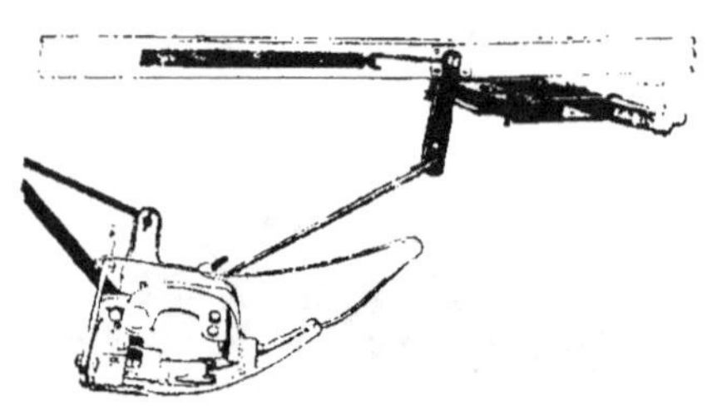

Fig. 40. — Barre de traction (Massey-Harris).

L'effort de l'attelage est partiellement transmis à l'organe de coupe au moyen d'une tringle partant du timon ou de la volée et aboutissant au sabot intérieur ou à l'étançon : c'est la *barre de traction* ; cette pièce est parfois pourvue d'un ressort (fig. 40).

Roues-supports de timon. — Limonières. — Comme il est impossible d'équilibrer exactement le poids du timon par celui de l'homme placé sur le siège, et que, d'ailleurs, un équilibrage parfait provoquerait des oscillations continuelles, les animaux ont à supporter, en raison du procédé d'attelage, une pression plus ou moins considérable, qui les fatigue assez vite parce qu'elle est appliquée sur des régions (tête ou garrot) mal disposées pour y résister. Aussi cherche-t-on,

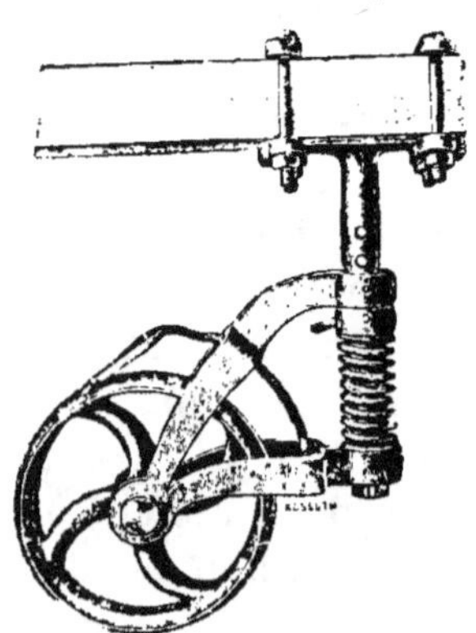

Fig. 41. — Roue-support articulée (Faul).

depuis quelques années, soit à diminuer cette pression, soit à la reporter sur des régions du corps mieux conformées pour la subir.

Dans le premier cas, on adapte au timon, un peu en avant de la scie et en arrière des palonniers, une *roue-support* ; il y en a actuellement un très grand nombre de modèles différents. Quel qu'en soit le type, une semblable roue est toujours articulée autour d'un tourillon vertical, à la façon des roulettes de meubles; la monture de cette articulation peut prendre, parallèlement à son axe, un certain jeu, en agissant sur un ressort qui amortit les chocs (fig. 41). Grâce au pivot vertical, la machine peut tourner sans que la

Fig. 42. — Faucheuse mécanique attelée (D'après un cliché Mac-Cormick).

roue-support ripe sur le sol ; les chocs étant beaucoup atténués, les animaux se fatiguent moins et sont moins souvent écorchés qu'avec l'attelage habituel.

Ces roues, dont le diamètre est obligatoirement faible, augmentent la résistance à la traction ; aussi préfère-t-on parfois faire usage de *limonières*, qu'on boulonne sur les faces latérales du timon. Elles sont généralement formées de tubes d'acier, légers et résistants, et chacune d'elles constitue, avec le timon, une paire de brancards. On attelle donc les animaux

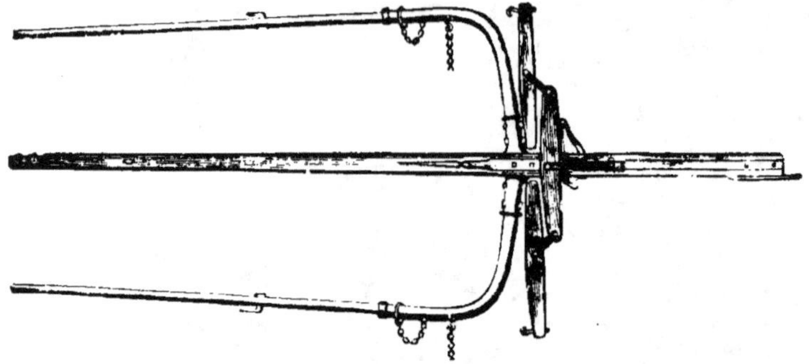

Fig. 43. — Limonière double (Wallut).

comme à une charrette, et la dossière reporte la pression sur la région dorsale. On en emploie tantôt deux (fig. 43), tantôt une seule ; dans ce dernier cas, il vaut mieux la placer sur le timon du même côté que la scie, car le cheval qui longe la partie non coupée est celui qui éprouve la plus grande fatigue.

On pourrait d'ailleurs se dispenser d'employer ces dispositifs en apportant plus de soins à la façon d'atteler les animaux.

Confection de l'andain.

Versoir. — Il ne faut pas que le fourrage coupé reste uniformément éparpillé sur le sol, car, lors d'un nouveau passage de la faucheuse, il serait détérioré par le piétinement des animaux et par les roues de la machine. On doit donc rassembler ce fourrage en bandes, ou *andains*, séparées par des intervalles suffisants pour que les animaux et les roues puissent

y passer sans abîmer la récolte. Pour cela, on adapte au sabot
séparateur extérieur une planche qui, disposée obliquement

par rapport à la direc-
tion de traction, ramène
vers le milieu de la barre
coupeuse les tiges sec-
tionnées par le dernier
tiers, environ, de la
lame : c'est le *versoir*
ou *planche à andains*
(fig. 44). Il y a, pendant
le travail, un animal et
une roue de chaque côté
de l'andain formé au
train précédent.

Fig. 44. — Versoir, ou planche à andains, et son
débourreur (Plano).

Cette planche reposant sur le sol par la tranche, on doit,
pour en éviter l'usure, la garnir d'une lame d'acier qui,
débordant vers l'intérieur de la machine, contribue à la
maintenir d'aplomb. Elle est généralement reliée au sabot

séparateur par un
simple boulon, qui lui
permet d'osciller dans
un plan vertical et de
suivre, par consé-
quent, les ondulations
du sol. Mais il est bon
que ce boulon soit
muni d'un ressort,

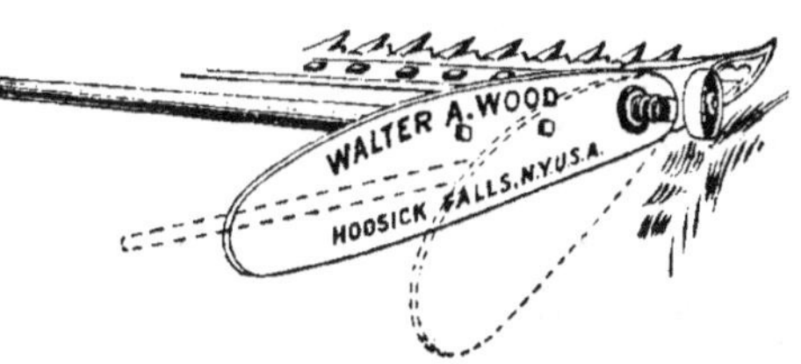

Fig. 45. — Planche à andains flexible
(Wood-Pilter).

d'une forme quelconque, pour qu'en cas de rencontre d'une
pierre ou de tout autre obstacle le versoir puisse s'écarter
et reprendre ensuite sa position primitive, comme l'indique
clairement la figure 45.

Enfin, la planche à andains est munie d'une sorte de
manche, généralement cylindrique, placé obliquement à la
fois par rapport au sol et par rapport à la planche; on
l'appelle parfois *débourreur*. Il permet de manœuvrer plus
commodément la planche, mais son rôle principal est de
maintenir les brins longs et les grosses touffes de fourrage.

3.

dans les récoltes denses, et de les empêcher de passer par-dessus le versoir. Il est simplement fixé par deux boulons, et on peut, en général, lui donner deux ou trois positions différentes : l'éloigner ou le rapprocher de la queue du versoir et l'obliquer plus ou moins par rapport au sol.

Organes accessoires.

Moulinets. — On emploie, depuis quelques années, dans le but de faciliter la récolte des foins versés, de petits moulinets à trois ou à quatre branches horizontales, mobiles autour d'un axe articulé ordinairement sur le timon de la faucheuse. Ces appareils sont, en somme, analogues à ceux que nous étudierons à propos des moissonneuses-lieuses, mais plus légers et plus simples : ils ne comportent pas, en particulier, de réglage en hauteur. Le mouvement de rotation leur est communiqué par l'une des roues de la faucheuse, au moyen d'une courroie et de deux poulies à gorge, ou d'une chaîne et de deux pignons.

Appareils à andains. — Le versoir n'agissant pas toujours avec une efficacité suffisante dans les récoltes touffues, et surtout dans les prairies artificielles, on a tout récemment proposé un appareil destiné à faciliter la formation de l'andain et qu'on peut adapter, par deux charnières, au porte-lame *p* de la faucheuse (fig. 46). Il se compose d'un bâti horizontal B, formé d'une tôle plate pourvue d'une échancrure par où passe une petite roue *r* à jante garnie d'aspérités ; des engrenages d'angle transmettent le mouvement de cette roue à une douille verticale et, par

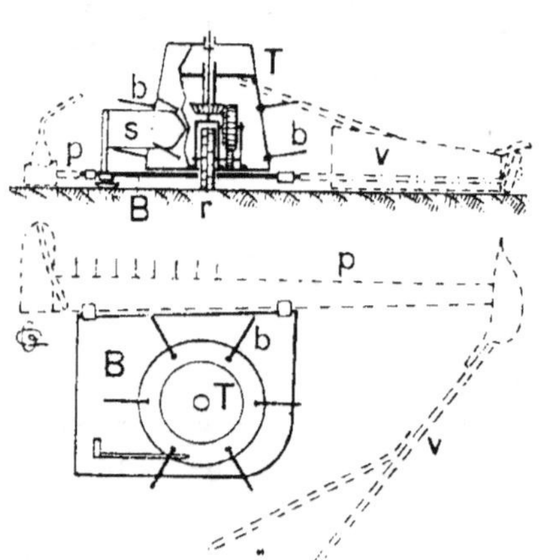

Fig. 46. — Appareil à andains (élévation et plan) (Perrot et Rivet).

l'intermédiaire d'entretoises, au tambour tronconique T, dont la périphérie est garnie de deux rangées de broches b. Le tambour tourne, dans le sens des aiguilles d'une montre, autour d'un axe vertical fixé sur un support solidement relié au bâti B; les broches b dévient, en arrière et à gauche, le fourrage qui, en raison de sa masse, s'opposerait à ce que le versoir v remplît son office. Une tôle s, rivée sur un montant latéral, et passant entre les deux rangées de broches, détache le fourrage qui pourrait rester enchevêtré dans ces dernières. Les andains obtenus avec cet appareil sont moins larges et plus épais que ceux qui sont formés par les faucheuses ordinaires. Ce mécanisme est relevé, en même temps que le porte-lame, quand on met la faucheuse en position de transport; on le maintient simplement à l'aide d'un crochet.

Principaux types de faucheuses.

Comme nous l'avons dit au début de ce chapitre, la scie est placée à droite ou à gauche, en avant ou en arrière des roues. Les différents organes qui correspondent à ces quatre dispositions sont les mêmes que ceux que nous venons d'étudier. Les faucheuses avec *coupe arrière* étaient, depuis quelques années, de moins en moins employées, bien qu'on les eût prônées à une certaine époque, sous prétexte qu'elles étaient mieux équilibrées et qu'elles permettaient à l'ouvrier d'apercevoir plus aisément les taupinières ou les pierres et d'agir à temps sur les organes de relevage; ce léger avantage est amplement compensé par le plus grand danger que court l'ouvrier, puisque, en cas de chute, il est exposé à tomber en avant de la scie.

Ces faucheuses semblent, cependant, redevenir en faveur, parce qu'il est plus facile de leur adapter un tablier et des râteaux automatiques pour les transformer en moissonneuses-javeleuses; ces *machines combinées* seront étudiées à propos de la récolte des céréales.

Les *faucheuses à un cheval* ne diffèrent des autres que par la diminution de longueur de l'organe de coupe, qui ne mesure que 0^m,90 ou 1 mètre, au lieu de 1^m,30 en moyenne. Elles sont,

en général, munies de brancards, mais on y adapte parfois un
timon, par exemple lorsqu'on veut y atteler deux petits chevaux. Ces machines ne sont pas reccommandables pour la
culture courante, car, malgré une largeur de coupe très réduite,
qui ne permet pas de faire beaucoup de travail par jour, elles
fatiguent outre mesure l'animal qui les remorque; comme elles
nécessitent le même personnel et que, d'autre part, leur prix est
presque aussi élevé que celui des faucheuses à deux animaux, il vaudrait mieux, pour les petits cultivateurs, louer,

Fig. 47. — Faucheuse à deux vitesses (Harrisson Mac Gregor).

s'ils le pouvaient, un cheval supplémentaire et faire usage
d'une faucheuse normale. Il ne convient de les utiliser que s'il
y a peu de fourrage à récolter, ou si les prairies sont plantées
d'arbres fruitiers assez rapprochés, auquel cas la faucheuse à
un cheval évolue plus facilement que les autres. Par contre,
cette machine pourrait rendre des services dans une grande
exploitation, où on l'emploierait, indépendamment du matériel courant, pour couper chaque jour la provision de fourrage
vert, tondre les pelouses, etc.

Les bœufs étant d'allure plus lente que les chevaux, il
est utile, pour conserver à la scie une vitesse convenable,
d'augmenter la multiplication fournie par les engrenages.
C'est ce qui a été réalisé dans les *faucheuses pour bœufs*, qui
ne sont d'ailleurs pas très nombreuses, les constructeurs
nord-américains ne se préoccupant pas d'un matériel

qu'ils ne pourraient écouler dans leur propre pays. Toutefois,
les faucheuses à chevaux peuvent, en général, fonctionner
avec des bœufs ; mais il est préférable d'utiliser alors les
modèles spécialement construits pour ce genre de traction.

Fig. 48. — Faucheuse automobile (Deering-Faul).

Il existe enfin des *faucheuses à deux vitesses*, qu'on
peut employer indifféremment avec des bœufs ou avec
des chevaux ; elles comportent deux groupes d'engrenages,
produisant deux vitesses différentes, et il suffit de tourner
une poignée, visible au-dessus du carter des engrenages.

pour mettre en prise l'un ou l'autre de ces groupes (fig. 47).

Faucheuses automobiles. — Les travaux de récolte surmenant les attelages, il n'est pas étonnant qu'on ait songé à construire des machines automotrices capables d'effectuer la coupe des fourrages. Deux types différents de faucheuses automobiles ont été présentés en 1900, à l'Exposition Universelle de Paris ; ils étaient tous deux d'origine américaine. La figure 48 représente l'une de ces machines ; le bâti, les roues et le mécanisme de la faucheuse ordinaire ont été conservés ; mais, en guise de timon, le constructeur a employé un deuxième bâti supportant le moteur et soutenu à l'avant par une roue pivot qui sert à diriger la machine. Des transmissions par engrenages, débrayables à volonté, communiquaient le mouvement aux roues et à la scie, simultanément ou séparément ; enfin le moteur, pourvu d'une poulie, pouvait commander, en dehors des travaux de fauchaison, une batteuse, un hache-paille ou tout autre genre de machine. Ces faucheuses automobiles ont pris part à quelques essais publics, mais ont été abandonnées en raison de leur prix de revient élevé : nous ne les décrirons donc pas plus complètement (1).

Faucheuses mixtes. — Les faucheuses mixtes sont beaucoup plus intéressantes. Les essais dynamométriques de M. Ringelmann, sur lesquels nous reviendrons un peu plus loin, ayant montré que la résistance au roulement et le frottement de la barre coupeuse sur le sol représentent moins de la moitié de l'effort total de traction exigé par une faucheuse, un constructeur a eu l'idée de monter un moteur léger sur une faucheuse ordinaire (fig. 49) et de ne l'employer qu'à actionner la scie ; cette dernière peut être d'une grande longueur 1 m, 80 ou 2 mètres sans que la traction soit supérieure à celle qu'un cheval, ou un bœuf, peut fournir sans surmenage. On emploie donc un animal, attelé entre brancards, pour remorquer et diriger la faucheuse mixte. Le moteur, qui est simplement fixé sur le timon par une plaque et des boulons, peut être monté ou démonté en quelques minutes et servir

(1) Pour la description détaillée de la faucheuse automobile représentée par la figure 48, voy. le *Génie civil*, t. XXXIX, n° 18 du 31 août 1901.

à beaucoup d'autres usages. Enfin, en cas de bourrage de la lame, il suffit d'arrêter l'animal ; le moteur continuant à fonctionner, la scie est bientôt dégagée. Il existe actuellement

Fig. 49. — Faucheuse mixte (A. Castelin).

plusieurs types de faucheuses mixtes. peu différents, d'ailleurs. les uns des autres.

Considérations générales sur le fonctionnement des faucheuses.

Bien que les doigts soient, en somme, assez rapprochés, les

herbes sont toujours plus ou moins couchées par les sections avant d'être tranchées : aussi la surface des éteubles est-elle légèrement ondulée. La hauteur moyenne de la coupe est également supérieure à l'altitude moyenne de la scie par rapport au sol.

Connaissant les dimensions des organes et le rapport des

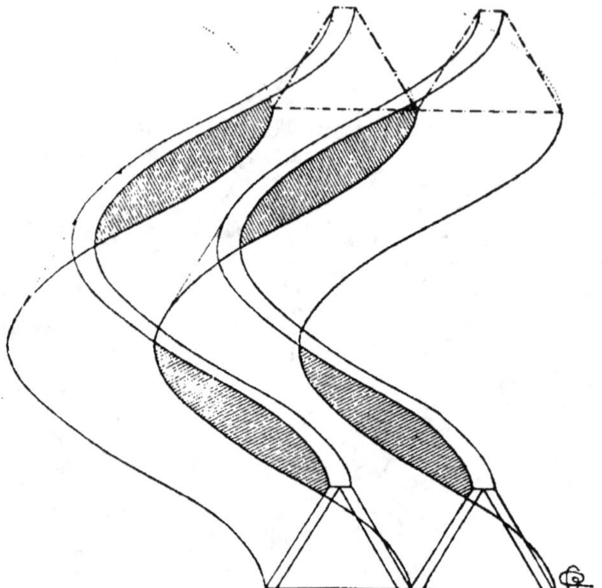

Fig. 50. — Trajectoire des sections d'une faucheuse.

multiplications des transmissions, il est facile de déterminer graphiquement la trajectoire des différentes sections. C'est ce que nous avons fait dans la figure 50, en supposant que la faucheuse se déplace en ligne droite. On voit que ces trajectoires se coupent et se superposent, autrement dit que l'amplitude du mouvement est supérieure à celle qui serait strictement nécessaire ; c'est indispensable pour que toute la surface du champ soit bien coupée. Si ces trajectoires ne se recoupaient pas et, surtout, s'il existait un vide entre les surfaces balayées par les sections, il resterait, dans le champ, d'innombrables petites touffes non coupées.

La faucheuse, comme la moissonneuse, du reste, est une

machine très imparfaite au point de vue de l'équilibre. En effet, la puissance P est dirigée sensiblement suivant l'axe du timon, tandis que la résultante R des différentes résistances (roulement, transmissions, organe de coupe) vient passer par un point de la scie (fig. 51).

Ces deux forces constituent un couple qui tend à faire tourner le timon vers la récolte non coupée. On a essayé, tout d'abord, de corriger ce défaut en augmentant un peu le rayon de la roue placée du côté de la scie, mais il était difficile de donner à cette correction une valeur moyenne convenable dans tous les cas, et la fabrication s'en trouvait compliquée. On se borne, maintenant, à reporter le plus possible P du côté de la scie, en plaçant le timon aussi près qu'on le peut de cette dernière, et à rapprocher R du sabot intérieur en disposant les transmissions au voisinage de la roue opposée à la coupe. Malgré ces précautions, la machine est encore mal équilibrée, et l'animal qui longe la partie non coupée doit périodiquement forcer l'allure pour maintenir la faucheuse en direction.

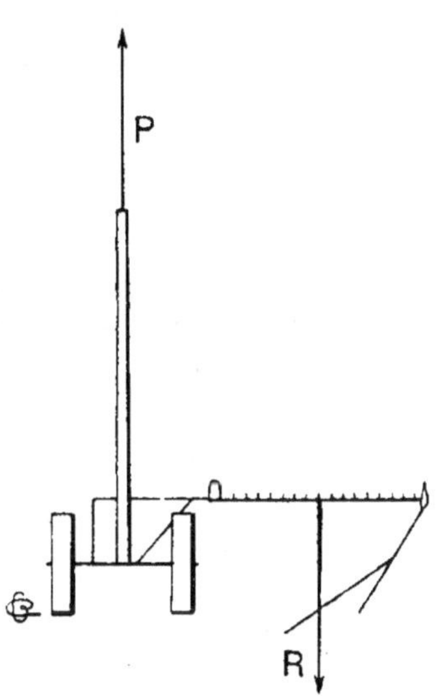

Fig. 51. — Équilibre de la faucheuse.

On a aussi construit des faucheuses dans lesquelles la scie est placée symétriquement en avant des deux roues ; cela évitait de *détourer* les champs, c'est-à-dire d'exécuter à la faux le premier train, pour dégager la périphérie des pièces et permettre le fonctionnement ultérieur de la machine (Voy. p. 58, note) ; mais alors un des animaux passe dans la culture et foule le fourrage. Les machines *poussées*, à la façon des *headers* (Voy. *infra*) sont plus difficiles à diriger, et le dégagement du train s'opère mal. Aussi préfère-t-on s'en tenir au type que nous avons décrit.

Entretien des faucheuses. — Ces machines, en fonctionnement normal, doivent être soigneusement lubrifiées. Il faut, chaque jour, avant de commencer le travail, vérifier le graissage de l'essieu et des différents arbres de la transmission, et introduire de l'huile par les trous disposés à cet effet. Il y aurait avantage, quand les faucheuses sont pourvues de carters complétement fermés, à assurer la lubrification des engrenages au moyen de graisse consistante, mélangée au besoin d'un peu d'huile.

Mais les articulations de la bielle avec le plateau-manivelle et avec la tête de lame doivent être particulièrement surveillées. Il faut les graisser, en moyenne, tous les 500 mètres, en versant, au moyen de la burette contenue dans le coffre du timon, quelques gouttes d'huile dans les trous des coussinets. On doit, pour cela, arrêter l'attelage, et cette interruption de travail offre en outre l'avantage de reposer les animaux, qui sont soumis à une fatigue intense (1). De temps en temps, on profite d'un arrêt pour graisser les coussinets de l'arbre-manivelle.

On compte qu'une scie est désaffûtée au bout de deux heures de travail normal, en admettant qu'il n'y ait pas eu d'accidents, tels qu'une rupture de sections. Il convient donc d'emporter de la ferme quatre ou cinq lames de rechange quand le travail doit durer une journée entière. Pour changer les scies, il faut, *après avoir débrayé la machine*, démonter l'articulation de la bielle et de la tête de lame; les procédés à employer sont si différents, suivant les constructeurs, qu'il nous est impossible de les indiquer ici ; on livre d'ailleurs toujours, avec une faucheuse, une notice contenant le numéro des principales pièces et indiquant la manière de changer les lames.

L'affûtage des sections s'exécute facilement à l'aide de meules en grès à grain fin ou en aggloméré d'émeri ou de substances dures analogues. Les premières doivent être abondamment mouillées, tandis qu'on emploie les secondes à sec. Ces meules ont souvent un profil triangulaire saillant, et, au point de vue géométrique, on peut les considérer comme

---

(1) Notamment quand, avec des faucheuses dont la lame a une vitesse insuffisante, on attelle un cheval en flèche pour accélérer l'allure des bœufs.

formées de deux troncs de cône réunis par leurs grandes bases ; cette forme a été adoptée, pour permettre d'affûter simultanément deux biseaux consécutifs ; mais, en pratique, l'usure n'étant pas uniforme sur toutes les sections, on n'opère le plus fréquemment que biseau par biseau ; les meules cylindriques conviennent donc très bien pour cette opération, à condition de leur présenter la lame un peu obliquement. Les meules en grès, de diamètre assez considérable, sont montées sur un châssis à quatre pieds et pourvues d'une cuvette à eau en fonte ou en bois ;

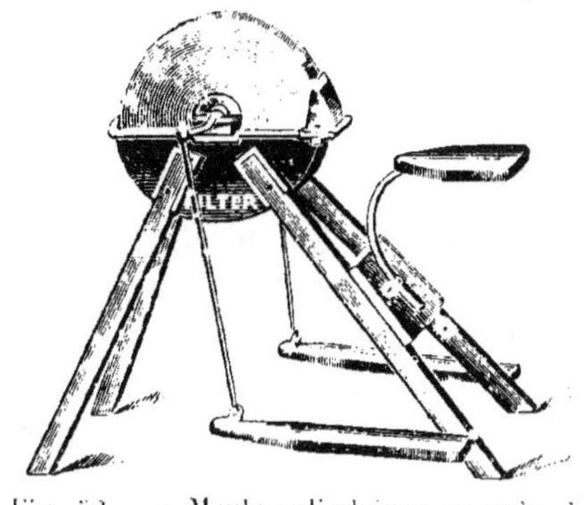

Fig. 52. — Meule cylindrique en grès, à deux pédales et à siège (Pilter).

les modèles à pédales et à siège nous paraissent les plus recommandables (fig. 52).

Quant aux meules en émeri, dont il existe un grand nombre de types, elles sont de très petites dimensions et tournent autour d'un axe auquel un mécanisme multiplicateur imprime une très grande vitesse ; cet axe reçoit en outre, sous l'influence d'excentriques ou de cames, un mouvement circulaire alternatif d'amplitude suffisante pour que tout le tranchant de la section soit progressivement affûté, sans que l'angle soit déformé. Ces meules peuvent être fixées sur une table ou sur l'une des roues de la faucheuse (fig. 53) ; il ne faut cependant pas trop espérer que les ouvriers profitent de cette

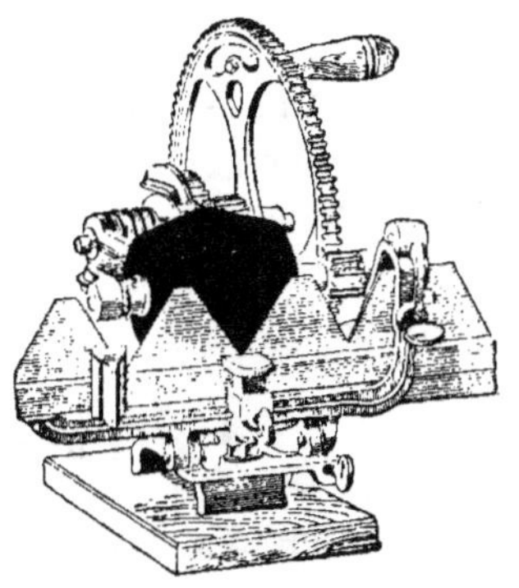

Fig. 53. — Meule biconique en émeri (Plano).

dernière faculté pour affûter des lames pendant les périodes de repos. En tout cas, il faut bien se garder d'appuyer énergiquement les sections sur les meules d'émeri, car, en l'absence d'eau de refroidissement, les sections seraient rapidement détrempées. Une pression très faible est d'ailleurs suffisante, car ces meules ont beaucoup de mordant.

L'affûtage à la lime n'est pas à recommander ; il prend plus de temps, et le métal des sections, dur et trempé très sec, use rapidement l'outil.

Pour compléter ce qui a trait à l'entretien, rappelons qu'après la fenaison il faut nettoyer toute la machine, enlever la graisse souillée de poussière, démonter la lame, nettoyer les glissières des doigts et les graisser, mettre la machine bien à l'abri des intempéries et serrer les lames dans un local clos et sec ; il faut aussi avoir toujours quelques doigts et des sections de rechange.

Pour remplacer les sections brisées, il suffit de faire sauter la tête des rivets à coups de marteau appliqués par l'intermédiaire d'un ciseau à froid.

Après avoir mis une section neuve et introduit de nouveaux rivets, on fait à-coup en appuyant la tête de ceux-ci sur une pièce dure, comme une enclume, une tête de hache, etc., et on rabat la queue à petits coups de marteau. Les rivets, qui sont en acier doux, peuvent en effet être matés à froid. L'emploi d'une bouterolle est recommandable.

Enfin, nous croyons devoir conseiller de vérifier les faucheuses quinze jours, environ, avant l'époque prévue pour les employer.

De cette façon, si l'on constate que certains organes sont détériorés, on a le temps de se procurer les pièces de rechange nécessaires.

Dynamique des faucheuses.

Les faucheuses mécaniques ont été étudiées d'une façon très complète, au point de vue dynamométrique, par M. Ringelmann au Concours régional agricole de Tulle (1), en 1887.

(1) Ce rapport a été publié dans les *Annales agronomiques*, par M. RINGELMANN, ingénieur agronome, alors répétiteur de Génie rural à l'École nationale d'Agriculture de Grand-Jouan. Le concours s'est tenu du 18 au 26 juin 1887, sous la direction de M. Henry GROSJEAN, ingénieur agronome, Commissaire général, à cette époque inspecteur de l'enseignement agricole. Rappelons, à ce sujet, que M. Ringelmann a introduit les applications de la cinématique dans l'enseignement du Génie rural.

Nous ne croyons pouvoir mieux faire que de reproduire *in extenso* le rapport de notre savant maître, tous les résultats obtenus à cette époque ayant été confirmés par les essais ultérieurs.

« *Le Concours de Tulle.* — L'arrêté ministériel qui organisait le concours régional agricole de Tulle avait prévu des essais spéciaux de machines destinées à la récolte des fourrages : faucheuses à un et à deux chevaux, râteaux à cheval, faneuses mécaniques, chargeurs de foin, monte-foins des pays de montagnes, fourches automatiques pour la mise en meules ou l'emmagasinage des fourrages. Ces essais ont eu lieu les 20, 21 et 23 juin 1887.

« Il avait été en outre décidé que les faucheuses seraient soumises à des essais dynamométriques. A cet effet, j'avais amené de Grand-Jouan le dynamomètre à chariot avec son montage spécial (construit sur mes plans), pour les essais de machines munies d'une flèche ou de deux brancards comme les faucheuses.

« Ce sont les chiffres fournis par les quatre-vingt-treize tracés dynamométriques enregistrés à Tulle qui forment la base de cette présente étude.

« *Les champs d'essais.* — Le système orographique des environs de Tulle faisait prévoir de sérieuses difficultés relativement au choix d'un champ d'expériences ; en effet, ce dernier doit réunir certaines conditions spéciales et doit être suffisamment étendu, afin de pouvoir donner à chaque machine concurrente une superficie nécessaire pour juger pratiquement la valeur de son travail.

« Le jury ne pouvait disposer que de deux prairies appelées le Prado et le Pré-Neuf, attenantes à la métairie de Queuille.

« Le Prado est en bordure de la route nationale de Tulle à Brive et d'une dizaine de mètres en contre-bas de cette dernière ; la partie utilisable pour les essais s'étendait entre un canal d'alimentation d'une scierie et le cours irrégulier de la Corrèze. Le Prado est entrecoupé de nombreuses petites rigoles d'irrigation dérivées du canal d'amenée ; enfin la prairie est traversée par un grand fossé de colature qui a environ $0^m,50$ d'ouverture et $0^m,30$ de profondeur.

« Le Pré-Neuf, compris entre les lignes de chemin de fer de Tulle à Brive et de Tulle à Clermont-Ferrand et le cours de la Corrèze, présentait une excellente récolte, surtout remarquable par son homogénéité, à part quelques ares humides qui ne furent pas compris dans la surface utilisable.

« Ces différentes conditions permirent de choisir le Prado et une partie du Pré-Neuf pour les premiers essais, en réservant la meilleure part du Pré-Neuf aux expériences dynamométriques.

« Je n'insisterai pas plus longtemps sur les champs d'essais ; je dirai seulement que les parcelles, que les concurrents tirèrent au sort une heure avant le travail, furent tracées d'avance, et on ne se contenta pas de les indiquer par des jalons.

On les isola pour ainsi dire en faisant faucher à la main leurs extrémités.

Une parcelle spéciale, avec larges tournées fauchées à bras, fut destinée aux essais dynamométriques 1 .

« *Les machines concurrentes.* — Vingt et une faucheuses étaient en présence, et comme plusieurs constructeurs demandaient à concourir avec des bœufs, que les faucheuses à bœufs présentent un très grand intérêt, le jury, voyant qu'il pouvait disposer d'un nombre suffisant de récompenses, et sur la proposition du Commissaire général, divisa la catégorie des faucheuses à deux chevaux en deux sous-sections :

1° Celle à deux chevaux ;

2° Celle à deux bœufs.

« *Dimensions et vitesses des organes.* — Les dimensions qui intéressent les études sur les faucheuses sont celles qui donnent les vitesses des différents organes de la machine et la pression des roues sur le sol, c'est-à-dire le poids total.

« On a relevé le diamètre des roues porteuses, le nombre de dents des engrenages de la transmission, la course de la scie, la longueur de coupe et le poids total de la machine, y compris le conducteur.

(1) C'est une précaution d'expérience ; en général, on ne *détoure* pas, à bras, les prairies à faucher le dommage résultant du passage des animaux sur les bords des champs étant faible et coûtant moins que l'exécution des tournées à la faux. Toutefois, M. Garola estime qu'il pourrait-être avantageux de détourner les fortes récoltes de légumineuses (Note de l'Auteur).

Tableau n° 2. — *Dimensions des faucheuses.* — Concours de Tulle (M. Ringelmann).

MACHINES.	DIAMÈTRE des roues porteuses.	NOMBRE DE DENTS DES ENGRENAGES.			COURSE de la scie.	LONGUEUR de coupe.	POIDS TOTAL y compris le conducteur.
		1er jeu.	2e jeu.	3e jeu.			
	Mètres.				Millim.	Mètres.	kil.
Faucheuses à deux chevaux.							
Albion n° 4............	0,800	40-13	40-13	39-12	76	1,290	430
Favorite W............	0,800	38-12	38-12	40-13	66	1,290	384
Incomparable.........	0,700	40-13	40-13	35-12	76,5	1,290	394
Atlas................	0,800	84-12	49-13	—	73	1,280	432
Aultman.............	0,750	68-11	68-11	—	76	1,300	372
Adriance E...........	0,780	28-12	28-12	28-12	76	1,310	379
Orion................	0,750	40-12	40-12	30-12	76	1,300	394
Perfection............	0,800	45-13	45-13	41-14	76	1,290	456
Johnston E...........	0,800	52-13	22-13	51-13	76	1,290	410
Favorite F............	0,800	38-12	38-12	40-13	66	1,290	376
Faucheuses à deux bœufs.							
Intrépide.............	0,800	37-12	37-12	42-13	76	1,275	384
Incomparable.........	0,700	40-13	40-13	39-12	76,5	1,290	388
Albion n° 2...........	0,720	78-12	50-12	—	76	1,270	404
Chambonnière........	0,800	44-14	44-14	34-11	76	1,290	458
Faucheuses à un cheval.							
Incomparable........	0,700	36-12	36-12	32-11	76,5	0,980	350
Persévérante.........	0,760	72-11	49-11	—	76	0,980	290
Éclair...............	0,740	32 coups doubles par tour......			76	1,070	294
Favorite W...........	0,750	34-12	34-12	33-12	76	0,980	294
Adriance C...........	0,750	65-13	60-12	—	76	1,070	289
Albion n° 6...........	0,780	37-12	37-12	35-12	76	0,980	322
Favorite F............	0,750	34-12	34-12	35-12	76	0,980	314

« Dans le tableau nᵒ 2, qui résume ces données, on appelle premier jeu d'engrenages celui qui est calé sur les roues porteuses, ou sur leur axe.

Le dernier est celui qui porte le plateau-manivelle.

Le premier chiffre (de chaque colonne) indique le nombre de dents de l'engrenage de commande : le suivant, le nombre de dents du pignon commandé.

« La faucheuse à un cheval *Éclair* n'a pas d'engrenages de transmission.

C'est le système Champion de Rigault (de 1878), formé de deux roues-cônes s'engrenant partiellement.

Une est calée sur l'essieu ; l'autre, mobile sur un joint à la Cardan, commande directement la bielle par l'intermédiaire d'un châssis triangulaire relié à un petit volant conique ; la tête de la bielle est animée d'une sorte de mouvement vibratoire, très rapide, qu'elle transforme en mouvement rectiligne alternatif.

« Certaines machines n'ont que deux jeux d'engrenages :

Atlas ;

Aultman ;

Albion nᵒ 2 ;

Persévérante ;

Adriance G.

Dans ces faucheuses, le plateau-manivelle est calé sur l'arbre du pignon du deuxième jeu (tableau 2).

« C'est à l'aide du tableau 2 qu'on peut calculer les vitesses des différents organes, et, parmi celles qui sont intéressantes (Voy. le tableau nᵒ 3), il faut citer :

« 1ᵒ Le nombre de tours du plateau-manivelle par tour de roue porteuse ;

« 2ᵒ Le nombre de tours du plateau-manivelle par mètre parcouru par la machine ;

« 3ᵒ Le chemin parcouru par la scie et par mètre d'avancement de la faucheuse.

Tableau n° 3. — *Faucheuses*. — *Vitesse des organes*.

MACHINES.	NOMBRE DE TOURS DU PLATEAU-MANIVELLE		CHEMIN parcouru par la scie par mètre d'avancement de la faucheuse.
	Par tour de roue.	Par mètre d'avancement de la faucheuse.	
Faucheuses à deux chevaux.			Mètres.
Albion n° 4	30,77	12,30	1,869
Favorite W	39,54	15,80	2,085
Incomparable	27,61	12,45	1,904
Atlas.	26,15	10,45	1,567
Aultman	38,22	16,05	2,439
Adriance E	12,7	5,15	0,782
Orion	27,78	11,65	1,770
Perfection	35,09	14,03	2,132
Johnston F	26,55	10,60	1,611
Favorite F	39,54	15,80	2,085
Faucheuses à deux bœufs.			
Intrépide	37,79	15,10	2,295
Incomparable	30,77	14,10	2,157
Albion n° 2	27,08	11,90	1,808
Chambonnière	30,53	12,20	1,854
Faucheuses à un cheval.			
Incomparable	27,00	12,40	1,897
Persévérante	29,46	12,20	1,854
Éclair	32,00	13,76	2,091
Favorite W	20,07	8,40	1,276
Adriance C	25,58	10,75	1,634
Albion n° 6	27,73	11,10	1,687
Favorite F	20,07	8,40	1,276

Résultats dynamométriques.

« Dans les essais dynamométriques faits jusqu'aujourd'hui sur les faucheuses et les moissonneuses (et en général sur les machines agricoles munies d'un timon ou de deux brancards), le dynamomètre de traction était fixé sur la flèche ou timon à l'aide d'un étrier avec brides et boulons de serrage. Le crochet des lames dynamométriques, tourné vers l'avant, recevait directement le palonnier, auquel on attachait les chevaux; ceux-ci, du reste, étaient encore reliés à la flèche par le palonnier de devant (appelé barre de reculement), attaché à la boucle de leur collier au moyen d'une courroie.

« Ce système exigeait un temps très long pour le montage et ne permettait que l'essai des machines à limon tirées par les chevaux à l'aide de palonniers; les machines tirées par des bœufs attelés au joug double ne pouvaient pas être essayées dynamométriquement avec leur moteur; il fallait employer à leur place des chevaux qui, ne travaillant pas à la même allure, pouvaient occasionner certaines erreurs dans les résultats.

« Mais, d'après moi, l'inconvénient le plus grave des essais exécutés de cette façon ne réside pas dans le montage et la surveillance de l'appareil, qui dans ce cas est très difficile, sinon impossible et toujours dangereuse pour l'expérimentateur, mais bien dans l'*inexactitude* des chiffres fournis par le dynamomètre, inexactitude telle que je ne crois pas que l'on puisse tirer des conclusions *pratiques* des chiffres fournis par les essais exécutés de cette façon.

« En effet, il suffit d'attacher les chevaux les traits un peu longs afin qu'ils exercent leur effort de traction en partie sur le palonnier et en partie sur la barre de reculement; or la partie de l'effort exercée sur la barre de reculement est bien utilisée par la faucheuse, mais n'est pas inscrite par le dynamomètre, et, quoique dépensée par le moteur, elle n'intervient pas dans les résultats.

« Les constructeurs connaissent bien cette façon de procéder, qui est un *truc de concours*, que l'expérimentateur peut atténuer, mais qu'il est impossible de supprimer complètement.

« C'est avec ces idées que je fis établir un montage spécial au chariot dynamométrique de l'école de Grand-Jouan, en 1882, et c'est celui qui fut employé aux essais de Tulle.

« Le chariot est porté par trois roues, dont celle d'avant est mobile dans le plan horizontal et suit la direction de l'attelage; au moyen de vis convenablement disposées et mues par des volants-manivelles, on règle en marche les écartements de ces roues, ainsi que la hauteur du chariot qu'elles supportent.

« Le chariot reçoit le dynamomètre établi à poste fixe et porte en avant une traverse dont la position est réglable à volonté.

« Le limon ou les brancards de la faucheuse viennent se

reposer sur la traverse et coulissent librement sur cette dernière, qui ne fait que de les supporter sans y exercer un effort de traction.

« La traction a lieu par une chaine double, fixée d'une part aux palonniers de la faucheuse et, d'autre part, au crochet du dynamomètre. Les chevaux ou les bœufs sont attachés directement au chariot dynamométrique.

« Avec cette disposition, l'essai se fait très rapidement; il faut très peu de temps pour changer la machine, qui n'est reliée au dynamomètre que par la chaine de traction, et, chose très importante à considérer, l'effort exigé par la faucheuse est transmis *complètement* et *intégralement* par le dynamomètre, qui enregistre ainsi des chiffres exacts, qui ont l'avantage de pouvoir servir comme données pratiques.

« Aussi, avant les essais, les constructeurs concourant à Tulle parlaient contre les essais dynamométriques, croyant qu'on les ferait comme ceux des concours précédents; les uns voulaient réclamer contre ces essais, car, suivant le tour de main employé pour l'attelage des animaux, les résultats pouvaient être faussés et faire pencher la balance vers les machines qui, au contraire, exigeaient plus de traction que les autres; bref, lorsque les constructeurs virent le chariot avec sa disposition spéciale et le mode opératoire employé, ils ne réclamèrent plus, et au contraire se prêtèrent de bonne grâce à tous les essais, avides d'en connaître les résultats, afin d'en profiter pour les améliorations à apporter à leurs machines.

« Chaque faucheuse fut essayée au dynamomètre dans quatre conditions différentes; chaque essai portait sur :

« 1° Le travail de la faucheuse coupant à pleine lame ; on veillait à ce que la machine fonctionnât avec une longueur de coupe égale à celle indiquée par le tableau 2;

« 2° La machine travaillant sans couper, les engrenages fonctionnant et la scie relevée ;

« 3° Comme précédemment, mais la scie frottant à terre comme en travail pratique;

« 4° La scie relevée, les engrenages débrayés, c'est-à-dire le roulement seul de la faucheuse.

« Les essais 2, 3 et 4 étaient faits sur la partie déjà fauchée de la prairie.

« Le résumé des calculs des tracés dynamométriques se trouve dans le tableau général 4.

Tableau nº 4. — *Faucheuses.* — *Tractions enregistrées au dynamomètre.*

MACHINES.	TOTALE EN MARCHE.	TRACTION. À VIDE.		ROULEMENT.
		Scie relevée.	Scie à terre.	
1.	2.	3.	4.	5.
Faucheuses à deux chevaux.				
Albion nº 4......	136,0	73,0	72,0	40,8
Favorite W......	145,6	67,2	62,4	40,8
Incomparable....	150,3	80,4	84,0	36,0
Atlas..........	103,8	64,8	57,6	40,8
Aultman........	131,3	62,4	61,2	36,0
Adriance E......	108,6	59,2	60,0	37,2
Orion..........	144,4	60,0	62,4	42,0
Perfection.......	161,2	79,2	86,4	48,0
Johnston F......	125,3	79,2	72,8	37,2
Favorite F......	108,0	64,8	57,6	36,0
Faucheuses à deux bœufs.				
Intrépide........	120,6	81,0	60,0	40,8
Incomparable....	106,2	64,8	75,6	43,2
Albion nº 2......	93,1	48,0	55,2	34,8
Chambonnière....	114,6	72,0	84,0	36,0
Faucheuses à un cheval.				
Incomparable....	99,0	84,0	81,6	48,0
Persévérante.....	95,5	52,8	69,6	33,6
Éclair..........	82,3	51,6	57,6	30,0
Favorite W......	83,5	57,6	60,4	37,2
Adriance C.......	95,5	57,6	54,0	31,2
Albion nº 6......	71,6	55,2	53,6	32,4
Favorite F......	109,8	58,8	56,4	32,4

« On constate pour chaque faucheuse une certaine différence de traction dans le fonctionnement des engrenages et de la lame de scie, suivant que cette dernière est relevée ou traine à terre.

« *A priori*, il semblerait que la traction de la machine, la scie relevée, doit être plus faible que celle exigée lorsque la scie est abaissée, les organes fonctionnant sans couper dans les deux cas, car il doit évidemment y avoir un supplément de traction résultant de la résistance que le sol oppose au sabot ou à la roulette du support de la lame.

« Mais, si l'on examine le tableau, on voit que, pour certaines faucheuses, la traction est plus forte avec la scie relevée qu'avec la scie à terre.

« Cela tient à ce que, dans la scie relevée (qui n'est pas dans une position normale de travail), par suite du déplacement de la tête de la lame, les différentes pièces en mouvement changent de position relative; il se produit des durs, des coincements, c'est-à-dire des résistances additionnelles qui s'augmentent d'un certain frottement de la scie dans ses gardes par suite de la flexion que prend le porte-lame, dont une extrémité est en l'air.

« Aussi, dans ce qui va suivre, nous ne ferons pas intervenir les chiffres indiqués dans la colonne 3 du tableau nᵒ 4. Il faut se borner à prendre les chiffres directement applicables à la pratique, c'est-à-dire ceux fournis par la colonne 4, représentant la résistance à la traction de la faucheuse avec engrenages embrayés, la scie à terre fonctionnant sans couper.

Décomposition de la traction totale.

« L'effort total de traction qu'exige une faucheuse en travail peut se décomposer en trois parties :

« 1º L'effort dit de *roulement*, nécessaire pour vaincre la résistance qu'oppose le sol à l'avancement de la machine;

« 2º L'effort dit à *vide*, nécessaire pour vaincre la résistance qu'oppose le fonctionnement des organes, c'est-à-dire le frottement des engrenages et des axes sur lesquels ils sont montés, celui des articulations de la bielle et celui de la scie dans la coulisse pratiquée en avant du porte-lame;

« 3º L'effort dit de *coupe*, nécessaire pour vaincre la résistance qu'opposent les brins d'herbe à l'action de la scie.

« Si nous pouvions évaluer séparément et exactement au dynamomètre chacun de ces trois efforts élémentaires, on pourrait écrire l'équation de l'effort total en travail, T, de la façon suivante :

$$T = A' + B' + C',$$

« en admettant que A' représente l'effort de roulement, B' l'effort à vide, C' l'effort de coupe.

« Mais, en pratique, à moins de se livrer à des expériences

excessivement délicates, qu'il est impossible de faire dans un concours, les essais séparés ne donnent pas exactement les valeurs de A', de B' et de C'. Chacun de ces termes peut être considéré comme influencé par un coefficient non déterminé, plus grand ou plus petit que l'unité; de telle sorte que, si a, b, c, représentent ces coefficients correspondants, on a pour l'effort total T l'égalité suivante :

$$T = aA' + bB' + cC'.$$

« Ce sont les produits de (aA'), (bB') et (cC') que donne directement le dynamomètre, et, jusqu'à nouvel ordre, nous sommes fondés à admettre que :

$$T = A + B + C,$$

en supposant que les lettres A, B et C représentent respectivement les produits $aA')$, $(bB'$ et (cC').

« Pour bien faire comprendre ce qui précède, il me suffira de quelques exemples.

« Ainsi en travail pratique, c'est-à-dire la machine fauchant, l'effort B', qui est une partie de la résistance totale, peut être plus grand que le même effort élémentaire désigné par B : car, en marche, l'herbe oppose une certaine pression à la scie, pression qui se traduit par un surcroît de frottement de la lame dans sa coulisse : la résistance de la scie étant plus forte en travail qu'à blanc, les articulations de la bielle reçoivent des pressions supplémentaires, ainsi que les dents des engrenages et les axes sur lesquels ils sont montés. Toutes ces résistances passives additionnelles affectent l'effort élémentaire B, enregistré par le dynamomètre, d'un coefficient b, que nous ne connaissons pas, mais que nous savons plus grand que l'unité.

« En travail pratique, la résistance de la scie peut tendre à soulever la machine comme elle peut également avoir une tendance contraire, c'est-à-dire à appuyer la machine sur le sol, et affecter dans les deux cas le terme A, donné par le dynamomètre, d'un coefficient a, plus grand ou plus petit que l'unité.

« Sans multiplier davantage ces exemples, on peut admettre que l'on ait :

$$T = A + B + C.$$

« Comme les termes B et C s'obtiennent par différence, ils

supportent en définitive les coefficients a, b, c, qu'ils occasionnent.

« Ainsi l'effort de coupe C, obtenu en retranchant de l'effort total en travail T, l'effort (A+B) de la machine les engrenages fonctionnant la scie traînant à terre, se compose non seulement de l'effort net de coupe C', mais encore des suppléments de résistances passives dus au travail de la scie, ainsi qu'il a été dit plus haut ; mais comme, en définitive, ces suppléments sont dus précisément au fonctionnement même de la machine, ils peuvent donc, sans inconvénients, être incorporés à l'effort C et constituer le terme C obtenu par différence.

« Ainsi le tableau n° 4 qui résume l'ensemble des essais dynamométriques nous donne l'*effort total* en travail T (colonne 2).

« L'*effort de roulement* A est donné directement par l'expérience (colonne 3).

« L'*effort à vide* est donné par la différence des chiffres des colonnes 4 et 5, car les chiffres donnés par la colonne 4 représentent la somme de l'effort à vide et de l'effort de roulement.

« L'*effort de coupe* s'obtient par la différence de la colonne 2 et de la colonne 4, en retranchant de l'effort total la somme des efforts de roulement et à vide.

« C'est au moyen de ces procédés de calculs que l'on obtient les résultats qui suivent.

Effort de roulement.

« L'effort de roulement, ainsi que nous l'avons vu, est donné directement par un tracé dynamométrique ; il est consigné dans la colonne 5 du tableau général n° 4.

« Les faucheuses ont été essayées sur la prairie même, dans la partie coupée, dont les manœuvres enlevaient l'herbe au fur et à mesure, car, en pratique, le *train*, c'est-à-dire l'écartement des roues, étant égal à la longueur de la scie, les roues ne passent jamais sur l'andain.

« Il est intéressant de chercher quel est le coefficient de roulement spécial aux faucheuses, dont le pourtour des roues est garni d'aspérités pour augmenter leur adhérence.

« Si on désigne par P le poids total de la faucheuse, conducteur compris, par A l'effort à vide, par α le coefficient de roulement, ce dernier s'obtient à l'aide de l'équation :

$$\alpha = \frac{A}{P}.$$

« L'application de cette équation aux faucheuses de Tulle donne le tableau 5.

Tableau nᵒ 5. — Faucheuses. — Coefficients de roulement.

MACHINES.	COEFFICIENT de roulement.
Faucheuses à deux chevaux.	
Albion nᵒ 4....................................	0,0948
Favorite W....................................	0,1062
Incomparable..................................	0,0913
Atlas...	0,0944
Aultman.......................................	0,0967
Adriance E....................................	0,0981
Orion...	0,1066
Perfection....................................	0,1052
Johnston F....................................	0,0907
Favorite F....................................	0,0957
Faucheuses à deux bœufs.	
Intrépide.....................................	0,1062
Incomparable..................................	0,1113
Albion nᵒ 2...................................	0,0861
Chambonnière..................................	0,0786
Faucheuses à un cheval.	
Incomparable..................................	0,1371
Persévérante..................................	0,1158
Éclair..	0,1020
Favorite W....................................	0,1265
Adriance G....................................	0,1079
Albion nᵒ 6...................................	0,1006
Favorite F....................................	0,1032

« Les moyennes générales du coefficient de roulement sont les suivantes :

Faucheuses à deux chevaux..........	0,098	
Faucheuses à deux bœufs............	0,095	0,0965
Faucheuses à un cheval.............	0,1133	

« D'une façon générale, les faucheuses à deux chevaux ou à

deux bœufs ont le même coefficient de roulement ; il est plus faible que celui des faucheuses à un cheval ; ces dernières ont des roues porteuses relativement plus petites et plus étroites ; elles *coupent* plus facilement en pénétrant plus dans le sol de la prairie.

« Ces coefficients ne sont pas, d'ailleurs, exagérés, car, d'après Claudel (expériences de MM. Boulard, Rumford, Reignier, etc.), ils sont pour les voitures de :

0.125 sur les chaussées en sable ou en cailloutis ;

0,08 sur les chaussées d'empierrement à l'état d'entretien ordinaire ;

0,033 sur ces chaussées en parfait état d'entretien.

« D'après Morin, les coefficients sont :

0.02 à 0,03 sur les accotements en terre ;

0,086 à 0,112 sur une terre solide recouverte de gravier.

« De sorte que le coefficient de roulement des faucheuses est plus élevé que celui des voitures, ce qui était à prévoir, car ces dernières ont des roues de plus grand diamètre.

Effort à vide.

« L'*effort à vide* qui équilibre les résistances au mouvement des engrenages, de la bielle et de la lame de scie, plus le traînage de la scie sur le sol, s'obtient, ainsi que nous l'avons vu, par différence des colonnes 5 et 6 du tableau général n° 4.

« La colonne 2 du tableau n° 6 donne l'effort à vide pour chacune des faucheuses expérimentées à Tulle.

« En rapprochant cette colonne de celles du tableau n° 3, qui indiquent les vitesses des organes, on constate que l'effort à vide ne dépend pas seulement de la vitesse de la scie.

« Ce qui intéresse surtout l'effort à vide, c'est la forme des dents des engrenages, qui sont plus ou moins *roulants*, et le graissage plus ou moins complet des arbres dans leurs coussinets.

« Du reste, nous verrons plus loin, lorsque nous serons plus avancés dans l'analyse dynamique de la faucheuse, le rapport de l'effort à vide à l'effort total, c'est-à-dire le *rendement* de la machine.

Effort de coupe.

« L'*effort de coupe* est obtenu par différence des colonnes 2 et 4 du tableau général n° 4. Les efforts de coupe ainsi obtenus n'ont aucune corrélation entre eux, la longueur de coupe n'étant pas la même pour toutes les faucheuses expérimentées à Tulle, ainsi qu'on peut s'en rendre compte par le tableau n° 2 des dimensions.

« Il est important de ramener l'effort de coupe des différentes machines à une unité fixe, c'est-à-dire au mètre linéaire de lame. Il suffit de diviser l'effort par la longueur de la machine.

« Ces résultats effort total de coupe et effort de coupe par mètre linéaire de lame, sont consignés dans les colonnes 3 et 4 du tableau n° 6.

Tableau n° 6. — *Faucheuses.* — *Efforts à vide et efforts nets de coupe.*

MACHINES.	EFFORTS À VIDE.	EFFORTS NETS DE COUPE.	
		Pour toute la longueur de la scie.	Par mètre de longueur de scie.
1	2	3	4
Faucheuses à deux chevaux.			
	Kil.	Kil.	Kil.
Albion n° 4	31,2	64,0	49,61
Favorite W	21,6	83,2	64,49
Incomparable	48,0	66,3	51,24
Atlas	16,8	46,2	36,24
Aultman	25,2	70,1	53,92
Adriance E	22,8	48,6	37,10
Orion	20,4	82,0	63,08
Perfection	38,4	74,8	57,99
Johnston F	35,6	52,3	40,70
Favorite F	21,6	50,4	39,07
Faucheuses à deux bœufs.			
Intrépide	19,2	60,6	47,53
Incomparable	32,4	30,6	23,72
Albion n° 2	20,4	37,9	29,89
Chambonnière	48,0	30,6	23,72
Faucheuses à un cheval.			
Incomparable	33,6	17,4	17,76
Persévérante	36,0	25,6	26,13
Éclair	27,6	24,7	23,13
Favorite W	23,2	23,1	23,57
Adriance C	22,8	41,5	38,79
Albion n° 6	21,2	48,0	18,37
Favorite F	24,0	53,4	54,49

« Si l'on examine le tableau précédent, on voit que le *travail
de coupe* par mètre carré (en kilogrammètres) a varié à Tulle :

Kilogrammètres.

Pour les faucheuses à deux chevaux.. de 36,24 à 64.49
Pour les faucheuses à deux bœufs..... 23,72 à 47.53
Pour les faucheuses à un cheval ...... 17,76 à 54.49

« En moyenne générale, le travail (en kilogrammètres)
nécessaire à la coupe de 1 mètre carré est :

Kilogrammètres.

Pour les faucheuses à deux chevaux......   49,344
Pour les faucheuses à deux bœufs........   33,715
Pour les faucheuses à un cheval.........   28.891

« Ces chiffres donnent respectivement par hectare un travail
de 493 440, 337 150 et 288 910 kilogrammètres pour la coupe
seule (1).

« M. Hervé Mangon (2) s'exprime ainsi au sujet du travail
nécessaire à la coupe :

« Il est assez difficile de savoir exactemement quelle est la
« qualité du travail mécanique dépensé par un ouvrier faucheur;
« mais, en admettant qu'il se fatigue autant qu'un fort terrassier
« produisant par jour 180 000 kilogrammètres, et qu'il emploie
« trois jour à faucher 1 hectare, on voit que l'opération aurait
« dépensé 540 000 kilogrammètres. »

« On voit également que l'hypothèse émise par M. Hervé
Mangon se vérifie aussi bien que possible, et que mon ancien
professeur avait raison d'estimer la coupe à la faux analogue à
deux ou trois fois le travail d'un fort terrassier.

« Il n'est guère possible de faire un classement de l'effort net
de coupe en rapport avec la vitesse de la lame, cet effort étant
surtout influencé par l'angle d'action de chaque section ou
dent de scie.

Relations entre les différents efforts.

Maintenant que nous possédons les différents éléments de

---

(1) *Nota.* — Nous avons déjà vu que la partie du Pré-Neuf consacrée aux essais
dynamométriques présentait une récolte très homogène. — 10 mètres carrés fauchés
à la main ont fourni 17 kilogrammes de fourrage, ce qui représente une récolte de
17 000 kilogrammes à l'hectare.

(2) Traité de génie rural.

l'effort total exigé par les faucheuses au concours de Tulle, il est intéressant de chercher le rapport qui existe entre les différents efforts élémentaires de roulement, à vide et de coupe, afin de voir dans quelle voie on doit surtout encourager les améliorations à apporter à ces machines.

« Il suffit de supposer la traction totale égale à 100 et, par un simple calcul de proportion, de ramener les efforts élémentaires à cette traction totale. Les résultats sont indiqués dans le tableau n° 7.

Tableau n° 7. — *Faucheuses. — Tractions relatives*.

MACHINES.	TRACTION		
	de roulement.	à vide.	de coupe.
Faucheuses à deux chevaux.			
	P. 100.	P. 100.	P. 100.
Albion n° 4	30	23	47
Favorite W	28	15	57
Incomparable	24	32	44
Atlas	40	16	44
Aultman	30	20	50
Adriance E	34	21	45
Orion	29	14	57
Perfection	30	24	46
Johnston F	28	28	44
Favorite F	32	20	48
Faucheuses à deux bœufs.			
Intrépide	33	15	52
Incomparable	40	30	30
Albion n° 2	37	22	41
Chambonnière	32	42	26
Faucheuses à un cheval.			
Incomparable	48	34	18
Persévérante	35	38	27
Éclair	36	33	31
Favorite W	44	28	28
Adriance C	32	23	45
Albion n° 6	44	29	27
Favorite F	30	22	48

« Les moyennes générales des tractions élémentaires relatives sont :

	EFFORTS		
	de roulement. P. 100	à vide. P. 100	de coupe. P. 100
Faucheuses à deux chevaux.	30,50	21,30	48,20
Faucheuses à deux bœufs...	35,50	27,25	37,25
Faucheuses à un cheval.....	38,43	29,57	32,00

« Ainsi les faucheuses à deux chevaux sont celles qui utilisent
pour la coupe la plus grande partie de la traction totale (48,20
p. 100).

Celles à un cheval, au contraire, n'en utilisent que le tiers
environ (32 p. 100), c'est-à-dire que les résistances passives
(effort de roulement et effort à vide) sont plus considérables,
toutes choses égales d'ailleurs, pour les machines à un cheval
que pour les faucheuses à deux bœufs et enfin celles à deux
chevaux.

« Cela tient à ce que les engrenages sont à peu près les mêmes
dans les trois catégories de faucheuses et exigent à peu près les
mêmes tractions, alors que la traction totale est plus faible
pour les machines à un cheval, de sorte que, pour ces dernières,
les résistances passives étant relativement plus grandes,
l'effort utilisable (de coupe) est relativement plus petit.

« C'est là une cause d'infériorité pour les faucheuses à un
cheval.

« On voit par les moyennes précédentes que le *rendement*
des faucheuses à deux chevaux n'atteint pas, en moyenne,
50 p. 100, ce qui indique qu'un peu plus de la moitié de l'effort
fourni par l'attelage est employé pour l'entraînement de la
machine et de ses organes ; le reste seul est utilisé par le
travail de la coupe.

Travail mécanique total dépensé par mètre carré coupé.

« Parmi les chiffres les plus immédiatement applicables à la pratique, fournis par les essais de Tulle, il faut citer ceux relatifs à l'effort total exigé par les faucheuses en travail. Mais ils ne sont comparables que quand on les estime en fonction du mètre carré coupé, en divisant ceux fournis par le tableau nº 4 par les longueurs respectives de coupe données au tableau nº 2.

« La colonne 1 du tableau nº 8 résume le travail mécanique total exigé pour couper 1 mètre carré.

« Ainsi, en travail pratique, il faut dépenser pour faucher 1 hectare :

Kilogrammètres.

Avec une faucheuse à deux chevaux de.	816 000 à 1 249 000
Avec une faucheuse à deux bœufs......	733 000 à 945 000
Avec une faucheuse à un cheval........	731 000 à 1 120 000

« En moyenne générale, au point de vue de l'économie du travail mécanique, les faucheuses à bœufs sont préférables, ce qui est dû probablement à la vitesse de l'attelage ; puis ensuite viennent les machines à un cheval et celles à deux chevaux.

Travail mécanique dépensé par animal.

« Il est intéressant de chercher quel est le travail mécanique dépensé par chaque animal de l'attelage.

Les colonnes 2, 3 et 4 du tableau nº 8 indiquent l'effort moyen que donnait chaque animal, la vitesse de l'attelage observée aux essais de Tulle et le travail mécanique total développé par seconde et par animal.

Tableau n° 8. — *Faucheuses.* — *Travail mécanique dépensé par mètre carré coupé, par animal et par seconde.*

MACHINES.	TRAVAIL par mètre carré coupé.	TRACTION par animal.	VITESSE observée de l'attelage.	TRAVAIL mécanique par seconde.
	1	2	3	4
Faucheuses à deux chevaux.				
	Kil.	Kil.	Mètres.	Kil.
Albion n° 4......	105,3	68,00	1,37	93.160
Favorite W......	112,8	72,80	1,37	99.736
Incomparable ...	116,6	75,15	1,37	101.955
Atlas............	81,6	51,90	1,37	71.103
Aultman	101,0	65,65	1,57	103.070
Adriance E	83,5	54,30	1,57	74.391
Orion	111,1	72,20	1,43	103.246
Perfection.......	124,9	80,60	1,30	104.780
Johnston F......	97,1	62,65	1,25	78.312
Favorite F......	83,2	54,00	1,28	69.120
Faucheuses à deux bœufs.				
Intrépide........	94,5	60,30	1,10	66.330
Incomparable...	82,3	53,10	0,98	52.038
Albion n° 2......	73,3	46,55	0,92	42.826
Chambonnière...	88,8	57,30	0,87	49.851
Faucheuses à un cheval.				
Incomparable....	101,1	99,00	1,20	118.800
Persévérante.....	97,4	95,50	1,22	97.701
Éclair..........	77,0	82,35	1,28	105.408
Favorite W.....	85,2	83,50	1,16	96.860
Adriance C.......	89,2	95,50	1,10	105.050
Albion n° 6.....	73,1	71,60	1,07	76.612
Favorite F.......	112,0	109,80	1,09	119.682

« Ainsi qu'on peut le constater par l'examen de la dernière colonne du tableau n° 8, le travail par seconde exigé des animaux est excessif ; il est certain que, dans ces conditions, l'attelage ne doit travailler que pendant une partie de la journée.

« D'après de nombreuses observations personnelles faites sur des chevaux de 500 à 600 kilogrammes et sur des bœufs de 600 à 700 kilogrammes, chaque attelage n'aurait pu travailler que :

« 4 à 6 heures par jour avec les faucheuses à deux chevaux ;

« 6 à 8 heures par jour avec les faucheuses à deux bœufs;
« 4 à 5 heures par jour avec les faucheuses à un cheval.
« Et le service régulier avait exigé environ :
Deux à trois attelées pour les faucheuses à deux chevaux;
Deux attelées pour les faucheuses à deux bœufs;
Trois attelées pour les faucheuses à un cheval.

Surface fauchée par jour et par attelage.

« En admettant qu'un fort cheval puisse donner dans un travail de courte durée, comme le fauchage, 1 900 000 kilogrammètres par jour, et un bœuf 1 400 000 kilogrammètres, on peut chercher la quantité de travail pratique exécuté par jour par les faucheuses.

« On sait que, lorsque deux animaux tirent ensemble, l'effort total n'est pas égal à la somme des efforts que chaque animal peut donner; il y a une certaine perte résultant du manque de similitude dans le moment de chaque effort élémentaire donné par chaque animal. Ainsi, d'après M. l'ingénieur des Ponts et Chaussées A. Debauve, de nombreuses expériences faites sur la route de Paris à Rouen ont donné les résultats suivants :

Nombre de chevaux à l'attelage.......	1	2
Tirage proportionnel de l'attelage....	1	1,996
Travail proportionnel par cheval......	1	0,998
Tirage par cheval en kilogrammes.....	57	56

« Le chiffre du travail proportionnel par cheval (dans le cas d'un attelage à deux animaux) de 0,998 cité par Debauve, me semble un peu fort dans le cas des faucheuses, pour lesquelles quelques expériences sommaires m'ont donné en moyenne le chiffre de 0,98.

« Le travail mécanique fourni par l'attelage et par jour s'obtient donc ainsi :

Deux chevaux = 1 900 000 × 2 × 0,98 =	.....	3 724 000
Deux bœufs = 1 400 000 × 2 × 0,98 =	.....	2 744 000
Un cheval	=	1 900 000

« On peut, en rapprochant ces chiffres de ceux que résume le tableau n° 8 (1re colonne), déterminer entre quelles limites oscille la surface fauchée par jour et par attelage. Ces résultats sont consignés dans le tableau n° 9 :

Tableau n° 9. — *Faucheuses.* — *Surface fauchée par journée d'attelage.*

FAUCHEUSES.	TRAVAIL MÉCANIQUE TOTAL par hectare. Minima et maxima.	TRAVAIL MÉCANIQUE TOTAL fourni par l'attelage.	SURFACE FAUCHÉE par journée d'attelage.	DIFFÉRENCE entre la plus grande et la plus petite surface fauchée.
	Kilogrammètres.	Kilogrammètres.	Hectares.	Hectares.
A deux chevaux.	816 000 à 1 249 000	3 724 000	4.5640 à 2.9820	1.58
A deux bœufs...	733 000 à 945 000	2 744 000	3.7430 à 2.9040	0.84
A un cheval....	731 000 à 1 121 000	1 900 000	2.5990 à 1.6970	0.90

« Ainsi la différence entre la meilleure faucheuse et la moins bonne se traduit, pour chaque attelée, par une surface fauchée variant de 1 hectare à plus de 1^{ha},50.

« Avec la meilleure faucheuse, le même attelage peut faucher, par attelée, de 1 hectare à 1^{ha},50 en plus de ce qu'il donne lorsqu'il tire la moins bonne machine.

« On voit donc par là quelle est l'influence de la traction d'une faucheuse non seulement sur la surface coupée, ce qui est important dans ces travaux de récolte pour lesquels on est toujours pressé par le temps, mais encore sur le prix de revient du travail.

« Il y a donc un grand intérêt à chercher à diminuer la traction des faucheuses en augmentant le rendement.

Diminution de la traction totale des faucheuses.

« Nous avons vu précédemment (résumé général du tableau n° 7) que l'effort nécessaire à la *coupe* variait de 48 à

32 p. 100 de l'effort total : l'effort *à vide*, de 21 à 30 p. 100, et l'effort de *roulement*, de 30 à 38 p. 100.

« L'augmentation du rendement de l'effort de coupe est surtout une question de forme des organes coupeurs (angles d'inclinaison des sections de la scie) et de leur vitesse relative ; cette augmentation s'obtient en outre par une diminution dans l'effort à vide et dans l'effort de roulement.

« *Diminution de l'effort de roulement.* — L'effort à vide est surtout influencé par la forme des dents des roues d'engrenages. Pour les machines industrielles, soigneusement construites, on admet que les engrenages absorbent 15 p. 100 de l'effort total transmis ; ce chiffre s'élève de 20 à 25 p. 100 lorsque les engrenages sont neufs et secs. Il y a donc là une première amélioration à apporter aux faucheuses, qui devraient avoir des engrenages *roulants* à dents soigneusement tracées ; c'est une question de cinématique pure facilement applicable à la pratique.

« Mais l'effort de roulement absorbe une partie relativement considérable de l'effort total (30 à 38 p. 100) ; c'est, je crois, de ce côté qu'il faut apporter des améliorations en vue de réduire cet effort.

« L'effort de roulement exigé par une faucheuse est inversement proportionnel au rayon des roues porteuses, directement proportionnel au coefficient de roulement et au poids total de la machine.

« L'augmentation du rayon des roues porteuses n'est guère facile ; il en résulterait un ou deux trains supplémentaires d'engrenages, qui, à leur tour, absorberaient une certaine partie de l'effort total et augmenteraient proportionnellement l'effort à vide. Le coefficient de roulement n'est pas à modifier, car le sol de la prairie est déterminé, et on ne peut le changer. La suppression des aspérités des roues porteuses ne diminuerait pas sensiblement le coefficient.

« Il reste le poids total de la faucheuse, qui seul pourrait être réduit par l'emploi raisonné de certains matériaux, notamment de l'acier, qui, pour certaines pièces, permet une réduction de poids de 20 p. 100 au moins, tout en obtenant la même solidité.

« On a augmenté le poids des faucheuses, et on a garni les roues d'aspérités en vue d'augmenter leur *adhérence* sur le sol et de les empêcher de patiner. Malgré cela, les roues patinent quand il se produit quelque chose d'anormal, comme le bourrage de la scie par suite de son manque de vitesse, le grippage de la scie lors de l'introduction de cailloux ou de terre dans sa coulisse, ou enfin à cause d'un grand effort à vide dû à la mauvaise confection de la transmission.

« En prenant comme base les efforts *à vide* et de *coupe* exigés au concours de Tulle, on peut calculer quel serait le poids minimum des faucheuses expérimentées, tel qu'il serait suffisant pour que l'adhérence des roues sur le sol puisse vaincre les résistances qu'opposent les différents organes.

« Le poids de la faucheuse deviendrait trop faible lorsque les roues ne tourneraient plus, c'est-à-dire frotteraient sur le sol. Il sera suffisant lorsque la résistance au frottement de glissement des roues porteuses deviendra égale à la somme des efforts de *coupe*, *à vide* et *de roulement*.

« L'an dernier, j'ai cherché à déterminer dynamométriquement le coefficient de glissement des roues d'une faucheuse ; ces essais ont été faits à Grand-Jouan sur la faucheuse « Favorite » de Th. Pilter, en passant une barre de fer entre les raies des roues porteuses afin de les immobiliser ; la moyenne de ces expériences me donna 0,649 pour le coefficient de glissement (dans ce qui va suivre, le coefficient est forcé d'un millième et porté à 0,65).

« Si on désigne par :

S la somme des efforts *à vide* et *de coupe*;

α le coefficient de roulement de la faucheuse;

β le coefficient de glissement des roues sur le sol;

P le poids de la faucheuse;

l'adhérence est égale à βP.

Ce produit, moins la résistance au roulement qui est $P\alpha$, doit égaler la résistance S de la machine, c'est-à-dire que :

$$\beta P - \alpha P = S.$$
$$P (\beta - \alpha) = S.$$

« Or, $\beta = 0,65$; $\alpha = 0,1$ (Voy. tableau n° 5), on a, en effectuant le calcul de $(\beta - \alpha)$:

$$0,55 \, P = S.$$

« D'où,

$$P = \frac{S}{0,55}.$$

« Ainsi, en divisant par 0,55, pour chaque faucheuse, la somme de l'effort à vide (tableau n° 6) et de l'effort de coupe (tableau n° 6), on obtient le poids total P (conducteur compris), qui suffirait pour l'entraînement des organes coupeurs et de transmission (1).

« C'est ainsi que j'ai dressé le tableau n° 10, qui indique les poids Q nécessaires à chaque faucheuse, l'effort de roulement nécessité et l'économie de traction qui résulterait de la diminution de poids.

Tableau n° 10. -- *Faucheuses.* -- **Diminution de l'effort de roulement.**

MACHINES.	POIDS minima que devraient avoir les faucheuses.	EFFORTS de roulement correspondant (Coefficient = 0,1).	ÉCONOMIE de traction provenant de la diminution du poids de la machine.
Faucheuses à deux chevaux.			
	kil.	kil.	kil.
Albion n° 4..............	173.264	17,33	23,47
Favorite W.............	190,736	19,07	21,73
Incomparable..........	208.026	20,80	15,20
Atlas.................	114,630	11,47	29,33
Aultman	173,446	17,35	18,65
Adriance E............	129,952	13,00	24,40
Orion	186,368	18,63	23,37
Perfection............	206,024	20,60	27,40
Johnston F............	160,342	16,03	21,17
Favorite F............	131,040	13,10	22,90
Faucheuses à deux bœufs.			
Intrépide............	145,236	14,53	26,27
Incomparable	132,860	13,30	29,90
Albion n° 2..........	106,106	10,61	24,19
Chambonniere........	142,052	14,20	21,80
Faucheuses à un cheval.			
Incomparable	92,820	9,30	38,70
Persévérante	112,112	11,21	22,39
Éclair	95,277	9,53	20,47
Favorite W...	84,266	8,43	28,77
Adriance C...	117,026	11,70	19,50
Albion n° 6.........	71,344	7,13	25,27
Favorite F........ ..	140,868	14,08	18,32

(1) *Nota.* -- En réalité, ce qui se passe dans une expérience de ce genre est plus complexe qu'un simple frottement de glissement.

« (On trouve, au tableau n° 4, les efforts de roulement nécessités à Tulle.)

« Ainsi qu'on le constate, l'économie de traction résultant d'une diminution raisonnée dans le poids des machines serait en moyenne de :

Kil.
Pour les faucheuses à deux chevaux......... 22,742
Pour les faucheuses à deux bœufs........... 23,840
Pour les faucheuses à un cheval............ 24,774

« *Augmentation de travail résultant de la diminution de l'effort de roulement.* — Il reste à chercher dans quelle mesure l'économie de traction, provenant de la diminution de poids de la faucheuse, augmenterait la surface fauchable par jour et par attelage.

« En adoptant les chiffres donnés au tableau n° 2, en évaluant le travail mécanique total nécessaire pour couper 1 hectare et en comparant ce travail avec celui que fournit un attelage, ainsi que nous l'avons fait au tableau n° 9, on obtient les résultats suivants (tableau n° 11) :

Tableau n° 11. — *Faucheuses.* — *Surface fauchable par journée d'attelage.*

FAUCHEUSES.	TRAVAIL MÉCANIQUE TOTAL par hectare. Maxima et minima.	TRAVAIL MÉCANIQUE TOTAL fourni par l'attelage.	SURFACE FAUCHABLE par journée d'attelage.	DIFFÉRENCE entre la plus grande et la plus petite surface fauchable.
	Kilogrammèt.	Kilogrammèt.	Hectares.	Hectares.
A deux chevaux.	638 700 à 1 071 700	3 724 000	5,8340 à 3,4710	2,36
A deux bœufs...	533 800 à 745 800	2 744 000	5,1400 à 3,6800	1,46
A un cheval. ...	483 300 à 872 300	1 900 000	3,9310 à 2,1780	1,75

« Si l'on vient à rapprocher les chiffres des tableaux n°ˢ 9 et 11, on voit qu'avec les faucheuses expérimentées à Tulle un attelage peut couper :

	Hectares.
Avec les faucheuses à deux chevaux......	4,56 à 2,98
Avec les faucheuses à deux bœufs.......	3,74 à 2,90
Avec les faucheuses à un cheval........	2,60 à 1,70

« En admettant la diminution de poids proposée ci-dessus par suite de la réduction apportée dans la traction, l'étendue fauchée par journée d'attelage s'élève alors à :

	Hectares.
Avec les faucheuses à deux chevaux.....	5,83 à 3,47
Avec les faucheuses à deux bœufs.......	5,14 à 3,68
Avec les faucheuses à un cheval........	3,93 à 2,17

« En comparant les résultats, on voit qu'avec les faucheuses, par suite de la diminution de leur poids, chaque attelage couperait en plus, dans sa journée et avec la même fatigue, une surface variant suivant les machines de 0ʰᵃ,47 à 1ʰᵃ,40.

« Cette surface supplémentaire que l'on gagnerait ainsi montre toute l'importance que les constructeurs doivent apporter à la détermination exacte du poids des faucheuses.

Programme proposé pour l'essai des faucheuses.

« Enfin je terminerai cette étude déjà trop longue par l'exposé d'un programme qu'il conviendrait, à mon avis, d'adopter dans les essais de faucheuses.

« Ce programme, qui permet la vérification des différents points détaillés dans le cours de cette étude, tout en complétant cette dernière, exige au moins six séries d'expériences sur chaque faucheuse, de façon à déterminer :

« I. L'effort de traction total, la machine étant en travail ; je désigne cet effort calculé par T ;

« II. Essai de la machine, les engrenages fonctionnant seuls, la bielle enlevée et la scie relevée, = E ;

« III. Essai des engrenages débrayés, la scie frottant à terre, = S.

« IV. La scie trainant à terre, dans sa position de travail, les engrenages et la scie fonctionnant sans couper, = M ;

« V. Les organes débrayés et la scie relevée ; c'est l'effort de roulement, = A ;

« VI. Essai en vue de déterminer l'adhérence des roues, celles-ci étant immobilisées par une barre de bois ou de fer passée au travers des raies et buttant sur le timon, $= F$.

« Avec la moyenne de chacun de ces essais et le poids total P de la machine, y compris le conducteur, on peut faire les recherches suivantes.

« 1° Le coefficient de roulement α s'obtient par :

$$(1) \qquad \alpha = \frac{A}{\iota'},$$

« 2° Le coefficient d'adhérence β s'obtient par :

$$(2) \qquad \beta = \frac{F}{P}.$$

« 3° *L'effort de roulement* A est donné directement par l'essai dynamométrique V ;

« 4° *L'effort total à vide* que je désigne par f_1 s'obtient par la différence des chiffres des essais IV et V :

$$(3) \qquad f_1 = M - A.$$

« Cet effort est susceptible de se décomposer en trois parties exigées chacune par :

4-*a*. La marche des engrenages ;

4-*b*. Le mouvement de la bielle et les frottements de la lame de scie ;

4-*c*. Le traînage de la scie sur le sol.

« Chacun de ces efforts peut s'évaluer séparément :

« 4-*a*. La résistance des engrenages f est donnée par :

$$(4) \qquad f = E - A.$$

« 4-*b*. La résistance f' de la bielle et de la scie :

$$(5) \qquad \begin{aligned} f' &= M - S - (E - A), \\ f' &= M + A - (S + E). \end{aligned}$$

« 4-*c*. La résistance f'' due au traînage de la scie sur le sol :

$$(6) \qquad f'' = S - A.$$

« 5° *L'effort de coupe* f_2 est obtenu par :

$$(7) \qquad f_2 = T - M.$$

« 6° Le *poids* p minimum qu'il conviendrait de donner à la faucheuse est donné par :

$$p = \frac{f_1 + f_2}{\beta - \alpha}.$$

« En remplaçant les termes f_1, f_2, β et α par leurs valeurs respectives données aux égalités précédentes (3), (7), (2) et (1), et en simplifiant, on a :

$$(8) \qquad p = \frac{P \, T - A}{F - A}.$$

« Ainsi, avec le programme que je propose, on obtiendrait, avec six séries d'expériences par faucheuse, huit résultats intéressants, faciles à calculer ; ces résultats permettraient de déterminer exactement les différentes conditions de fonctionnement de ces machines, indiqueraient vers quelles parties il faudrait apporter les premières améliorations et de combien ces dernières influenceraient sur l'économie de la traction totale exigée. »

FANEUSES MÉCANIQUES.

Ce sont des machines qui ont pour mission de retourner le fourrage coupé par la faucheuse et abandonné sur le sol, de façon à en exposer successivement toutes les parties à l'action desséchante de l'air.

Le fanage est très souvent exécuté à bras ; les ouvriers, hommes ou femmes, sont armés de fourches à l'aide desquelles ils soulèvent une masse de fourrage, la lancent en l'air à une faible hauteur, de façon qu'en retombant elle soit retournée et plus ou moins éparpillée. Ce travail n'est pas pénible, car il n'exige pas une grande dépense de force, mais il est lent et nécessite par conséquent, pour les grandes exploitations, un personnel considérable. Les faneuses mécaniques, au contraire, qui sont des instruments à siège remorquées par un seul animal, fournissent une grande quantité d'ouvrage par jour, et une seule de ces machines suffit largement pour faner le fourrage coupé par deux faucheuses de 1^{m},30 de coupe.

Il existe trois catégories principales de faneuses mécaniques ; si l'on considère à la fois la trajectoire des pièces travaillantes et leur mode d'action sur le fourrage, on peut les classer en *faneuses à mouvement circulaire continu*, *faneuses à mouvements alternatifs* et *faneuses vire-andains*. Cette classification correspond, du reste, à l'ordre chronologique de l'invention de ces différents types.

Faneuses à mouvement circulaire continu.

Ces machines comportent un bâti rectangulaire, en fer plat, non fermé sur sa face postérieure, et supportant deux fusées auxquelles sont adaptées deux roues porteuses et motrices de grand diamètre. A l'avant du cadre se trouvent les deux brancards d'attelage.

Les pièces travaillantes, qui agissent sur une largeur variant de 1^m,80 à 2^m,50, sont placées entre les deux roues. Elles consistent en deux groupes de fourches tournant autour d'un axe parallèle à celui des fusées, mais qui ne constitue pas un essieu ; ces faneuses sont, en effet, dépourvues d'essieu proprement dit. Les fourches sont des traverses, en bois ou en métal, garnies de broches acérées et articulées à l'extrémité de bras disposés radialement sur des manchons enfilés sur l'axe ; l'articulation est complétée par un ressort qui maintient la traverse dans l'une des deux positions qu'on lui a données : développée, c'est-à-dire les broches dans le prolongement des bras, pour le travail, ou repliée, les broches perpendiculaires au bras, pour le transport. Ce ressort permet, en outre, aux fourches de céder, sans labourer la terre ni se briser, quand, par suite d'un mauvais réglage ou de la rencontre d'un obstacle, elles heurtent le sol, une pierre ou une taupinière.

Les deux groupes de fourches sont généralement indépendants l'un de l'autre ; les manchons qui soutiennent les bras sont, par conséquent, fous sur l'axe. Cette disposition permet à la machine de tourner sans que l'arbre soit tordu. Les moyeux des roues sont néanmoins pourvus d'encliquetages analogues à ceux des faucheuses, qui ont pour but d'éviter la rupture des pièces quand, les fourches étant lancées, on arrête brusquement l'attelage ; le mouvement de rotation des pièces travaillantes continue en raison de l'impulsion acquise, les cliquets sautant sur les dents des rochets.

La commande des deux groupes de fourches est assurée par un pignon en prise avec des engrenages solidaires des roues porteuses. Généralement, les fourches peuvent tourner dans deux sens opposés : *en avant*, c'est-à-dire dans le sens des aiguilles d'une montre pour un observateur regardant passer la faneuse de droite à gauche, et *en arrière* dans le sens opposé. La figure 54 montre qu'il suffit d'agir sur un levier placé à proximité des roues pour passer à volonté du fanage en avant au fanage en arrière, et réciproquement. Dans le cas du schéma A, le pignon p de l'axe f des fourches peut être mis en prise soit avec l'engrenage à denture extérieure r, soit avec l'engrenage à denture intérieure r' ; au contraire, dans la figure B, le pignon p peut être engrené avec r directement ou par l'intermédiaire d'un deuxième pignon p'. Comme les deux groupes de fourches sont indépendants, on pourrait même faire tourner l'un d'eux en avant, l'autre en arrière, ce qui ne présenterait, d'ailleurs, qu'un très médiocre intérêt.

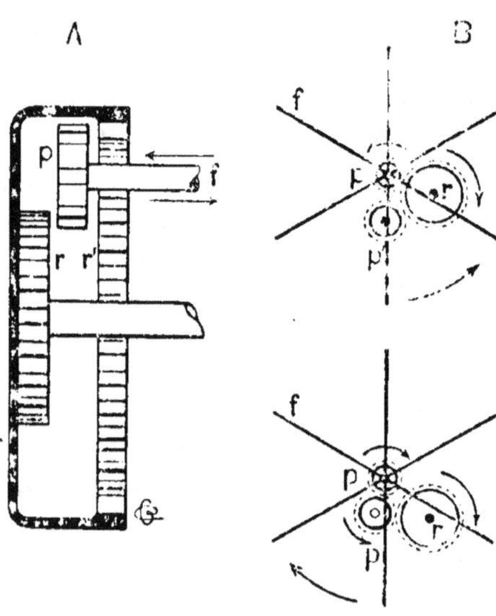

Fig. 54. — Transmissions et changement de marche des faneuses rotatives.

Le fanage en avant était recommandé au moment où on supposait que la dessiccation du fourrage était fonction du chemin qu'il parcourt dans l'espace ; les tiges saisies par les fourches sont, en effet, ramenées en avant, passent par-dessus la faneuse et sont rejetées vers l'arrière. La vitesse qu'il faut imprimer à la pointe des fourches pour obtenir ce résultat est de 5 à 7 mètres par seconde ; il y a lieu, en outre, d'entourer la machine, dans le quart ou le cinquième supérieur et antérieur de la course des fourches, d'une enveloppe ou capote en grillage ou, de préférence, en tôle, lisse ou ondulée, pour empêcher la projection du fourrage sur le dos de l'ani-

mal, surtout lorsqu'il règne un vent assez intense soufflant
par l'arrière.

Dans le fanage en arrière, la vitesse de la pointe des fourches
n'est ordinairement que de 3 à 5 mètres par seconde, et,
comme l'attelage entraîne la machine avec une vitesse
voisine de 1 mètre par seconde, mais de sens inverse, la
vitesse résultante avec laquelle le fourrage est saisi n'est que
de 2 à 4 mètres. Ce travail est donc infiniment moins brutal
que dans le fanage en avant, étant donné que, dans ce

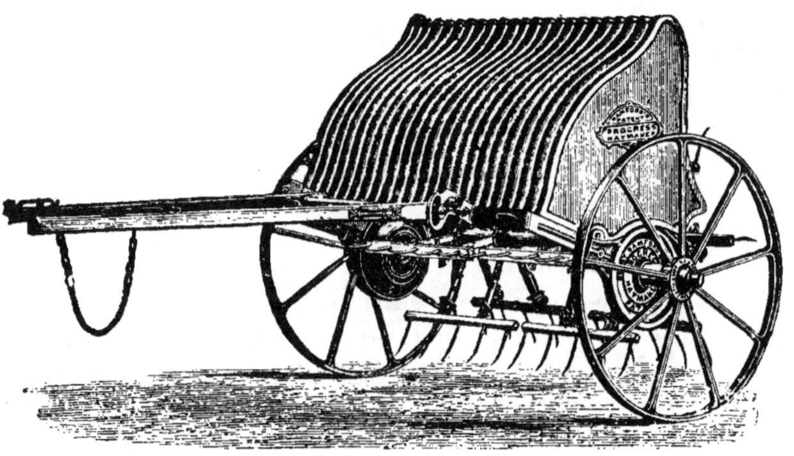

Fig. 55. — Faneuse à mouvement circulaire continu (Bamford).

dernier procédé, la vitesse de déplacement de la machine doit
être ajoutée à celle des fourches, au lieu d'en être retranchée.

Si la violence du fanage en avant n'a pas de grands inconvénients pour le foin des prairies naturelles, surtout quand
il ne contient qu'une faible proportion de légumineuses,
il n'en est pas de même pour les fourrages artificiels, dont les
feuilles, à l'état sec, se détachent très facilement des tiges. Par
contre, la vitesse du mouvement en arrière n'est pas toujours
suffisante. Aussi conviendrait-il, tout en conservant le principe
général de ces machines, qui est excellent, d'établir des
modèles pourvus de deux vitesses arrière, l'une pour les
légumineuses, l'autre pour les graminées, mais ne comportant pas le mouvement en avant, qui n'est d'aucune utilité.

Le réglage de la hauteur d'action des dents de fourches est très simplement effectué, d'après celle de l'animal moteur, grâce au montage des brancards. Ceux-ci sont, comme le montre la figure 55, articulés sur le cadre, et on les maintient dans la position convenable à l'aide d'un boulon passant au travers d'une coulisse dépendant du cadre et dans un trou du brancard. On règle l'inclinaison des brancards par rapport au cadre de façon que les dents pénètrent dans le feutrage formé par les éteubles sans toucher le sol, pour ne pas mélanger de terre au fourrage.

Bien entendu, tous les engrenages sont enfermés dans des boîtes ou carters à peu près étanches, pour les protéger contre les herbes et contre la poussière. Il est bon, aussi, de disposer, près des roues, des tôles de garde abritant les leviers d'embrayage ou de changement de marche, afin d'éviter l'engorgement par le fourrage.

Le siège est ordinairement placé, dans ces faneuses, entre les deux brancards, en avant de la capote, de façon que l'ouvrier pose ses pieds sur l'entretoise des brancards. Il serait de beaucoup préférable de le fixer, comme ceux des moissonneuses-javeleuses, à l'extrémité de l'une des fusées de roues, quoique, dans cette position, la machine soit moins bien équilibrée. En effet, en cas de chute, le conducteur ne pourrait pas se faire grand mal, tandis que, avec le premier dispositif, il est inévitablement atteint par les fourches.

Faneuses à mouvements alternatifs.

Ici, les fourches reçoivent un mouvement peu différent de celui qu'elles auraient si on les manœuvrait à la main; elles sont ordinairement à quatre branches et ne sont maintenues dans le prolongement du manche que par un ressort qui cède lorsque les pointes rencontrent le sol ou un obstacle (fig. 56). Elles sont articulées, par l'intermédiaire de coussinets, sur les différents tourillons t', d'un arbre vilebrequin, auquel les roues communiquent un mouvement de rotation très rapide (fig. 57); mais les extrémités t, des manches, opposées aux fourches F, sont, en outre, reliées au bâti par des bielles b. La composition des trois mouvements : 1° déplacement général de la machine suivant la flèche d ; 2° mouvement circulaire continu du tourillon t' du vilebrequin ; 3° mouvement circulaire alternatif de la tête t de la fourche, guidée par la bielle b — imprime à la pointe f de la fourche un mouvement dont la trajectoire est représentée par la courbe C. La figure 57 a été dessinée par nous d'après les caractéristiques d'une faneuse d'un modèle très répandu et tout récent ; c'est pendant que les fourches parcourent, dans le sens des flèches x, les portions de leur trajectoire comprises entre les points de tangence y avec le plan des éteubles et les intersections z avec une ligne X parallèle au sol, que le fourrage est saisi et lancé en l'air.

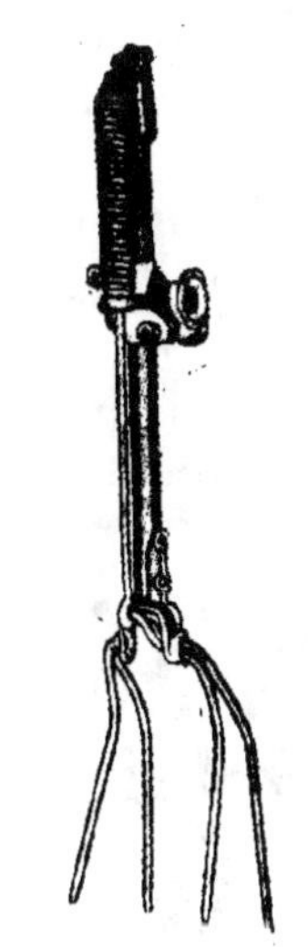

Fig. 56. — Fourche de faneuse à mouvements alternatifs.
(Champion-C. I. M. A.)

Ce mouvement est, en général, assez doux pour que les

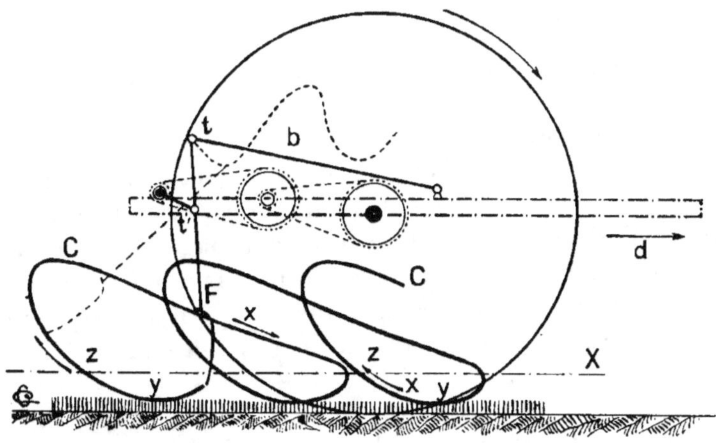

Fig. 57. — Trajectoire d'une dent de faneuse (Type Deering-Faul).

fourrages les plus délicats soient fanés sans dommage appréciable. On construisait, autrefois, des machines à deux vitesses, dont la plus réduite était destinée au travail des foin artificiels ; mais on a renoncé à cette complication, de même qu'à la rotation de la fourche autour de l'axe du manche, qu'on avait adoptée pour que l'action de la machine ressemblât encore plus à celle de l'homme, en provoquant un renversement du fourrage.

Les faneuses à mouvements alternatifs sont toutes, aujour-

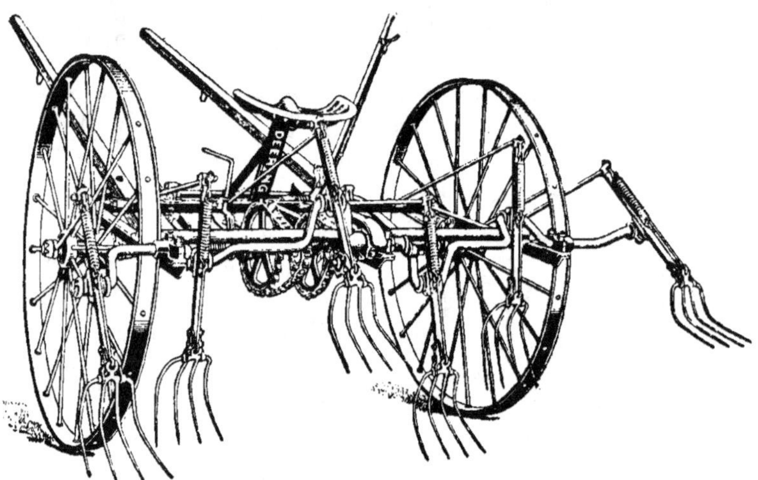

Fig. 58. — Faneuse à mouvements alternatifs (Deering-Faul).

d'hui, construites sur le même type ; la figure 58 en est une représentation. On y voit un cadre en acier profilé, supporté par deux roues entièrement métalliques, très légères, entraînant l'essieu, qui, au moyen d'engrenages et de chaînes, donne le mouvement au vilebrequin placé à l'arrière. La faneuse est pourvue de deux brancards et d'un siège ; elle comporte ordinairement six fourches, et sa largeur d'action varie de 2 mètres à 2^m,50.

Les roues, dont la jante est formée d'un fer en ⊔ cintré de façon que les flancs ou côtés libres en soient à l'extérieur, pour que les rivures des rayons soient protégées, ont des moyeux garnis de cliquets ; elles n'entraînent donc les fourches que pendant la marche en avant et permettent de tourner sans arrêter le mécanisme. L'essieu traverse tout le cadre et porte une roue dentée, intérieurement ou extérieurement, transmettant, par pignon ou par chaîne, le mouvement à un deuxième train qui attaque le vilebrequin par une chaîne (fig. 57 et 59). L'embrayage, généralement à griffes, agit le plus souvent sur la roue dentée de l'essieu. Ces transmissions sont parfois munies de coussinets à rouleaux.

Le vilebrequin, étant placé à la partie postérieure du bâti, peut déborder de chaque côté des roues; cela permet d'augmenter la largeur d'action de la machine sans accroître

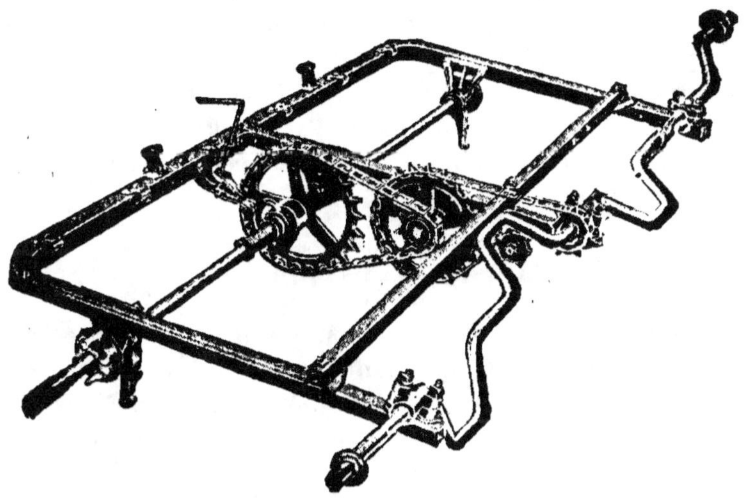

Fig. 59. — Bâti et transmission d'une faneuse (Champion-C. I. M. A.).

celle de l'essieu et du cadre. L'écartement des roues ne dépasse pas, en effet, 2^m,40, tandis que le train peut atteindre 2^m,25 ou 2^m,50. En outre, les fourches latérales remuent le fourrage, qui a été comprimé par les roues.

Les brancards sont fixés à un avant-cadre articulé avec le bâti suivant un axe parallèle à l'essieu; un levier à loquet, muni d'un secteur denté, permet d'obliquer plus ou moins les brancards par rapport au cadre et de régler, par conséquent, la hauteur d'action des fourches, comme dans les faneuses à mouvement circulaire continu. Ce levier agit par l'intermédiaire d'un puissant ressort, qui a pour but d'amortir les secousses résultant du montage de la machine en tilbury.

Le siège, dont le support peut être élevé ou abaissé dans certains modèles, selon la taille du conducteur, est placé au milieu du cadre, en avant des fourches. Nous ferons, à ce sujet, les mêmes observations que pour les faneuses du type précédent.

On construisait encore, il y a quelques années, des faneuses à deux vilebrequins, ou, plus exactement, le vilebrequin était sectionné au milieu de la machine ; chaque moitié était entraînée par une commande spéciale prenant son mouvement sur la roue correspondante. On a abandonné ce type parce que les deux vilebrequins se décalaient continuellement l'un par rapport à l'autre, quand on tournait la machine, et que les deux fourches du milieu agissaient soit trop tôt, soit trop longtemps l'une après l'autre. Le vilebrequin unique et la commande centrale, que nous avons décrits ci-dessus, sont d'ailleurs plus simples.

Faneuses vire-andains

Ces machines, d'invention récente, ont été imaginées dans le but de retourner simplement l'andain confectionné par la faucheuse ou par la faneuse elle-même lors d'un précédent passage et de le déporter, en le faisant rouler d'un demi-tour sur lui-même, sans le soulever, dans l'intervalle de deux andains consécutifs. Elles ont été accueillies avec intérêt, dès leur apparition, dans les pays de climat humide, parce que le foin, lorsqu'il est en andains, souffre moins d'une pluie légère que s'il est éparpillé sur le sol. En outre, la douceur de leur action les fait apprécier pour le fanage des foins artificiels.

On a déjà construit un très grand nombre de modèles de vire-andains. La figure 60 représente un des premiers dont nous ayons eu connaissance. Il se compose d'un châssis tubulaire léger, à trois roues, dont les deux d'arrière, R et R′, motrices, et celle d'avant, R″, directrice. Les premières communiquent, au moyen de chaînes, un mouvement rapide de rotation à un vilebrequin disposé obliquement par rapport à la direction suivie par l'attelage ; ce vilebrequin agit, par l'intermédiaire de bielles b et b', sur deux fourches, F et F", simplement articulées au bâti et qui ne reçoivent, par conséquent, qu'un mouvement de va-et-vient, au cours duquel elles repoussent latéralement l'andain en le roulant sur lui-même. Un râteau interposé entre les deux fourches mobiles et désigné par r sur la figure empêche la déformation de l'andain et le bourrage de la machine en cas de grand vent. Cette machine travaille, comme on le voit, deux andains consécutifs, et les

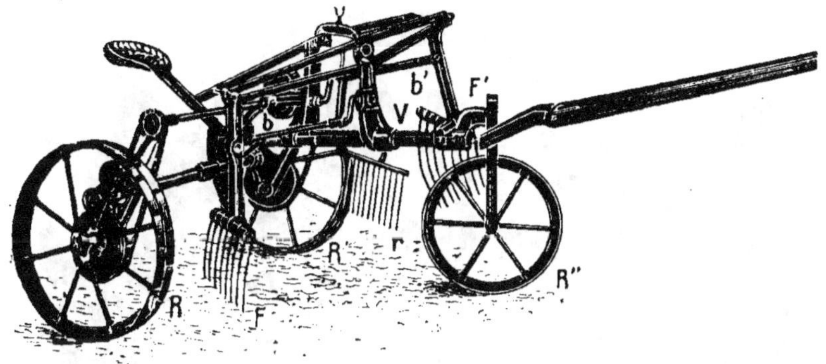

Fig. 60. — Faneuse vire-adains (Blackstone premier type).

mouvements y sont analogues à ceux des faneuses à mouvements alternatifs.

Tout ceux qui suivent depuis quelques années le concours général agricole de Paris y ont remarqué des vire-andains dont les pièces travaillantes sont formées de lames métalliques dentelées sur une partie de leur périphérie et montées, par groupes de six, sur un arbre parallèle au sol (fig. 61); un excentrique et un double jeu de bielles obligent la partie dentée des palettes à rester à peu près parallèle à elles même au voisinage du sol. L'effet est analogue à celui de la machine précédente.

Si l'on veut que le retournement ne détériore pas les fourrages très délicats, il faut éviter de soulever l'herbe et de la laisser retomber. Comme, d'autre part, il est toujours avantageux, au point de vue mécanique, de n'employer que des mouvements continus, il faut, si on emploie des fourches à rotation continue, qu'elles se présentent, devant le fourrage,

dans une direction à peu près perpendiculaire au sol, et
qu'elles conservent très sensiblement cette position, au moins
pendant tout le temps qu'elles agissent sur lui. Les différentes
solutions adoptées par les inventeurs pour satisfaire à ces
multiples conditions ont conduit à des combinaisons cinéma-
tiques extrêmement ingénieuses et intéressantes, que le cadre
de ce volume ne nous permet malheureusement pas d'étudier
autrement que d'une façon très succincte.

Fig. 61. — Faneuse vire-andains (Ransomes-Wallut).

Tel est, par exemple, le vire-andains représenté par la figure 62.
C'est une machine montée en tilbury, dont les deux roues
actionnent à volonté, de gauche à droite ou de droite à gauche,
des arbres A terminés chacun par un engrenage C qui, grâce
au pignon C', fait tourner un plateau P, situé en face de lui,
mais dont l'axe O est oblique, d'arrière en avant et de haut en
bas, par rapport au sien. Ce plateau porte, articulées au
moyen de boulons perpendiculaires à son plan, un certain
nombre de douilles dans lesquelles sont engagées les extrémités, repliées à angle droit, de broches en acier d, d', assez fortement cintrées. Les axes des douilles étant perpendiculaires

à ceux des boulons, les broches se trouvent articulées comme sur des joints de Cardan. Elles sont, d'autre part, maintenues, vers leur partie médiane, par d'autres broches b, b', formant bielles et reliées à un collier tournant autour du fourreau B de l'arbre A, qui transmet le mouvement. Grâce à l'inclinaison de O par rapport à A, ces bielles agissent sur les broches fourches d, d', de façon à les maintenir dans des plans sensiblement verticaux et les soutiennent pour passer au-dessus de l'arbre A.

En faisant tourner les

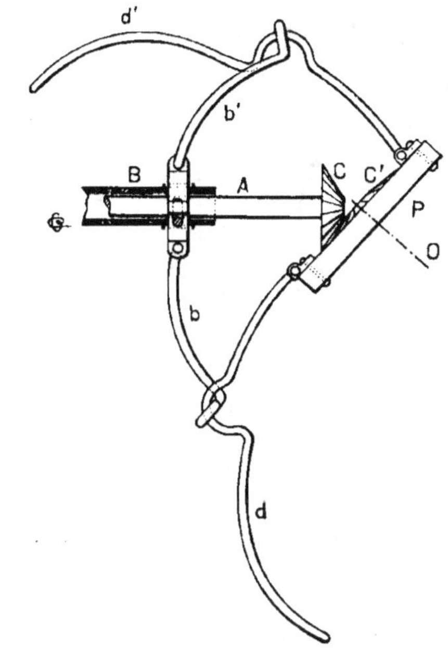

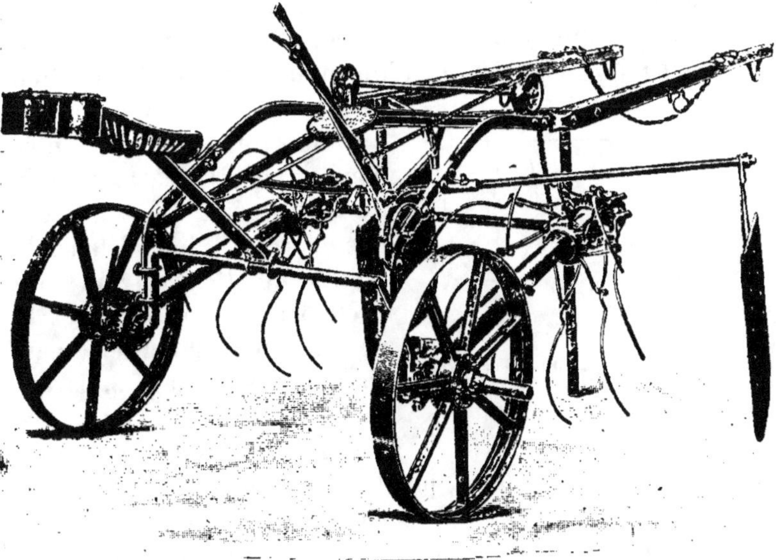

Fig. 62. — Faneuse vire-andains et son principe (Blackstone, nouveau type).

deux organes en sens inverse l'un de l'autre, on peut réunir deux andains voisins en un seul, de sorte que la machine peut servir de râteau continu.

Les types les plus récents reposent sur un principe plus simple, et, pour bien en saisir le fonctionnement, il suffit d'examiner la figure 63, qui représente deux cercles de même rayon, O et O′, disposés sur un même niveau et accouplés par la bielle horizontale AA′. Celle-ci restant horizontale, si l'on imprime aux cercles un mouvement de rotation, dans le sens de la flèche 2 autour d'axes passant par O, O′, et perpendiculaires à leur

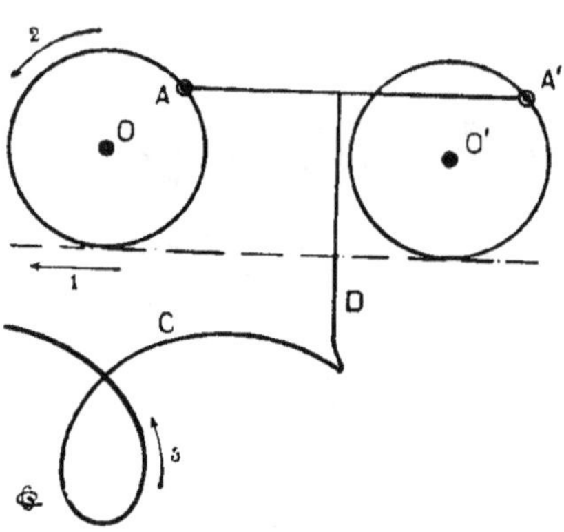

Fig. 63. — Trajectoire de l'extrémité d'une fourche de faneuse vire-andains fixée sur une bielle d'accouplement.

plan, une broche D, fixée sur cette bielle, restera parallèle à elle-même pendant ce mouvement. Si, en outre, on anime, suivant 1, l'ensemble des cercles d'un mouvement de translation dans le plan de la figure, et que la vitesse en soit inférieure, pour O et O′, à celle qui résulterait du roulement des cercles, les différents points de D décrivent des cycloïdes raccourcies, et la pointe, en particulier, parcourt, dans le sens 3, la cycloïde C figurée sur notre dessin. Mais on voit qu'il

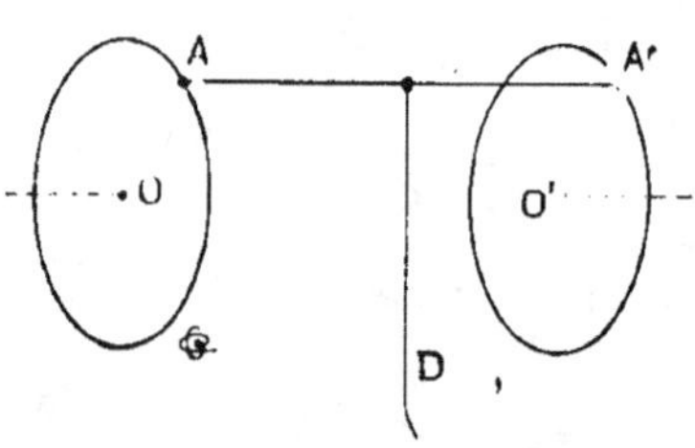

Fig. 64. — Faneuse vire-andains. Fourche fixée sur une bielle non située dans le plan des disques.

n'est nullement nécessaire, pour que ce résultat soit obtenu, que les deux cercles O et O′ soient dans le même plan : ils peuvent tout aussi bien être dans des plans parallèles, pourvu que la bielle d'accouplement soit articulée en A et en A' (fig. 64). Enfin, si la translation a lieu dans une direction oblique au plan des deux cercles, mais toujours horizontale, la pointe de la dent verticale D parcourra une trajectoire qui, projetée sur un plan vertical parallèle à la direction, sera du même genre que la courbe C. On utilise, comme dans les faneuses à mouvements alternatifs, la portion de cette trajectoire suivant laquelle la dent remonte tout en se déplaçant vers l'avant, pour pousser le fourrage à la fois en avant et sur le côté, ce qui retourne l'andain.

C'est sur ce principe qu'est établie la machine ci-contre (fig. 65), qui comprend deux groupes de pièces travaillantes. Les cercles de notre figure schématique sont remplacés par des croix à quatre branches égales, en fonte, montées sur un moyeu central, et leurs axes de rotation, O et O' à peu près parallèles à la direction de traction, sont situés dans un même plan horizontal, mais à une distance l'un de l'autre égale à la largeur d'un andain ; ils sont placés, dans chaque groupe de deux, l'un en avant de l'autre. Les biellés A, A', au nombre de quatre par groupe, sont repliées à leurs extrémités, de façon à se présenter normalement aux plans des croix, ce qui permet de les articuler dans des coussinets. Quant aux dents, ce sont des broches d'acier D, enroulées plusieurs fois autour des bielles, ce qui leur donne une certaine élasticité ; il y en a ordinairement six par bielle. Afin d'éviter l'engorgement, les deux croix postérieures sont protégées par des disques en tôle à bord légèrement embouti. Chacune des roues commandant un arbre, la machine est dépourvue de cliquets ; la transmission est assurée par des engrenages d'angle. La machine,

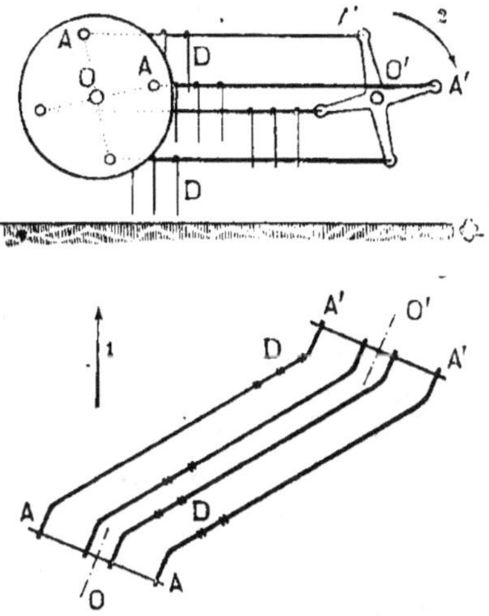

Fig. 65. — Principe d'une faneuse vire-andains (Martin's cultivator Cᵒ).

qui se déplace dans le sens de la flèche 1, les pièces tournant suivant 2, est pourvue de brancards articulés sur le bâti, comme dans les machines précédentes, pour régler la hauteur d'action des dents ; mais le conducteur dispose en outre de leviers et de pédales pour soulever l'un ou l'autre des groupes de pièces. Enfin le siège est placé complètement en arrière des organes actifs, ce qui écarte toute chance d'accident grave en cas de chute. On trouve aussi des faneuses à trois groupes de fourches, le troisième étant adapté sur le prolongement de l'essieu et soutenu en arrière par une roulette articulée ; on peut d'ailleurs reporter, suivant besoin, ce dernier groupe au milieu de l'essieu, quand on veut utiliser la machine comme aligneuse.

RATEAUX A CHEVAL.

Lorsque le foin est éparpillé sur le sol, il convient, pour en faciliter le chargement dans la voiture, de le rassembler en tas ou en andains volumineux. On se sert alors de grands râteaux, ou *fauchets*, manœuvrés à bras, au moyen desquels on tire peu à peu la récolte pour constituer des meulons. Ces râteaux sont, le plus souvent, tout en bois ; mais, si l'on veut des dents en fer, il faut les choisir à pointe mousse, pour éviter de mélanger de la terre aux fourrages ; les dents constituées par un fil d'acier replié, avec arrondi, dans sa partie médiane, nous paraissent recommandables.

La manœuvre du râteau à bras étant assez pénible et surtout très lente, on peut utiliser des râteaux montés sur des roues R, R', ayant $0^m,50$, environ, de diamètre et munies de dents flexibles, d, en acier, analogues à celles des râteaux à cheval américains. On les tire à l'aide d'une flèche T terminée par une traverse, t, et une tringle, t', reliée à un levier l articulé près de la traverse, permet de soulever ou d'abaisser simultanément toutes les dents (fig. 66). Un homme, même peu vigoureux, manœuvre sans difficulté un semblable râteau à bras de $1^m,35$ de largeur.

Les machines attelées chargées d'effectuer ce travail opèrent très vite et sont assez légères pour pouvoir être tirées par un

seul cheval. Ce sont les *râteaux à cheval*; ils rassemblent le foin
en lignes d'andains entre lesquelles circuleront, ultérieurement, les véhicules de transport. Nous les diviserons, pour la

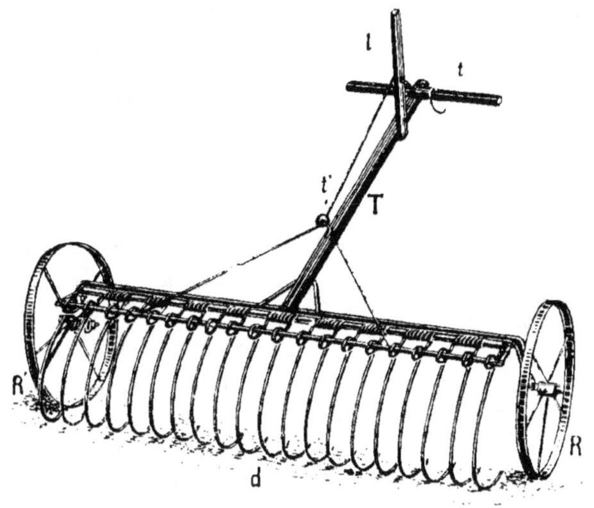

Fig. 66. — Râteau à bras (E. Puzenat et fils).

commodité de notre étude, en *râteaux à décharge intermittente* et *râteaux à décharge continue.*

Râteaux à décharge intermittente.

Ce sont ceux auxquels on applique de préférence la déno-
mination de râteaux à cheval et qui sont, d'ailleurs, les plus
anciennement connus. Ils se composent d'un cadre, muni de
nombreuses dents qui frôlent le sol et qui tournent, quand le
conducteur le juge utile, autour d'un essieu supporté par deux
roues de grand diamètre, pour abandonner la masse de
fourrage rassemblée et retomber, ensuite, dans la position
précédente, afin de râteler à nouveau. La machine est le plus
souvent munie, comme les faneuses, de brancards réglables
et d'un siège pour le conducteur.

Ces râteaux abandonnent le fourrage rassemblé en une
sorte de rouleau, dont la longueur dépend de la largeur de la
machine, mais qui reste toujours perpendiculaire à la direc-

tion suivie par elle. L'ouvrier conducteur qui a ainsi déposé les rouleaux sur le premier train *a* (fig. 67) doit manœuvrer les organes de déchargement, sur les trains suivants, *b*, *c*, etc., de façon que les nouveaux rouleaux soient à la hauteur de ceux du train précédent, en formant sur chaque ligne perpendiculaire au train un andain continu. Cette manœuvre, sans être difficile à exécuter, exige un peu d'attention et d'habitude.

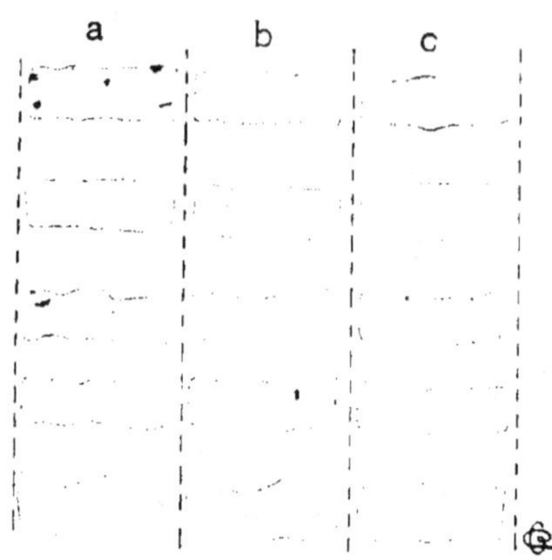

Fig. 67. — Disposition des andains avec les râteaux à décharge intermittente.

Dents. — Les anciens modèles de râteau étaient pourvus de dents encastrées d'une façon rigide dans le bâti ; on était obligé, pour éviter qu'elles se faussassent trop facilement, de leur donner, en section, une grande largeur et une grande épaisseur ; elles étaient donc fort lourdes. Aujourd'hui, grâce aux procédés perfectionnés de métallurgie et de laminage, on fait ces dents en acier profilé, et, comme on les assemble avec le bâti au moyen de douilles articulées, on peut les rendre beaucoup plus légères, puisque, si elles rencontrent des obstacles, elles s'écartent sans se fausser. On les

Fig. 68. — Principaux profils, en section, des dents de râteaux à cheval.

constitue par des barres d'acier doux à section circulaire, elliptique, en I, en croix, en V, etc. (fig. 68). Dans notre pays, c'est surtout aux fers en I qu'on a recours. On les cintre à chaud pour leur donner le profil représenté par les figures 73, 82, 83, etc. Quant à la pointe, elle doit non pas s'appliquer sur le sol, mais être, au contraire, retroussée vers l'avant, de façon que le dos de la lame, seul, porte à terre (fig. 69). Cette disposition offre l'avantage d'éviter que le fourrage soit souillé de terre; en outre, si les dents rencontrent un obstacle, elles le franchissent facilement grâce au biseau et, comme elles s'insèrent aisément entre les éteubles, elles rassemblent tout aussi bien le fourrage que si elles portaient par la pointe.

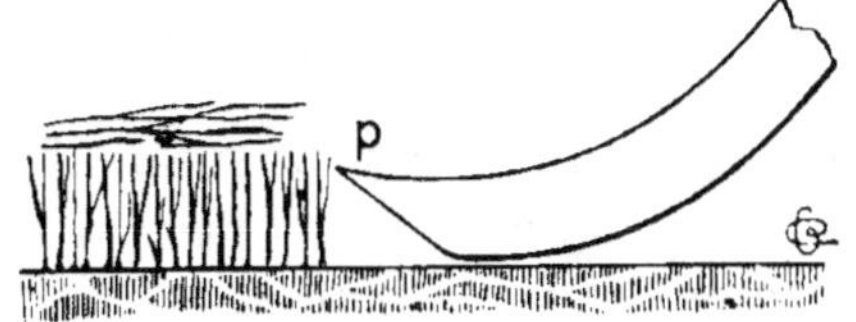

Fig. 69. — Extrémité d'une dent.

Les dents des machines américaines, plus légères que les nôtres, sont formées de tringles d'acier à section circulaire, généralement aplaties à leur pointe; pour augmenter leur action, tout en leur conservant une grande souplesse, certains constructeurs enroulent ces tringles, près de la monture, suivant une boucle complète (fig. 73 et 80).

Ainsi que nous l'avons dit, les dents sont réunies au bâti par des douilles ou menottes, en fonte, enfilées sur une tringle cylindrique; elles sont ainsi articulées autour d'un axe perpendiculaire à leur plan et peuvent osciller verticalement. L'amplitude de ce mouvement étant d'une trentaine de centimètres à la pointe, elles franchissent sans difficulté tous les obstacles qu'on rencontre d'ordinaire dans un champ. Les dents américaines, en raison de leur légèreté, sont repliées à angle droit à l'extrémité opposée à la pointe et maintenues, avec un certain jeu, par un chapeau boulonné sur une traverse; ce léger jeu, joint à l'élasticité résultant du repliage en boucle, leur donne une mobilité suffisante.

Les constructeurs français adoptent en général, comme écartement des dents, 65 ou 75 millimètres; on trouve cependant des machines où les dents sont plus rapprochées (45 millimètres) ou plus éloignées (90 à 100 millimètres). Pour les râteaux légers du type américain, cet écartement varie de 70 à 100 millimètres.

6.

Bâti. — C'est, dans les modèles européens, à fortes dents, un cadre rectangulaire monté, au moyen de coussinets, sur l'essieu porteur. La tringle qui supporte les menottes est fixée sur une traverse repliée à angle droit à ses deux extrémités, qui sont munies également de coussinets engagés sur l'essieu. Cette traverse est maintenue, en avant et au-dessus, par une butée qui dépend du bâti et qui limite, à la descente, la course des dents : celles-ci, avant leur assemblage avec la traverse, passent au-dessus de l'essieu, sur lequel elles frottent pendant le mouvement de rotation.

Quant aux brancards, ils sont articulés à un cadre relié, d'une part, au cadre du bâti ; d'autre part, à l'essieu ; les montants-supports calés sur ce dernier soutiennent, en même temps, une traverse en fer plat, sur laquelle le siège est fixé. Les brancards sont parfois remplacés par un timon et, très souvent, les deux brancards peuvent être fixés côte à côte au milieu du bâti, de façon à former, à eux deux, une flèche solide.

Roues. — Elles sont entièrement métalliques ; leur diamètre varie de 1^m,30 à 1^m,50, et leur moyeu est généralement garni d'un tambour cylindrique ou d'un rochet à denture intérieure ou extérieure. Elles sont parfois munies de coussinets à rouleaux. La jante a un profil convexe dans les machines européennes et concave dans celles originaires des États-Unis.

Mécanismes de décharge. — Les premiers modèles ne comportaient pas de mécanisme automatique pour assurer la décharge ; l'ouvrier suivait à pied la machine et actionnait, de l'arrière, un levier qui soulevait le râteau. Cette manœuvre était d'autant plus pénible que les dents étaient fort lourdes.

Dans les râteaux très légers qu'on construit actuellement en Europe centrale, les dents sont articulées sur une traverse dépendant du châssis, et ce dernier est formé de deux parties articulées autour d'un axe parallèle à l'essieu, l'une d'elles étant reliée aux brancards, l'autre aux dents. Il suffit d'incliner cette dernière par rapport aux brancards pour faire tourner l'arrière du cadre autour de l'essieu et décharger le râteau. La manœuvre s'opère généralement d'une façon très simple : le siège est placé de telle façon que, si l'ouvrier se tient droit, les dents frôlent le sol ; quand, au contraire, il se penche en avant, le déplacement du centre de gravité provoque l'inclinaison du bâti et, par suite, le soulèvement des dents. C'est donc en se penchant et en se redressant, alternativement, que le conducteur manœuvre son râteau ; il peut d'ailleurs faciliter le déchargement en opérant une traction sur un montant en bois fixé au cadre des brancards.

On trouve aussi, en France, des râteaux légers dans lesquels les dents, montées sur une traverse articulée à l'essieu, peuvent être soulevées d'un seul coup par une pédale, qui met en mouvement une chaîne reliée à une manivelle rivée sur la traverse.

Mais, dans la majorité des cas, c'est le cheval qui fournit l'effort nécessaire pour soulever les dents, et un déclenchement automatique les fait retomber sur le sol. A cet effet, le conducteur, placé sur le siège, actionne une pédale qui enclenche le cadre mobile sur un organe solidaire des roues. Cet enclenchement est assuré tantôt par un frein à ruban qui agit sur un tambour cylindrique, tantôt par un doigt, ou chien, qu'on met en prise avec un rochet : le tambour ou le rochet est venu de fonte avec le moyeu des roues.

Enclenchement à frein. — Le frein est un ruban d'acier *r* attaché, par l'une de ses extrémités *a* (fig. 70) à une pièce tournant autour de l'essieu et qui peut être soit la tringle même sur laquelle sont

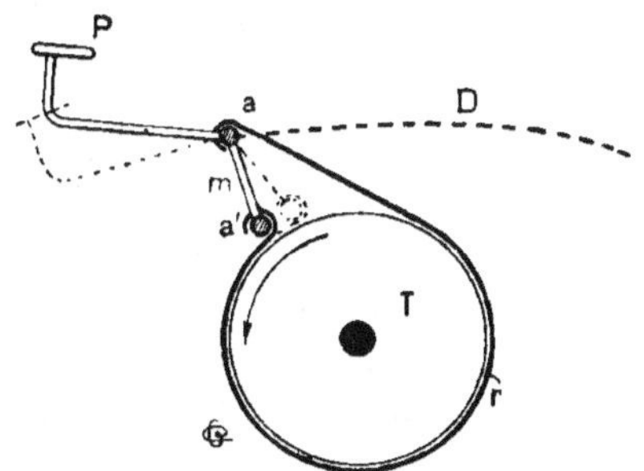

Fig. 70. — Enclenchement à frein pour râteaux
à décharge intermittente.

montées les dents D, soit une manivelle articulée sur l'essieu et qui entraîne la traverse mobile. Le ruban entoure le tambour T et aboutit à une menotte *m* qui en réunit les deux extrémités *a* et *a'* ; si, à l'aide de la pédale P, on fait tourner la menotte autour de *a*, pour lui faire prendre une position telle que celle marquée en pointillé sur la figur e le frein est serré sur le tambour, et l'ensemble $a\,r\,a'm$ tourne en même temps que la roue, en entraînant les dents D qui sont soulevées. Lorsque l'arc décrit par ces dernières est suffisant pour que le fourrage soit déchargé, une butée soulevant la pédale fait revenir la menotte dans sa position première $a\,a'$, et le frein peut alors glisser sur T; les dents retombent donc jusqu'au niveau du sol.

Il existe aussi des freins dont le serrage est obtenu par déplacement latéral, parallèlement à l'essieu, de l'extrémité a'; le résultat en est le même.

La figure 71 représente un râteau muni d'un enclenchement par frein à ruban. Ce mécanisme fournit un embrayage très

Fig. 71. — Râteau à frein (Howard-Pilter).

doux, pour ainsi dire progressif, et réduisant beaucoup le choc que l'animal tracteur reçoit au début du déchargement. Son seul inconvénient est que, s'il fait humide, ou si des brins d'herbe se sont interposés entre le tambour et le frein, ce dernier est, en quelque sorte, lubrifié, et il peut en résulter des ratés.

Enclenchements par chien et rochet. — Nous partagerons les râteaux appartenant à cette catégorie en deux groupes : ceux dans lesquels l'enclenchement est brusque et ceux où l'enclenchement proprement dit résulte d'une manœuvre par laquelle le conducteur a commencé, en exerçant un effort, d'ailleurs faible, à opérer le soulèvement.

Enclenchement brusque. — L'embrayage brusque, qui fut

tout d'abord adopté, semblait, depuis quelques années, devoir être réservé aux râteaux légers. C'est, du reste, le seul employé pour les râteaux du type américain ; nous allons l'examiner tout d'abord.

Les rochets sont parfois venus de fonte avec le moyeu des roues ; comme les dents ne s'usent que d'un seul côté, sous l'influence de l'encliquetage, il suffit, lorsque ce côté est trop endommagé, de changer les roues entre elles pour utiliser les faces encore intactes. D'autres constructeurs préfèrent employer des rochets amovibles, engagés dans des cuvettes solidaires des moyeux ou rapportés sur les boîtes : dans ce dernier cas, le rochet est à la fois amovible et réversible. Ces

Fig. 72. — Cuvette-rochet et tringle d'embrayage réversible (Champion-C. I. M. A.).

différents dispositifs sont applicables aussi bien aux rochets à denture intérieure (fig. 72) qu'à ceux à denture extérieure (fig. 74).

Quant aux chiens qui, au moment voulu, sont engagés dans les dents des rochets, on les obtient ordinairement en recourbant à angle droit, à ses deux extrémités, une tringle cylindrique en acier à laquelle l'ouvrier conducteur imprime un léger mouvement de rotation au moment où il veut décharger le râteau. Cette tringle est tantôt d'un seul morceau, tantôt formée de deux pièces placées bout à bout. Dans le premier cas, elle est fréquemment cintrée en V, en son milieu, engagée dans une coulisse articulée sur le bâti, et commandée par la pédale ou le levier de manœuvre. Dans le second, les deux extrémités voisines sont repliées à angle droit, sous une forme et des dimensions identiques à celles des chiens, et maintenues par des pièces en fonte formant manchon d'assemblage (fig. 72) ; on peut ainsi retourner ces demi-tringles et utiliser comme chiens les parties coudées, quand les chiens proprement dits sont usés.

Les mécanismes qui assurent la rotation de la tringle sont très nombreux ; ils comportent d'ailleurs tous une pédale, placée à portée du pied du conducteur, et dont l'abaissement a pour effet d'engager les chiens dans les rochets, ce qui solidarise la traverse mobile avec les roues et provoque, par conséquent, le déchargement. Lorsque les dents ont été soulevées d'une quantité suffisante pour que tout le fourrage qu'elles avaient ramassé soit déposé sur le sol, une came,

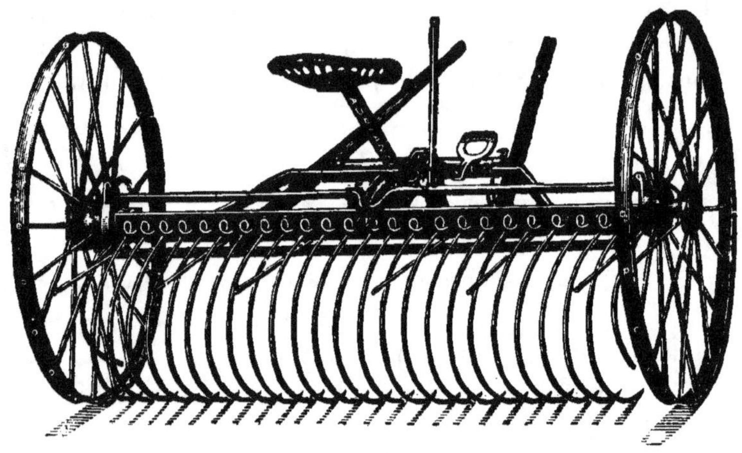

Fig. 73. — Râteau à décharge intermittente avec tringle d'embrayage commandée par une coulisse (Adriance-Platt C⁰).

ou une butée, dégage les chiens des rochets, et le râteau retombe.

La figure 73 représente un râteau dans lequel les mouvements des chiens sont commandés par une coulisse. On y distingue la tringle, parallèle à l'essieu, et cintrée en U dans sa partie médiane ; c'est la partie cintrée qui est engagée dans une coulisse solidaire de la pédale. En abaissant cette dernière, on soulève la coulisse et, par suite, l'U de la tringle. Les chiens s'engagent dans les rochets, et les dents tournent autour de l'essieu ; mais la coulisse, qui ne participe pas à ce mouvement, et dont la courbure a été convenablement établie, bloque la partie cintrée de la tringle quand l'arc décrit par les dents est suffisant, la fait tourner en sens inverse du mouve-

ment que la pédale lui avait imprimé et dégage les chiens.
Pendant la chute des dents, le poids de la coulisse suffit pour
ramener l'U de la tringle vers le bas, ce qui maintient les
chiens soulevés.

L'appareil d'enclenchement de la figure 74 comporte, au lieu
d'une coulisse, une butée de débrayage, rivée sur la traversa
en fer cornière placée à la partie inférieure du dessin. Le

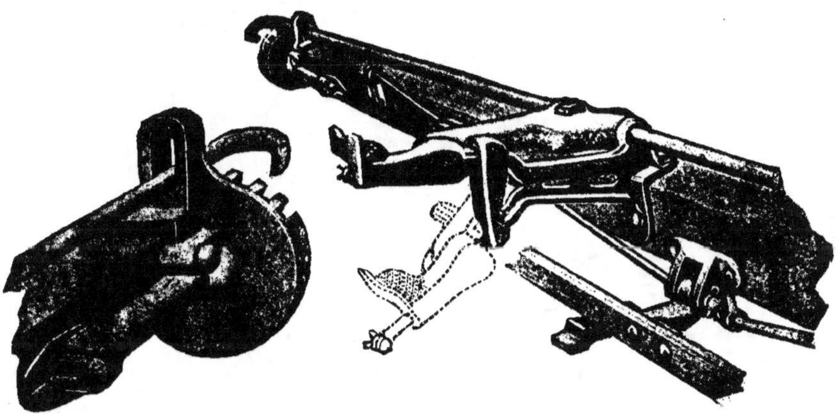

Fig. 74. — Rochet, tringle, pédale et verrou d'encliquetage d'un râteau à décharge
intermittente (Champion-C. I. M. A.).

pédale, qui termine vers l'avant le manchon d'assemblage des
deux demi-tringles, peut être abaissée par l'ouvrier et venir
occuper la position indiquée en pointillé. Elle s'est déplacée,
pendant ce mouvement, devant un curseur fixé sur la traverse
qui soutient les dents et contre lequel appuie, sous l'influence
d'un ressort à boudin, un loqueteau dépendant de la pédale ;
comme le curseur présente, à sa partie inférieure, une petite
encoche, le loqueteau maintient la pédale dans la position
pointillée et, par conséquent, les chiens engagés, pendant toute
la période de soulèvement. Mais, lorsque, à fin de course, la
pédale vient frapper la butée, celle-ci force le loqueteau à
franchir l'encoche, soulève la pédale et dégage les chiens   le
ressort du loqueteau s'oppose à ce que ces derniers entrent
intempestivement en prise avec les rochets.

Les autres mécanismes comportent une transmission, généralement très simple, qui relie la pédale à la tringle, un ressort qui maintient les chiens soulevés quand on n'agit pas sur la pédale et une butée de dégagement.

Ajoutons que ces râteaux légers sont toujours pourvus d'un levier au moyen duquel le conducteur peut soulever les dents sans faire intervenir les rochets et les chiens, ce qui permet

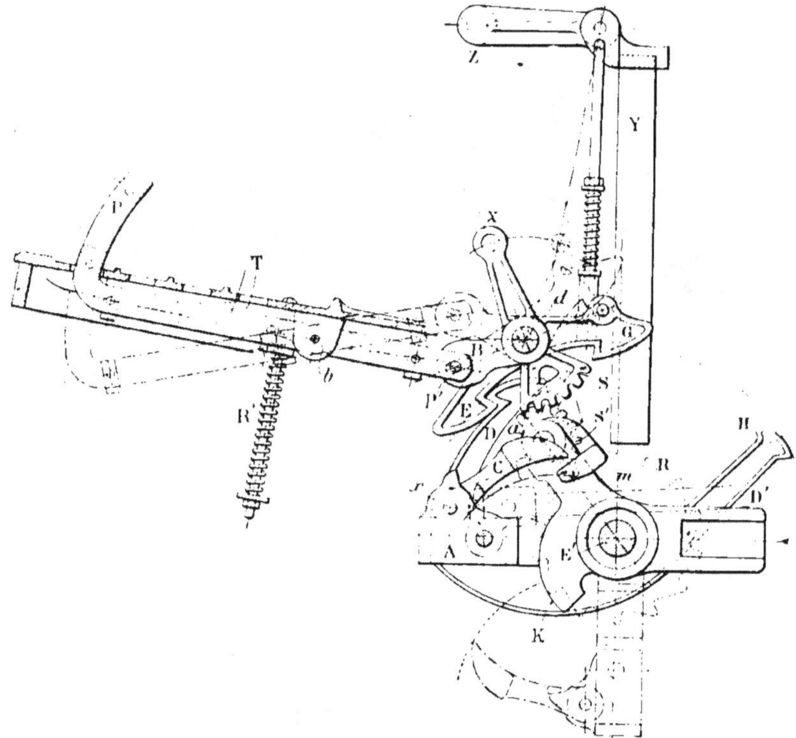

Fig. 75. — Détail d'un mécanisme d'embrayage pour enclenchement brusque (J. Garnier et Cie).

de décharger la machine lorsqu'elle est arrêtée ; mais, comme ce levier peut être embrayé lorsque les dents sont relevées, on l'utilise surtout pour mettre la machine en position de transport.

Les constructeurs français semblent revenir à ce type d'embrayage, au moins pour leurs modèles légers ou moyens. Tel est, par exemple, le râteau dont la figure 75 représente le mécanisme. On voit, en E′, l'essieu ; en A, le cadre sur lequel sont articulées les dents D′ ; en C, le chien, mobile autour de l'axe x ; en R, le rochet solidaire des roues porteuses ; enfin, en P, la pédale qui dépasse de quelques centimètres le tablier T, sur lequel l'ouvrier, occupant le siège relié au montant Y, pose ses pieds quand il conduit la machine. Pendant la période de ramassage, le chien C est maintenu soulevé par le mentonnet m, qui est articulé autour de l'axe a, solidaire du bâti général de la machine. Lorsqu'on veut opérer le déchargement, on appuie sur la pédale P, qui tourne autour de l'axe b, relié au tablier T et dont l'extrémité P′ entraîne, par l'intermédiaire de la manivelle B, le secteur denté S, articulé sur l'axe d ; ce secteur, engrenant avec un deuxième secteur S′, solidaire de m, fait pivoter le mentonnet et libère le chien C, qui tombe dans le rochet R. Le cadre A et les dents D′ tournent autour de l'essieu E′ ; le déchargement effectué, le taquet K, qui n'est autre chose qu'un secteur excentré par rapport à E′, dégage le chien et, comme le ressort R′ a ramené à leurs positions primitives la pédale P et les pièces B, S, S′, m, ce chien vient reposer sur le mentonnet dès que les dents sont retombées et que le cadre A est redevenu horizontal. Mais, à ce moment, le crochet D est engagé dans le cran de la pièce E, articulée en d et entraînée par le mouvement de la pédale ; il est donc impossible que le râteau se soulève sans que l'ouvrier ait, en agissant sur cette dernière, dégagé les organes DE et libéré, en même temps, le chien C.

Enclenchement semi-progressif résultant d'un soulèvement partiel opéré par le conducteur. — Ce fut, pendant une période comprise entre 1895 et 1905, le procédé d'enclenchement le plus employé par les constructeurs français, qui l'appliquent encore, du reste, très fréquemment, surtout pour les râteaux lourds. Le principe en est le suivant (fig. 76) :

Soient E l'essieu, A le cadre supportant les dents D, R le rochet, C le chien, et B une pièce du bâti, reliée aux brancards et ne participant pas, par conséquent, au mouvement de rotation du cadre. Supposons que, pendant la période de ramassage, les dents frôlant le sol, le chien C puisse reposer sur un support s dépendant de B. Quand l'ouvrier veut décharger le râteau, il appuie sur la pédale P, reliée au cadre A ; ce dernier tourne autour de l'essieu E, en entraînant les dents D et le chien C. Lorsque l'ensemble occupe la position P_1D_1, après avoir décrit un angle qui peut sans inconvénient être très petit, le chien C, n'étant plus soutenu par s, tombe en C_1 dans le rochet R ; celui-ci, qui est solidaire de la roue, conduit

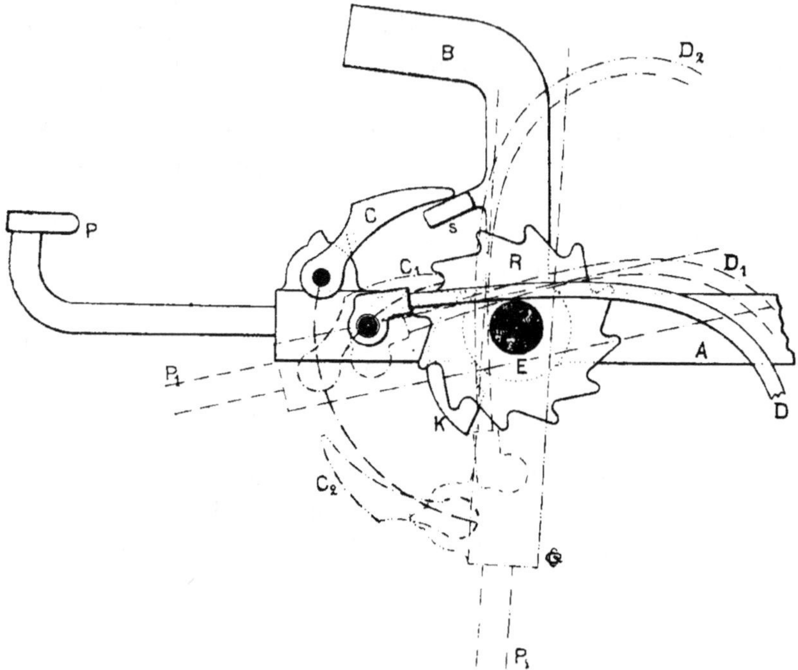

Fig. 76. — Principe de l'enclenchement semi-progressif appliqué aux râteaux à cheval.

à son tour le chien ; tout se passe comme dans les appareils précédents et les organes ci-dessus parviennent en P_2D_2. La rampe excentrée K dégage le chien, et ce dernier (C_2) revient, à la fin de la chute, se placer sur le support s. On a cru nécessaire, autrefois, de le guider pendant ce mouvement de retour ; mais on a rapidement reconnu que c'était inutile, la réaction centrifuge qui résulte de la rotation rapide de la pièce étant plus que suffisante pour maintenir le chien écarté.

Si la pédale P est bien disposée, l'effort à exercer n'est pas considérable et peut être abaissé, dans les bons modèles, à 4 et même à 3 kilogrammes ; il faut remarquer, du reste, que la hauteur verticale du soulèvement opéré par l'ouvrier est très faible. Nous donnons ci-contre (fig. 77) le schéma d'un des dispositifs les plus employés.

La pédale P entraîne, par son talon postérieur, la manivelle m qui, par l'intermédiaire de la bielle b, fait tourner autour de l'essieu E le cadre B qui supporte les dents d. Pour manœuvrer le râteau quand on suit à pied derrière l'instrument, on soulève le levier L, articulé sur le même axe que P et muni d'un ergot qui force la pédale à tourner, produisant ainsi le même effet que l'action du pied. On voit, en outre

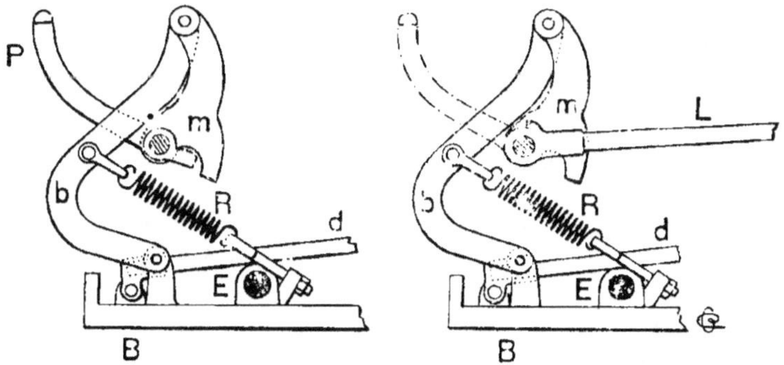

Fig. 77. — Pédale et levier pour enclenchement semi-progressif (E. Puzenat et fils).

que la bielle b exerce un effort de traction sur le cadre, en arrière de l'essieu, par l'intermédiaire du ressort R.

La pédale accompagne obligatoirement le cadre pendant la rotation ; l'amplitude de son mouvement est donc d'environ un quart de circonférence, tandis que, dans les modèles précédents, un déplacement de quelques centimètres suffisait pour provoquer l'embrayage. Comme cette pédale revient un peu brutalement à sa position première, les constructeurs ont soin de la déporter latéralement d'une quantité suffisante pour que l'ouvrier ne puisse pas être heurté par elle, tout en l'ayant bien à portée du pied.

Comparaison de ces trois types d'enclenchement. — Le déchargement du râteau étant assuré d'une manière satisfaisante par les trois types d'enclenchement que nous venons d'étudier, il convient d'examiner comment le fonctionnement se répercute sur l'animal qui est chargé de l'assurer. Bien entendu, l'effort à exiger du tracteur est d'autant plus faible que le râteau est plus léger et plus étroit. Mais, si nous supposons que le poids et les dimensions du râteau, ainsi que l'intensité de la récolte travaillée, soient identiquement les mêmes, nous constatons que l'effort à exercer est, en grandeur, indépendant du système d'enclenchement.

Réduit, tout d'abord, au roulement, il croît progressivement, en même temps que le poids du fourrage ramassé; en représentation graphique, on obtiendrait la portion sensiblement

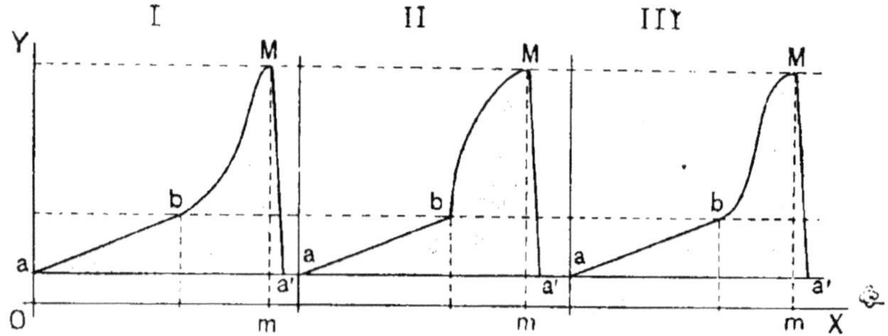

Fig. 78. — Diagrammes du fonctionnement des râteaux à décharge intermittente.

I, enclenchement à frein; II, enclenchement brusque à rochet; III, enclenchement semi-progressif à rochet.

rectiligne, ab, des diagrammes ci-contre (fig. 78) dans lesquels les efforts sont portés en ordonnées (parallèlement à OY) et les chemins parcourus en abscisses (suivant OX). Mais, si la longueur Mm de l'ordonnée maxima est la même dans tous les cas, l'allure de la courbe entre b et M dépend, au contraire, du type d'enclenchement. Les freins, agissant pour ainsi dire progressivement, donnent l'allure la plus douce; la courbe monte assez lentement, et le passage entre la période de ramassage, ab, et celle de déchargement, bM, s'effectue sans choc sensible (diagramme I). Au contraire, quand l'enclenchement est brusque (diagramme II), la courbe présente, en b, un point anguleux correspondant à un choc intense. Si, enfin, l'enclenchement résulte d'un soulèvement partiel opéré par le conducteur (diagramme III), l'allure de la courbe est intermédiaire entre celles des deux précédents diagrammes, moins douce qu'avec les freins, mais sans point anguleux, l'effort exercé par l'ouvrier ayant suffi pour vaincre, en partie, l'inertie des masses à mettre en mouvement.

En conséquence, il convient de réserver l'enclenchement brusque aux râteaux légers ou, au plus, moyens; pour les râteaux lourds, à défaut de l'enclenchement par frein, qui peut donner lieu à des ratés dans les cas précédemment exposés, il y a lieu de préférer le troisième type, à soulèvement partiel par le conducteur.

Amortisseurs. — L'examen des diagrammes précédents (fig. 78) et celui de la figure 83 montrent que la chute des dents s'effectue d'une façon très brusque. Il en résulte, surtout dans les râteaux lourds, un choc violent qui fatigue les pièces et se répercute d'une façon plus ou moins directe sur l'animal tracteur. Celui-ci doit, du reste, être dressé à ce travail particulier, et il serait imprudent d'atteler un jeune cheval à un râteau en l'employant à ramasser du fourrage

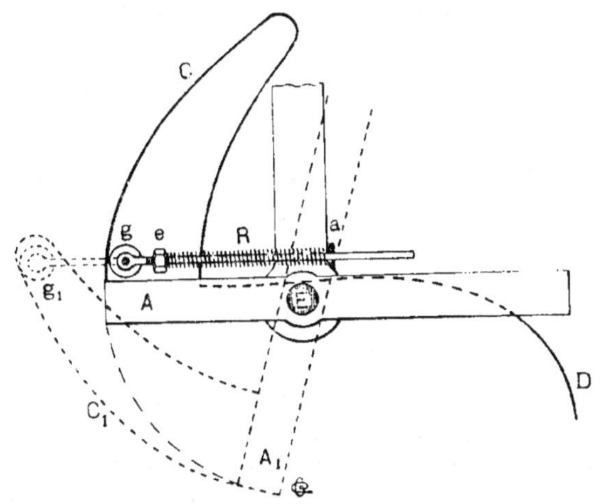

Fig. 79. — Schéma d'un amortisseur (Rigault et Cie).

si on ne l'a pas préalablement habitué à supporter, sans en être effrayé, les chocs intenses et répétés qu'il doit endurer.

On a, tout récemment, cherché, en France, à supprimer le choc qui résulte de la chute des dents en absorbant la force vive de la masse en mouvement par un ressort. Le premier modèle, apparu en 1905, comporte (fig. 79) une came C, solidaire du cadre mobile A et sur laquelle s'applique un galet g placé à l'extrémité d'une tige que pousse constamment un puissant ressort R ; ce dernier prend appui, en a, sur le bâti du râteau, et sa tension peut être modifiée à l'aide de l'écrou e. On voit en $A_1C_1g_1$ la position occupée par ces organes à la fin de la période de soulèvement des dents D ; pendant la chute, le galet est ramené de g_1 à g, en tendant le ressort R. On trouve également un amortisseur composé d'un coin pénétrant entre deux blocs mobiles rappelés également par des ressorts ; ces organes entourent l'essieu, et le coin dépend du cadre mobile. Enfin un constructeur a utilisé, dans le même but, un frein à air analogue aux appareils de fermeture automatique des portes. Dans tous les cas, le tracé de la came ou du coin et le réglage de la fuite d'air doivent être faits de façon à ralentir progressivement la vitesse de chute, mais sans l'annuler complètement, pour que le râteau ne reste pas en bascule, c'est-à-dire partiellement relevé.

Organes accessoires des râteaux à décharge intermittente.

Contre-dents. — Dents flottantes. — Lorsque les foins sont peu épais, la masse ramassée par le râteau a tendance à rouler sur elle-même et, si le sol est en pente, à s'échapper latéralement. On obvie à cet inconvénient en montant, de chaque côté de la machine, et près des roues, une *contre-dent* constituée à peu près comme les dents ordinaires, mais plus courte et un peu plus cintrée, de façon que sa pointe s'arrête à 15 ou 20 centimètres au-dessus du sol ; ces deux dents, pénétrant dans les deux extrémités du rouleau de fourrage, l'empêchent de tourner et de s'éparpiller latéralement. On ne rencontre ordinairement ce dispositif que sur les râteaux légers.

Certains constructeurs complètent ce mécanisme accessoire par des *dents flottantes*, rectilignes ou légèrement cintrées, articulées sur le bâti du râteau et mobiles dans des plans verticaux parallèles au déplacement de la machine. Ces organes qui, d'eux-mêmes, tendent à pendre verticalement, reculent progressivement, pendant le ramassage, sous l'influence du fourrage qui s'accumule peu à peu ; ils pénètrent en même temps dans la masse qu'ils empêchent de rouler.

Rabat-foin. — Ce sont des barres en bois ou, de préférence, des tringles métalliques disposées horizontalement à hauteur de l'essieu et perpendiculaires à ce dernier; elles sont montées sur le cadre fixe ou sur la traverse du bâti et passent entre les dents du râteau; on en compte une pour quatre ou pour six dents. Comme elles ne participent pas au mouvement de soulèvement des pièces travaillantes, elles empêchent le fourrage de suivre celles-ci et assurent le dégorgement de la machine.

Dispositifs pour gros andains. — Le jeu que les dents peuvent prendre, grâce au mode de montage que nous avons signalé, leur permet de suivre les ondulations du sol et de franchir les obstacles sans se briser; mais il a, par contre, l'inconvénient de les laisser se soulever quand la masse de fourrage ramassée atteint un certain poids, d'autant plus élevé, bien entendu, que le râteau est plus lourd. Afin de donner au conducteur la possibilité de confectionner de gros andains, on a imaginé différents dispositifs ayant pour but de forcer les dents à appuyer sur le sol jusqu'au moment où il actionne la pédale d'enclenchement. Dans les râteaux légers du type américain, il y a généralement une pédale, distincte de la précédente, dont l'effet est de faire pivoter légèrement la traverse porte-dents en sens inverse du mouvement que lui impriment les rochets ; tel est, par exemple, le mécanisme représenté par la figure 80.

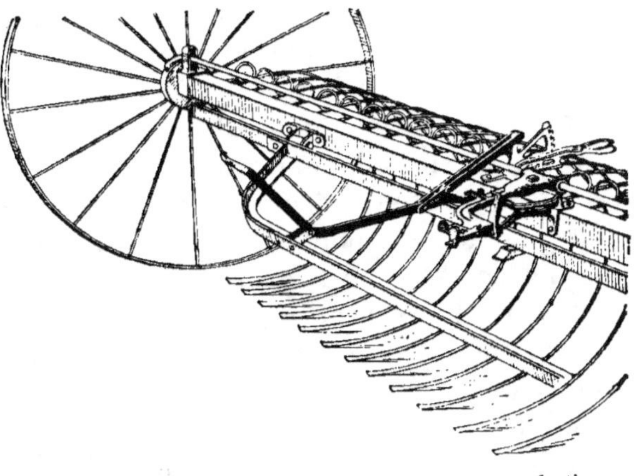

Fig. 80. — Pédale maintenant les dents pour confectionner de gros andains (Champion-C. I. M. A.).

On préfère, en France, solidariser les dents entre elles par une tringle rigide, plus ou moins lourde, qu'on dispose au-dessus d'elle, près de leur monture; on peut aussi, comme l'indique la figure 81, obtenir le même résultat avec un fer plat, doué, par conséquent, d'une certaine flexibilité, maintenu par des pitons ouverts accrochés sur le châssis du râteau et dont les écrous n'agissent sur la barre que par l'intermédiaire

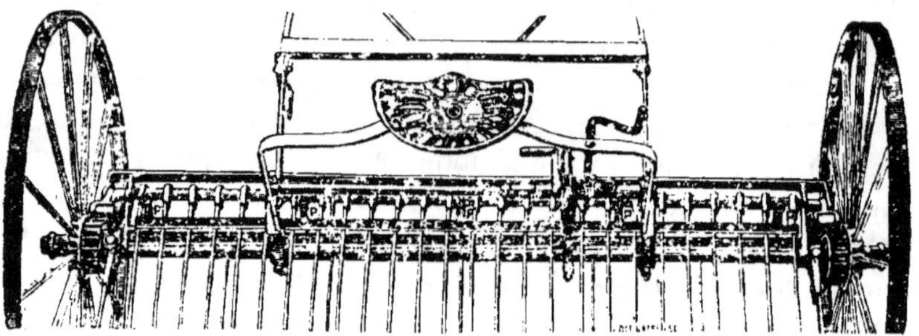

Fig. 81. — Barre flexible pour gros andains (E. Puzenat et fils).

de ressorts à boudins; on peut donc modifier à volonté l'effet de la barre.

Tous ces dispositifs ont malheureusement pour effet de supprimer ou, tout au moins, de diminuer beaucoup la mobilité des dents. Nous verrons, d'ailleurs, un peu plus loin, qu'il ne faut pas chercher à augmenter démesurément les dimensions de l'andain.

Mise en transport. — Il faut éviter de laisser les dents traîner sur le sol quand le râteau ne fonctionne pas, et principalement quand on le déplace sur route. Aussi tous les systèmes actuellement construits possèdent-ils au moins un crochet agissant sur le cadre mobile et maintenant les dents soulevées. Dans beaucoup de cas, c'est le levier à main, manœuvrable du siège, que l'on bloque dans la position convenable. En France, on trouve fréquemment des dispositifs, très étudiés, qui permettent d'arrêter le râteau, quand il a été soulevé par les rochets, au moment même où, le déclenchement venant de se produire, les dents vont redescendre. Ainsi, dans le mécanisme représenté par la figure 75, la pièce G, pourvue d'un cran et articulée sur *d*, peut être abaissée à la volonté du conducteur; elle sert alors à arrêter le talon H, solidaire du cadre A, et à maintenir, par conséquent, les dents soulevées. C'est au moyen de la manivelle Z, placée à portée de l'ouvrier, et d'une bielle pourvue d'un ressort, qu'on élève ou qu'on abaisse G. Quand, en arrivant dans le champ, ou après un tournant, on veut mettre le râteau en position de travail, il suffit de soulever Z; ce mouvement, en relevant G (position pointillée), dégage le talon H, et les dents retombent. Dans la machine représentée par la figure 81, la manivelle placée à droite du siège sert à déplacer vers la droite ou vers la gauche un pêne à ressort; quand il est poussé à gauche, le pêne verrouille le talon d'une tige fixée sur le cadre.

Râteaux extensibles. — L'étroitesse des portes de fermes et des chemins ruraux, plus encore que l'effort à demander aux animaux tracteurs, limite la largeur des râteaux à cheval. Aussi certains constructeurs anglais ont-ils imaginé des râteaux extensibles permettant de réduire d'un tiers environ la largeur maxima de la machine; à cet effet, les roues sont supportées par deux faux essieux qui peuvent coulisser le long d'une barre fixée au bâti et constituant l'essieu proprement dit.

Il existe deux types principaux de râteaux à expansion. Dans l'un, qui est le plus simple, les dents sont à écartement invariable, et fixées, en nombre égal, sur trois traverses mobiles, chacune autour de l'une des trois parties de l'essieu : en travail, les essieux étant complètement tirés, la travée centrale est assemblée, au moyen de deux boulons, avec les deux travées latérales; pour mettre le râteau en transport, on enlève ces boulons, on relève la travée centrale, on pousse, en soulevant un peu la roue correspondante, chacun des faux essieux, et on relève enfin les deux travées latérales. Les faux essieux sont maintenus, dans les deux positions extrêmes, à l'aide de clavettes ou de vis de pression.

L'autre type est un peu plus compliqué. L'écartement des dents est variable, car ces pièces sont engagées dans des montures fixées elles-mêmes à une série de losanges articulés et disposés sur un rang parallèlement à l'essieu. Les deux extrémités de ce système extensible étant reliées aux parties extérieures des faux essieux, on comprend que tout déplacement de ces derniers entraîne une modification de l'écartement des dents. La figure 82 montre un râteau de ce système, à vingt-sept dents, disposé pour l'expansion maxima ; sa largeur, qui est alors de 3^m,40, peut être réduite à 2^m,33 ; l'écartement des dents varie, en même temps, de 102 à 57 millimètres. Pour effectuer cette manœuvre, il suffit d'actionner une manivelle comman-

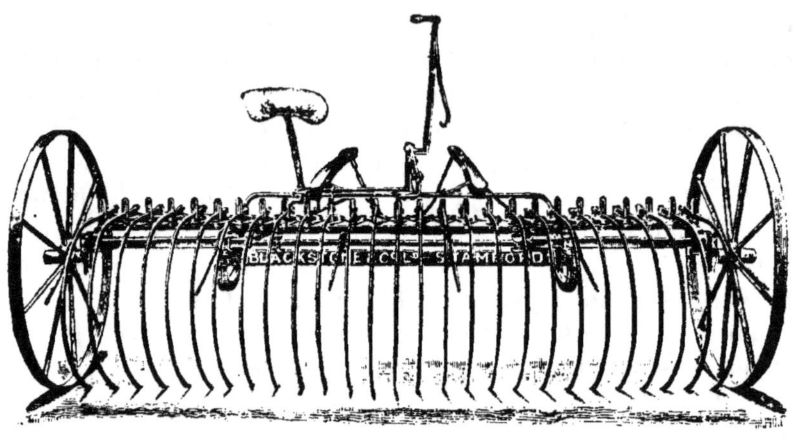

Fig. 82. — Râteau à expansion latérale (Blackstone).

dant une vis fixe dont l'écrou mobile est relié au faux essieu. Bien entendu, on peut donner au râteau toutes les largeurs possibles entre les deux limites ci-dessus désignées, mais on emploie ordinairement la largeur maxima pour ramasser les fourrages ou glaner les céréales, la plus faible dimension ne servant que pour le transport ou pour réunir les brins de fourrages épars après un premier passage de la machine.

Remarques concernant le fonctionnement des râteaux à décharge intermittente. — Il est intéressant, au point de vue de l'étude du fonctionnement de ces machines, de déterminer la trajectoire parcourue par la pointe d'une dent D, pendant son soulèvement et sa chute. C'est ce que représente la figure 83, que nous avons dessinée d'après des relevés faits par nous sur un des râteaux de construction française les plus répandus. Parallèle au sol pendant toute la période de ramassage, cette trajectoire, C, se relève brusquement au moment de l'enclenchement, jusqu'au point E, qui correspond au

dégagement du chien ; pendant la chute, la pointe parcourt la
portion descendante de la courbe C, après quoi la trajectoire
redevient parallèle au sol jusqu'à ce qu'un nouveau coup de
pédale provoque derechef la décharge du râteau. Il s'ensuit
que la superficie comprise entre le sol et les parties montante
et descendante de C détermine la section maxima de l'andain

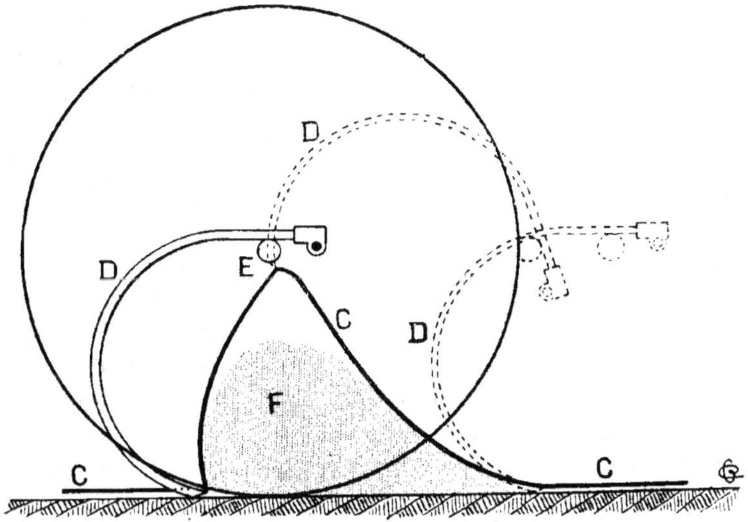

Fig. 83. — Trajectoire d'une dent de râteau à décharge intermittente.

qu'on peut confectionner avec la machine ; si l'on voulait en
augmenter le volume, le fourrage F se déverserait plus ou
moins à droite de la ligne C, et, pendant la chute, tout ce qui
se trouverait en dehors de cette ligne serait repris par les
dents. Il ne faut même pas compter utiliser toute la section
ci-dessus désignée, la masse de fourrage ne pouvant s'élever,
sans se déverser, au delà d'un certain niveau que représente
schématiquement la partie ombrée. Ces considérations
prouvent qu'il est inutile, comme nous l'avons dit précédemment, de chercher à augmenter beaucoup le volume des
andains ; on n'y parviendrait, du reste, que jusqu'à une certaine limite dépendant de la construction, et à la condition
de diminuer beaucoup la souplesse des pièces travaillantes.

Nous avons vu que les râteaux à cheval à enclenchement

par rochet sont munis de deux de ces organes, que les roues n'entraînent pas l'essieu, qui est fixé sur le bâti, et qui, du reste, est fréquemment en deux pièces. Cette disposition a été adoptée pour permettre au râteau de fonctionner même en tournant; dans ce cas, en effet, le rochet animé de la plus grande vitesse commande seul le soulèvement des dents, tandis que le chien qui se trouve du côté du pivot saute sur son rochet. Mais, les roues étant indépendantes l'une de l'autre, il est excessivement rare que, après un tournant ou un parcours sinueux, les dents des rochets se trouvent au même niveau ; l'enclenchement ne se produit donc que d'un seul côté, à moins que la torsion du cadre puisse être suffisante pour que le deuxième chien agisse à son tour. Quoi qu'il en soit, le choc primitif ne se produisant que sur une seule roue, la machine tend à dévier latéralement, ce qui est encore une cause de fatigue ou, tout au moins, de gêne pour l'animal. Il conviendrait donc d'établir des râteaux pourvus d'un seul rochet, placé au milieu d'un essieu unique traversant toute la machine et relié aux roues par des boîtes contenant trois ou quatre cliquets; les deux roues se trouveraient ainsi pratiquement en prise dans les parties droites.

Râteaux à décharge latérale continue.

Ces machines, dont l'introduction en France est toute récente, sont basées sur le même principe que les faneuses vire-andains précédemment décrites (1). Si nous nous reportons aux figures 63 à 65, nous voyons qu'il suffit d'un seul groupe de cercles OO' pour que les dents D repoussent latéralement le fourrage éparpillé sur le sol et le déposent en un andain continu unique, dont le volume dépend de la largeur de la machine et, par conséquent, de la longueur des bielles AA'. Avec une vitesse de rotation suffisante, le fourrage est repoussé sans que l'andain soit roulé. Tel est le principe du râteau à décharge continue représenté par la figure 84.

Mais nous remarquerons également sur la figure 63 que les

(1) Voy. p. 96 à 98.

dents D peuvent être placées en un point quelconque de la

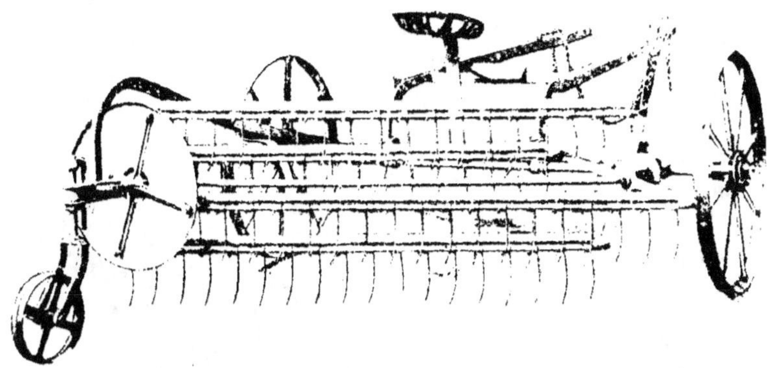

Fig. 84. — Râteau à décharge latérale continue (Martin's Cultivator C.º).

bielle AA' et même sur un prolongement de cette bielle sans
que ces dents cessent de rester
parallèles à elles-mêmes pendant le mouvement et sans que
la trajectoire décrite par leurs
pointes soit modifiée. Aussi les
râteaux à décharge latérale sont-
ils le plus souvent constitués
comme suit (fig. 85) : les cercles
parallèles O et O' sont très rapprochés et les dents D sont fixées
sur les prolongements des bielles
AA'. Le cercle O est formé d'une
étoile à trois branches A,B,C,
montée autour d'un axe passant
par O et engagé dans un coussinet solidaire d'un disque N,
dont le centre est O'. Le cercle O'
est constitué par une sorte de
collier, M, qui peut glisser sur
la périphérie du disque N ; il
porte également trois bran-

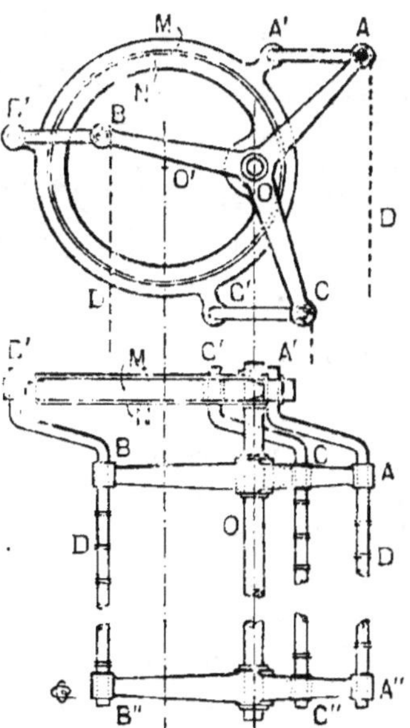

Fig. 85. — Principe d'un râteau
à décharge latérale continue.

ches A',B',C' et les distances OA, O'A', OB, O'B', etc., sont
égales. Les bielles AA', BB', CC', sont doublement repliées

à l'une de leurs extrémités, tandis qu'à l'autre elles sont engagées dans les bras A″B″C″ d'une étoile à trois branches identique à O, mais servant uniquement de soutien.

Ici encore l'axe OO' est horizontal, mais oblique par rapport à la direction du déplacement. La machine, dont la figure 86 représente un modèle, est montée sur deux roues de grand diamètre, qui actionnent par l'intermédiaire d'engrenages d'angle l'axe OO'; une petite roue pivotante, dont la hauteur peut être réglée suivant le travail à effectuer, et qui est reliée au bâti

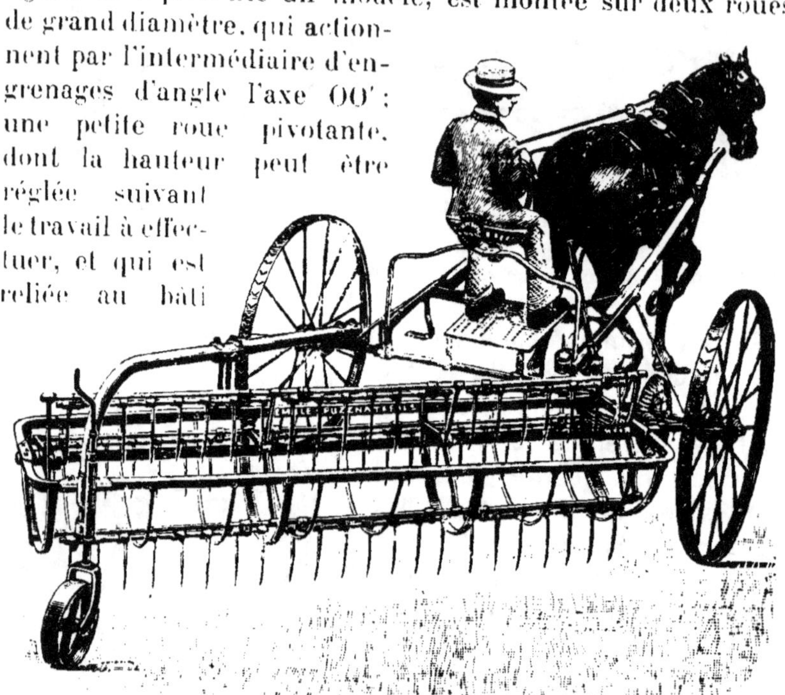

Fig. 86. — Râteau à décharge latérale continue (E. Puzenat et fil.).

par une robuste arcade, soutient le râteau à l'arrière. Les dents sont formées de fils d'acier enroulés deux ou trois fois autour des bielles, ce qui leur donne une grande élasticité. Quant aux bielles elles-mêmes, ce sont des tubes d'acier dont la résistance est augmentée par une latte en bois ou par une cornière d'acier qui accompagne la pièce entre AA″, BB″, etc. Pour éviter l'engorgement de la machine, on dispose, en dessous des bielles et entre les dents, un certain nombre de rabat-foin en fer plat, cintrés suivant une demi-circonférence et rivés sur deux longerons parallèles à 00'; leur ensemble affecte ainsi l'aspect d'un berceau à claire-voie. Enfin ces râteaux sont pourvus d'une flèche pour deux chevaux et d'un siège pour le conducteur; ce dernier dispose d'un levier d'embrayage ou de débrayage.

Il n'y a ordinairement qu'un seul sens de rotation, celui des aiguilles d'une montre pour un observateur regardant la

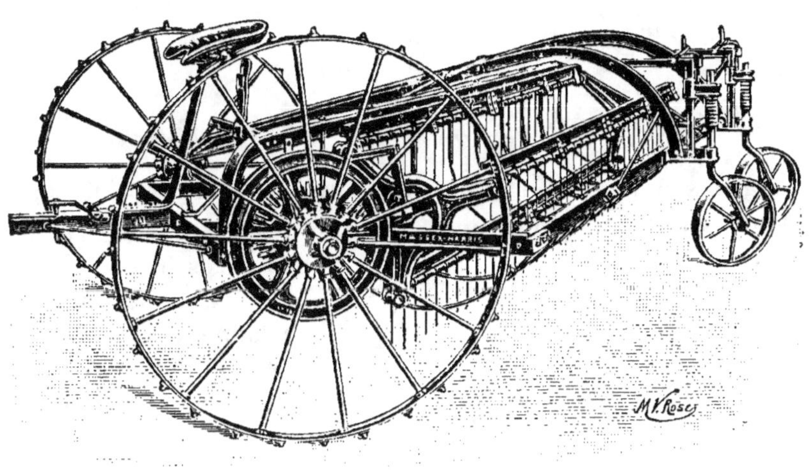

Fig. 87. — Machine, dite *rato-fane*, servant de râteau à décharge latérale et de faneuse vire-andains (Massey-Harris).

machine se déplacer de droite à gauche. C'est donc un travail « en avant ». Mais il existe également (fig. 87) un type de râteau dans lequel le conducteur, en agissant sur un levier, change à volonté le sens de rotation. Quand les dents tournent en avant, la machine fonctionne comme râteau, tandis qu'elle joue le rôle de faneuse quand elles tournent en arrière.

RAMASSAGE, MISE EN MEULES
ET ENGRANGEMENT DES FOURRAGES.

Le fourrage desséché à l'air est habituellement chargé dans des voitures fourragères à deux ou à quatre roues et transporté à la ferme pour y être engrangé ou mis en meules à proximité des logements du bétail. La disposition en andains, entre lesquels peuvent circuler les véhicules (1), facilite l'opération du chargement, puisque les ouvriers, armés de fourches, peuvent travailler sur deux andains simultanément. Toutefois, il peut être plus avantageux, pour éviter des déplacements courts, mais fréquents, du véhicule, de rassembler le fourrage en tas assez volumineux, qu'on charge ensuite dans les voitures. Il existe un matériel spécial, d'ailleurs peu connu en France, pour exécuter rapidement cette opération.

Machines pour ramasser les fourrages.

Ramasseurs. — Ce sont des instruments dérivés des râvales : ils sont formés (fig. 88) d'une traverse, t, de $2^m,50$ à 3 mètres de longueur, perpendiculairement à laquelle sont fixées de longues dents, d, en métal ou en bois, dont la pointe est légèrement retroussée de façon à ne pas pénétrer dans le sol ; ces dents sont généralement doubles, c'est-à-dire qu'elles sont montées par leur partie médiane sur la traverse et que leurs deux extrémités sont repliées en sens inverse. Ces ramasseurs sont tirés, suivant f, par un animal dont les traits sont attachés à des pivots articulés sur les deux extrémités de la traverse ; enfin, deux mancherons, m, articulés sur cette dernière, servent à diriger et à manœuvrer la machine. L'ouvrier, en les soutenant simplement, maintient l'une des rangées de dents en position

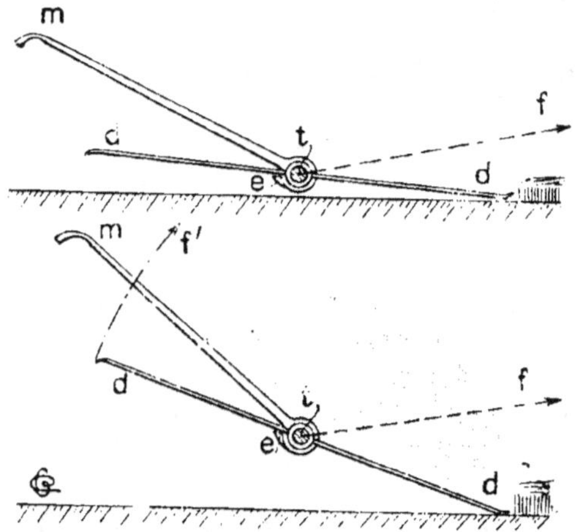

Fig. 88. — Schéma d'un ramasseur de fourrage.

(1) Voy., pour l'étude des chariots, charrettes et autres appareils de transport, les Moteurs agricoles, par G. COUPAN (ENCYCLOPÉDIE AGRICOLE).

pour le ramassage, et, s'il l'abaisse ou l'abandonne, l'appareil fonctionne comme un traîneau pour conduire la masse à 50 ou 60 mètres de distance; si, au contraire, il soulève les mancherons, l'ergot e entraînant la traverse t, les dents s'enfoncent dans le sol, et la machine se retourne complètement en abandonnant le fourrage. On peut aussi utiliser ces ramasseurs pour confectionner des andains, comme avec les râteaux à cheval à décharge intermittente.

Les Nord-Américains emploient des machines analogues, de très grandes dimensions, tirées par deux chevaux; la traverse t est terminée (fig. 89) par deux montants autour desquels peuvent tourner des panneaux, P et P', formés chacun d'un

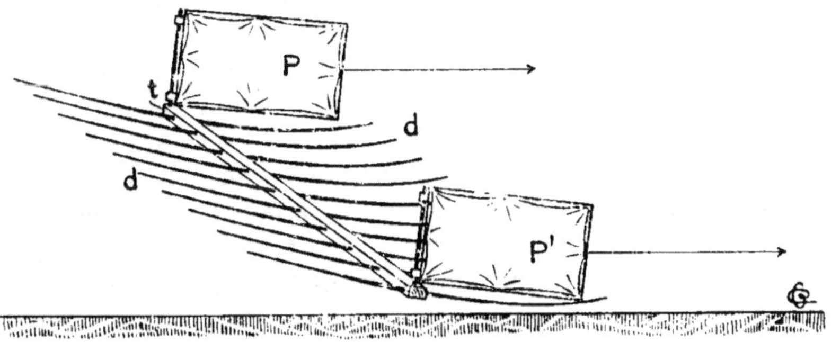

Fig. 89. — Principe d'un ramasseur américain.

cadre sur lequel est tendue une forte toile de coton. Les deux animaux, indépendants l'un de l'autre, sont attelés à ces panneaux, qu'ils tirent suivant les flèches; arrivés au point de déchargement, ils font une conversion l'un vers la gauche, l'autre vers la droite, et repartent en sens inverse. Le fourrage est alors abandonné sur place.

Chariots à meulons. — Ils ont été inventés en France par Couteau, mais ne sont pas employés, malgré leur ingéniosité. Ce sont des véhicules à deux roues dont la caisse, analogue à celle d'un tombereau, arrive très près du sol et est dépourvue de fond. Un châssis robuste soutient les deux parois latérales et le panneau d'avant, garnis tous trois de plats-bords; il n'y a pas de hayon à l'arrière. Quant au fond, il est remplacé par une série de chaînes qu'un treuil, placé à l'arrière, permet de tendre à volonté. Lorsque ce chariot est plein, on le conduit au point de déchargement ; on détend les chaines, afin que le fourrage repose doucement sur le sol, puis on enlève le treuil et on fait avancer le véhicule : le fourrage se trouve ainsi abandonné en meulon d'une centaine de bottes. Il suffit, avec cette machine, d'un cheval et de deux hommes pour faire le travail de sept ou de huit ouvriers.

Chariots-moules. — On a, tout récemment, imaginé une machine dont le principe est le même que celui du chariot à meulons de Couteau, mais qui permet de manipuler d'un seul coup une masse de fourrages représentant de 250 à 450 bottes ordinaires. Ce chariot-moule (fig. 90 et 91) est composé d'une grande cage en treillage métallique soutenu par des montants en bois reliés à une carcasse métallique. L'ensemble est supporté par quatre roues, dont deux, à l'avant, servent pour la direction et deux latérales supportent l'ensemble de l'appareil. Le fond du chariot est formé par une série de barres en acier parallèles, disposées suivant la direction de traction et articulées à l'avant de la machine ; elles sont soutenues à l'arrière et au milieu par des traverses amovibles, qu'on enclenche ou qu'on déclenche à volonté à l'aide de crochets à levier. L'arrière de la cage est constitué par deux panneaux articulés, qu'on peut ouvrir ou fermer suivant les besoins, et que soutiennent deux galets montés sur pivots verticaux.

La figure 90 représente le chariot-moule pendant la période de chargement ; un ouvrier, qui a pris place dans la cage, répartit à peu près également le fourrage qui lui est envoyé par les hommes chargés du ramassage. On transporte ainsi la meule au point voulu, d'ordinaire à la limite des champs, de façon à faciliter le chargement ultérieur sur charrettes et à éviter de piétiner le regain. On déclenche les traverses de soutien et on ouvre en grand les panneaux d'arrière (fig. 91) ; les barres de fond s'appliquent sur le sol, et, si l'on fait avancer l'attelage, la masse de fourrage reste en place pendant que l'appareil se dégage.

Avec une semblable machine, il n'est pas besoin d'ouvriers habitués à confectionner des meules ; si la dessiccation du foin n'est pas complète, on peut installer à l'intérieur de la cage

Fig. 90. — Chariot-moule (de Wattripont-Bajac) (période de chargement).

quelques perches disposées en cylindre, de manière à constituer une cheminée axiale qui facilite la circulation d'air dans la masse.

On peut enfin, à l'aide d'un panneau mobile, qu'on dispose du côté avant, réduire d'un tiers, environ, la capacité de la cage.

Cet appareil permettrait d'édifier en un quart d'heure, avec

Fig. 91 — Chariot-moule (de Wattripont-Bajac) (période de déchargement).

trois ou quatre ouvriers ordinaires, une meule de 450 bottes environ.

Chargeurs de fourrage. — Ces instruments, dont on voit de temps en temps quelques spécimens dans nos concours, sont d'origine américaine et ont pour but de charger directement le fourrage, préalablement disposé en andains, dans les véhicules qui doivent le transporter à la ferme. La figure 92 représente un de ces chargeurs, qu'on adapte comme on le voit sur la figure 93; à l'arrière d'une charrette ou d'un

chariot ordinaire, il est monté sur deux roues et se compose
d'un ramasseur et d'un élévateur.

Le ramasseur est formé d'un tambour rotatif, dont l'axe est
parallèle à l'essieu, et dont les lattes génératrices sont munies
de dents en fil d'acier repliées deux ou trois fois, près de leur
monture, pour qu'elles soient plus élastiques. Les roues lui
impriment un mouvement *en arrière* assez rapide. Pour compléter l'action de cet organe, un deuxième tambour, constitué

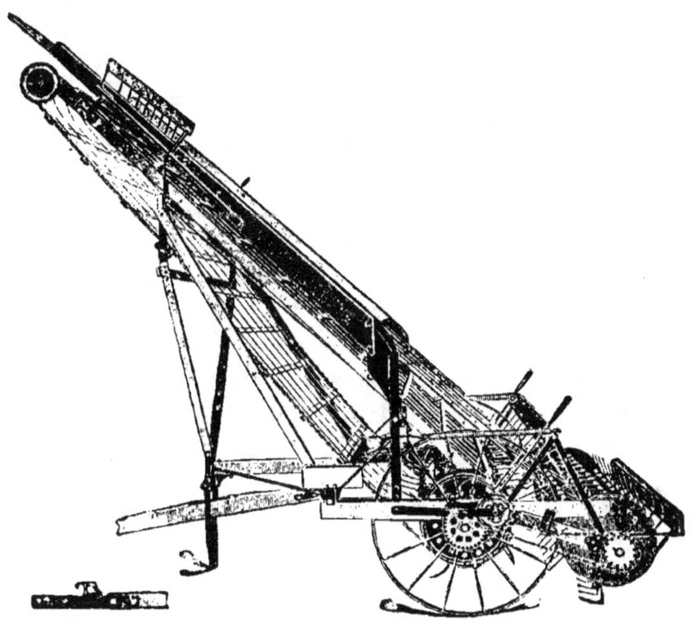

Fig. 92. — Chargeur de foin (New-Deere-Wallut.)

d'une façon analogue, et tournant *en avant*, est placé derrière
le précédent et plus bas, de façon à ramasser tout ce qui
aurait pu échapper au premier ; il prend son mouvement sur
l'axe de celui-ci, au moyen d'une transmission par chaîne.

L'élévateur, sur lequel les deux tambours déversent le fourrage, est composé d'un tablier sans fin dont le châssis, articulé
sur le bâti qui supporte les tambours, est maintenu par des
écharpes réglables, afin qu'on puisse l'incliner suivant les
besoins ; il est constitué par une série de chaînes parallèles lon-

gitudinales, reliées, de place en place, par des liteaux transversaux. Ces chaînes sont engagées sur le tambour antérieur et passent entre les dents de celui-ci ; à l'extrémité opposée du châssis, elles sont guidées par un rouleau. De chaque côté du châssis, des panneaux légers, fixés sur les longerons, s'opposent à ce que le fourrage tombe latéralement. Enfin, par-dessus la chaîne sans fin et entre ces panneaux, se trouve un protecteur formé de longues lattes flexibles soutenues par des traverses situées l'une à la partie supérieure de l'élévateur, l'autre en arrière du tambour postérieur ; il sert à maintenir le fourrage, à empêcher qu'il retombe de lui-même ou qu'il soit entraîné par le vent ; comme, d'autre part, les lattes passent entre les dents du tambour postérieur, elles en assurent le nettoyage.

Il existe également, aux États-Unis, des chargeurs de fourrage dans lesquels le tambour et le tablier sans fin sont remplacés par une série de châssis articulés, munis, en dessous, de dents à ressorts et placés côte à côte ; ils sont animés de mouvements alternatifs, comme les secoueurs des machines à battre. Ces organes se déplacent au-dessus d'un couloir dont le fond est à claire-voie, et les roues porteuses communiquent le mouvement aux châssis par des jeux de bielles et de manivelles.

Ainsi que nous l'avons dit, on accroche ces chargeurs à l'arrière des véhicules de l'exploitation, et une fois la hauteur d'action des tambours réglée, ils ne nécessitent aucune surveillance ; indépendamment du charretier, il faut deux ouvriers, placés sur la voiture, pour égaliser le fourrage chargé par l'appareil. Une fois le véhicule rempli, on décroche le chargeur et on le rattache à un autre véhicule vide. Le nombre de charrettes ou chariots auxquels un chargeur peut suffire dépend surtout de la longueur du trajet à effectuer, du champ à la ferme et retour, ainsi que du temps passé à décharger dans l'exploitation. Aussi y a-t-il avantage, lorsqu'on emploie un chargeur, à faire usage également d'appareils à grand débit pour la mise en meules ou l'engrangement rapides du fourrage.

Dans les grandes exploitations hongroises, on charge fré-

Fig. 93. — Scène de récolte des fourrages aux Etats-Unis. Faucheuses, râteau à cheval et chargeur de foin en fonctionnement (D'après un cliché Mac Cormick).

quemment le fourrage sur les véhicules au moyen d'appareils spéciaux qui se composent d'énormes chèvres maintenues dressées par un ou par deux poteaux et en dessous desquelles peuvent passer les véhicules attelés. Le câble, qui est attaché au treuil et qui passe sur la poulie de la chèvre, supporte

Fig. 94. — Chèvre et cigogne pour la manutention des fourrages.
Domaine de Mézöhégyès (Hongrie) (Phot. G. Chobillon).

quatre grandes fourches métalliques, recourbées à angle droit dans leur partie médiane, et reliées à la monture d'assemblage par une série de tringles et d'anneaux, de façon que chaque élément ait de 4 à 5 mètres de longueur entre la monture et la courbure de la fourche, et environ 1^m,50 de pointe. On aperçoit, sur la figure 94, une semblable chèvre, placée à côté d'une cigogne fixe. L'autre photographie (fig. 95) représente le chargement d'un chariot à l'aide d'un appareil de ce genre. Le fourrage est amoncelé rapidement en tas pesant de 900 à 1000 kilogrammes, et, après avoir engagé les fourches en dessous de la masse, on actionne le treuil ; quand la hauteur de soulèvement est suffisante, on amène le chariot

Fig. 95. — Chargement d'un chariot à l'aide d'une chèvre.
Domaine de Mézöhégyès (Hongrie) (Phot. G. Chobillon).

et on laisse ensuite redescendre la charge sur le véhicule. Mais le même appareil peut aussi servir pour décharger rapidement les fourrages au pied des cigognes à meuler. Le véhicule étant amené par son attelage en dessous de la chèvre, on engage les fourches, aux quatre coins de la masse, en dessous du fourrage, puis on actionne le treuil ; lorsque la

COUPAN. — Machines de récolte.   8

charge est suffisamment soulevée, la voiture repart, et l'on abaisse doucement le fourrage jusqu'au niveau du sol. Ces chèvres sont, comme le montrent les deux photographies, tantôt fixes et maintenues par des piquets, tantôt montées sur galets ; on les utilise aussi bien pour les pailles que pour les fourrages.

Machines pour confectionner les meules.

Les appareils d'origine américaine que nous étudierons dans le paragraphe consacré à l'engrangement des fourrages peuvent servir aussi à confectionner les meules en plein champ. Il suffit, pour cela, de tendre fortement au-dessus du sol un câble métallique sur lequel circule un chariot analogue à ceux que nous décrirons plus loin. Ce câble est ordinairement soutenu, de chaque côté de la meule prévue, par deux forts montants, en bois, inclinés en sens inverse et pour lesquels le câble lui-même, accroché à des fiches plantées en terre, sert de hauban.

Les élévateurs de paille que nous décrirons à propos du battage des céréales peuvent être utilisés pour confectionner les meules de fourrage, à condition de les actionner par un manège, un moteur à explosion ou une locomobile.

Cigognes à meules. — Les Hongrois, qui font un si fréquent usage de la cigogne comme machine pour l'élévation des eaux, en ont appliqué le principe à la confection des meules, et les cigognes à meules se sont peu à peu répandues dans les pays circonvoisins. Une plate-forme P (fig. 96) de 4 mètres de longueur et de 3 mètres de largeur soutient, en son centre, un poteau vertical P', maintenu en outre par des haubans, *h*. Au sommet de ce poteau, et enfoncé suivant son axe, se trouve un robuste pivot en fer, *p*, sur lequel vient s'articuler le collier *c*, serré sur la flèche F. Le poteau P', en bois de 20×20, a 5 mètres de hauteur ; la flèche, de 15×15, a 9 mètres de long, mais le collier *c* la divise inégalement : de *c* à *g*, point d'accrochage du grappin, la distance est de 5 mètres, ce qui laisse donc 4 mètres de *c* à l'extrémité *t* ; un gros fragment de madrier, N, boulonné sur F, sert de contrepoids. Le grappin G, soutenu par l'anneau *g*, est constitué par quatre branches métalliques engagées sur un cercle d'assemblage; elles sont droites au début, sur une longueur de 2 mètres, et recourbées à angle droit pour former une pointe d'environ 1 mètre; le cercle d'assemblage est réuni à l'anneau *g* par une anse également métallique. La manœuvre de la flèche, qui tend à

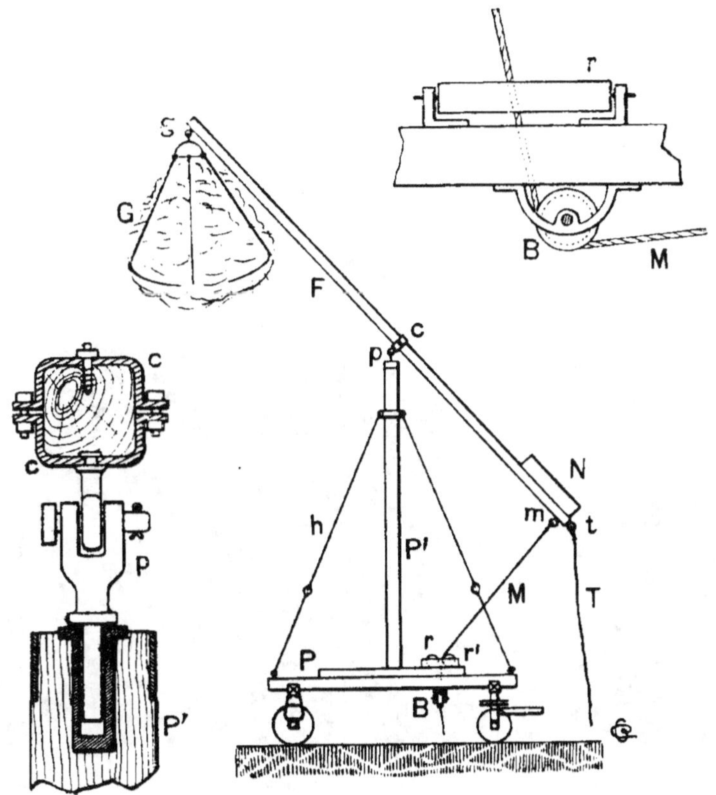

Fig. 96. — Principe d'une cigogne hongroise pour la confection des meules (Croquis pris par l'auteur à l'École d'agriculture de Boszjakovina, Croatie).

s'abaisser de façon que le grappin se rapproche du sol, s'effectue à l'aide d'un câble ou d'un trait, M, accroché à l'anneau *m*, qui traverse la plate-forme entre les deux rouleaux de guidage *rr'*, et qui est renvoyé horizontalement par la poulie B. Le grappin étant descendu dans la voiture à décharger ou dans le fourrage amené à pied d'œuvre, deux hommes en écartent les branches et les enfoncent dans le fourrage; un animal tire ensuite sur M de la quantité nécessaire pour que le grappin soit élevé un peu au-dessus du niveau atteint jusqu'alors par la meule, et il suffit d'écarter deux branches voisines du grappin, avec les mains ou à l'aide de crochets

Fig. 97. — Cigogne à meules en fonctionnement au domaine de Mézöhégyès (Hongrie) (Phot. G. Chobillon).

emmanchés, pour que le fourrage tombe. Une corde T, attachée à l'extrémité t, permet de faire tourner la cigogne autour du pivot vertical p. Cette machine, qui enlève chaque fois de 2 à 3 mètres cubes de fourrage, fonctionne donc à peu près comme une grue pivotante. Inutile d'ajouter qu'elle peut servir également à confectionner les meules de paille.

On emploie aussi des cigognes montées sur un cadre de

madriers assemblés, dépourvu de roues, et qu'on maintient sur le sol à l'aide de piquets enfoncés en terre ; on les ripe, à l'aide d'anspects, au fur et à mesure de l'avancement de la meule ; ces machines sont plus grandes que les précédentes (le poteau vertical peut avoir 6 ou 7 mètres) et enlèvent jusqu'à 4 ou 5 mètres cubes à la fois (fig. 97). Le mode de manœuvre est le même que pour la cigogne locomobile.

Machines pour engranger les fourrages.

On emploie dans l'Amérique du Nord un matériel très particulier, dont certains spécimens ont été récemment introduits en France, grâce aux efforts de M. Ringelmann. La manipulation est effectuée à l'aide de ce matériel de la façon suivante.

Le véhicule étant venu se ranger contre l'une des faces de la grange ou, suivant le cas, ayant pénétré à l'intérieur du bâtiment, un organe de préhension saisit une masse de fourrage plus ou moins considérable et l'élève jusqu'au faîtage de la charpente ; là cet organe de préhension est enclenché automatiquement à un petit chariot qu'on peut déplacer le long d'une voie spéciale et qui le transporte, ainsi que le fourrage, à l'intérieur de la grange, jusqu'au point où il doit être déchargé. Le chariot revient ensuite, avec l'organe de préhension vide, jusqu'au-dessus du véhicule, pour élever une nouvelle masse de fourrage, qui sera, de même, déchargée au point voulu. Ces deux groupes d'organes sont réunis par une longue corde ordinairement tirée par un animal. Examinons successivement les différentes parties de ce matériel.

Organes de préhension. — Il y en a quatre types principaux : les *élingues*, les *harpons*, les *fourches* et les *grappins*.

Élingues. — Les *élingues* sont de très grands filets à larges mailles, que les ouvriers disposent, à l'avance, dans le véhicule qui sert à transporter le fourrage, lors du chargement. Il suffit, au moment de l'engrangement, de réunir les cordes dont les bords du filet sont munis et de les attacher à une poulie adaptée au chariot. On enlève ainsi, d'un seul coup, une grande quantité de matière ; toutefois, comme ce procédé exige une manipulation préalable, pour disposer les élingues dans le véhicule, on préfère avoir recours aux dispositifs suivants.

Harpons. — Ils sont simples ou doubles. Les harpons simples sont de longues aiguilles en acier (fig. 98), munies d'une pointe à une extrémité et d'un anneau à l'autre. Un crochet, articulé sur l'aiguille près de sa pointe, peut être à volonté effacé contre l'aiguille ou redressé perpendiculairement à elle par le jeu d'un petit levier articulé lui aussi, sur l'aiguille, mais près de l'anneau de suspension; une longue et forte ficelle, flottant dans l'air, permet d'actionner ce levier d'un point quelconque de la grange. Le

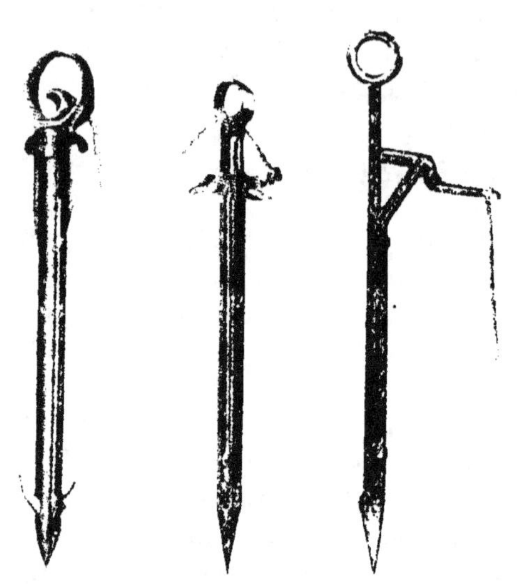

Fig. 98. — Différents types de harpons simples (Whitman et Barnes).

harpon étant accroché, par son anneau, à la poulie du mécanisme d'élévation, un ouvrier, placé sur la voiture à décharger, l'enfonce dans le fourrage et redresse le crochet ; l'appareil enlève ainsi une masse de fourrage d'autant plus volumineuse que les brins sont plus enchevêtrés. Au point de déchargement, un autre ouvrier, saisissant la ficelle flottante, opère une traction sur elle ; ce mouvement fait effacer le crochet et le fourrage, n'étant plus maintenu, s'échappe aussitôt. Les harpons simples sont très souvent munis de deux crochets, que le même levier actionne simultanément.

Les harpons doubles sont formés de deux aiguilles parallèles réunies par deux traverses; leur longueur utile varie ordinairement de 60 à 90 centimètres, et leur écartement est d'environ 60 centimètres. Elles ne possèdent chacune qu'un crochet, dirigé vers l'intérieur du harpon, et la même ficelle suffit pour manœuvrer les deux crochets à la fois (fig. 99.

Fourches. — Elles sont composées d'un bâti triangulaire basculant, en bois, et d'un support métallique à deux branches, autour duquel le bâti peut pivoter et qui est muni de l'anneau d'accrochage (fig. 100). La base du bâti triangulaire porte, d'un côté, quatre ou

Fig. 99. — Harpon double
(Whitman et Barnes).

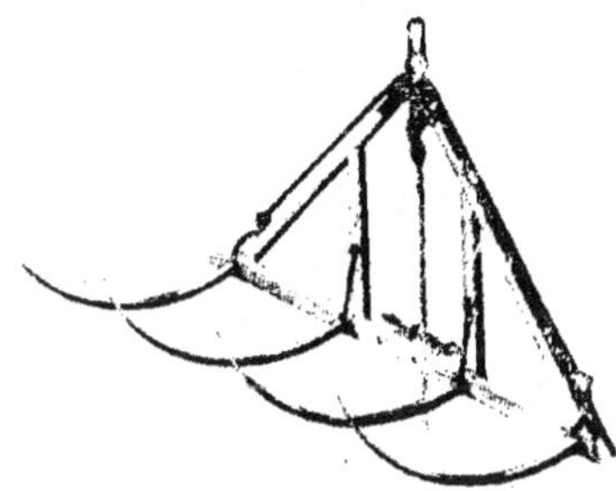

Fig. 100. — Fourche américaine
pour engrangement des récoltes
(Whitman et Barnes).

cinq dents longues et acérées ; le sommet opposé est muni d'un petit verrou, rappelé par un ressort, qui, après avoir traversé le bâti, s'engage dans une gâche dépendant du support métallique. Les deux organes étant libérés, on enfonce la fourche dans le fourrage ; puis on fait pivoter le support de façon à verrouiller les deux parties de la machine. Lorsque l'appareil d'élévation fonctionne, les dents se redressent presque horizontalement et entraînent une masse de four-

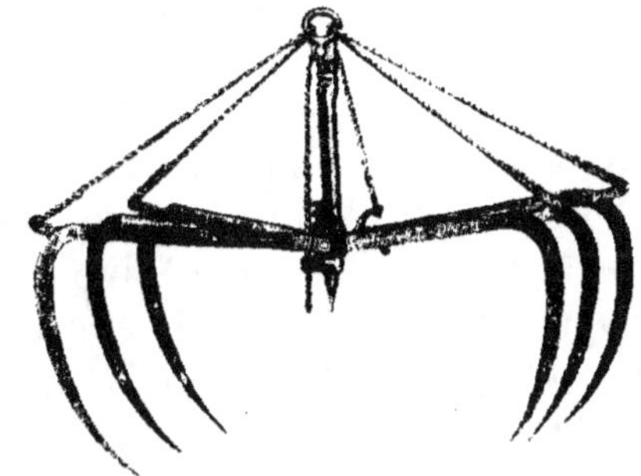

Fig. 101. — Grappin. (Whitman et Barnes).

rage. Pour le déchargement, on tire sur une ficelle flottante, accrochée au verrou ; ce mouvement libère le bâti du support, les dents s'abaissent verticalement et laissent échapper leur charge.

Grappins. — Entièrement construits en métal, ces organes de préhension peuvent être considérés comme résultant de l'assemblage de deux fourches articulées entre elles par leurs manches ; elles comportent chacune deux ou trois dents, suivant leurs dimensions (fig. 101). L'ouverture et la fermeture d'un grappin s'effectuent automatiquement, à la seule condition de modifier, par une manœuvre très peu pénible, le mode de suspension de l'organe.

Considérons, en effet (fig. 102), un grappin composé des deux

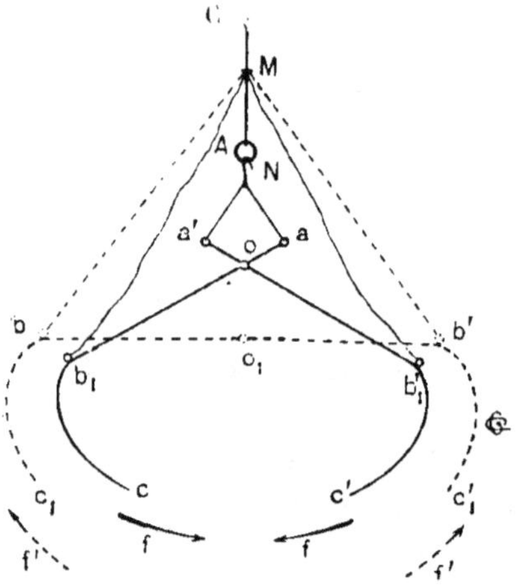

fourches aob_1c, $a'ob'_1c'$, articulées en o ; soit C le câble qui relie le grappin à l'appareil d'élévation, et qui est terminé par un anneau, A. Nous pouvons, à volonté, suspendre le grappin à l'anneau A par un crochet, N, auquel sont reliées deux cordes courtes, Na, Na', ou au câble C, en M, par deux cordes longues, Mb_1, Mb'_1. Dans le premier cas, les cordes Mb_1, Mb_1' sont lâches, et tout le poids du grappin, ainsi que du four-

Fig. 102. — Principe d'un grappin.

rage soulevé, ayant pour effet de tendre les cordes Na, Na', les points c et c' ont tendance à se rapprocher suivant f et le grappin se ferme. Si maintenant, à l'aide de la ficelle flottante, nous dégageons le crochet N de l'anneau A, le grappin descend d'une certaine quantité, les cordes Mb_1, Mb'_1 se tendent à leur tour et provoquent l'ouverture du grappin suivant f', donc la chute du fourrage. On laisse tomber le grappin ouvert (o_1bc_1, $o_1b'c'_1$), dans la voiture à décharger, puis on engage N dans A ; le grappin se ferme pendant l'élévation ; on dégage derechef N de A et le fourrage tombe.

Pour changer le mode de suspension, on peut faire usage d'un crochet, N, spécial, dont les figures 103 et 104 montrent le principe schématique et la vue d'ensemble ; il présente une fente longitudinale dans laquelle est engagé un petit levier, L, articulé près de la pointe du crochet, et dont la partie opposée reçoit la ficelle flottante F. Lorsqu'on actionne cette dernière, le levier L s'abaisse progressivement, et la charge repose sur A par l'intermédiaire de L ; il arrive un moment où la surface d'appui offerte par L est assez inclinée pour que N glisse sur l'anneau A et s'en échappe. C'est alors que les cordes Mb_1, Mb'_1, entrent en action. Une deuxième corde, qui reste engagée

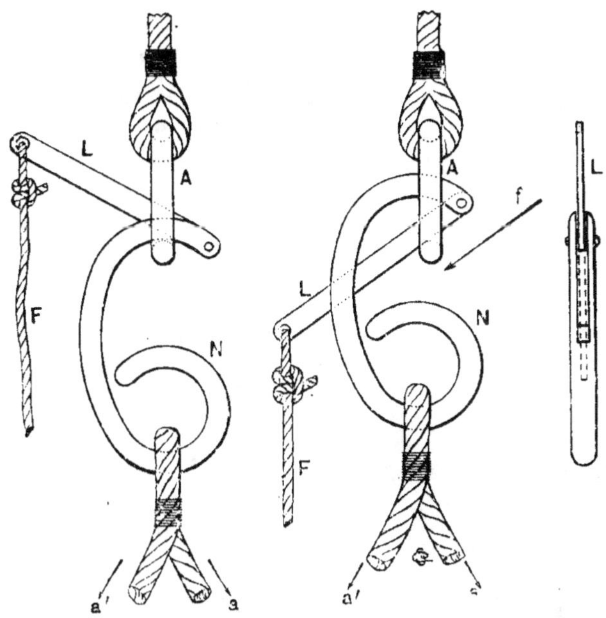

Fig. 103. — Principe d'un crochet automatique pour grappin.

dans l'anneau A, facilite la remise en place du crochet (fig. 104).

Dans la figure 101, les cordes Na, Na', sont supprimées, ainsi que les prolongements oa, oa'. des fourches. L'anneau A fait partie d'une aiguille qui présente une longue rainure longitudinale dans laquelle est engagé le boulon constituant la charnière o ; on voit, en outre, sur cette figure, que la rainure se termine, près de l'anneau, par un coude brusque. Un petit levier, manœuvré par la ficelle flottante qui, ici, passe sur un galet de renvoi logé dans la monture de l'aiguille, un peu en dessous de l'anneau, permet de manœuvrer un excentrique agissant sur l'aiguille. Le grappin tombe tout ouvert dans le fourrage à décharger ; l'aiguille s'y enfonce en même temps et, au besoin, l'ouvrier placé dans la voiture l'amène à fond de course. En rabattant alors le levier vers la droite, l'excentrique chasse l'aiguille vers la gauche, ce qui force le boulon-charnière à s'engager dans le coude de la rainure. Si, à partir de ce moment, on soulève le grappin par l'anneau, l'aiguille étant enclenchée, l'organe de préhension se ferme et emprisonne le fourrage. Au moment du déchargement, on tire sur la ficelle flottante qui redresse le levier ; l'excentrique cessant d'agir sur l'aiguille, le boulon-charnière sort du coude de la rainure ;

Fig. 104. — Crochet automatique pour grappin (Whitman et Barnes).

sollicité par son poids, le grappin descend le long de l'aiguille, mais ce mouvement, qui a pour effet de tendre les cordes, provoque l'écartement des deux fourches.

On trouve, aux États-Unis, un grand nombre de dispositifs autres que ceux dont nous venons de donner une description succincte ; ils sont, en général, très ingénieux, mais le cadre de cet ouvrage ne nous permet pas de les étudier.

Chariots automatiques.

Fig. 105. — Chariot automatique pour engrangement des récoltes (Whitmann et Barnes).

La figure 105 donne l'aspect d'un de ces chariots, qui sont, pour ainsi dire, suspendus à quatre petites roues.

Ils se déplacent le long d'un chemin de roulement, R, constitué par une solive en bois (fig. 105), ou par les ailes d'un fer à simple T (fig. 107), que supporte le faîtage de la charpente. Les boudins des roues sont à l'extérieur du chemin de roulement.

Au chariot est attachée, par l'intermédiaire d'une corde, une poulie mobile dont le crochet soutient l'organe de préhension.

Le schéma ci-dessus (fig. 106) fait comprendre le principe du fonctionnement de ces appareils. Le chemin de roulement R se prolongeant, à l'extérieur du bâtiment, d'une quantité suffisante pour que l'organe de préhension P tombe

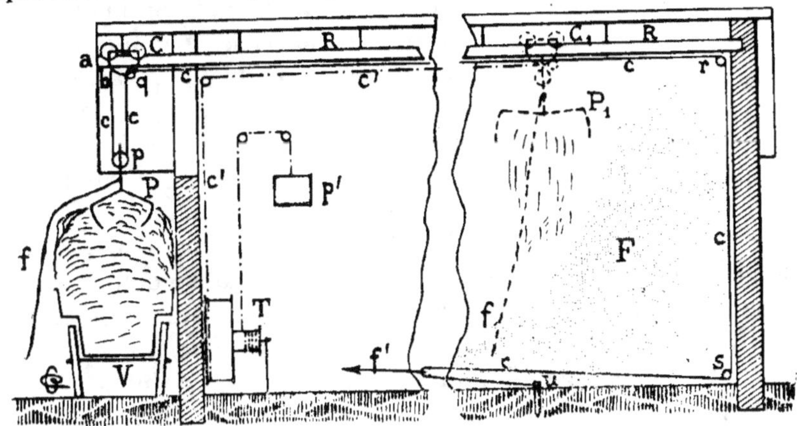

Fig. 106. — Principe des chariots automatiques.

bien d'aplomb dans le véhicule V à décharger, le chariot C doit être immobilisé à l'extrémité a du chemin, tant que P descend à vide et qu'il remonte en entraînant sa charge de fourrage ; lorsque P, au contraire, est arrivé au niveau du chariot C, il doit s'enclencher avec lui de façon que l'on puisse transporter le fourrage au point, $C_1 P_1$, où se trouve l'ouvrier à qui incombe le soin de tirer sur la ficelle flottante f pour provoquer le déchargement. Puis le chariot revient en a, et ainsi de suite.

Tous ces mouvements se produisent automatiquement à l'aide d'une longue corde c, sur laquelle un cheval tire, suivant la flèche f', soit directement, soit, pour réduire la distance que l'animal doit parcourir, par l'intermédiaire d'une poulie mobile, l'une des extrémités de la corde c étant alors attachée à un point fixe, u. L'autre extrémité de la corde est fixée, en b, au châssis du chariot, et entre, b et u, la corde passe sur la poulie mobile p, qui soutient le harpon ou le

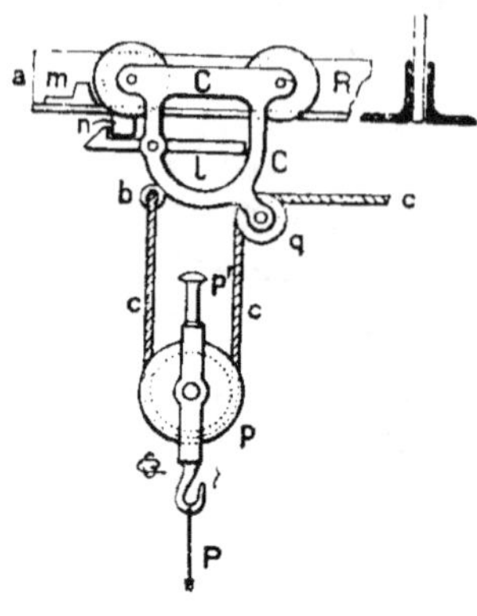

Fig. 107. — Principe d'un chariot automatique.

grappin, sur la poulie q, solidaire du chariot, puis suit le chemin de roulement R, et revient au niveau du sol en étant guidée par des poulies de renvoi telles que r et s.

On peut immobiliser le chariot C par une butée m et par un taquet, n, sur lequel vient s'appliquer le crochet d'un loqueteau l, articulé sur le châssis de C (fig. 107). On voit que toute traction sur c, suivant f', aura pour effet de faire monter la poulie p et l'organe de préhension P qu'elle supporte ; mais, si la chape de cette poulie est munie d'un prolongement tel que p', le loqueteau l sera ouvert dès que p' entrera en contact avec lui, et le chariot C sera alors libéré. Un enclenchement automatique, sur lequel nous reviendrons un peu plus loin, solidarisant p avec le chariot, en même temps que le loquet est soulevé, l'effort dirigé suivant f' entraînera le chariot et sa charge à l'intérieur. Quand l'ouvrier a actionné la ficelle flottante f, on ramène le cheval en arrière, et le chariot C revient en u, soit de lui-même, si on a donné à R une pente suffisante, soit, lorsque ce chemin de roulement est horizontal, sous d'influence d'un treuil T (fig. 106), dont le contrepoids peut être formé d'une caisse p' remplie de terre, et dont le grand tambour conduit une deuxième corde, c', attachée au chariot C.

Notre figure 108 est la représentation schématique d'un des dispositifs d'enclenchement les plus ingénieux et les plus élégants qui aient été employés. Le taquet n, qui affecte la forme d'une queue d'aronde, est solidement fixé en dessous du chemin de roulement R ; pendant la période de chargement et d'élévation de l'organe de préhension, il est saisi par

Avant de procéder à la plantation le sol à boiser subit divers travaux préparatoires : l'assainissement des parties humides, la pièce A, qui présente une échancrure appropriée et qui est articulée, sur les flasques du chariot C, autour d'un axe O situé nettement en dehors du centre de gravité de la pièce. Le profil intérieur de cette dernière comporte deux arcs de cercle de même rayon, *de*, *d'e'*, séparés par le ressaut *d'e*, et deux talons *t'* et *t''*. Au centre O' de l'arc *de* est articulé, suivant un axe perpendiculaire au plan de la pièce A, un loquet L, dont la branche *l* s'applique contre *de*, tandis que la branche *l'*, courbée de façon à pouvoir s'appliquer exactement sur la poulie mobile *p*, est creuse et sert d'attache à la corde *c*. Lorsque l'animal tire sur

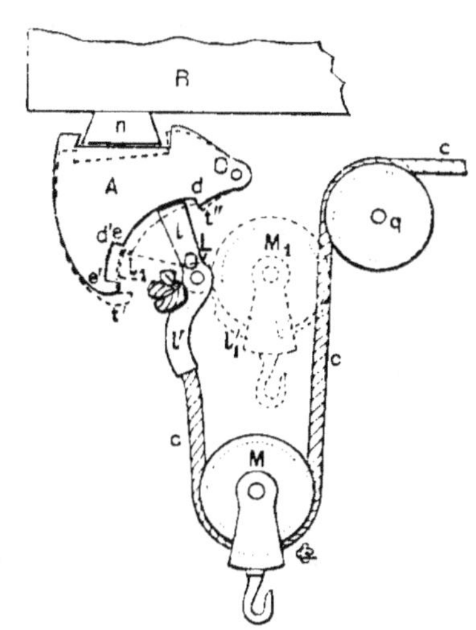

Fig. 108. — Mécanisme automatique d'enclenchement et de déclenchement pour chariot à engranger les récoltes.

cette dernière, la poulie *p* s'élève progressivement, les deux brins de la corde restant parallèles : mais comme l'axe de la poulie *q* est plus élevé que O', il arrive un moment où, la partie *l'* du loquet venant en contact avec la gorge de la poulie *p*, l'ascension de cette dernière ne peut plus continuer sans provoquer le basculement de L autour de O'. La partie cintrée *l'* de ce loquet s'engage entre la poulie *p* et sa chape ; l'autre branche, *l*, se déplaçant de *d* vers *e*, dépasse ce dernier point. La pièce A, n'étant plus maintenue, bascule, et c'est alors l'arc *d'e'* qui vient en contact avec *l* ; le taquet *n* est dégagé, et le chariot peut se déplacer le long de R ; mais comme la branche *l* bute contre le ressaut *d'e*, le loquet L ne peut basculer dans le sens du mouvement des aiguilles d'une montre, et sa partie *l'* maintient la poulie *p* enclenchée.

Lorsque le chariot revient en *a*, après le déchargement, la pièce A heurte brusquement le taquet *n*, qui la force à reprendre sa première position ; comme l ne butte plus contre $d'e$, le poids de p fait tourner le loquet L ; l s'applique de nouveau contre de, ce qui immobilise le chariot sur n : l abandonne la poulie p et l'organe de préhension tombe dans le véhicule pour reprendre une nouvelle charge de fourrage.

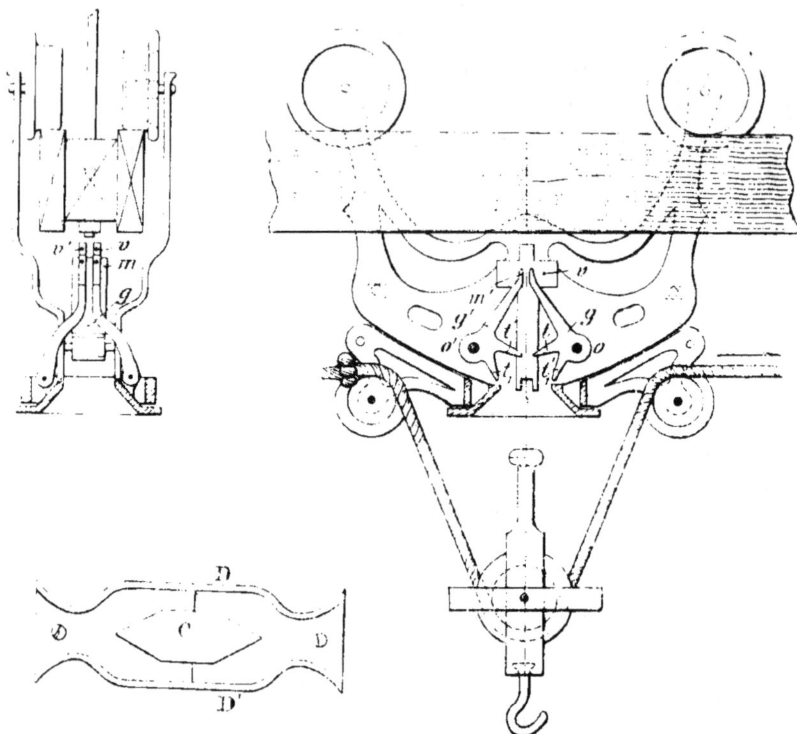

Fig. 109. — Chariot automatique d'un transporteur de fourrages (élévation-coupe, profil-coupe et vue en plan du *trip or stop*).

Il suffit donc, avec cet appareil, de deux pièces articulées, A et L, pour satisfaire entièrement aux multiples conditions que nous avons énoncées.

Le chariot dont la figure 109 montre l'aspect général comporte, au contraire, quatre pièces pour réaliser l'enclenchement. Le taquet n est un coin métallique C entouré par deux contre-plaques D, D'. qui laissent entre elles, à leurs extrémités, un intervalle un peu plus faible que la plus grande épaisseur du coin : il est vissé sur la face inférieure du chemin de roulement. La chape de la poulie mobile porte, à la partie inférieure, le crochet pour suspendre l'organe de préhension et, à la partie supérieure, une tige terminée par un champignon ; c'est cette tige à champignon qui, en pénétrant, sous l'effet de la traction opérée par le cheval, entre les deux flasques qui forment le corps du chariot, va servir à fixer la poulie mobile au wagonnet et à libérer ce dernier. Elle heurte, en effet, deux griffes g et g', articulées autour d'axes o et o' perpendiculaires aux flasques et présentant chacune deux talons, t, t_1, t', t'_1 ; tant que la poulie est libre, les talons t_1 et t'_1 sont suffisamment écartés pour laisser passer le champignon, mais les talons t, t', ainsi que les extrémités m et m' des griffes g et g' sont, au contraire, rapprochés. A la fin de l'ascension de la charge, le champignon heurte les talons t, t' et les soulève : cela a pour effet de rapprocher les talons t_1, t'_1, qui emprisonnent le champignon, et d'écarter les extrémités m et m' ; aussitôt, deux verrous v et v', mobiles autour d'axes perpendiculaires à o et o', tombent entre les deux griffes et assurent l'enclenchement de l'organe de préhension. La mise en liberté du chariot a lieu en même temps ; en effet, la saillie du coin C et des contre-plaques D, D' (1), les dimensions des griffes et des roues du wagonnet, sont calculées de façon que, seuls, les verrous v et v' puissent entrer en contact avec C ou D et D'. Avant que le champignon soit saisi par les griffes g, g', le chariot est immobilisé par les contre-plaques D et D', car les verrous v et v' sont écartés par C, et les extrémités m et m' des griffes, qui sont en contact, s'opposent à tout rapprochement des verrous. Au contraire, quand la poulie s'enclenche avec le chariot, l'écartement de m et m' permet aux deux verrous de se rapprocher et, par suite, de passer dans l'étranglement des contre-plaques : le chariot est donc entraîné par la corde le long du chemin de roulement. Au retour, le coin C écarte les verrous v et v', ce qui permet aux griffes g, g' de basculer et de libérer la poulie mobile, qui tombe ; mais les parties m, m' se sont intercalées entre v et v', et le chariot est à nouveau bloqué.

(1) Les Américains désignent l'organe que nous avons appelé le taquet a sous le nom de *trip or stop*, littéralement *voyage ou arrêt*.

Lorsque la longueur des granges dépasse 20 ou 25 mètres, il est préférable de faire pénétrer les véhicules chargés par des portes situées au milieu des longs pans et de décharger le fourrage des deux côtés : on évite ainsi des pertes de temps résultant d'un trop grand trajet du wagonnet sur le chemin de roulement. On peut d'ailleurs employer deux appareils fonctionnant alternativement : un seul *trip or stop*, placé suivant l'axe de la porte, suffit pour les deux wagonnets. Dans le modèle représenté par la figure 109, la cloison reliant C aux contre-plaques D et D' sert de butée et évite toute fausse manœuvre ; si l'on n'a, au contraire, qu'un seul chariot, on emploie un *trip or stop* sans cloison médiane, et l'appareil fonctionne dans les deux sens.

Tous ces chariots, quel qu'en soit le système, sont en fonte brute, mais néanmoins très solides et d'un fonctionnement sûr. On peut évidemment les appliquer à beaucoup d'autres usages qu'à l'engrangement des foins et des pailles, et nous pensons qu'ils pourraient rendre des services dans les celliers pour l'élévation des comportes. On pourrait, en outre, les actionner par un moteur inanimé et, notamment, par un moteur électrique.

B. — RÉCOLTE DES CÉRÉALES.

I. — ADAPTATION DES FAUCHEUSES A LA RÉCOLTE DES CÉRÉALES.

Les faucheuses peuvent parfaitement servir à la coupe proprement dite des céréales ; mais le versoir n'agit pas d'une façon assez efficace pour dégager le train et éviter le piétinement de la récolte. L'appareil que nous avons décrit page 46 et représenté par la figure 46 facilite la formation de l'andain de céréales.

Appareils à moissonner.

Appareils à moissonner ordinaires. — On préfère, en général, adapter à la faucheuse un tablier à claire-voie, articulé, au moyen de charnières, sur la face postérieure du porte-lame (fig. 110) ; il est formé de lattes en bois, ou, quelquefois, de tringles d'acier, montées sur une traverse d'assemblage reliée à l'organe de coupe, et disposées, avec un intervalle de quelques centimètres, parallèlement à la direction suivie par la machine. On remplace aussi le sabot séparateur extérieur par un autre plus grand et muni de planches ou de tringles assez développées pour bien soutenir les tiges et les ramener vers le tablier. Ces organes ne dégagent pas le train, mais permettent de déposer les céréales sur le sol en javelles qu'on déplace et qu'on lie ensuite à la main. A cet effet, le

Fig. 110. — Faucheuse munie d'un appareil à moissonner (Osborne-C. I. M. A.).

tablier peut être, sous l'influence d'une pédale qui lui est reliée par une transmission articulée, soulevé légèrement d'avant en arrière ou abaissé de façon que l'extrémité libre des lattes frotte sur les éteubles. Comme la manœuvre est assez fatigante, on monte sur le bâti de la faucheuse un deuxième siège où prend place un ouvrier, chargé uniquement de confectionner la javelle, sans avoir à diriger les animaux ni à s'occuper du réglage de la machine. Armé d'un râteau en bois, très léger et muni d'un long manche, cet ouvrier, qui a soulevé le tablier à l'aide de la pédale, rabat tout d'abord la céréale sur les lattes, les épis en arrière ; puis, quand il y a de quoi former une javelle, il abaisse le tablier et soutient, avec le râteau, les tiges qui sont continuellement coupées par la scie. Grâce aux claires-voies, les épis s'enchevêtrent dans les éteubles, et la javelle quitte le tablier : ce dernier est ensuite relevé d'un coup de pédale.

Les faucheuses, munies d'un appareil à moissonner, qu'on pourrait appeler *moissonneuses à javelage manuel* ou à *râteaux à bras*, sont fréquemment employées en petite culture, dans les pays où les terres labourées sont plantées d'arbres fruitiers dont les branches sont rarement assez hautes pour laisser passer les machines que nous étudierons plus loin. Les grandes exploitations doivent également en être munies, en vue des cas où il faut opérer très vite ou pour permettre de continuer le travail en attendant qu'une avarie survenue aux moissonneuses proprement dites soit réparée. Mais elles exigent un personnel nombreux ; il faut compter, en effet, de six à sept personnes, au moins, pour dégager le train et lier les javelles fournies par la machine. En outre, comme l'ouvrier javeleur accomplit une manœuvre pénible, il ne faut pas le faire travailler plus d'une demi-heure de suite ; il alterne ordinairement, au bout d'un quart d'heure ou de vingt minutes, avec le conducteur.

Il existe des appareils à moissonner pour faucheuses à un cheval : le principe en est absolument le même que pour celles à deux chevaux, mais nous ne pouvons que répéter, en l'aggravant, ce que nous avons dit pour les faucheuses à un cheval proprement dites.

On peut compter, avec les machines à deux chevaux, récolter 4 hectares, environ, de céréales par journée de dix heures.

Appareils à moissonner permettant de déporter latéralement les javelles. — Le dégagement du train nécessitant, comme nous venons de le voir, un nombreux personnel, on a cherché, depuis plusieurs années, à faire déplacer latéralement les javelles par l'ouvrier supplémentaire installé sur la faucheuse. Certains inventeurs se sont inspirés du principe même sur lequel avaient été conçues les premières moissonneuses et ont adapté au porte-lame et au bâti un tablier plein, soutenu par des patins ou par des galets et se prolongeant, en arrière du siège, par une plate-forme où prend place le javeleur : ce dernier, qui regarde dans une direction parallèle à celle de la scie, du côté de la récolte non coupée, tire vers lui, avec son râteau, les céréales accumulées sur le tablier, et les rejette en dehors du train.

Un mécanicien français a imaginé un dispositif ingénieux, qui a figuré au Concours général agricole de 1901, mais qui, malheureusement, nécessite trois hommes, dont un à pied. En arrière du tablier ordinaire à claire-voie se trouve un cadre rectangulaire recouvert d'une tôle mince, qui est monté sur des glissières horizontales et sur une charnière parallèle à la

Fig. 111. — Appareil à moissonner à tablier demi-circulaire (Wood-Pilter).

flèche d'attelage. Lorsque l'ouvrier placé sur le deuxième siège a couché la récolte sur le tablier, abattu ce dernier, et fait passer, à l'aide du râteau, la javelle sur le cadre, le troisième homme, qui suit la machine à pied, en tenant une poignée fixée au cadre, s'arrête, retient ce dernier, qui coulisse sur ses glissières et le fait basculer latéralement. La récolte est ainsi déversée en arrière des roues; des ressorts convenablement disposés équilibrent presque complétement le poids du cadre, en rendent la manœuvre facile et le ramènent automatiquement à sa position première. Cette manœuvre, assez facile lorsque la machine est remorquée par des bœufs, est pénible avec des chevaux.

Dans une autre machine, d'origine américaine, on a adapté au porte-lame un tablier plein en forme de quadrant, comme celui des moissonneuses-javeleuses (fig. 111). Le deuxième ouvrier se place à califourchon sur un siège monté à peu près au centre du quadrant, s'appuie sur deux marchepieds et est maintenu en avant par une traverse horizontale : saisissant à deux mains le manche d'un râteau léger, il rabat la récolte sur le tablier, et, quand il juge la javelle suffisamment grosse, il la chasse en faisant décrire au râteau un quart de cercle, par un mouvement analogue à celui d'un faucheur. La manœuvre est pénible ; aussi le javeleur et le conducteur doivent-ils se relayer plus fréquemment que dans le cas des appareils à moissonner ordinaires : toutefois, comme elle ne nécessite que deux ouvriers, cette machine a été conservée, tandis que la précédente a été abandonnée.

Faucheuses-moissonneuses à javelage semi-automatique. — On a construit des faucheuses à râteau unique, qu'une pédale, actionnée par un ouvrier installé sur un deuxième siège, déplace au-dessus d'un tablier en forme de quadrant. Dans cet appareil, qu'on peut considérer comme dérivé des anciennes moissonneuses de Seymour et de Palmer et Williams, le râteau est fixé à l'extrémité d'un long manche constitué par un fer en U fortement cintré, de façon que les dents puissent agir très près de la barre de coupe sans que le manche heurte la roue de droite de la faucheuse. L'extrémité du manche R opposée aux dents est montée à articulation autour d'un axe horizontal engagé dans une pièce A (fig. 112), qui peut tourner autour d'un pivot vertical B. L'ensemble de ces deux articulations permet au râteau de

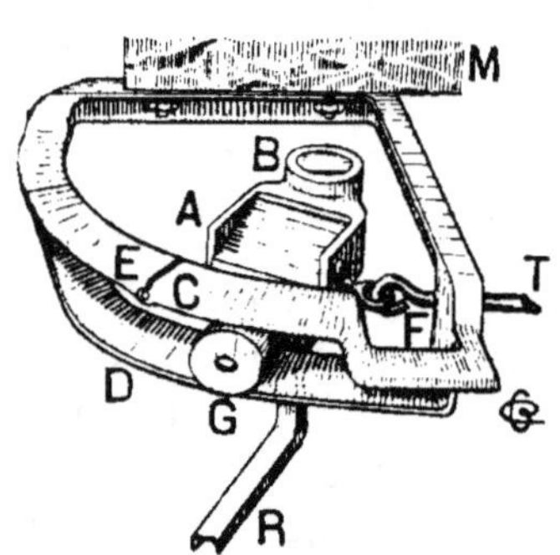

Fig. 112. — Principe de l'aiguillage dans une faucheuse transformée en javeleuse semi-automatique (Dalloz-Faul).

balayer le tablier d'avant en arrière, de se relever légèrement, par une rotation de quelques degrés autour de l'axe horizontal,

de revenir d'arrière en avant tout en restant à 30 ou 40 centimètres au-dessus du tablier et de se retrouver enfin au contact
de ce dernier, à sa position première. Pour guider le râteau,
pendant ces différents mouvements, le manche est muni, à
une faible distance de l'articulation, d'un galet G qui s'appuie
sur un chemin de roulement en fonte comportant deux voies,
C et D, raccordées à l'arrière par l'aiguille E. Si nous supposons le râteau à sa position avant, prêt à fonctionner, le galet
repose sur la voie inférieure D; sous l'influence d'un coup de

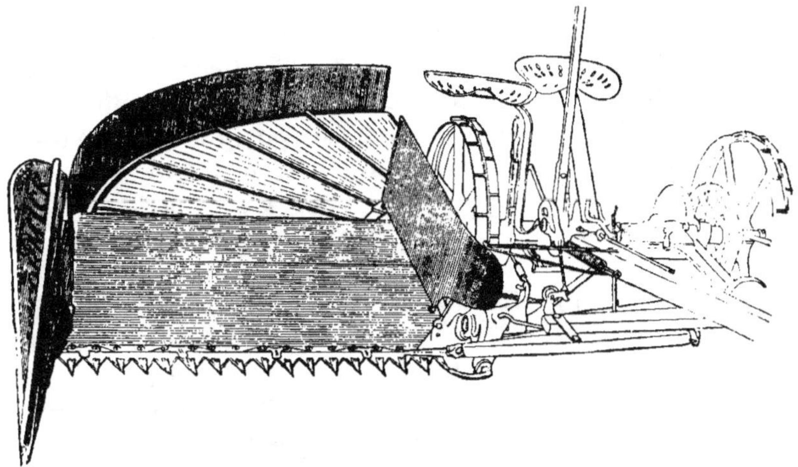

Fig. 113. — Appareil à moissonner javeleur (Mac Cormick-Wallut).

pédale, le râteau se déplace en balayant le tablier. Vers la fin
de la course, le galet rencontre un plan incliné qui le ramène
au niveau de la voie supérieure C; mais il n'y parvient qu'après
avoir soulevé et franchi l'aiguille E, qui s'abaisse par son
propre poids dès que le galet l'a dépassée. Lorsque l'ouvrier
ramène la pédale en arrière, le râteau revient en sens inverse,
mais le galet suit la voie C et maintient le râteau soulevé;
à l'extrémité antérieure de cette voie, se trouve une échancrure F par où le galet G peut passer, ce qui permet au
râteau de reprendre sa position première. Les mouvements
imprimés à la pédale sont transmis à l'appareil par la
tringle T. Bien que cette machine ne se soit pas répandue, nous
avons cru devoir la signaler non seulement parce qu'elle

9.

constitue un type de transition entre les faucheuses moissonneuses précédentes et les suivantes, mais aussi parce qu'elle nous facilitera l'exposé du mécanisme assez compliqué, en apparence, des moissonneuses-javeleuses.

C'est à la catégorie des faucheuses-moissonneuses à javelage semi-automatique que nous rattacherons la machine représentée par la figure 113. Ici, la manœuvre n'est pas sensiblement plus pénible qu'avec les appareils à moisonner ordinaires, puisque le deuxième ouvrier se borne à repousser de quelques centimètres, seulement, en arrière, avec son râteau, la céréale accumulée sur le tablier. Celui-ci, qui est soutenu à l'arrière par une roue pivotante, comporte deux parties : l'une, pleine et rectangulaire, sur laquelle les tiges tombent ; l'autre en forme de quadrant, et dont le fond est constitué par une toile sans fin, analogue à un éventail déplié, et tendue sur deux rouleaux coniques dont les axes sont à peu près perpendiculaires l'un à l'autre. La transmission de la faucheuse imprime à cette toile, par l'intermédiaire d'un cardan, un mouvement continu tel que sa face supérieure se déplace d'avant en arrière, et des liteaux de bois assurent l'entraînement de la récolte. Il suffit de pousser cette dernière sur la toile pour que le javelage s'opère : une tôle de garde empêche les céréales de tomber à l'extérieur du quadrant.

Faucheuses-moissonneuses à javelage automatique. — Ces machines, ordinairement appelées *faucheuses-moissonneuses combinées*, ou simplement *combinées*, peuvent être employées à volonté comme faucheuses ou comme moissonneuses. Elles sont connues, d'ailleurs, depuis assez longtemps ; mais on les avait abandonnées, en raison des transformations assez délicates qu'elles nécessitaient : elles ne fonctionnaient pas, non plus, également bien comme faucheuses et comme moissonneuses, et les constructeurs ne semblaient pas s'intéresser beaucoup à ces machines à deux fins. Néanmoins, comme elles seraient très utiles pour les petites exploitations, où le manque de capitaux ne permet pas l'acquisition de deux instruments distincts, on tente, depuis deux ans, environ, de les introduire à nouveau dans notre pays, où on en peut remarquer déjà un assez grand nombre de modèles.

Ils consistent tous en faucheuses à deux roues, avec organe de coupe placé à l'arrière, auxquelles on peut adapter un tablier quart-circulaire et un appareil de javelage automatique.

Il fallait, autrefois, changer, soit le plateau-manivelle, soit certains engrenages et même la barre coupeuse, pour approprier la machine à ses deux destinations; à l'heure actuelle, et quoique l'on rencontre encore plusieurs types analogues à ceux d'autrefois, ou au moins à deux vitesses, on se contente,

Fig. 114. — Faucheuse-moissonneuse combinée (Osborne-C. I. M. A.)

dans le but de simplifier les transformations, de donner à la scie une vitesse suffisante pour que les herbes soient nettement sectionnées, et l'on rapporte au milieu de la barre coupeuse un doigt amovible servant de guide pour les râteaux. L'étançon qui soutient le porte-lame est très robuste et supporte l'appareil de javelage, avec ses râteaux, son contrôleur, etc. ; cet appareil est actionné par l'intermédiaire d'une chaîne que conduit un pignon denté calé sur l'essieu, à l'extérieur de la roue située du même côté que la scie. Comme l'appareil de javelage est identique à celui des moissonneuses-javeleuses, nous renvoyons le lecteur, pour l'étude de son fonctionnement, au chapitre consacré à ce mécanisme spécial. Quant au tablier, il est simplement rapporté sur le porte-lame et peut être relevé verticalement en même temps que ce dernier. Les organes amovibles n'étant maintenus que par quelques boulons, les transformations sont très simples et très faciles à effectuer. La figure 114 donne la vue d'une de ces machines combinées, qui sont toutes destinées à être tirées par deux animaux. On peut généralement déplacer le siège et le reporter du côté extérieur quand l'instrument doit fonctionner comme moissonneuse.

II. — MOISSONNEUSES-JAVELEUSES.

Contrairement à ce qui a lieu pour les faucheuses, les moissonneuses-javeleuses, comme d'ailleurs les lieuses, ne comportent qu'une roue porteuse et motrice ; celle-ci, dont le diamètre varie de 0^m.75 à 1 mètre, est en acier ou, le plus souvent, en fonte ; sa jante, très large, est pourvue de nervures qui augmentent l'adhérence au sol. Un engrenage calé sur cette roue communique le mouvement à tous les organes ; ces derniers sont tous placés du même côté de la roue, à droite par rapport au sens de déplacement de la machine, tandis que le siège et les leviers de manœuvre sont seuls situés du côté opposé. En arrière d'un organe de coupe peu différent de celui des faucheuses, s'étend un tablier en forme de quadrant sur lequel des râteaux, entraînés par un axe vertical et guidés par une came spéciale, rabattent la récolte coupée ; au moment où le conducteur le juge utile, un de ces râteaux, saisissant tout ce qui se trouve sur le tablier, le rejette en arrière et sur le côté, confectionnant ainsi une javelle et dégageant le train que la machine suivra au tour suivant.

La moissonneuse est tirée par un attelage d'un ou de deux animaux, qui agit par l'intermédiaire de brancards ou d'un limon, et le mode d'attelage est identique à celui des faucheuses. Examinons successivement les différentes catégories d'organes composant cette machine.

Organes de coupe.

Le principe en est absolument le même que dans les faucheuses ; nous retrouvons le porte-lame, les doigts, les sections, etc.. que nous avons déjà étudiés ; mais les dimensions des doigts sont un peu plus grandes ; on emploie parfois aussi des sections ou des contre-plaques faucillées. La vitesse moyenne de la scie est plus faible que dans les faucheuses et ne dépasse guère 1ᵐ,60 par seconde ; les chaumes sont, en

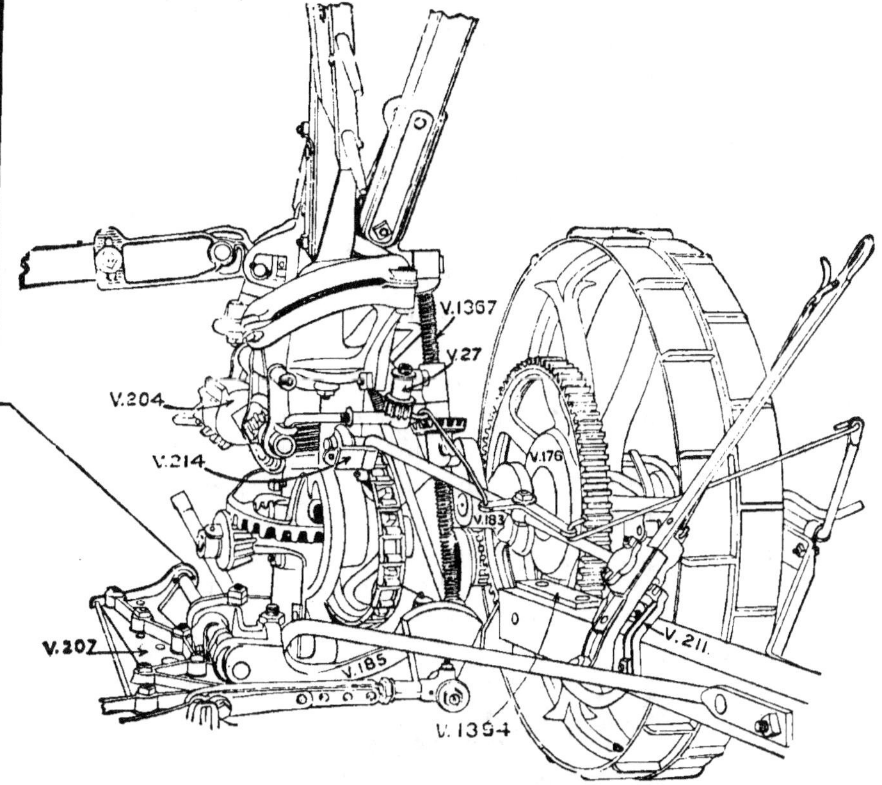

Fig. 113. — Ensemble du mécanisme d'une moissonneuse-javeleuse (Massey-Harris).

effet, plus rigides et, partant, plus faciles à couper que les herbes.

La longueur de la lame varie de 1ᵐ,30 à 1ᵐ,52 pour les machines à deux animaux, et de 1 mètre à 1ᵐ,30 pour celles à un cheval. Mais, de même que pour les faucheuses, les deux ou les trois premiers doigts, ainsi que les sections correspondantes, n'interviennent qu'exceptionnellement dans la coupe.

Organes servant au réglage de la hauteur de coupe et à l'évitement des obstacles.

On règle, une fois pour toutes, la hauteur de coupe en soulevant plus ou moins, par rapport à la roue, le bâti général auquel est relié le porte-lame; un levier, ou, de préférence, une manivelle agissant sur une vis, permet d'effectuer cette manœuvre sans avoir à développer un effort excessif. Les dispositifs sont, du reste, très nombreux et très variés; mais ils ont très souvent pour but de provoquer une rotation du bâti autour de l'axe de l'essieu, et, comme l'attache du bâti est excentrée par rapport à ce dernier, il en résulte, suivant le sens de la rotation, un abaissement ou une élévation de l'organe de coupe, sans que les organes de transmission qui dépendent du bâti cessent d'être en prise avec le pignon calé sur la roue. La figure 115 montre le dispositif employé pour ce réglage: on voit que le bâti est, pour ainsi dire, suspendu à une manivelle V. 183, calée sur l'essieu, et qu'un écrou, mobile, sous l'influence d'une manivelle et de deux pignons d'angle, le long d'une vis fixe (V. 1367), permet de modifier la distance du bâti à l'axe de l'essieu. On distingue également cette vis, l'écrou et la manivelle sur la figure 119.

Fig. 116. — Séparateur extérieur et sa roue (Johnston-Harvester Co).

L'extrémité extérieure du porte-lame est soutenue par une roue de petit diamètre, appelée quelquefois *roue de grain*, qu'on peut également abaisser ou relever à l'aide d'une manivelle conduisant le plus souvent une vis sans fin en prise avec une crémaillère rectiligne ou circulaire ; dans la figure 116, la crémaillère est tracée sur un secteur solidaire d'une manivelle à l'extrémité de laquelle est fixée la fusée.

Ce réglage peut être complété, comme dans les faucheuses, à l'aide d'un levier de pointage qui permet également de disposer la machine pour éviter les obstacles ; mais cet organe, dont on voit l'articulation, en V. 211, sur la figure 115, agit ordinairement en modifiant l'angle du bâti avec le timon ou les brancards, de sorte que le tablier, les râteaux, etc., accompagnent le porte-lame dans son mouvement.

Séparateurs. — Ces organes, qu'on appelle aussi *diviseurs*, ont à jouer, dans les moissonneuses, un rôle analogue à celui qu'ils remplissent dans les faucheuses. Toutefois, comme les tiges sont plus longues et moins soutenues que celles des plantes fourragères, leurs dimensions sont beaucoup plus considérables ; ils débordent plus en avant de la lame. Du côté extérieur, c'est une pièce en fonte ou une planche dont la partie inférieure est garnie de ferrures, terminée en pointe, plane ou légèrement contournée et disposée à peu près verticalement ; c'est sur elle qu'est fixée la petite roue supportant le porte-lame. Une ou plusieurs broches en acier, partant du voisinage de la pointe, et recourbées vers l'arrière, empêchent les tiges de s'enchevêtrer dans cette roue ; une planche en bois, à peu près triangulaire, est fixée un peu obliquement sur le bord supérieur du séparateur, de façon à diriger vers le tablier les chaumes qui auraient tendance à tomber en dehors de cet organe (fig. 116). On complète parfois l'action de cette pièce au moyen de tiges en bois ou de tringles métalliques qui, placées obliquement sur la planche, s'élèvent un peu plus qu'elle et soutiennent les tiges les plus longues ; souvent même une tringle métallique recourbée, partant de la partie postérieure de la planche, s'étend en arrière d'elle parallèlement au rebord du tablier.

Le séparateur intérieur, dont la forme varie beaucoup suivant les constructeurs, diffère parfois peu de celui des faucheuses. Mais il est toujours complété par une plaque de garde qui, interposée entre le tablier et le mécanisme de transmission, protège ce dernier contre les engorgements.

Dans la plupart des cas, le séparateur ressemble beaucoup aux *doigts releveurs* que nous étudierons à propos des lieuses; c'est une longue barre en acier forgé, pointue, qui est destinée à passer en dessous des tiges couchées; des tringles obliques, droites ou contournées, partant de la pointe, achèvent le soulèvement commencé par le doigt proprement dit (fig. 117).

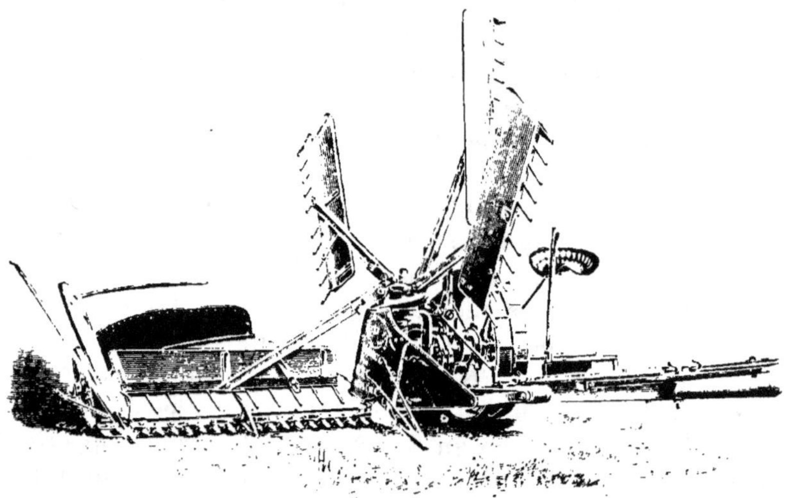

Fig. 117. — Moissonneuse-javeleuse vue par l'avant (Harrisson Mac-Gregor).

Souvent aussi la plaque de garde, en bois ou en métal, se prolonge presque jusqu'à la pointe de ce doigt.

Organes de javelage automatique.

Ils comprennent, comme pièces principales, le tablier et les râteaux automatiques.

Tablier. — Cet organe, qui est situé en arrière de la scie, est fixé sur le porte-lame. Sa forme est celle d'un secteur circulaire ayant pour rayon la longueur du porte-lame, et ses deux côtés rectilignes, dont l'un est appliqué sur le porte-lame, sont presque perpendiculaires l'un à l'autre; leur angle est, toutefois, plus petit qu'un angle droit. Le tablier est constitué par une plate-forme légère, en bois ou en métal, soutenue en dessous par des traverses; lorsqu'il est en bois, le tablier est ordinairement protégé, près de la scie, par une tôle mince et, parfois même, cette tôle le recouvre entièrement.

Le pourtour circulaire du tablier est garni d'un rebord métallique qui fait suite au séparateur extérieur et qui est maintenu sur la plate-forme au moyen d'équerres métalliques. C'est ce rebord qui s'oppose à ce que les céréales tombent en arrière de la scie, soit d'elles-mêmes, soit pendant l'action des râteaux-javeleurs. Sa hauteur est de 25 ou 30 centimètres, et nous avons vu qu'il est souvent accompagné par des tringles métalliques recourbées partant de la planche du séparateur. Tous ces détails sont visibles sur les figures 117 et 120.

Le porte-lame et le tablier sont articulés, à l'aide d'une charnière, sur le bâti; la scie suit donc, dans une certaine mesure, les ondulations du sol, et l'on peut redresser la lame ainsi que le tablier pour mettre la machine en position de transport; la figure 118 représente une semblable charnière qu'il y a intérêt à choisir aussi forte que possible.

Râteaux. — Ce sont des organes très légers, pleins ou à claire-voie, composés d'une traverse où sont enfoncées des

Fig. 118. — Charnière du tablier d'une moissonneuse-javeleuse (Plano).

dents en bois dur, généralement un peu inclinées, d'un manche en bois, et d'une ou de plusieurs écharpes servant à la fois à trianguler le système et à modifier la position des dents. Ils sont reliés, par des montures réglables, à un plateau horizontal fréquemment appelé *tête de râteau*, et fixé, par son centre, à l'extrémité d'un axe vertical auquel les transmissions impriment un mouvement de rotation continu.

La classification en râteaux pleins et râteaux à claire-voie est assez factice. Les deux figures 117 et 120 montrent bien en quoi diffèrent ces deux types d'organes. La traverse devant être assez épaisse pour maintenir les dents d'une façon solide, on ne peut, sous peine d'alourdir le râteau, lui donner une grande hauteur; d'autre part, il est nécessaire, pour que la récolte ne passe pas par-dessus le râteau, que ce dernier ait une hauteur au moins égale à celle du rebord du tablier. Certains constructeurs prolongent donc la traverse par une planche qui lui est reliée au moyen de ferrures et de boulons : c'est ce qui constitue un râteau plein (fig. 117); d'autres se bornent à la surmonter d'un cadre formé de lattes disposées en trapèze pour donner à l'ensemble plus de rigidité : c'est un râteau à claire-voie (fig. 120 et 129). On rencontre d'ailleurs des systèmes intermédiaires entre les deux précédents, et, souvent, il suffit d'enlever la planche du râteau plein pour le transformer en râteau à claire-voie; ce dispositif permet d'alléger quelque peu la machine dans la plupart des cas, la planche n'étant réellement utile que pour les fortes récoltes.

Nous avons vu que la monture du manche sur la tête de javelage et l'assemblage du râteau proprement dit avec le manche permettent de régler la position des dents; celles-ci sont convenablement placées quand elles frôlent toutes le tablier sans frotter sur lui. Il faut donc que la traverse soit exactement parallèle au tablier, et à une distance bien déterminée de lui. Or, on a assez fréquemment à modifier la hauteur du tablier par rapport au sol; il est donc *indispensable* de régler, en même temps, la position des râteaux, car, s'ils appuient trop sur la plate-forme, celle-ci s'use, ainsi que les dents.

Il n'y a malheureusement que bien peu d'agriculteurs qui prennent le soin de régler les râteaux; aussi voit-on fréquemment dans les tabliers des sortes d'ornières creusées par les dents, et ces dernières fortement usées, surtout celles qui sont les plus voisines des roues. Cela compromet la durée d'organes qui, avec quelques précautions, ne seraient soumis qu'à une usure insignifiante; les résistances passives sont, en outre, considérablement accrues, de même que la fatigue des axes et des engrenages de la tête des râteaux et l'effort de traction exigé des animaux.

Ce réglage est d'ailleurs très facile à exécuter. Du côté du râteau proprement dit, l'écharpe, pour les râteaux pleins, ou l'une des pièces de la hausse trapézique, pour ceux à claire-voie, est toujours munie de trois ou de quatre trous, dans l'un ou l'autre desquels on peut passer le boulon d'assemblage. Du côté de la tête de javelage, la monture est disposée de façon qu'on puisse déplacer légèrement l'axe du manche; à cet effet, ce dernier est relié à la monture par deux boulons dont l'un est fixe et dont l'autre peut soit être déplacé dans une coulisse portée par la monture, soit être engagé dans l'un quelconque des trous percés tantôt dans la monture même, tantôt dans une plaque qui en est solidaire.

On obtient avec ces dispositifs un réglage d'une précision très suffisante pour permettre de bien disposer les râteaux, tout en laissant au conducteur la possibilité de remonter ou d'abaisser un peu le tablier sans avoir à modifier ce réglage. Si donc, dans une exploitation, la hauteur de coupe est la même pour tous les champs, on n'aura à toucher à ces organes qu'au début de la campagne, et il faut reconnaître que, si à la rigueur il fallait changer deux ou trois fois la position des râteaux pendant la moisson, cela n'exigerait ni beaucoup de temps, ni beaucoup de peine, et le fonctionnement de la machine s'en trouverait notablement amélioré.

Pour éviter que, par suite du jeu ou comme conséquence d'un mauvais réglage, les dents des râteaux soient prises entre les doigts et les sections, on dispose au milieu du tablier un *guide de râteaux*, sorte de doigt releveur, visible sur les figures 117 et 129, qu'on rapporte sur l'un des doigts de la lame et dont la branche recourbée soulève la traverse du râteau lorsque celui-ci arrive au niveau de la scie.

Têtes de râteaux. — C'est, comme nous l'avons dit, un plateau circulaire ou polygonal régulier, fixé, par son centre, à l'extrémité d'un arbre vertical. Il est muni, sur sa périphérie, de quatre ou de cinq évidements également espacés, et dans lesquels sont encastrés autant de pivots qui servent d'articulation aux montures des manches des râteaux fig. 119. Comme ces derniers sont assujettis à suivre, dans l'espace, une trajectoire assez compliquée, chacune des montures est pourvue d'une tige, tantôt perpendiculaire, tantôt oblique ou même parallèle à l'axe du manche, et qui sert de fusée à un galet; ce dernier s'appuie sur une came de forme spéciale, constituant ce que nous appellerons le *chemin de roulement*.

Javelage automatique. — Avant de décrire le principe du javelage automatique, rappelons brièvement le programme auquel la machine doit satisfaire.

Il faut tout d'abord rabattre la récolte vers la scie et la forcer, une fois qu'elle est coupée, à tomber sur le tablier; puis, quand il y en a une quantité suffisante, la rejeter latéralement sous forme de javelles. — Ceci même nous indique que, parmi les râteaux montés sur la tête de javelage, certains seront simplement *rabatteurs*, d'autres *javeleurs*.

Au début de la construction des moissonneuses, on avait fait usage de râteaux, non plus articulés sur la tête, mais faisant corps avec elle, et mobiles autour d'un axe incliné à 50 grades (45°) par rapport au sol. Ces râteaux, dont les manches étaient, par conséquent, dirigés suivant

Fig. 119. — Tête de râteaux d'une moissonneuse-javeleuse (Deering-Faul).

les génératrices d'un cône, étaient tous, sauf un, dépourvus de dents; les traverses pouvaient bien rabattre la récolte sur le tablier, mais n'agissaient pas assez longtemps pour la chasser en dehors de lui; seul le râteau muni de dents pouvait le faire et fonctionnait donc comme javeleur.

Le problème avait reçu une solution; mais on la trouva bientôt insuffisante. Les javelles étaient, en effet, régulièrement espacées sur le sol, mais leur poids était variable si la récolte n'était pas uniforme. Or, on est presque partout accoutumé à faire des bottes toutes de même volume ou de même poids; ce volume et ce poids varient quelque peu d'un

Fig. 120. — Moissonneuse javeleuse en fonctionnement (D'après un cliché Mac Cormick).

pays à l'autre : il fallait donc que la machine pût confectionner des gerbes du poids voulu, quelle que fût la région, quelle que fût l'intensité de la récolte, et même si cette intensité variait d'un point à l'autre du champ moissonné. Il ne pouvait plus être question, dès lors, de spécialiser les râteaux ; aussi les fit-on tous pareils, en chargeant un appareil qu'on semble s'être mis d'accord pour appeler *contrôleur*, de rendre périodiquement l'un d'entre eux javeleur, mais en donnant, en même temps, au conducteur la possibilité de modifier, à tout instant, cette périodicité au cours du travail.

Malgré la complication réelle et même excessive de ce problème, les inventeurs, à force de tâtonnements, sont arrivés à des solutions relativement simples et en tout cas fort ingénieuses.

Quand ils doivent n'être que rabatteurs, les râteaux qui, comme nous l'avons vu, sont entraînés par un arbre tournant d'un mouvement continu autour de son axe propre, pénètrent dans la récolte, un peu en avant de la scie, rabattent une certaine quantité de tiges sur le tablier, les épis dirigés vers l'arrière de ce dernier ; mais aussitôt cette fonction remplie, ils se relèvent d'une quantité suffisante pour que les dents ne puissent pas effleurer les plus fortes javelles.

Les râteaux qui doivent, au contraire, être javeleurs fonctionnent tout d'abord comme les rabatteurs, en couchant vers la scie les tiges qu'ils ont saisies dans la récolte ; mais, au lieu de se soulever brusquement, ils continuent leur mouvement en restant au même niveau, c'est-à-dire en balayant toute la surface de la plate-forme ; la javelle est donc expulsée du tablier, comme dans la machine représentée par la figure 112.

Rabatteurs et javeleurs reviennent ensuite en avant de la scie en suivant une trajectoire commune ; leur mouvement ne présente d'autre particularité qu'un redressement des manches dans une position presque verticale, afin que l'ouvrier placé sur le siège ne soit pas heurté par ces organes.

Les montures des râteaux étant articulées sur la tête de javelage T (fig. 121), il suffit de disposer sur le bâti, vis-à-vis des galets, une came convenablement tracée pour que

ces différents mouvements se produisent au point voulu : cette
came constitue, comme nous l'avons dit, le chemin de roulement. Ainsi, dans notre schéma, en *c*, le râteau est relevé
verticalement par la came. Mais, au niveau du tablier, le
râteau devra occuper deux positions distinctes, suivant qu'il
sera rabatteur (*r* ou javeleur *j*) : il faudra donc également,
à ce niveau, deux chemins de roulement, ou, tout au moins,
deux voies *r* et *r'*. Projeté sur un plan vertical parallèle au
timon de la moissonneuse, le chemin de roulement aurait à

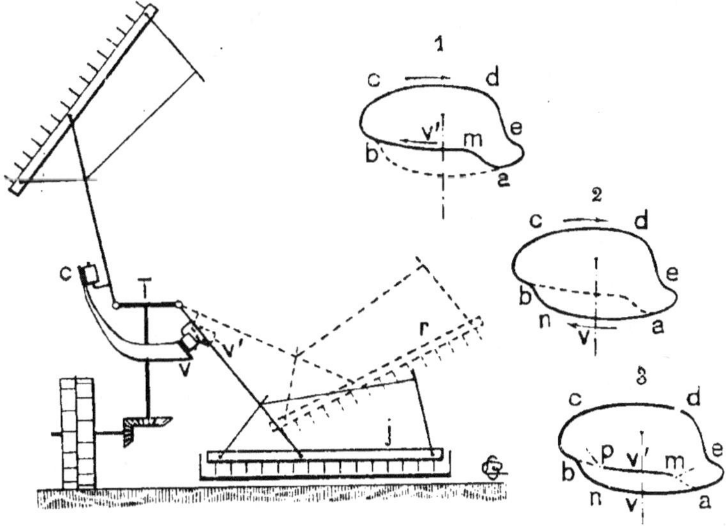

Fig. 121. — Schéma du fonctionnement des râteaux dans une moissonneuse-
javeleuse.

peu près la configuration indiquée sur notre croquis. Pour les
rabatteurs (tracé 1), à partir du niveau le plus élevé *c*, correspondant aux bras redressés, il s'abaisse brusquement de *d* à *e*
pour que les râteaux pénètrent dans la récolte et, pendant
le court trajet *ea*, la couchent sur le tablier; puis le brusque
ressaut *am* conduit les galets sur la voie *r'*, et les râteaux
gardent, jusqu'au point *b*, la position *r* : une rampe plus ou
moins accentuée raccorde le point *b* au point *c*. Pour les javeleurs au contraire (tracé 2), après le parcours *cdea* identique
au précédent, les galets restent au niveau *ea* : ils sont dirigés

sur la voie v et maintiennent les râteaux dans la position j; une rampe nb les ramène au point b et, de b en c, l'allure du chemin ne diffère pas de celle du tracé 1.

En réalité, les deux portions de la came ne sont pas séparées comme l'indiquent les tracés 1 et 2, mais bien réunies, comme en 3 ; un peu au-dessus de v se trouve un tronçon de voie mp, qu'il suffit de raccorder à v, par deux aiguillages ma et pb, pour constituer la voie v'.

L'aiguille pb ne présente aucune particularité intéressante ; c'est une simple languette métallique, articulée en p sur v' qui se soulève lorsqu'un galet vient de n en b, et retombe ensuite, par son propre poids, pour établir la continuité du chemin v. Le mécanisme de l'aiguille ma est au contraire très curieux, et il convient de l'étudier assez en détail.

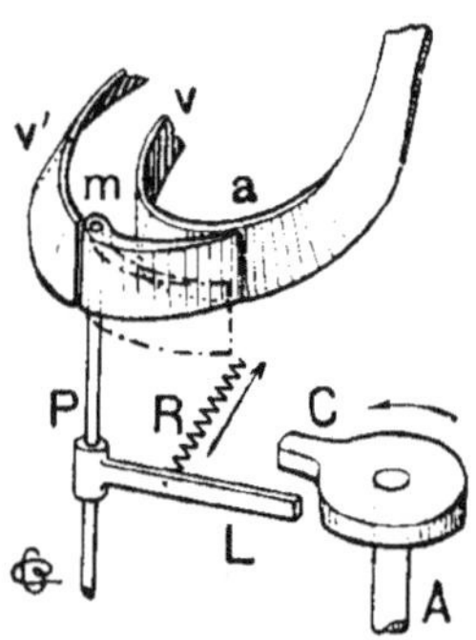

Fig. 122. — Principe de l'aiguillage fermé.

Principe de l'aiguillage. — Pour donner plus de clarté à notre exposé, nous conviendrons que l'aiguille ma est *ouverte* quand elle est soulevée, permettant ainsi aux galets d'accéder à la voie v, et rendant les râteaux *javeleurs* ; elle est au contraire *fermée* quand elle rend les râteaux *rabatteurs* en conduisant les galets sur la voie v'.

L'aiguille est toujours fixée, par son extrémité m, sur un pivot P qui lui permet des mouvements d'oscillation, et elle est toujours rappelée par un ressort R (fig. 122, 123, 124, 126).

Dans un premier type de machines, presque abandonné, on ne sait pourquoi, à l'heure actuelle, le ressort R tend constamment à fermer l'aiguille ; c'est logique, puisque, sauf le cas de très fortes récoltes, les râteaux fonctionnent beaucoup plus souvent comme rabatteurs que comme javeleurs. Imaginons que sur le pivot P de l'aiguille (fig. 122) soit fixé un levier L, auquel soit attaché le ressort R, agissant dans le sens de la flèche, et que l'extrémité libre de ce levier vienne s'appuyer sur une roue à came, C, solidaire d'un arbre, A. Si cet arbre tourne d'un mouvement continu sous l'influence du mécanisme de la moissonneuse, la came viendra périodiquement repousser L ; chaque fois, l'aiguille s'ouvrira pour laisser passer un galet sur la voie *v*, correspondant au javelage, et se refermera ensuite sous l'influence de R. Il suffira, pour modifier à volonté la proportion des rabatteurs par rapport aux javeleurs, de faire varier la périodicité de l'ouverture de l'aiguillage, soit en augmentant ou en diminuant la vitesse de rotation de la came, soit, ce qui est plus simple, en rempla-

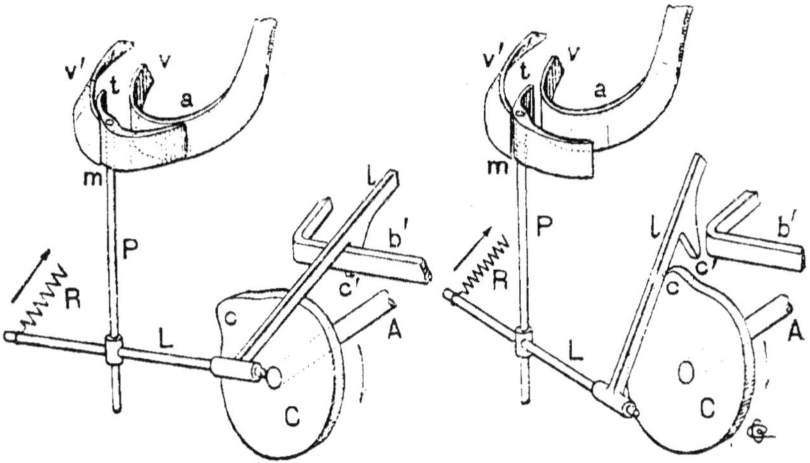

Fig. 123. — Principe de l'aiguillage ouvert.

çant la roue C par une autre pourvue d'un plus ou moins grand nombre de touches.

Dans un deuxième type, le ressort R agit, au contraire, de façon à ouvrir l'aiguille : celle-ci est alors prolongée, en arrière du pivot, par un talon recourbé *t* (fig. 123), qui masque partiellement l'arrière de la voie *v* et contre lequel tout galet qui trouve l'aiguille ouverte vient heurter ; en continuant son chemin, ce galet force l'aiguille à se fermer ; le pivot P fait tourner le levier L, qui repousse à son tour le loquet *l*, dont le crochet *c'* franchit une butée fixe *b'* et retombe de l'autre côté en enclenchant tout le mécanisme dans cette position de fermeture. Les râteaux qui se succèdent à partir de ce moment sont donc tous rabatteurs, jusqu'à ce que la touche *c* d'une came telle que C, soulevant le loquet l, dégage c de b' et permette au ressort R d'ouvrir à nouveau l'aiguille. Ici encore, c'est en changeant la roue à came C qu'on modifie la proportion des rabatteurs et des javeleurs.

Contrôleurs. — Les dispositions que nous venons d'indiquer sont purement schématiques, notamment en ce qui concerne la roue à came C. En réalité, le conducteur, sans même avoir besoin d'arrêter son attelage, peut, à volonté, dans la plupart des javeleuses actuelles, rendre javeleur un râteau, contre un, deux, trois, quatre, cinq, six, ou même sept râteaux simplement rabatteurs. Il lui suffit, pour cela, d'amener un levier à loquet devant l'une des divisions d'un secteur gradué ; ce mouvement dispose le *contrôleur*, c'est-à-dire l'organe remplaçant ce que nous avons appelé la roue à came, de manière que l'aiguille dirige sur les voies r et r' le nombre nécessaire de galets.

Comme il y a autant de dispositifs de contrôleurs qu'il y a de types de machines, nous nous bornerons à en décrire quelques-uns succinctement, en en indiquant surtout le principe.

Pour le premier type d'aiguillage, c'est-à-dire pour celui où l'aiguille tend à être fermée par le ressort, nous trouvons un mécanisme fort ingénieux, que présente notre figure 124. L'aiguille C, maintenue fermée par le ressort à boudin O, est montée sur un pivot auquel est adaptée la manivelle H. Une deuxième manivelle, G, de forme très particulière, relie H à la came : c'est une pièce contournée, guidée par la tringle F qui lui sert à la fois de glissière et d'axe de rotation, et dont l'un des bras, K, s'appuie sur H, tandis que l'autre est terminé par un bec, J. Lorsque l'aiguille C se ferme, la manivelle H, tournant de gauche à droite vers l'avant de la figure, fait pivoter G autour de F, et le bec J vient se mettre en prise avec la pièce E, qui n'est autre chose qu'une rampe enroulée sur une surface conique et raccordée, au sommet de la pièce, avec une came, c ; cette pièce E est placée à l'extrémité d'un arbre D, qui lui imprime un mouvement tel qu'elle fait un tour complet entre les passages de deux galets consécutifs au niveau de la pointe de l'aiguille. Mais, comme le bec J est appliqué sur la rampe, celle-ci, agissant à la façon d'une vis fixe sur un écrou mobile, force la manivelle G à coulisser le long de F : après un cer-tain nombre de tours de l'arbre D, J arrive au ni-veau de la came e, qui, repoussant le bec, fait pi-voter G autour de la tringle ; mais l'extré-mité K de G, chassant la manivelle H de droite à gauche, ouvre l'aiguille C, et un râteau devient aussitôt javeleur en sui-vant la voie B. La came e cessant brusquement de soutenir le bec J, la ma-nivelle G retombe le long de F, pendant le temps

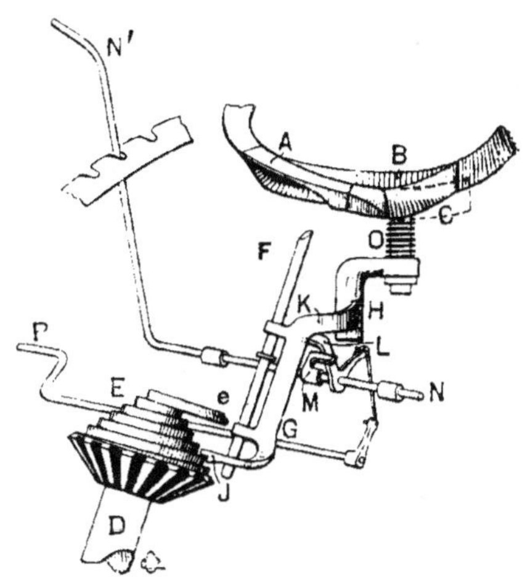

Fig. 124. — Schéma d'un contrôleur pour aiguillage fermé (type Wood).

que le galet du râteau qui devient javeleur maintient l'aiguille ouverte, puis, dès la fermeture de cette dernière, J est de nouveau appliqué sur la rampe et dirige les galets vers la voie A.

Comme chaque tour de l'arbre D correspond au passage d'un galet devant l'aiguille et que, celle-ci étant normalement fermée, le râteau correspondant est rabatteur, il suffit de faire produire le contact de J avec la rampe E sur la première, la deuxième, la troisième, etc., spire à partir du sommet de la pièce, pour obtenir une ouverture de l'aiguille, donc un javeleur, pour un, deux, trois, etc., rabatteurs. A cet effet on n'a qu'à disposer une butée L au niveau voulu pour arrêter la mani-velle G dans sa chute ; le conducteur, en déplaçant le levier NN devant le secteur gradué, agit sur le levier M et, par lui, sur la butée.

Dans les moissonneuses pourvues d'aiguilles à ouverture automatique, qui sont de beaucoup les plus nombreuses à l'heure actuelle, la disposition exacte est souvent très voisine de celle représentée par notre schéma fig. 123. Le ressort K

est tantôt un ressort plat, tantôt un ressort à boudin ; dans ce
dernier cas, il est ordinairement enroulé autour du pivot de
l'aiguille. Le loquet est très fréquemment disposé comme sur
ce dessin ; par contre, le dégagement du crochet est assuré non
plus par la came elle-même, mais par un levier auxiliaire l'
(fig. 125) ; enfin, au lieu de changer la came, on préfère en
réunir plusieurs sur une même pièce et faire agir le levier
intermédiaire tantôt sur l'une des touches, tantôt sur l'autre.

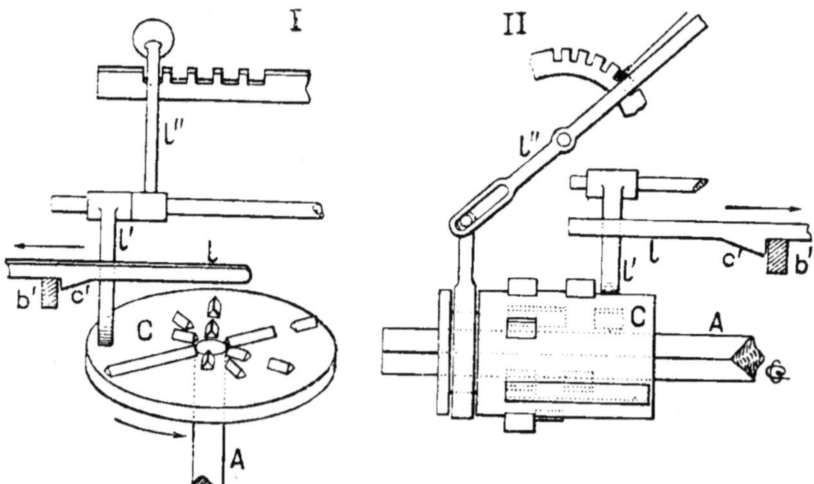

Fig. 125. — Contrôleurs pour aiguillage ouvert, avec cames tracées sur un
plateau (I) ou sur cylindre (II).

Cette pièce unique peut être un plateau, sur lequel sont
tracées, suivant des couronnes concentriques, des cames
comportant 1, 2, 3, 4… etc., touches par circonférence complète ;
le levier l', qui est chargé de soulever le loquet l, est déplacé
par l'ouvrier sur la surface de ce plateau, et son autre extrémité l'' est engagée dans les crans d'une crémaillère fixe pour
maintenir l' sur la couronne choisie. D'autres fois, le plateau
est remplacé par un cylindre à axe horizontal ; les cames sont
disposées sur des cercles parallèles aux bases, et l'on peut
déplacer soit le loquet l', soit, comme nous l'avons représenté
sur notre dessin, le cylindre lui-même.

Dans d'autres modèles, le loquet l vient bloquer l'aiguille près de sa pointe, et il faut le faire basculer autour d'un axe *o* pour la dégager (fig. 126). Au moment de la fermeture de cette aiguille, la manivelle *m'*, calée sur le pivot P, a attiré,

par l'intermédiaire d'une tringle, *t'*, une crémaillère, *s*, contre une vis sans fin, *u*, à un filet, clavetée sur un arbre vertical commandé par la transmission générale. Cette crémaillère est terminée par une butée, B, qui, au bout d'un certain nombre de tours de la vis sans fin, soulève le loquet *l* et permet à R d'ouvrir l'aiguille ; mais la crémaillère *s*, pendant ce mouvement, est dégagée de *u* et

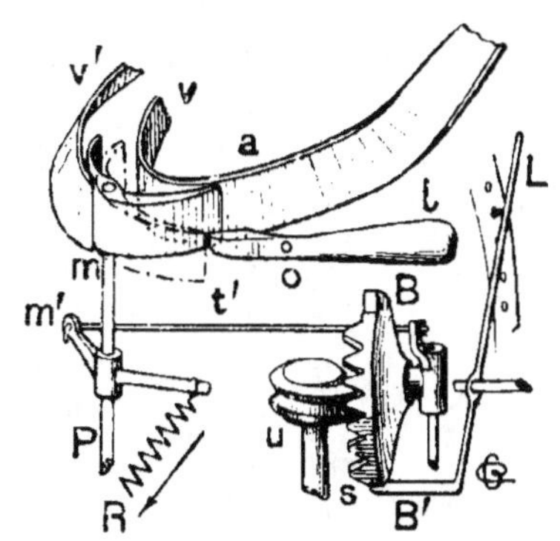

Fig. 126. — Schéma d'un contrôleur crémaillère et vis sans fin.

retombe : le conducteur, en disposant, au moyen d'un levier, L', une butée, B', qui modifie la quantité dont la crémaillère peut tomber, détermine la dent qui entre en prise avec la vis, donc le nombre de tours de cette dernière qui sera nécessaire pour provoquer l'ouverture de l'aiguille.

Dans tous les cas, l'axe qui entraîne la rampe conique, le plateau, le cylindre ou la vis sans fin, tourne d'un mouvement régulier sous l'influence de la roue de la javeleuse ; il fait, par conséquent, *n* tours pendant que la roue parcourt *m* mètres ; si donc il provoque l'ouverture de l'aiguille tous les deux, trois, quatre tours, il y aura $\frac{n}{2}$, $\frac{n}{3}$, $\frac{n}{4}$, etc., javelles déposées dans les *m* mètres, ou, ce qui revient au même, les javelles seront distantes de $\frac{2m}{n}$, $\frac{3m}{n}$, $\frac{4m}{n}$... mètres.

Suppression du javelage aux angles des champs. — Comme la machine ne peut virer absolument sur place aux angles des champs, qu'il faut faire reculer quelque peu l'attelage, il est préférable de ne pas déposer de javelle au voisinage immédiat de ces angles, pour ne pas risquer de la faire piétiner par les animaux ou écraser par la machine.

10.

A un moment donné, on a disposé, près du siège, une pédale dont l'effet, transmis par des leviers articulés ou même par une corde, était de débrayer la tête des râteaux de son arbre : les râteaux cessaient donc de fonctionner. Puis on s'est servi du contrôleur, dont le levier pouvait être amené entre deux couronnes de cames, ou sur une couronne dépourvue de touches, afin que l'aiguille restât continuellement fermée et que tous les râteaux fussent rabatteurs. Ensuite, on fit de nouveau usage d'une pédale : mais celle-ci bloquait simplement le contrôleur, de façon que l'aiguille restât fermée. Ainsi, dans notre figure 124, la pédale P, entraînant L, permet d'abaisser le bec J au-dessous du dernier gradin de la rampe E, et soustrait, par conséquent, l'aiguille à l'action de la came.

On semble maintenant revenir à la suppression de l'aiguillage par le contrôleur même, qui est alors muni d'un cran zéro, c'est-à-dire que, dans la position correspondant à ce cran, le levier ne rencontre aucune touche ; les râteaux sont donc tous rabatteurs, mais la pédale agit alors de façon à ouvrir l'aiguille, par conséquent à produire le javelage au moment choisi par le conducteur.

On rencontre aujourd'hui des machines dans lesquelles la suppression du javelage est produite par l'un quelconque des systèmes précédents. Parfois même, le mécanisme est d'un type mixte, c'est-à-dire que la pédale peut à volonté servir pour rendre les râteaux rabatteurs ou, ceux-ci l'étant sous l'influence du contrôleur dont le levier est au zéro, pour produire, au contraire, le javelage. Dans le cas où la pédale s'oppose simplement à l'ouverture de l'aiguille, il faut, sauf dans les modèles récents, une certaine habitude pour l'actionner bien à propos.

Bâti. — Transmissions.

Le bâti des moissonneuses-javeleuses se compose ordinairement d'une plate-forme en fonte, dont est solidaire la charnière du tablier, et sur laquelle est boulonné le support de la tête des râteaux. C'est également sur la plate-forme qu'est adapté le timon et qu'est pris le point d'appui du

mécanisme de réglage de la hauteur de coupe, du côté intérieur; enfin l'essieu est soutenu par un fer plat qui relie son
extrémité extérieure au limon: ce fer est muni d'une coulisse
qui permet au bâti de se déplacer d'avant en arrière, ou
réciproquement, quand on effectue le réglage.

La transmission communique le mouvement des roues à
l'organe de coupe et au mécanisme de javelage. On trouve,
tout d'abord, un engrenage droit, *a*, de grandes dimensions,
boulonné sur la roue B ou claveté sur son essieu (fig. 127).
Un pignon droit *b* engrène sur ce premier élément et entraîne
une roue conique, *c*, qui commande à son tour le pignon *d* et
l'arbre-manivelle.

Ce dernier est ter-
miné par un pla-
teau-manivelle, *e*,
dont le bouton est
relié à la tête de
lame par une
bielle, B. Il n'y a
rien de particulier
à signaler pour
ces organes, qui
sont analogues à
ceux des fau-

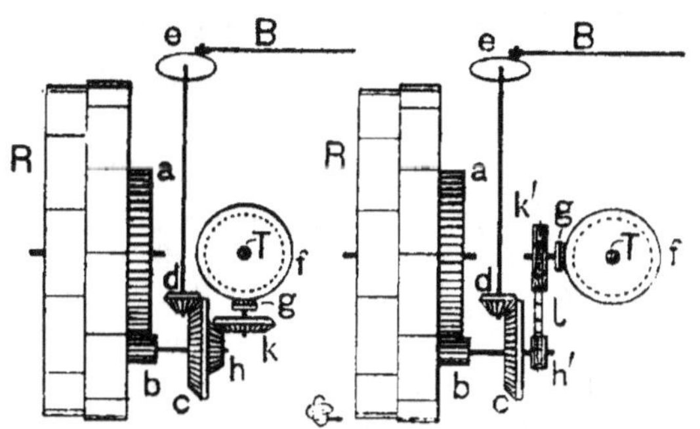

Fig. 127. — Schéma des transmissions dans les moissonneuses-javeleuses (vue en plan).

cheuses, sauf, toutefois, la faible longueur de la bielle, condition évidemment défavorable, mais imposée par les dispositions
mêmes de la machine. L'arbre vertical T de la tête des râteaux
est muni d'une grande roue conique *f* sur laquelle engrène un
petit pignon, *g*; celui-ci est relié à la roue conique *c* soit par les
engrenages d'angle *h, k*, soit par les pignons *h', k'* et la chaîne *l*.
Quant au contrôleur, il est ordinairement commandé par
l'arbre T, qui porte une vis sans fin, visible sur la figure 128,
en prise avec une roue à denture hélicoïdale.

Il existe également des machines dans lesquelles tous les
engrenages dépendent de la plate-forme; l'essieu communique
alors son mouvement au premier engrenage au moyen de
deux joints de Cardan réunis par une tringle extensible.

Ajoutons que la machine est pourvue d'un mécanisme

d'embrayage et de débrayage analogue à celui des faucheuses, et que les arbres sont également engagés dans des coussinets à rouleaux (fig. 128).

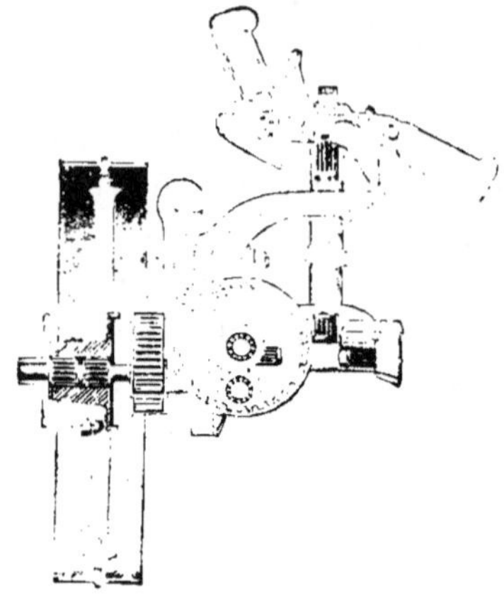

Fig. 128. — Disposition des rouleaux dans une moissonneuse-javeleuse. (Massey-Harris).

Mise en transport.

Les moissonneuses-javeleuses étant ordinairement trop larges pour pouvoir circuler aisément dans les chemins ruraux et surtout pour franchir les portes des fermes ou les entrées des champs, on utilise la charnière du tablier pour redresser ce dernier et réduire ainsi les dimensions transversales de la machine à 1^m.25 ou 1^m,30. On commence par enlever la roue du séparateur extérieur; puis, après avoir relevé les râteaux, qu'on attache, au besoin, avec une ficelle, on soulève le tablier en le faisant pivoter autour de la charnière, et on adapte la roue sur une fusée dépendant de la plate-forme du bâti. On maintient le tablier redressé à l'aide d'une jambe de force, ou avec un crochet articulé sur le support de la tête des râteaux comme dans la figure 129, ou par tout autre moyen analogue. Dans les modèles récents, la jambe de force est articulée avec le bâti et peut être repliée quand la moissonneuse est en fonctionnement; autrefois, il fallait adapter au bâti une pièce qui comportait la jambe de force et qui était terminée par la fusée.

Usage des moissonneuses-javeleuses.

Ces machines sont évidemment appelées non pas, peut-être, à disparaître devant les moissonneuses-lieuses, mais, en tout cas, à n'être que de plus en plus réservées à des usages spéciaux, notamment dans les régions trop accidentées pour permettre un emploi commode de la lieuse. Leur seul défaut est d'exiger un

personnel assez considérable (environ quatre personnes) pour
lier les javelles et les dresser en dizeaux. Moins hautes, dans
certains cas, que les lieuses, elles passent un peu plus facilement
sous les pommiers : elles sont encore préférées par certains
cultivateurs exploitant de moyennes étendues, parce que deux

Fig. 129. — Moissonneuse-javeleuse en position de transport (Plano).

animaux suffisent à les remorquer et que leur prix est sensiblement moins élevé que celui des lieuses. Enfin elles peuvent
servir utilement pour la récolte des trèfles, luzernes, sain-
foins et, en général, des fourrages qu'on fait sécher en
moyettes.

Quant aux moissonneuses à un cheval, dont l'emploi n'est
pas à conseiller d'une façon générale, elles peuvent rendre des
services dans les petites et les moyennes exploitations ; dans

les grands domaines, on les utilise aussi pour préparer le passage des moissonneuses-lieuses (détourage). le cheval et la roue pouvant circuler dans la dérayure qui sépare le champ à moissonner du champ voisin.

Les moissonneuses-javeleuses peuvent être munies de leviers de débourrage (fig. 130).

Travail des moissonneuses-javeleuses.

La superficie coupée par les moissonneuses varie entre 2ha.5 et 3 hectares par journée de dix heures, pour les machines à un cheval, et entre 3 et 6 hectares, dans le même temps, pour celles à deux chevaux, suivant qu'on fait une ou deux attelées. Au cours de ses essais dynamométriques de Noisiel, en 1889, M. Ringelmann a contasté que le travail mécanique nécessaire pour moissonner 1 mètre carré oscillait entre 75 et 113 kilogrammètres, avec des machines pesant de 440 à 718 kilogrammes et une largeur de coupe de 1m,56 et 1m,46. Les moyennes de ces constatations sont les suivantes :

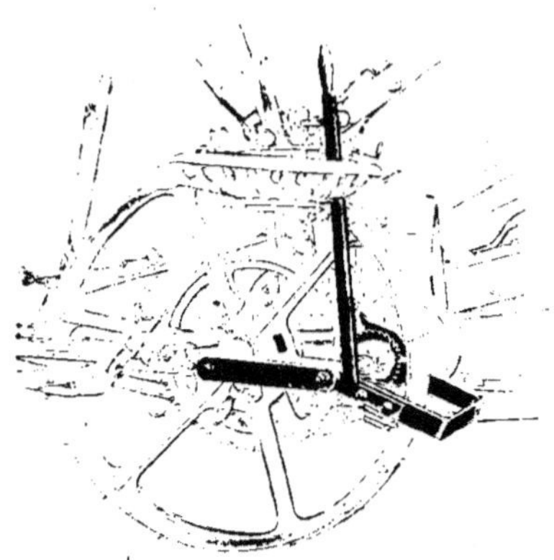

Fig. 130. — Levier de débourrage appliqué à une moissonneuse-javeleuse. (Dolberg).

Poids de la machine...............	503 kilogrammes.
— du conducteur............	68 —
Longueur de coupe............	1m.56
Traction moyenne nécessaire........	124kg.4
Javelles récoltées sur un (Nombre....	21.2
parcours de 100 mètres.) Poids total.	80kg,4
Travail mécanique dépensé par mètre carré.............................	82kgm.5
Temps utile pour moissonner 1 hectare (en travail de concours)......	2 heures.

III. — **MOISSONNEUSES-LIEUSES.**

Les *lieuses indépendantes*, machines qui ramassaient et liaient les javelles confectionnées par une moissonneuse ordinaire, ne sont plus guère employées, et il serait même difficile d'en trouver quelques spécimens en Europe, où elles sont depuis longtemps remplacées par les moissonneuses-lieuses.

Ces dernières, dont la figure 132 donne l'aspect d'ensemble, ont les organes de coupe placés tantôt à droite, tantôt à gauche ; il n'y a, d'ailleurs, aucune différence entre les machines coupant à gauche ou coupant à droite, et tous les constructeurs actuels fabriquent à la fois les deux genres (1).

Les lieuses sont portées, comme les javeleuses, par une roue de grand diamètre, à jante large et nervée, qui communique son mouvement à tout le mécanisme. L'organe de coupe comprend, indépendamment des pièces habituelles, un *rabatteur* en forme de dévidoir, qui rabat les céréales vers la scie ; une fois coupées, les tiges tombent sur un *transporteur*, animé d'un mouvement de translation parallèle à la scie et dirigé du séparateur extérieur vers le sabot intérieur: là, un *élévateur* leur fait franchir la roue de la lieuse et les déverse sur une *table de liage*, où sont placés des organes chargés d'égaliser la gerbe, de la comprimer, de l'entourer d'une ficelle, de nouer et de couper cette dernière ; la gerbe liée est ensuite expulsée et tombe à terre, à moins qu'on préfère en réunir plusieurs sur un *porte-gerbes*, qui les déverse toutes au même endroit sur le sol et diminue la longueur des déplacements qu'ont à effectuer les ouvriers chargés de les dresser en petites meules. La machine est pourvue d'une flèche de traction ; le conducteur prend place sur un siège situé un peu en arrière de la roue, de façon que son poids équilibre plus ou moins celui de la flèche ; il a, à portée de la main, une série de leviers et de pédales qui servent à régler la position des différents organes.

(1) L'appareil lieur, le porte-gerbes, etc., exigeant une surveillance plus attentive que le reste du mécanisme, il semble avantageux de les placer du côté où les ouvriers ont plus l'habitude de regarder ; ainsi, on choisirait de préférence la coupe à droite (donc ces organes à gauche) dans les pays où les charrues versent à gauche.

Organes de coupe.

Le porte-lame, les doigts, les sections, etc., ne diffèrent en rien des pièces analogues des moissonneuses-javeleuses; la vitesse moyenne de la scie est aussi la même. Quant à la longueur de coupe, elle est, le plus habituellement, comprise entre 1^m,45 et 1^m,55: mais on trouve aussi de grandes machines où cette longueur est portée à 1^m,80 et même à 2^m,10. Le porte-lame n'existe pas en tant que pièce spéciale ; les doigts sont fixés sur le longeron antérieur du bâti général de

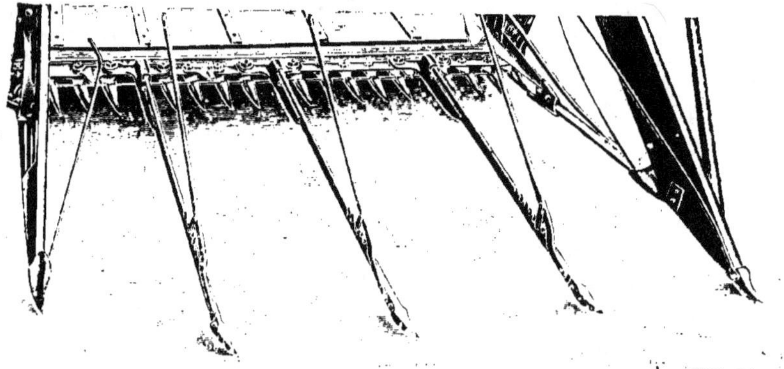

Fig. 131. — Jeu de releveurs (Mayfarth).

la lieuse, qui est supporté par la roue motrice et par une deuxième roue, de petit diamètre, montée un peu en arrière du diviseur extérieur (roue de grain). C'est donc en agissant sur le bâti, au moyen des deux roues ci-dessus désignées, qu'on règle la hauteur de coupe, mais le conducteur dispose aussi d'un levier de pointage pour agir sur les doigts.

Doigts releveurs. — La récolte mécanique des céréales versées offre toujours des difficultés assez grandes, surtout quand les tiges sont couchées dans tous les sens; indépendamment de celles qui échappent complètement à l'action de la machine, il y en a qui sont sectionnées si près de l'épi que ce dernier n'est pas maintenu dans la gerbe, et il résulte de ces deux chefs un déchet parfois très important. On a proposé, à différentes reprises, chaque fois, en somme, que la verse a été générale dans l'ensemble du pays, des doigts releveurs, ou

Fig. 132. — Moissonneuse-lieuse en fonctionnem   (D'après un cliché Mac Cormick).

releveurs d'épis, dont il existe maintenant un très grand nombre de types. Ce sont des sortes de doigts, longs de 50 à 75 centimètres, que l'on adapte sur le porte-lame par-dessus les doigts ordinaires (fig. 131) ; ils sont tantôt rigides, tantôt, ce qui est préférable, articulés, avec ou sans ressort de rappel, autour d'un axe horizontal placé au niveau ou un peu en avant de la pointe du doigt de la moissonneuse, et légèrement retroussés à leur extrémité libre ; ils peuvent ainsi suivre les ondulations du sol. Ces organes supplémentaires passent en dessous des tiges couchées, et des tringles obliques, partant du voisinage de leur pointe, soulèvent les tiges et permettent à la scie d'agir plus près de leur base. On en place de trois à six, suivant leurs dimensions et suivant l'état de la récolte ; ils améliorent quelque peu le fonctionnement de la machine dans des conditions où il serait presque impossible de l'employer telle quelle (1). Ces releveurs augmentent vraisemblablement la résistance opposée à l'attelage par la lieuse, mais dans une proportion qui n'a pas encore été déterminée.

Séparateurs. — Les deux séparateurs sont de très grandes

Fig. 133. — Séparateurs pliants (Massey-Harris).

dimensions, surtout le séparateur extérieur, qui est muni d'une planche oblique et de tringles pour protéger la roue de grain et pour bien démêler les tiges enchevêtrées. Le séparateur intérieur est souvent, comme dans les machines précé-

(1) Quand toutes les tiges sont couchées dans le même sens, on peut, sans faire usage de doigts releveurs, obtenir une coupe suffisamment nette en attaquant la céréale un peu obliquement ou, comme on dit, en retroussant.

dentes, une sorte de doigt releveur complété par une tôle
verticale. En somme, ces organes ne diffèrent que très peu de
ceux que nous avons étudiés à propos des moissonneuses-
javeleuses ; on tend simplement à les faire de plus en plus
grands ou à les munir de rallonges ; comme ils augmentent
alors notablement l'encombrement en profondeur, on les articule sur le bâti, de façon à pouvoir les relever verticalement
ou à les replier le long du porte-lame, lorsqu'on dispose la
lieuse pour le transport (fig. 133). Un simple loquet à ressort
suffit pour les maintenir dans l'une ou l'autre de ces
positions.

La roue-support extérieure est souvent, aussi, d'un diamètre un peu plus grand que celle des javeleuses ; on peut
l'élever ou l'abaisser pour régler la hauteur de coupe.

Rabatteurs. - Ce sont des organes chargés de rabattre la
récolte sur le tablier ; ils se composent de cinq ou de six lattes
en bois, très légères, reliées chacune, par un ou par deux
bras, à un axe horizontal parallèle à la scie et mis en mouvement par des engrenages ou par des chaînes en relation avec
la transmission générale. L'ensemble affecte, comme nous
l'avons dit, l'aspect d'un grand dévidoir horizontal. Comme
toutes les pièces sont très légères et qu'elles n'ont jamais à
vaincre de résistances importantes, on les monte en porte à
faux sur une tige, le plus souvent formée d'un tube d'acier, qui
est elle-même articulée, à sa base, autour d'un axe horizontal
parallèle à la scie, de façon qu'on puisse la faire pivoter dans
un plan vertical parallèle au déplacement de la machine ; ce
dispositif permet de faire agir les lattes plus ou moins en
avant de l'organe de coupe. Mais on peut, en outre, élever ou
abaisser l'axe du rabatteur, suivant la hauteur de la récolte.
A cet effet, la monture de l'axe peut coulisser le long de la
tige de soutien ; ou bien cette tige est elle-même composée
de deux parties, articulées autour d'un axe parallèle au
premier. Le réglage est effectué au moyen de deux leviers à
loquet commandant l'un l'avancement, l'autre l'élévation du
rabatteur ; on trouve également des machines dans lesquelles
un seul levier suffit pour ces deux manœuvres ; mais il est
alors muni de deux loquets, ou, ce qui revient au même, sa

poignée peut être placée dans deux positions perpendiculaires
l'une à l'autre. Le poids des différentes parties de l'appareil est
équilibré par des ressorts compensateurs, qui facilitent beaucoup la manœuvre des leviers.

On dispose ordinairement l'axe du rabatteur à peu près dans
le plan vertical passant par les pointes des doigts lorsque les
récoltes sont droites, et à la hauteur convenable pour que les
tiges soient bien rejetées vers le tablier ; on le reporte, au
contraire, tout à fait en avant, et on l'abaisse complètement
quand les tiges sont couchées dans le sens du déplacement de
la machine (fig. 134).

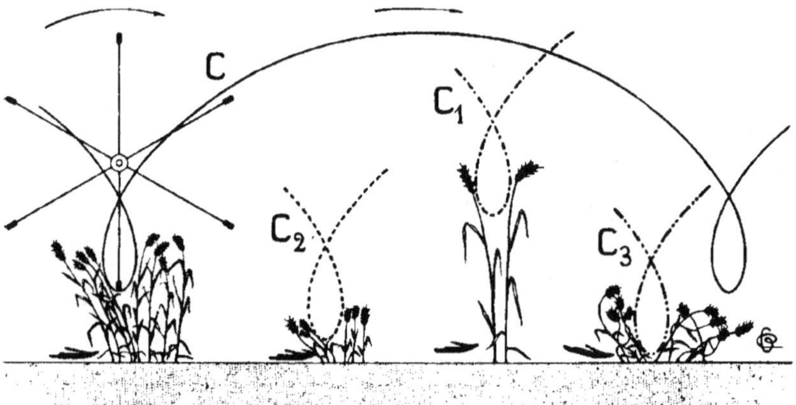

Fig. 134. — Trajectoire d'une latte de rabatteur de moissonneuse-lieuse ; positions
et courbes décrites dans les cas de récolte normale (C), très haute (C₁), courte (C₂),
versée et enchevêtrée (C₃).

Le mouvement du rabatteur est pris, dans un grand
nombre de machines, sur l'axe des rouleaux supérieurs de
l'élévateur ; le mécanisme comprend tout d'abord un renvoi
à angle droit à l'aide de deux pignons coniques, puis tantôt
des chaînes, tantôt des tringles munies de joints de Cardan.
Si l'on détermine la trajectoire suivie par un point d'une des
lattes pendant le fonctionnement de la lieuse, on constate que
la courbe décrite est une cycloïde raccourcie ; on conçoit donc
que ces lattes puissent rabattre la récolte et même la relever
quelque peu quand elle est couchée (fig. 134).

Bâti.

Les différents rouleaux du transporteur et de l'élévateur devant être maintenus à leurs deux extrémités, on munit les lieuses d'un bâti rigide auquel sont reliés également la roue porteuse et motrice ainsi que la table de liage. Ce bâti, formé de fers plats ou de cornières, est à peu près rectangulaire ; toutefois, les deux longs côtés sont doublement recourbés, de façon que leur niveau soit plus élevé dans la région de la roue motrice que dans celle du transporteur (fig. 135 .

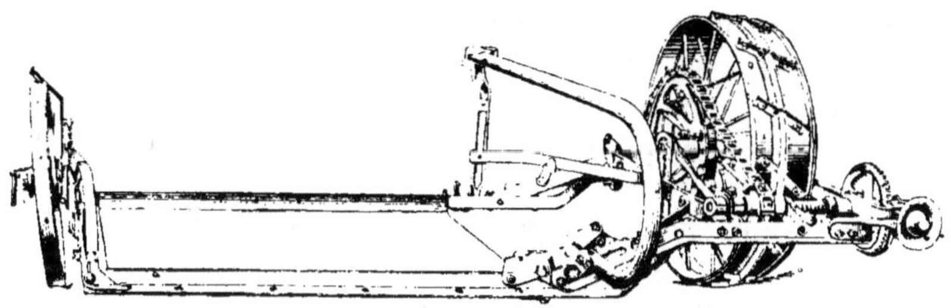

Fig. 135. — Bâti d'une lieuse (Wood-Pilter).

Comme ce bâti, en raison même de sa forme, serait facilement déformable, on le consolide à l'aide d'écharpes ou d'entretoises qui triangulent le cadre ; parfois même une tôle pleine réunit, comme dans la figure ci-contre, les côtés du bâti au voisinage du transporteur.

Pour permettre aux lieuses de fonctionner dans les récoltes les plus longues, les pieds des tiges se trouvent tous sensiblement au même niveau sur les toiles, quelle que soit la hauteur de la récolte, on s'arrange de façon qu'aucun obstacle ne s'oppose au passage des épis. A cet effet, le bâti ne comporte, vers l'arrière, aucun rebord ; plus exactement, le rebord est articulé sur le cadre et peut être complètement effacé en cas de besoin ; on peut même régler à volonté la position du paravent. Le châssis de l'élévateur supérieur est soutenu par un support relié au bâti principal, mais fortement dévié vers l'arrière, de façon à laisser passer les plus longues tiges qu'on ait jusqu'à présent à récolter. Ce support est constitué, dans beaucoup de modèles, par un tube d'acier recourbé en forme de J, ainsi qu'on le voit sur la figure 135. C'est cet ensemble de dispositions, ayant pour but d'approprier les lieuses aux plus hautes récoltes, sans augmenter les dimensions transversales du transporteur et des élévateurs, qui constitue le *bâti ouvert*.

Transporteur et élévateurs.

Ce sont des organes chargés de transporter latéralement la récolte, de l'élever pour lui faire franchir la roue et de la déverser sur la table de liage.

On trouve encore en service des lieuses dites *sans élévateur*, dans lesquelles les tiges amenées par le transporteur sont conduites, par des cylindres armés de griffes, à l'appareil lieur sans avoir à franchir la roue; une fourche soulève ensuite la gerbe et la rejette en arrière, après l'avoir fait basculer sur elle-même afin qu'elle frappe le sol par le pied et non par les épis. Plus compliquées que les machines actuelles, ces lieuses ne sont plus guère construites aujourd'hui; aussi nous bornerons-nous à les mentionner. La récolte était d'ailleurs élevée au moment du déchargement, au lieu de l'être avant la confection de la gerbe; l'économie de travail mécanique ne pouvait donc être que faible, si même elle était réelle. Nous verrons, du reste, que l'élévateur n'entre que pour une très faible part dans la résistance totale opposée par la machine.

On a également abandonné les *lieuses à une toile*, où le transport et l'élévation de la céréale étaient assurés par une toile sans fin unique; le fonctionnement n'en était pas assez sûr.

Actuellement, toutes les lieuses sont *à trois toiles*, dont deux pour les élévateurs et une pour le transporteur.

Toiles et rouleaux. — Ces toiles, tendues sur des rouleaux, et formant chacune un tablier sans fin, sont en tissu de coton épais et résistant; on relie leurs extrémités à l'aide de pattes-courroies en cuir et de boucles à ardillon. De place en place, et rivés sur les toiles, parallèlement aux axes des rouleaux, se trouvent des liteaux en bois qui facilitent l'entraînement de la récolte. Comme l'indique notre figure 136,

la face de ces liteaux L, qui est en contact avec la toile T, est
concave, de façon à s'appliquer exactement sur elle en passant
sur les rouleaux R ; si elle était complètement plane, la toile
s'écarterait du liteau au ni-
veau des rouleaux, et des
tiges pourraient s'engager
dans cet intervalle, risquant
ainsi d'engorger la machine.

L'intervalle entre les deux
bords de la toile est garni par
une bande flottante qui empêche la récolte de se prendre
dans les courroies et les

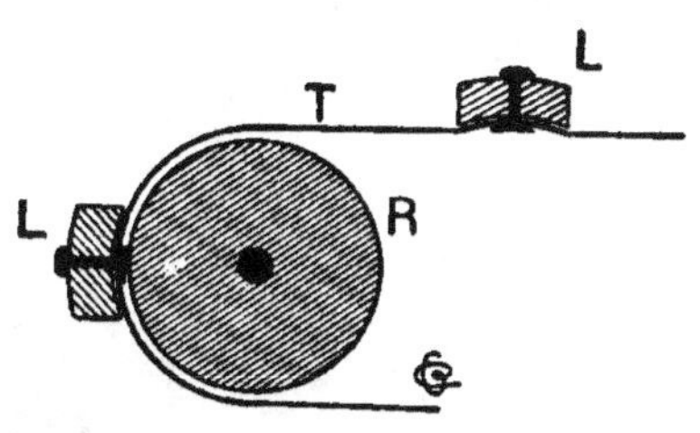

Fig. 136. — Schéma du montage des liteaux
sur les toiles.

boucles ; elle est fixée du même côté que les courroies, et
on doit monter la toile sur les rouleaux de façon que cette
bande ne soit jamais retroussée pendant le mouvement de
translation.

Les rouleaux sont des cylindres en bois de 10 à 13 centimètres de diamètre et pourvus de tourillons métalliques
goupillés sur les rouleaux. Les coussinets dans lesquels ils
tournent sont généralement amovibles et à alignement automatique ; l'articulation est souvent complétée par des ron-
delles formant chapeau, qui, réduisant l'espace vide entre le
rouleau et le bâti, empêchent la poussière ou les tiges d'y
pénétrer.

Ces rouleaux, dont les axes sont horizontaux, sont tous
disposés parallèlement au déplacement de la machine, et,
par suite, perpendiculairement à l'organe de coupe. Comme
les toiles se rétrécissent sous l'influence de l'humidité, il arrivait fréquemment que les tourillons fussent faussés ou brisés
quand on négligeait de desserrer les toiles à la fin de la journée et qu'on abandonnait la lieuse dans les champs. Pour
éviter cet inconvénient, on monte souvent l'un des rouleaux
de chaque toile avec des coussinets qui peuvent coulisser de
quelques centimètres, de façon à tendre ou à détendre rapidement les toiles ; un petit excentrique, ou tout autre dispositif analogue, permet d'exécuter rapidement cette manœuvre.
D'autres fois, les paliers mobiles sont rappelés par un ressort

suffisamment puissant pour tendre la toile, sans cependant l'être assez pour en provoquer la déchirure lorsqu'elle se contracte (fig. 137).

On a également imaginé un dispositif d'attache des toiles qui donne aussi toute sécurité, même au cas où on oublierait

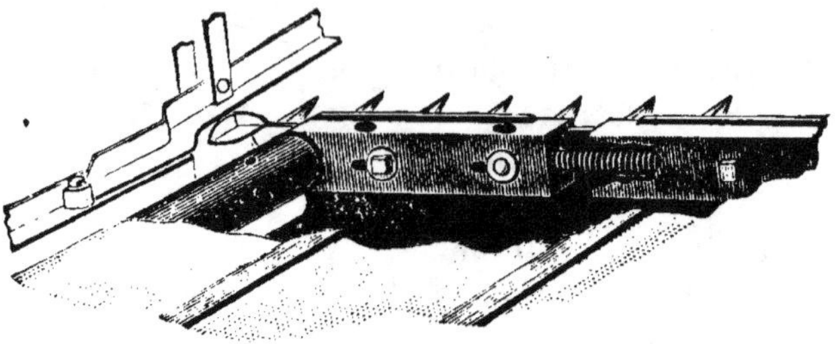

Fig. 137. — Rouleau muni d'un tendeur à ressort pour toile de lieuse (Massey-Harris).

de manœuvrer l'excentrique de desserrage. Les courroies et les boucles à ardillon sont remplacées par des pattes métalliques rivées sur les bords à réunir. Ces pattes sont au nombre de huit ; quatre d'entre elles, fixées sur un même bord, servent à attacher les extrémités de deux cordes ; les quatre autres, placées sur le bord opposé, servent de coulisses pour les brins de ces cordes ; enfin les deux cordes elles-mêmes sont réunies par un ressort. La figure 138 fait comprendre le montage et le mode d'action de ce petit appareil.

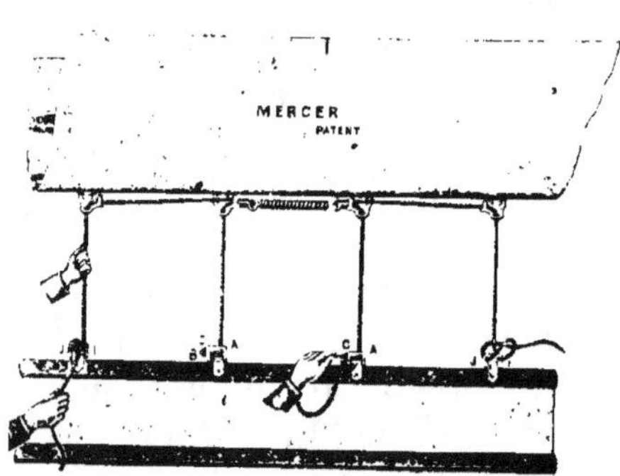

Fig. 138. — Tendeur automatique pour toile de lieuse (Mercer-Mayfarth).

Transporteur. — Il est formé d'une toile montée sur deux rouleaux supportés par la partie la plus basse du cadre et situés à peu près au niveau des séparateurs. C'est le rouleau voisin du séparateur intérieur qui communique le mouvement à la toile ; il est ordinairement commandé par la grande chaîne de transmission de la machine.

Élévateurs. — Ils comprennent deux toiles, tendues chacune sur deux rouleaux et tournant en sens inverse, de façon que les faces des deux toiles qui sont contiguës se déplacent en entraînant la récolte amenée par le transporteur. L'élévateur inférieur est toujours fixe; son rouleau inférieur étant au même niveau que ceux du transporteur, sa toile commence à agir un peu en dessous de celle de ce dernier ; on réduit d'ailleurs autant que possible la distance entre l'élévateur et le transporteur, pour que la récolte n'ait pas tendance à

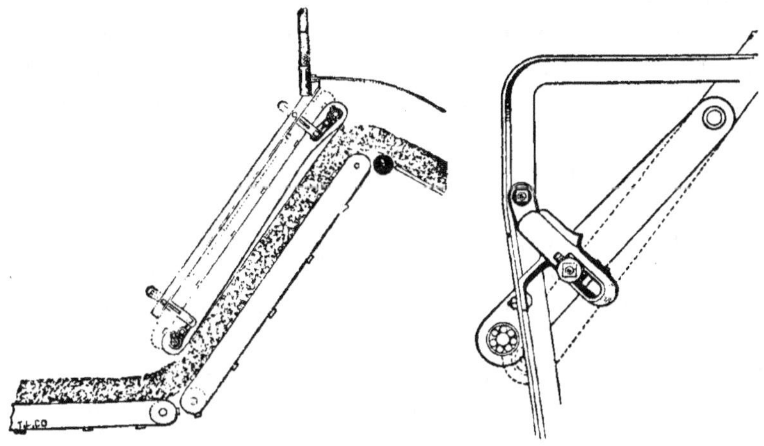

Fig. 159. — Châssis mobiles pour élévateur de lieuse (Massey-Harris).

(A gauche, partie arrière ; à droite, partie avant.)

tomber entre les deux, en échappant à l'action du premier. D'autre part, lorsque le transporteur est muni d'une bande de fer feuillard, fixée à l'arrière du séparateur et destinée à soutenir les épis pour augmenter l'effet de la toile, l'extrémité libre de cette bande flexible est ordinairement repliée et engagée entre les deux élévateurs, s'opposant ainsi à la chute des tiges entre le transporteur et l'élévateur inférieur.

Le châssis de l'élévateur supérieur est, dans beaucoup de modèles récents, doué d'une certaine mobilité : il peut s'écarter ou se rapprocher de l'élévateur supérieur, de façon que l'entraînement soit efficace lorsque la récolte est peu fournie,

11.

et qu'il n'y ait pas d'engorgement ni d'égrenage avec les fortes récoltes. Dans certains cas, le châssis est articulé autour de l'axe du rouleau supérieur, la partie basse de l'organe étant seule mobile. D'autres fois, l'élévateur se déplace parallèlement à lui-même, en coulissant dans des glissières; des ressorts antagonistes tendent toujours à le rapprocher de l'élévateur inférieur. La figure 139 montre l'un des dispositifs employés; le châssis est entièrement mobile à l'arrière et simplement articulé à l'avant de la lieuse.

L'élévateur supérieur est ordinairement moins large que l'inférieur, et son action commence un peu au-dessus du transporteur, comme l'indiquent les figures 139 et 140. Il existe néanmoins quelques modèles où les deux élévateurs ont la même largeur.

L'entraînement des toiles est le plus souvent assuré par les deux rouleaux supérieurs; celui de l'élévateur inférieur est commandé par la grande chaîne, et les axes des deux rouleaux sont réunis par deux engrenages de même diamètre, qui assurent le mouvement avec des vitesses égales, mais de sens inverse.

Rouleaux supplémentaires. — Les trois toiles du transporteur et des élévateurs nécessitent l'emploi de six rouleaux. La table de liage est munie d'une tôle cintrée dont le bord libre doit être aussi près que possible de la toile de l'élévateur inférieur. Comme les liteaux de bois dont cette toile est munie ne permettent pas d'arriver exactement au niveau de la toile même, des tiges peuvent, au moins dans les fortes récoltes, passer entre le rouleau et la tôle, tomber sur la roue et engorger le mécanisme.

On a donc interposé, entre cette tôle et le rouleau supérieur de l'élévateur fixe, un rouleau supplémentaire, dit *septième rouleau*, qui ne comporte aucune toile, mais qui, en tournant dans le même sens que celui de l'élévateur, ramène les tiges qui tendraient à s'échapper; comme c'est un cylindre en bois dont la surface est lisse, il est plus facile de disposer convenablement la tôle de raccord avec la table de liage. On distingue ce septième rouleau sur les figures 139 et 140.

On a voulu également faciliter le déversement des tiges

sur la table de liage; en reportant le rouleau de l'élévateur
supérieur au-dessus de cette table, la toile tendà presser la récolte et, par suite, à la mieux décharger; mais, pour éviter que
les deux parties de la toile qui cheminent en sens inverse
frottent l'une sur l'autre, ce qui provoquerait une usure
rapide, on guide la partie inactive par un rouleau spécial;
celui-ci, qui n'empêche pas l'emploi du septième rouleau, dont

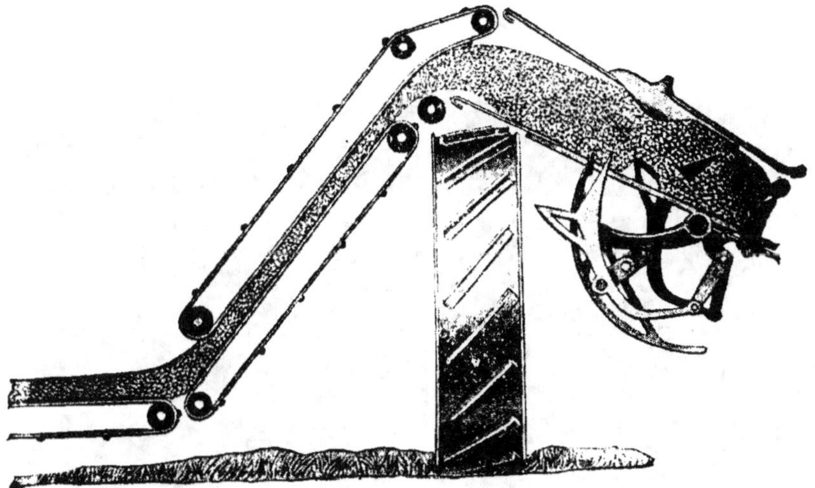

Fig. 140. — Septième et huitième rouleaux (Champion-C. I. M. A.).

le rôle est tout différent, est appelé *huitième rouleau* (fig. 140).

On a aussi imaginé, dans le même but, de compléter l'action
de l'élévateur supérieur par une petite toile spéciale, agissant
aussitôt après celle de ce dernier; il fallait, par suite, un
troisième rouleau supplémentaire. Ce dispositif, trop compliqué, a été abandonné aussitôt après son apparition; il en a
été de même, d'ailleurs, pour tous les soi-disant perfectionnements reposant sur l'emploi d'un *neuvième rouleau*.

Organes de liage.

Table de liage. — La récolte amenée par les élévateurs
est déversée sur une table placée de l'autre côté de la roue
par rapport à l'organe de coupe. C'est un tablier en bois,
d'une seule pièce ou en deux parties assemblées par des fer-

rures, et formé de planches ajustées à rainure et languette ; il est percé de lumières pour le passage des tasseurs et de l'aiguille lieuse et incliné, parallèlement à la direction de traction, de la roue vers le sol, avec une pente de 30 à 40°. On ménage ordinairement dans la table quelques panneaux mobiles qui, une fois enlevés, facilitent l'examen et le graissage des pièces ainsi que le passage de la ficelle dans les trous de l'aiguille (fig. 141).

La table peut être déplacée parallèlement à la direction de

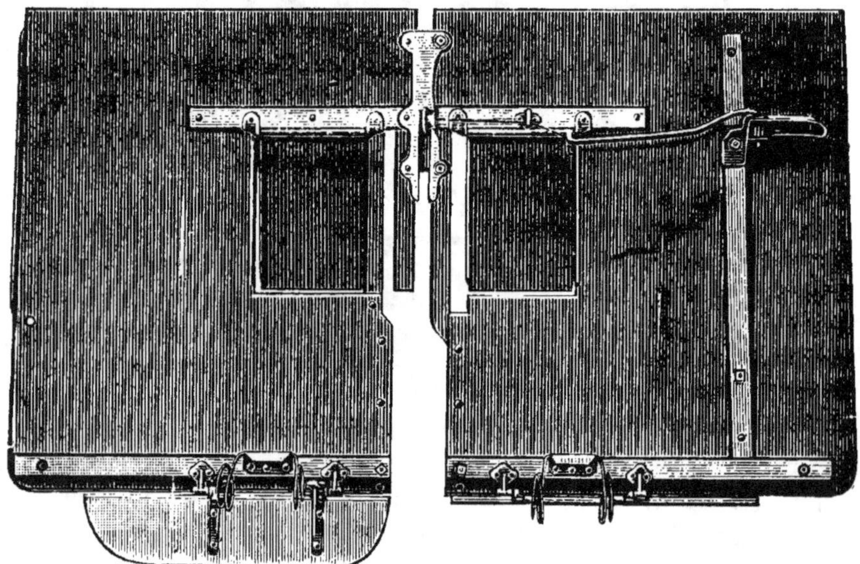

Fig. 141. — Table de liage vue par-dessous (Milwaukee-Perrier et Hafft).

traction, de façon qu'on puisse lier les gerbes, suivant la hauteur des tiges, plus ou moins près du pied (fig. 142) ; ce mouvement, dont l'amplitude est d'environ 40 centimètres, est commandé par un levier placé à portée de la main du conducteur. Tous les organes lieurs sont entraînés en même temps que la table.

Celle-ci est en outre munie, le long de son bord inférieur, d'une ou de deux planchettes mobiles, montées à charnières et que des ressorts tendent à redresser perpendiculairement au plan de la table. Ce sont des *planchettes de décharge*; elles retiennent les céréales et s'abaissent automatiquement quand les éjecteurs chassent la gerbe.

La figure 141, qui représente une table de liage vue par-dessous, montre l'articulation des deux tablettes ainsi que les ressorts de rappel; celle de gauche est dans la position que la gerbe la force à prendre au moment de la décharge.

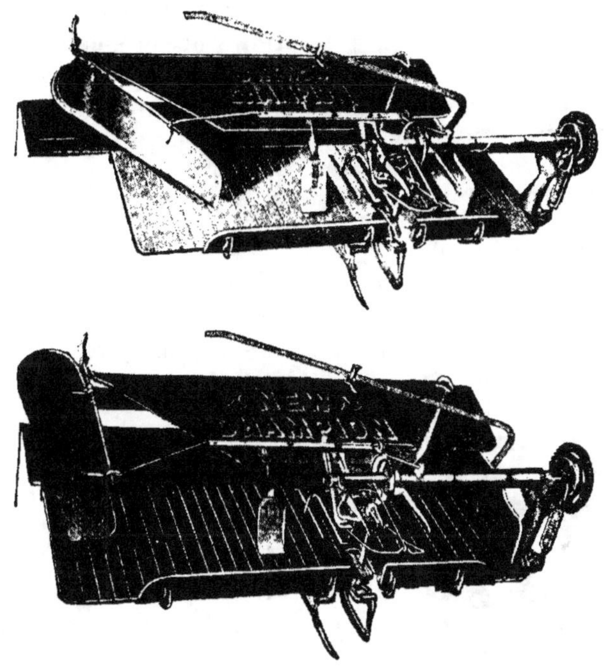

Fig. 142. — Table de liage disposée pour récoltes courtes (en haut) et pour récoltes longues (en bas) (Champion-(C. I. M A.).

Égalisateurs. — Ce sont deux organes ajoutés à la table de liage pour régulariser la forme de la gerbe. Le plus important est l'*égalisateur de pied*, appelé quelquefois aussi *tapeur*, en raison du mouvement de va-et-vient dont il est maintenant animé. On l'a autrefois constitué par une très petite toile *t*, montée sur deux rouleaux *a* et *b* dont les axes étaient perpendiculaires au plan de la table; l'un d'eux, *a*, était placé à l'angle supérieur et antérieur de cette dernière et servait d'entraîneur ; l'autre, *b*, était mobile le long d'une glissière circulaire dont le centre coïncidait avec l'axe du rouleau précédent. On réglait la position du rouleau mobile de façon que les tiges fussent abandonnées au niveau voulu, *n*, par l'égalisateur (fig. 143).

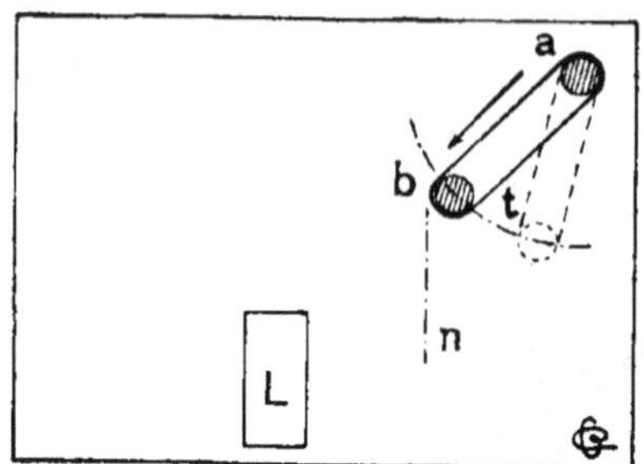

Fig. 143. — Principe de l'égalisateur. L, emplacement du lieur.

Le principe des égalisateurs actuels est le même ; mais on emploie des planches ou des tôles métalliques, dont le plan est perpendiculaire à celui de la table, et qui sont animées de mouvements alternatifs, de façon à mieux faire glisser les unes sur les autres, par une série de chocs peu intenses mais rapprochés, les tiges plus ou moins emmêlées qui proviennent des élévateurs.

La planche, garnie ou non d'aspérités, est commandée par une manivelle généralement reliée, au moyen de pignons coniques, à l'axe d'un des rouleaux supérieurs de l'élévateur ; elle est en outre guidée soit par une glissière, comme dans la figure 144, soit par une bielle articulée à la fois sur la planche et sur le bâti. Dans les deux cas, d'ailleurs, le conducteur peut, à l'aide d'une tringle, incliner plus ou moins l'égalisateur par rapport au bord antérieur du tablier. Enfin, une tôle reliée à la glissière ou à la bielle complète l'action du tapeur en empêchant les tiges de revenir en arrière et protège, en même temps, la commande du noueur contre l'engorgement.

Fig. 144. — Égalisateur de pied (Johnston Harvester Cᵒ).

L'*égalisateur de tête*, placé à l'arrière du tablier, est une
simple planche qui n'est animée d'aucun mouvement de va-
et-vient; elle est montée
sur un pivot perpendi-
culaire à la table de liage
de façon qu'on puisse
l'incliner plus ou moins
par rapport au bord
postérieur de cette der-
nière (fig. 142), suivant
la dimension des récol-
tes. On peut en outre
la rabattre complète-
ment sur la table; on
ne la redresse, en gé-
néral, que pour les
récoltes dont les tiges sont de moyenne ou de faible longueur.

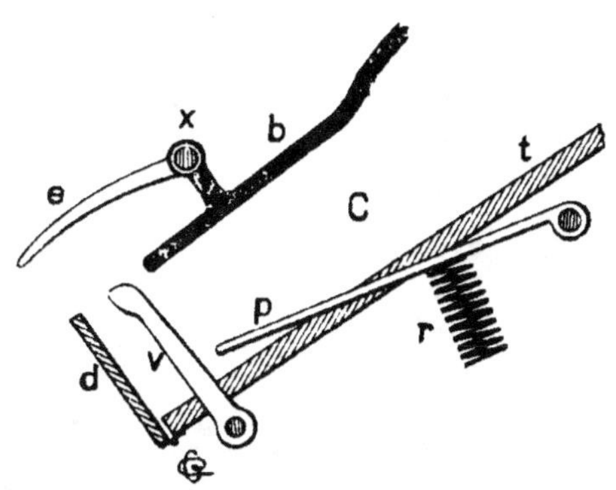

Fig. 145. — Principe de la compression
de la gerbe.

Organes comprimant la gerbe. — La gerbe doit être
fortement comprimée avant d'être liée, de façon qu'au
moment de la décharge la ficelle soit bien tendue et ne laisse
échapper aucun brin. A cet effet, les tiges déversées sur la
table de liage et convenablement disposées par les égalisateurs sont chassées dans une sorte de couloir C (fig. 145),
constitué par la table de liage t et par le bâti b des organes
de nouage, l'axe de ces derniers étant en x; ce couloir est
fermé, vers le bas, par un verrou r, qui s'abaisse, automatiquement ou sous l'influence du mécanisme, lorsque le nœud
est achevé, et par la planchette de décharge d. C'est dans ce
couloir clos et rigide que les tasseurs accumulent progressivement la céréale; celle-ci, en s'y logeant, repousse peu à peu
la pédale p, qui dépasse le niveau de la table de liage et qu'un
ressort r rappelle constamment vers le haut. A un certain
moment, qu'on règle à volonté en modifiant la tension du
ressort r, cette pédale provoque l'embrayage des organes lieurs.
Lorsque la gerbe est nouée, les éjecteurs e, tournant dans le
sens de marche des aiguilles d'une montre, chassent la gerbe;
v et d s'effacent au moment voulu, puis se relèvent une fois la
gerbe expulsée.

Tasseurs. — Ces pièces, appelées également *accumulateurs*, sont animées de mouvements alternatifs ; ce sont des bras en fonte, assez fortement cintrés et terminés à l'une de leurs extrémités par une fourche à dents inégales et à pointe mousse. Ils sont visibles sur les figures 146, 148, et on les a schématiquement représentés sur la figure 140.

Leur montage est analogue à celui des fourches de faneuses :

Fig. 146. — Ensemble de l'appareil lieur, la table enlevée (Johnston Harvester Cº).
(Les tasseurs sont à la partie inférieure de la figure.)

ils sont reliés, par leur partie médiane, aux manivelles d'un arbre à vilebrequin, et leur extrémité opposée à la fourche est articulée, à l'aide d'une bielle, avec le bâti. Grâce à cette disposition, leur fourche ne dépasse le niveau de la table de liage que pendant la portion de leur course où ils se déplacent du haut vers le bas de la table (sens inverse des aiguilles d'une montre pour notre figure 146) ; le reste du temps, ils sont effacés en dessous d'elle. Une lieuse est ordinairement munie de deux ou mieux de trois tasseurs ; les manivelles de com-

mande de vilebrequin sont calées à 180° les unes des autres
pour que deux tasseurs voisins n'agissent pas simultanément.

On trouve encore, dans nos fermes, des lieuses pourvues
de tasseurs placés au-dessus de la table de liage. Ce sont alors
des disques entraînés par un arbre parallèle à la table et
pourvus de griffes guidées par des cames ; ces griffes font
saillie sur la périphérie des disques au moment où elles s'ap-
prochent de la table, de façon à saisir des tiges, à les refouler
vers le couloir et s'effacent ensuite. Ces tasseurs rotatifs
cessent de fonctionner au moment où la pédale embraye le
mécanisme lieur et reprennent leur action quand la gerbe
est expulsée, tandis que ceux du type précédent sont toujours
en mouvement.

Verrou. — Le verrou *v*, que certains constructeurs appellent
aussi le *compresseur*, est une pièce de fonte à une ou à

deux branches, montée à articulation
sur une manivelle reliée à un axe
parallèle à celui des tasseurs. Il est
maintenu perpendiculaire à cette manivelle par un ressort qui lui permet de
reculer un peu lorsque les tasseurs
compriment la céréale ; enfin, il peut
être déplacé le long de la manivelle,
pour faire varier la grosseur des gerbes
(fig. 147). Dans certains cas, c'est le
verrou lui-même qui, en cédant peu à
peu, provoque l'embrayage du mécanisme lieur ; mais, presque toujours,
il se borne à maintenir la gerbe jusqu'au moment où elle est chassée par
les éjecteurs. Il est maintenu relevé par

Fig. 147. — Verrou ré-
glable (Adriance-Platt Cⁱ).

une came, visible sur les figures 149 et 163 et calée sur l'une
des faces du pignon-manivelle ; au moment de l'éjection, la
came, brusquement interrompue, permet au verrou de
s'abaisser sous la pression de la gerbe.

Embrayage du lieur. — L'arbre du vilebrequin est commandé par un pignon qu'entraîne tantôt la grande chaîne de la
lieuse, tantôt une petite chaîne qui le relie à un pignon calé

sur l'arbre du plateau-manivelle (fig. 148) ; lorsqu'on déplace la table de liage, ce pignon reste fixe, soit que l'arbre coulisse à l'intérieur du pignon, soit qu'il comporte deux portions pénétrant plus ou moins l'une dans l'autre. La pédale d'embrayage, qui est articulée autour d'un axe parallèle à cet arbre, a le plus souvent pour effet, lorsqu'elle est abaissée, de libérer un chien qui tombe dans une sorte de rochet : le chien solidarise alors avec l'arbre des tasseurs un pignon qui, par l'intermédiaire d'une chaîne, entraîne une roue dentée calée sur l'arbre du noueur et reliée par une bielle à celui de l'aiguille lieuse. Lorsque la gerbe est con-

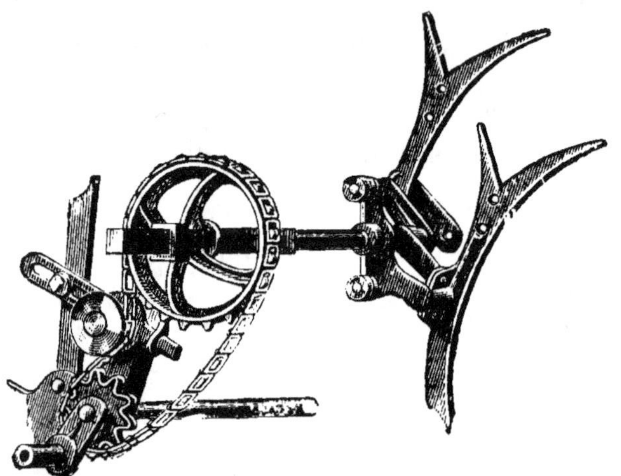

Fig. 148. — Commande des tasseurs (Adriance-Platt Co).

fectionnée, le chien est dégagé du rochet, et la pédale le maintient ainsi jusqu'à ce qu'une nouvelle quantité de céréales, comprimée par les tasseurs, la force à s'abaisser et à embrayer derechef le mécanisme lieur.

Nous avons vu que la pédale est maintenue soulevée par un ressort dont la tension est réglable à volonté ; ce ressort, qui est ordinairement du type à boudin, est enfilé sur une tige filetée qui se déplace suivant son propre axe quand la pédale s'abaisse. Il suffit de serrer plus ou moins un écrou à oreilles engagé sur la partie filetée pour modifier la pression sous laquelle le chien tombe dans le rochet ; on comprend que cette manœuvre très simple ait pour conséquence d'augmenter ou de diminuer la quantité de matière comprimée chaque fois dans le couloir entre deux déclenchements consécutifs, donc la grosseur des gerbes. Le ressort et le chien étaient primitivement logés au

niveau de la pédale, c'est-à-dire à peu près au milieu de la
table de liage et en dessous d'elle : ces deux organes n'étaient,
par suite, pas facilement accessibles. Aussi les reporte-t-on,
depuis trois ou quatre ans, à l'un des bords de la table,
et généralement à l'avant de la machine.

La figure 149 montre un type d'embrayage : on y distingue un
crochet, rappelé vers le
bas par un ressort à
boudin réglable, et main-
tenant soulevé un chien
qui, au moment du liage,
viendra s'enclencher
avec l'un des deux galets
diamétralement opposés
fixés à l'extrémité de
l'arbre des tasseurs. Le
chien est lui-même pour-
vu d'un ressort qui tend
à le rapprocher de l'ar-
bre et présente un loge-
ment où vient s'encas-
trer l'un des galets. Une

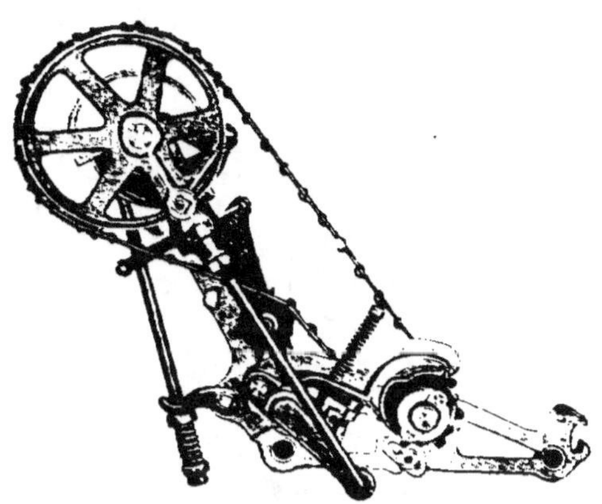

Fig. 149. — Embrayage de l'appareil lieur :
roue excentrique commandant l'aiguille et le
noueur (Frost et Wood-Puissonnier).

came écarte le crochet pendant toute la durée du fonctiou-
nement du lieur, et, quand la gerbe est expulsée, elle le
ramène vers l'axe des tasseurs, de sorte qu'il bute contre
le chien, le soulève et débraye le mécanisme de liage. Un
dispositif analogue est visible sur la figure 163.

Aiguille. — L'aiguille lieuse est une pièce courbe, en acier
ou en fonte malléable, ayant un développement d'un tiers de
circonférence environ, et qui se raccorde, par un bras incurvé,
à un axe sur lequel son centre est situé. Ses extrémités sont
munies, l'une d'une pointe, l'autre d'un talon qui, dans beaucoup de modèles encore en usage, est pourvu d'un crochet ou
d'un prolongement oblique ayant pour but de dévier la ficelle
et, par suite, de serrer un peu plus la gerbe au moment du
liage. Le dos de l'aiguille comporte une rainure qui s'étend du
voisinage de la pointe au niveau du bras : aux deux extrémités
de cette rainure se trouvent deux orifices qui font commu-

niquer la partie convexe de l'aiguille avec sa partie concave.
Enfin, sur le bras, et près de sa jonction avec l'aiguille, est

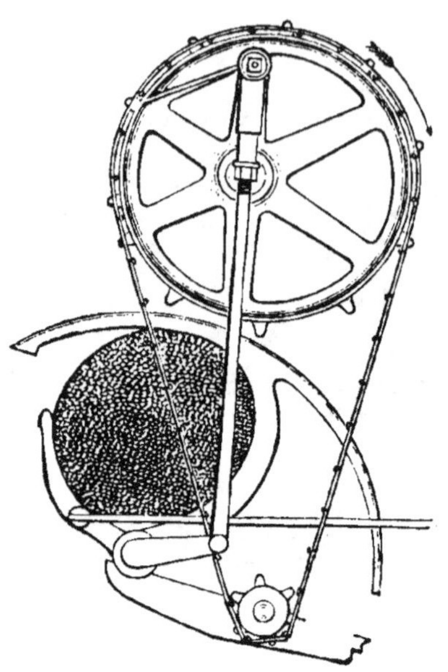

Fig. 150. — Aiguille de lieuse et sa commande (Champion-C. I. M. A.).

disposé un œil métallique ; c'est dans ces différentes parties que la ficelle doit passer.

L'aiguille est animée d'un mouvement alternatif; quand le mécanisme est embrayé, sa pointe monte au-dessus du tablier, en écartant les tiges. La face concave et le bras compriment la gerbe, pendant que son dos maintient les céréales, qui seront liées la fois prochaine. L'aiguille, dont la pointe est située en dessous du tablier pendant la compression, conduit la ficelle au noueur et revient en arrière s'effacer de nouveau sous le tablier. Ce mouvement est obtenu d'une façon très simple dans la plupart des machines : l'arbre du noueur, qui est commandé par celui des tasseurs, est pourvu d'un bouton de manivelle, calé le plus souvent sur le pignon même qui sert d'entraîneur, et une bielle le relie à une manivelle, fixée à l'extrémité de l'arbre de l'aiguille. Cette manivelle, ayant un rayon un peu plus grand que celui de la manivelle du pignon, transforme le mouvement circulaire continu de celui-ci en mouvement circulaire alternatif. Habituellement le pignon-manivelle de l'arbre du noueur est centré sur ce dernier; mais, parfois aussi, il est excentré, comme l'indiquent les figures 149 et 150, de façon que la chaîne l'attaque avec un bras de levier variable et maximum quand l'aiguille comprime la gerbe.

Ficelle. — Les lieuses fonctionnent toutes, à l'heure actuelle, avec de la ficelle (1). Celle-ci est ordinairement con-

(1) Elles employaient, à l'origine, du fil de fer recuit ; certains inventeurs avaient

fectionnée avec la *manille* (fibre d'une variété de bananier des Philippines), le *sisal* (fibre d'une variété d'agave du Mexique , le *chanvre*, etc., ou par un mélange en proportions variables de ces différentes matières. La substance qui entre dans sa composition influe d'ailleurs peu ; ainsi, le chanvre, lustré et apprêté, a une raideur très suffisante pour pouvoir être employé dans les lieuses. Ce qu'il importe surtout de considérer, c'est le *diamètre* de la ficelle, car les organes noueurs sont établis de façon à fonctionner avec des brins d'un calibre déterminé ; le diamètre à exiger est de 2 à 3 millimètres.

Les ficelles sont vendues en pelotes ; leur prix varie avec la nature et la qualité de la fibre, ainsi qu'avec le cours de la matière. L'une des maisons américaines les plus connues livre des pelotes dans lesquelles la longueur du brin est, par kilogramme de matière, de 335 mètres environ pour le sisal, de 400 mètres pour un mélange en parties égales de sisal et de manille, et de 435 mètres pour la manille pure.

L'acheteur doit vérifier, dans la mesure du possible, que la qualité de la ficelle (nature de la fibre, calibre, etc.) est bien uniforme dans toute l'étendue des pelotes ; parfois, la partie extérieure, qu'on voit tout d'abord et les premiers mètres qu'on dévide de l'intérieur, sont beaucoup plus beaux que la partie médiane. Il est difficile, pour un agriculteur, de faire un essai de résistance à la traction ; on peut cependant accrocher à une poutre des brins d'environ 2 mètres, prélevés dans toute l'étendue d'une pelote ; s'ils ne se brisent pas sous l'influence d'une charge d'une quinzaine de kilogrammes, suspendue sans choc, il y a des chances pour que la ficelle examinée ne donne lieu à aucun ennui pendant la moisson.

On place les pelotes dans une boîte en tôle, à parois pleines ou, de préférence, ajourées, qu'il y a avantage à disposer à

---

aussi imaginé des mécanismes, d'ailleurs très compliqués, qui prélevaient quelques brins sur la gerbe, les tordaient et en entouraient cette dernière. En 1889, Wood présenta à l'Exposition Universelle de Paris une lieuse qui confectionnait elle-même un lien de paille au moyen de brins coupés à la longueur voulue et trempés pendant un certain temps dans l'eau ; ces brins étaient logés dans un réservoir porté par la machine. Cette lieuse, très ingénieuse et fonctionnant bien, avait été établie surtout pour montrer que au cas où l'on continuerait à exagérer le prix de la ficelle, on pourrait sans difficulté recourir à un autre genre de liage mécanique.

proximité du siège du conducteur. La boîte contient en général deux pelotes. qu'on réunit en nouant l'extrémité extérieure du fil de la pelote du haut avec le bout intérieur de celle du fond. Le brin passe ensuite à travers un orifice percé dans le couvercle de la boîte et se trouve guidé jusqu'à l'aiguille par des anneaux dépendant de pièces fixes du bâti. Mais, comme il faut éviter que la ficelle se dévide trop aisément, qu'elle se vrille ou qu'elle flotte entre les différents points de guidage, on la soumet à l'action d'un *tendeur* placé tantôt sur le couvercle, tantôt sur le bâti, plus ou moins près de l'aiguille. Ce tendeur est souvent une simple pince formée d'une lame métallique qui comprime la ficelle contre une pièce fixe du bâti, sous l'influence d'un ressort dont on peut régler le

Fig. 151. — Tendeur de ficelle à pignons (Mac Cormick-Wallut et Cie).

serrage. Comme la ficelle peut s'effilocher si la compression est trop énergique, on emploie maintenant des tendeurs à pignons, constitués par deux petites roues dentées engrenant l'une avec l'autre et entre lesquelles passe la ficelle; l'un des pignons est monté à articulation, et il est rappelé contre l'autre par un ressort réglable (fig. 151); la ficelle fait tourner ces engrenages au fur et à mesure qu'elle est déroulée.

Placement de la ficelle. — La ficelle est engagée, tout d'abord, dans l'œil dont est munie l'aiguille, puis, de la concavité vers la convexité, dans l'orifice qui part du bras pour arriver à la rainure; elle est ensuite logée dans cette dernière et passe enfin, par le dernier orifice, situé près de la pointe, du côté convexe au côté concave de l'aiguille.

Principe du fonctionnement de l'aiguille. — La lieuse étant débrayée et la ficelle *f* disposée comme nous venons de l'indi-

quer, il faut, tout d'abord, en tirer 50 ou 60 centimètres; on
maintient le brin libre, d'une main, contre le verrou *r*
(fig. 152) (ou entre les deux fourches du verrou quand cet
organe est ainsi constitué), et on appuie avec l'autre main
sur la pédale *p* jusqu'à ce qu'on entende le bruit caractéristique de l'encliquetage. On saisit alors l'un des éjecteurs
avec cette dernière main, et on le fait tourner en l'éloignant

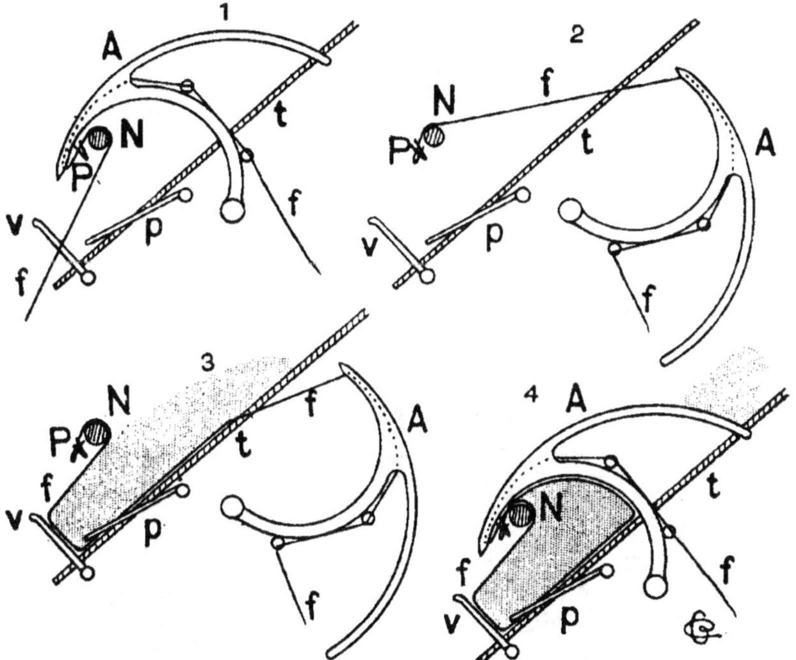

Fig. 152. — Principe du fonctionnement de l'aiguille.

du verrou; ce mouvement fait monter l'aiguille A, qui conduit
la ficelle sur le noueur N puis sur la pince P (fig. 152,*1*).

La pince entre en mouvement et saisit la ficelle; puis le
noueur agit à son tour, fait un nœud sur ce brin unique et
le coupe entre P et N; on le dégage au moyen d'une légère
secousse. En continuant à agir sur le bras éjecteur, l'aiguille A
revient en arrière; mais la ficelle est maintenue dans la pince P
et glisse, par conséquent, dans les logements de l'aiguille;
elle s'applique, en outre, sur le noueur N (152.*2*). Sous l'in-

fluence des tasseurs, la récolte tend à refouler la ficelle jusqu'au niveau du verrou *v*. et il s'en dévide une certaine quantité (152-3); lorsque la pédale *p* s'abaisse, l'aiguille A conduit à nouveau la ficelle comme précédemment (152-4); il y a donc deux brins disposés parallèlement sur le noueur et sur la pince, qui saisit le second brin à son tour. Après l'action du noueur, les deux brins sont coupés, toujours entre P et N, et la pince maintient le deuxième brin en vue de l'opération suivante; quant au fragment du premier brin compris entre le point de section et la pince, il tombe à terre : c'est un déchet inévitable, qu'on peut simplement réduire en diminuant, autant que le mécanisme le permet, la distance entre le noueur et la pince.

Pince. — C'est un organe à mouvement périodique, formé, dans toutes les machines modernes (1), d'une pièce pourvue de crans ou de crochets, mobile autour d'un axe et animée, au moment voulu, d'un mouvement de rotation qui lui fait décrire quelquefois un tour complet, mais ordinairement la

Fig. 153. — Pince à ficelle à crans (Deering-Faul).

Fig. 154. — Pince à ficelle à crochet (Plano).

moitié, le quart ou le sixième d'une circonférence. Cette pièce mobile se déplace devant une pièce fixe qui en est séparée par une distance inférieure au diamètre de la ficelle ; celle-ci est conduite, par l'aiguille, dans un des crans ou à côté d'un des crochets de la pièce mobile, et, quand cette dernière tourne,

(1) Nous ne pouvons songer, en raison du cadre de cet ouvrage, à décrire la pince des anciennes lieuses de Wood, malgré l'extrême ingéniosité de son mécanisme.

le cran ou le crochet force la ficelle à passer entre les deux pièces, où elle est fortement serrée. On conçoit qu'il existe un grand nombre de variantes dans la fabrication de cet organe ; les deux figures ci-contre (153 et 154. montrant la disposition d'une pince à cran et d'une pince à crochet, en indiquent suffisamment le principe.

Noueur. — Nous avons vu que la ficelle est conduite tout d'abord, par l'aiguille, sur le noueur, et que les deux brins y sont disposés parallèlement. Mais, comme le noueur est au-dessus de la gerbe et que la pince est au même niveau que

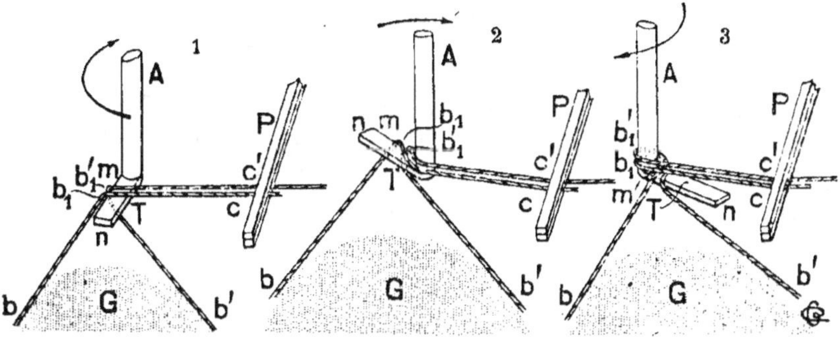

Fig. 155. — Principe de la confection de la ganse.

lui, la ficelle se replie à peu près à angle droit au contact du noueur.

Sans nous occuper, pour l'instant, du mode de construction du noueur, considérons (fig. 155) une traverse T, montée perpendiculairement à l'extrémité d'un arbre A, qui peut lui imprimer un mouvement de rotation dans le sens de marche des aiguilles d'une montre ; les deux brins b et b' de la ficelle, après avoir entouré la gerbe G, se replient sur T, et, devenant alors parallèles, entre b_1, b_1' et c, c', aboutissent à la pince P, qui les maintient solidement. Si nous faisons tourner l'axe A, la tranche m de la traverse entraîne les deux brins, et nous voyons qu'il suffit d'une rotation de trois quarts de tour pour qu'une boucle, ou *ganse*, soit formée par les deux brins.

Pour obtenir un nœud, simple mais solide, il suffira de faire passer à l'intérieur de la ganse les deux parties des brins $b_1 c$ et $b_1' c'$, et il est possible d'arriver à ce résultat soit en maintenant $b_1 c$ et $b_1' c'$ à l'aide d'une pince spéciale placée à l'extrémité n de T, puis en dégageant la boucle de l'arbre A et de la traverse T, soit en faisant tourner T en sens inverse et en forçant $b_1 c$, $b_1' c'$, à l'aide d'un crochet fixé sur cette traverse, à passer dans l'intérieur de la ganse.

Le premier procédé est appliqué à toutes les lieuses modernes. Il fut imaginé en 1858 par un garçon de ferme des États-Unis, John F. Appleby, perfectionné et complété par lui à partir de 1874. L'ensemble des pièces que nous avons étudiées sous les noms de tasseurs, verrou, aiguille, pince, etc., est également dû à Appleby et n'a subi, en somme, que des modifications de détail.

Noueur Appleby. — La pièce essentielle du noueur Appleby, tel qu'il est actuellement constitué, est analogue, en somme, à un bec d'oiseau, d'où le nom de noueur à bec qu'on lui donne quelquefois. A l'extrémité d'une tige A (fig. 156), qui reçoit, à l'instant voulu, un mouvement de rotation dont l'amplitude est exactement d'une circonférence, se trouve une sorte de crochet C, perpendiculaire à A, et relié à cette tige par un corps plat d'un côté et bombé de l'autre ; la partie supérieure du crochet est creusée d'une rainure qui traverse, sous forme de mortaise, le corps même du crochet dans l'axe de la tige A. Ce crochet C représenterait la partie supérieure, immobile, d'un bec d'oiseau, tandis que la partie mobile, placée en dessous chez l'animal, est située au-dessus dans le noueur. C'est un levier B, engagé dans la mortaise et articulé autour d'un axe perpendiculaire à celui de la tige A ; la tranche de cette pièce qui s'applique dans la rainure du crochet présente, près de la pointe, un évidement où la ficelle peut se loger ; l'autre extrémité de B est, au contraire, munie d'un galet g qui, pendant la rotation du noueur, s'applique contre une came dont le rôle est de provoquer l'ouverture ou la fermeture du bec aux moments voulus. En particulier, lorsque le noueur est à sa position de repos (fig. 156, *1*, *4*, *5*, *6*), le galet g est soulevé par un ressort qui, lors de l'éjection de la gerbe, cède d'une quantité suffisante pour laisser échapper, une fois le nœud confectionné, les brins qui ont été saisis entre B et C.

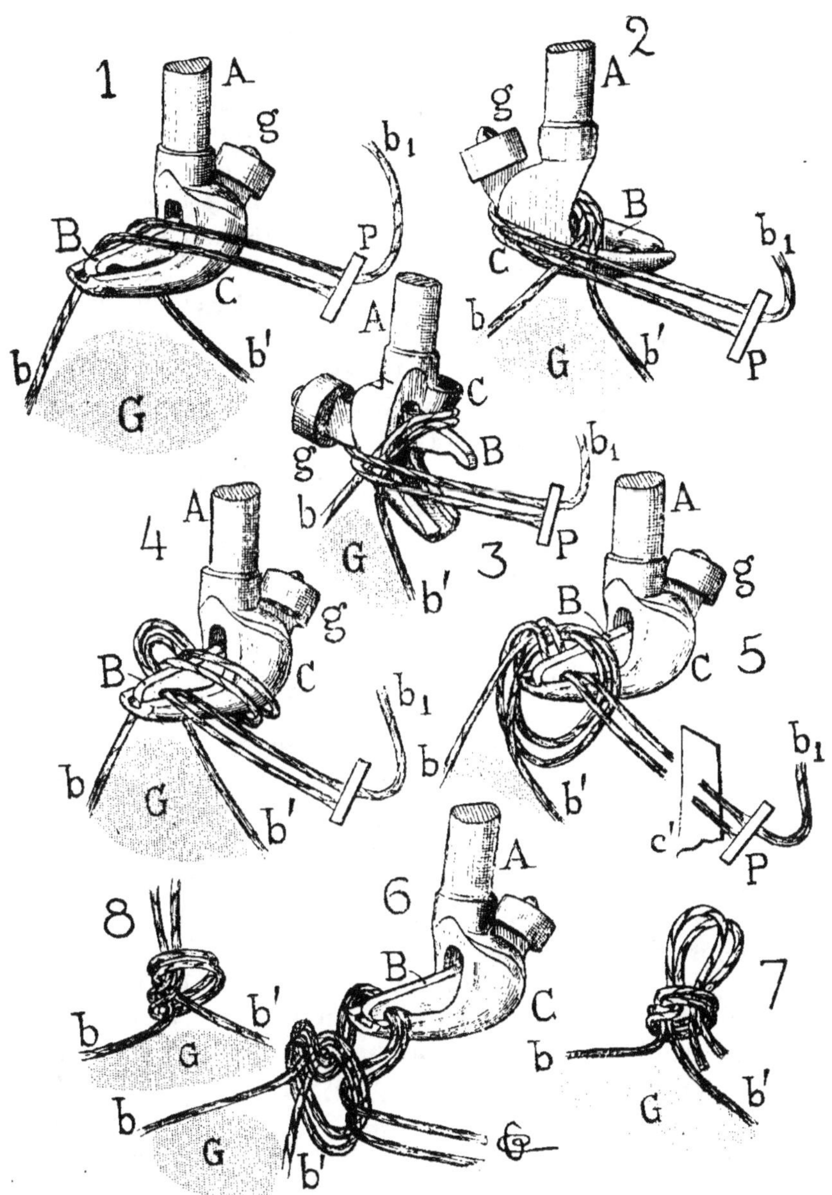

Fig. 156. — Schéma du fonctionnement du noueur Appleby.

La figure 156 montre les différentes phases du fonctionnement du noueur. Celui-ci étant à sa position de repos (*1*), la ficelle *bb'* entoure la gerbe G et est saisie dans la pince représentée schématiquement en P, qui maintient en même temps le brin b_1 pour la gerbe suivante ; lorsque l'organe tourne, la face plane du crochet entraîne la ficelle, comme la tranche *m* de la traverse dans la figure précédente, et la ganse est confectionnée un peu avant qu'il ait accompli les trois quarts de sa révolution *2*). A ce moment, la came abaissant le galet *g*, le bec s'ouvre ; la rotation continuant, le crochet C et le levier B passent de chaque côté des brins retenus dans la pince P (*3*). Puis, le tour complet étant achevé, le bec se referme sous l'influence du ressort appliqué contre *g*, et les deux brins sont saisis entre B et C (*4*). Les bras éjecteurs poussent la gerbe vers l'extérieur : les brins *b* et *b'*, soumis à un effort de traction, glissent sur le noueur, et la boucle passe par-dessus les brins serrés dans le bec (*5*) ; un couteau *c* tranche ces brins près de la pince (*5*). Une fois la boucle sortie du noueur (*6*), le nœud se serre, et, quand la traction exercée par les éjecteurs est suffisante, les brins saisis dans le bec soulèvent B, en comprimant le ressort qui maintient le galet *g*, et s'échappent du noueur. Suivant que la distance comprise entre le bec et le niveau d'action du couteau *c* est plus ou moins considérable, les brins tranchés restent dans le nœud en formant une petite boucle (*7*), ou sont à l'extérieur de ce nœud (*8*) ; mais le procédé de nouage est le même dans les deux cas. On tend maintenant à généraliser le nœud *8*, en rapprochant le plus possible les organes, pour diminuer le déchet de ficelle dont nous avons précédemment parlé.

On constate aisément, en examinant la confection du nœud (*7*) que si l'on tire sur les brins coupés on défait le nœud sans difficulté ; par contre, en agissant sur les brins *b* et *b*, on serre le nœud. En réalité, le noueur Appleby *ne serre pas le nœud*, ou, du moins, ne le serre que peu ; le serrage a lieu quand la ficelle est abandonnée par le lieur : la gerbe, fortement comprimée, se détend et tire, par suite, sur les brins *b* et *b'* qui l'entourent.

Noueur Wood. — Au contraire, le noueur qui était, jusqu'à

servent en même temps à maintenir sur celle-ci les nervures
qui augmentent l'adhérence avec le sol. La jante est très
large; quant au diamètre de la roue, il est généralement compris entre 0m,80 et 0m,95, mais est le plus souvent, dans les
machines modernes, voisin de 0m,90.

Comme il faut pouvoir élever ou abaisser la roue, soit pour
régler la hauteur de coupe, soit pour mettre la machine en
position de transport, l'essieu est engagé dans deux coulisses
circulaires supportées l'une par un des petits côtés du bâti,
l'autre par une traverse parallèle à ce côté; ces coulisses sont

Fig. 159. — Roue porteuse et motrice de lieuse et sa coulisse de réglage
(Champion-C. I. M. A).

pourvues d'une crémaillère sur un de leurs bords, et leur
centre coïncide avec l'axe du premier arbre commandé par la
roue. Les deux extrémités de l'essieu sont munies de pignons
qui engrènent avec les crémaillères; en faisant tourner
ces pignons dans un sens ou dans l'autre, la roue monte ou
descend par rapport au bâti. Cette manœuvre est opérée à
l'aide d'une manivelle, qui commande une vis sans fin en
prise avec une roue hélicoïdale calée sur l'axe des pignons
(fig. 159).

Chaînes. — L'engrenage fixé sur la grande roue de la
lieuse commande, par l'intermédiaire d'une chaîne, un arbre
parallèle à la scie et placé à l'arrière du bâti. C'est généra-

lement sur cet arbre qu'est placé l'embrayage de la machine. Cet organe, qui est presque toujours du type à griffes, est manœuvré depuis le siège par une tringle coudée formant manivelle ; mais le manchon mobile est, en outre, muni d'un ressort qui lui permet de céder lorsque la roue de la lieuse tourne en arrière. Aussi n'y a-t-il pas, à proprement parler, d'encliquetage dans les lieuses : ce sont les griffes qui, en sautant les unes sur les autres, permettent de reculer. Un renvoi d'angle, visible sur les figures 159 et 161, entraîne l'arbre-

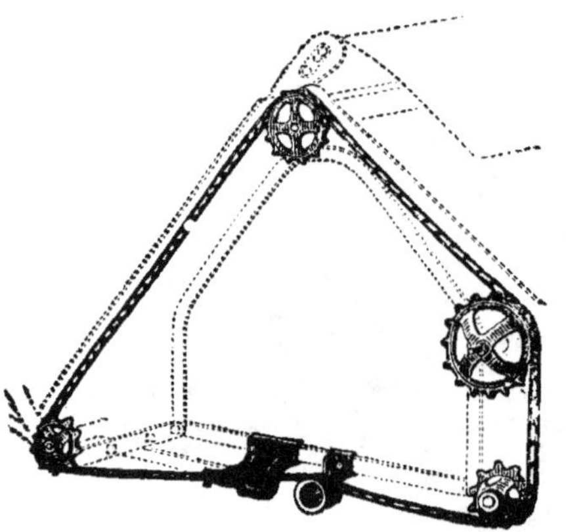

Fig. 160. — Grande chaîne commandant les rouleaux et l'appareil de liage (Massey-Harris).

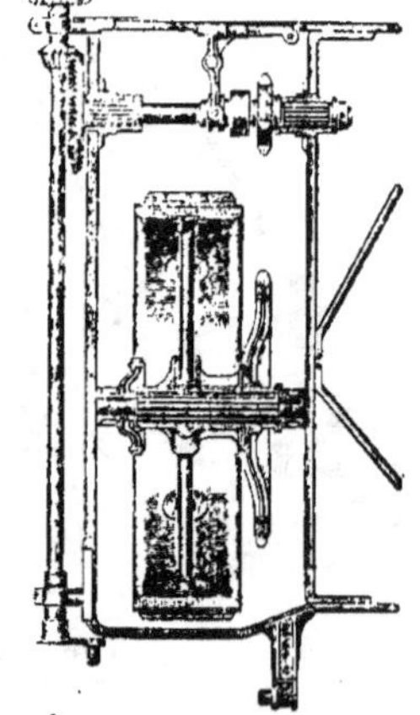

Fig. 161. — Disposition des rouleaux dans une moissonneuse - lieuse (Harrisson Mac-Gregor).

manivelle, qui est placé, par rapport à la roue, du côté opposé à la scie ; la bielle peut donc être sensiblement plus longue que dans les javeleuses, et, dans les modèles récents, elle est située en avant de la machine. La partie de l'arbre opposée au plateau-manivelle est munie d'un pignon qui donne le mouvement aux axes des rouleaux par l'intermédiaire d'une grande chaîne qui réunit toutes les roues dentées calées aux extrémités de ces axes (fig. 160). L'axe des tasseurs est généralement commandé par une petite chaîne spéciale, qui la relie à l'arbre-manivelle, comme dans le cas de la figure 148 ; on trouve cependant des machines où cet arbre est entraîné directement par la grande chaîne (fig. 160).

Les différentes chaînes, qui appartiennent toutes au type à maillons détachables, sont maintenues serrées au degré voulu par des galets tendeurs ; celui qui agit sur la chaîne de la roue motrice est généralement rappelé par un ressort qui lui permet de fléchir lorsqu'on modifie la hauteur de coupe ou qu'on met la lieuse en position de transport ; cela évite les ruptures qui pourraient résulter d'un centrage défectueux de l'arbre ou d'un faussement d'une pièce de bâti.

Les arbres de transmission sont munis, comme dans les machines précédentes, de coussinets à rouleaux et de butées à billes (fig. 161).

Lieurs à levier et à engrenages. — Nous avons vu que la liaison entre l'arbre des tasseurs et celui du lieur était ordinairement assurée par une chaîne passant sur les pignons qui terminent ces arbres. Comme les transmissions de ce genre nécessitent un certain jeu, qui provoque des chocs, on a proposé différents dispositifs permettant de relier les deux arbres par des pièces rigides.

Il suffit, en définitive, de placer à l'extrémité des arbres des manivelles de même rayon, et de les relier par une bielle d'accouplement ; si l'une d'elles tourne, l'autre est entraînée dans le même sens, avec la même vitesse : c'est le principe des lieurs dits à levier. Ce dispositif simple ne peut cependant pas être employé tel quel, à cause des points morts que la manivelle conduite ne franchirait pour ainsi dire jamais. Aussi emploie-t-on une troisième manivelle, de même rayon que la précédente, et reliée également à la bielle : placée en de-

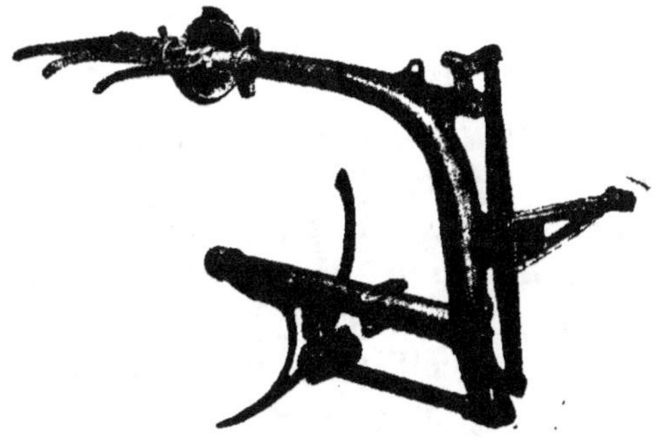

Fig. 162. — Commande de l'appareil lieur à l'aide de bielles et manivelles (Plano).

hors du plan des axes, elle oblige la bielle à rester toujours parallèle à elle-même pendant le déplacement et assure ainsi le passage des points morts; ou bien la bielle, comme dans la figure 162, est montée, par son milieu, en balancier et réunie à la manivelle du lieur par une biellette, ce qui fait tourner les deux axes en sens inverse. Quant à l'arbre de l'aiguille, il porte également une manivelle qu'une nouvelle bielle relie à la manivelle motrice.

Malgré tout, la transmission des efforts se fait parfois mal au voisinage immédiat des points morts; c'est pourquoi il peut y avoir avantage à ajouter aux lieuses munies d'un noueur à levier un volant qui, accumulant de l'énergie quand le mécanisme lieur ne fonctionne pas, en restitue une partie au moment où ce dernier entre en action. Ce volant, qui facilite beaucoup le passage des points morts, est relié par une chaîne à l'arbre des tasseurs; il est muni d'un embrayage à friction permettant la mise en vitesse progressive et s'opposant, en cas d'arrêt brusque, à ce que le volant exerce sur les pièces un effort supérieur à celui qu'elles peuvent normalement supporter.

Il existe également des lieuses dans lesquelles la liaison entre l'arbre des tasseurs et celui du noueur est assurée par un arbre pourvu de deux pignons coniques engrenant avec le pignon-manivelle et avec le pignon du vilebrequin. Cet arbre est guidé par des coussinets dépendant, l'un de la potence, l'autre du bâti (fig. 163).

Organes accessoires des moissonneuses-lieuses.

Paravent. — C'est une toile tendue sur un cadre rectangulaire très léger et maintenue verticale par un bras horizontal articulé sur le bâti au voisinage du siège. On dispose cette toile, au niveau convenable, parallèlement au bord postérieur du transporteur; son rôle est d'empêcher le vent d'entraîner la récolte hors du tablier de la lieuse.

Reteneurs d'épis. — Ce sont des broches en acier, montées sur la traverse qui sert à soutenir le noueur, et qui, formant ressort près de leur encastrement, s'appuient sur la table de liage un peu au-dessus du niveau du verrou. Elles ont pour but de soutenir les tiges, surtout du côté des épis, et facilitent ainsi la confection de la botte; elles cèdent quand cette der-

nière est expulsée par les éjecteurs. On termine parfois les
broches par de petites palettes en tôle.

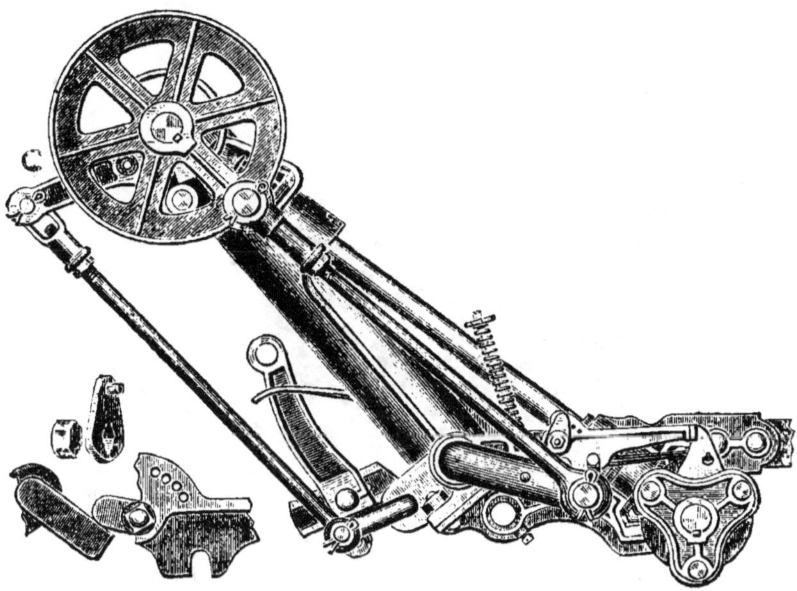

Fig. 163. — Transmission par engrenages pour commande de l'arbre du noueur
(Harrisson Mac Gregor).

Porte-gerbes. — Ces appareils, très employés à l'heure
actuelle, ont pour effet de réunir un certain nombre de gerbes
et de les déposer simultanément sur le sol. Ils sont composés
soit de tringles articulées sur une traverse perpendiculaire ou
parallèle au bâti, de façon à permettre de les disposer parallèlement au sol ou de les incliner vers lui (fig. 164 et 165), soit
de berceaux, également en tringles d'acier, qu'on peut ouvrir
ou fermer à volonté. La manœuvre est assurée par une pédale,
placée près du siège, et que des tringles relient au porte-gerbes.
L'avantage procuré par cet organe accessoire, qu'on peut
adapter à toutes les lieuses actuelles, est double : les gerbes,
tombant plus doucement sur le sol, sont moins égrenées, et
comme les ouvriers acquièrent sans difficulté l'habitude de
les déposer, par groupes de trois ou de quatre, en bandes très
régulières, le ramassage pour la mise en dizeaux ou pour le
chargement en chariot est à la fois facile et rapide.

On construit également. en vue surtout de l'emploi dans les pays européens, des *porte-botte* ou petits porte-gerbes destinés

Fig. 164. — Porte-gerbes à tringles perpendiculaires au déplacement de la lieuse (Milwaukee-Perrier et Hafft).

à retenir la dernière gerbe confectionnée le long d'un train et à éviter qu'elle soit déposée à l'endroit où la machine tourne.

Fig. 165. — Porte-gerbes à tringles parallèles au déplacement de la lieuse (Mac Cornick-Wallut).

Ces appareils, très simples, sont ordinairement constitués par deux ou trois tringles formant berceau. articulées autour d'un axe parallèle à l'arbre du noueur et que soutiennent la potence et la traverse qui consolide cette dernière (fig. 166). Le mécanisme est également commandé par une pédale, et on peut le replier sur la table de liage, soit pour diminuer la largeur de la lieuse quand on ne la place pas sur son chariot, soit pour faciliter l'accès du mécanisme lieur, en vue du graissage ou du passage de la ficelle dans l'aiguille.

Chariots de transport. — On désigne sous ce nom les organes qu'on ajoute aux lieuses pour en faciliter le déplacement dans les chemins étroits. C'était autrefois une sorte de plate-forme, en bois ou en métal, munie de deux petites

Fig. 166. — Porte-botte (Johnston Harvester Co).

roues, et qu'on engageait sous la lieuse, après avoir fait basculer celle-ci autour de la roue, en soulevant fortement le bord du tablier sur lequel est montée la roue de grain. Dans les types modernes, cette plate-forme est supprimée, et l'on se borne à rapporter sur le bâti de la lieuse, à peu près au niveau de la roue motrice, deux roues montées sur de faux essieux qu'on engage dans des logements ménagés à cet effet. La manœuvre est beaucoup plus facile qu'avec les chariots proprement dits. Ces faux essieux et les supports fixés sur le bâti sont pourvus de goupilles, rainures, loquets, crochets, etc., qui permettent le montage et le démontage rapides ; si l'on a pris la précaution d'abaisser, autant que possible, la roue motrice et la roue de grain, il n'y a pas besoin, en général, de soulever la machine pour y adapter les roues de transport.

Les deux faux essieux constituent un axe de rotation perpendiculaire à l'essieu de la roue motrice. On transporte donc la lieuse dans une direction perpendiculaire à celle qu'elle suit en travail. Il suffit d'enlever le timon et de l'accrocher sous le tablier, après l'avoir engagé entre les rais de la roue de grain ; des mécanismes automatiques assurent le pla-

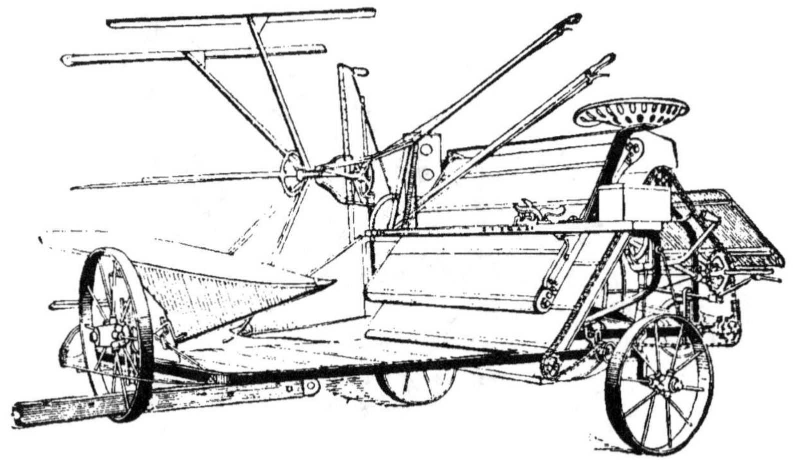

Fig. 167. — Lieuse sur chariot de transport (Massey-Harris).

cement et l'enlèvement rapides de la flèche. On ramène les rabatteurs aussi en arrière que possible ; on replie les séparateurs et, dans certains cas, on fait pivoter le siège d'un quart de cercle ; on soulève enfin la roue motrice de façon qu'elle ne touche pas sur le sol, et la lieuse est alors disposée pour le transport (fig. 167).

Considérations générales sur le fonctionnement et sur la dynamique des moissonneuses-lieuses.

Nous reproduisons *in extenso* la note présentée à la Société Nationale d'Agriculture par M. Liébaut, le 25 juin 1890, au nom de M. Max Ringelmann.

« *Les moissonneuses ordinaires donnent aux cultivateurs la certitude de pouvoir faire leur récolte en temps opportun, et, quand même elles restent sous le hangar, elles empêchent les ouvriers de devenir trop exigeants.*

« *Mais quelquefois ces ouvriers demandent, pour le liage des javelles, d'autant plus que les machines les abattent plus vite : au lieu de 10 francs par hectare comme autrefois, c'est 12 et 15 francs qu'ils réclament. Le problème du moissonnage économique n'est donc qu'à moitié résolu, tant que le liage ne peut pas se faire mécaniquement comme le fauchage.* »

« C'est ainsi que M. Risler, le savant directeur de l'Institut national agronomique, conclut à l'utilité, pour la grande culture, des machines moissonneuses-lieuses chargées à la fois de couper et de lier la récolte.

« Certes, il sortirait du cadre de cette note de faire l'historique des moissonneuses-lieuses depuis la tentative de Watson, Renwick et Baldwin (de Washington); il suffira de rappeler que, après de nombreux essais qui illustrèrent différents mécaniciens, les moissonneuses-lieuses sont devenues aujourd'hui d'une fabrication courante et d'un emploi pratique. Leur développement en France n'est plus qu'une question de temps ; aussi pensons-nous qu'il est utile d'analyser, au point de vue dynamique, les machines actuelles, afin de déterminer quelle est la part de travail qu'exige chacune des fonctions qui concourent ensemble pour produire l'action totale de la moissonneuse-lieuse.

« Tel est le but de la présente note.

« Les expériences que j'ai eu occasion de faire à la Station d'essais de machines agricoles, en avril 1890, sur une lieuse indépendante d'Albaret, m'ont fourni des résultats précieux au sujet du travail mécanique nécessité par l'organe lieur, isolé de ses appareils de transmission de mouvement. (Dans cette machine, l'organe lieur est directement actionné par une manivelle.)

« Les données qui servent de base à cette étude sont :

« 1° Les essais dynamométriques que j'ai pu faire lors du concours international de Noisiel (1889) sur les moissonneuses-lieuses et les moissonneuses ordinaires ;

« 2° Mes résultats d'expériences dynamométriques sur quelques moissonneuses ordinaires ;

« 3° Les essais de la lieuse indépendante précitée.

TRAVAIL MÉCANIQUE TOTAL ABSORBÉ PAR LES MOISONNEUSES-LIEUSES.

« Si l'on désigne par :

a. le travail mécanique dépensé pour vaincre la résistance au roulement de la machine ;

b. le travail mécanique dépensé pour le fonctionnement à vide des organes de la transmission du mouvement de la roue porteuse et motrice à la scie, aux rabatteurs, aux toiles, etc. (sauf au lieur) ;

c. le travail mécanique dépensé pour couper les céréales ;

d. le travail mécanique dépensé par l'élévateur ;

f. le travail mécanique dépensé par l'appareil lieur ;

k. le travail mécanique dépensé par la transmission du mouvement du lieur ;

on peut écrire ainsi le travail mécanique total T absorbé par une moissonneuse-lieuse :

$$T = a + b + (c + d + f + k).$$

« Les deux premiers termes *a* et *b* dépendent du poids de la machine, de sa construction, des dimensions et de l'ajustage de ses différentes pièces.

« La partie entre parenthèses, $c + d + f + k$, correspond au travail mécanique nécessité par la récolte et est variable suivant l'état de cette dernière.

« On peut déterminer, d'une façon générale, les valeurs de ces différents termes.

« 1° *Travail dépensé pour vaincre la résistance au roulement et le fonctionnement à vide des organes (moins le lieur)*. — Résultats des essais de Noisiel sur les moissonneuses-lieuses :

	Moyenne générale.
	kilogrammes.
Poids de la machine, conducteur compris.......	775 (700 + 75)
1° Traction — résistance au roulement..	77
2° — fonctionnement à vide des organes (moins le lieur)................	44
3° — en plein travail (coupe, élévation, et liage de la récolte)...........	55
Traction totale...........	173

« La largeur coupée étant de $1^m,50$, le travail mécanique par hectare est donc de :

	Moyenne générale.
	Kilogrammètres.
(*a*) Travail mécanique dépensé pour vaincre la résistance au roulement...............	513 333
(*b*) Travail mécanique, fonctionnement à vide des organes (moins le lieur).............	273 333
(*c*) Travail mécanique nécessité par le passage de la récolte............................	366 666
Total.................	1 153 332

« 2° *Travail mécanique dépensé par la coupe des céréales.* — D'après plusieurs expériences personnelles sur les moissonneuses ordinaires, on peut adopter les valeurs moyennes suivantes :

Coefficient de roulement des moissonneuses.	0,097
Traction nécessitée par le fonctionnement à vide des organes (engrenages, scie, etc.)....	24 p. 100 de la traction totale en charge.

« Appliquons ces chiffres aux résultats des essais de Noisiel sur les moissonneuses ordinaires qui ont exigé en moyenne, en charge, un travail de $85^{kgm},2$ par mètre carré coupé, avec une longueur de coupe de $1^m,56$ et un poids de 572 kilogrammes (conducteur compris):

	Kilog.
Effort de roulement $(572 \times 0,097)$...............	55,484
Traction à vide (traction moyenne $124,4 \times 0,24$)...	29,856
Effort de coupe (par différence).................	39,060
Traction totale.............	124,400

« Le travail mécanique nécessaire pour couper les céréales est donc de :

$$(c) \quad \frac{39,060}{1,56} = 25^{kgm},039 \text{ par mètre carré.}$$

« ou de 250 390 kilogrammètres par hectare (dans les mêmes conditions de récolte que les moissonneuses-lieuses précitées).

« 3° *Travail mécanique dépensé par l'élévateur.* — Les essais dynamométriques de Noisiel ont été effectués dans un champ dont la récolte était de 5 510 kilogrammes à l'hectare (au moment de la moisson).

« En général l'élévateur des moissonneuses-lieuses élève la récolte à $0^m,80$ au-dessus du tablier horizontal placé en arrière de la scie.

« La quantité de travail mécanique dépensée pour élever la récolte est de :

(d) $5\,510 \times 0,8 = 4\,408$ kilogrammètres par hectare.

« *Nota.* — Le travail mécanique dépensé à vide par l'élévateur est compté dans le terme b.

« 4° *Travail mécanique dépensé par l'appareil lieur.* — Il résulte des expériences de la station d'essais de machines agricoles, sur une lieuse indépendante, les chiffres suivants :

	Travail mécanique moyen nécessité pour la confection d'une botte de 5 kilos.
	kilogrammètres.
Travail à vide......................	19.521
Travail nécessité par le passage de la paille...........................	26.800
Total en charge........	46.321

En appliquant ces données au champ d'essais de Noisiel, dans lequel les $5\,510$ kilogrammes de gerbes ont fourni $1\,102$ bottes de 5 kilogrammes, on déduit le travail mécanique dépensé par l'appareil lieur proprement dit sans sa propre transmission de mouvement :

(f) $1\,102 \times 46\,321 = 51\,045^{kgm},742$
soit en chiffres ronds...... $51\,046^{kgm}$, par hectare.

« Si nous additionnons les différentes valeurs que nous venons de trouver pour les termes a, b, c, d, f, nous pouvons tirer par différence avec T la valeur de k (transmission du mouvement aux organes du lieur) :

(k) $60\,822$ kilogrammètres par hectare.

« L'appareil lieur fonctionne d'une façon intermittente ; il est embrayé automatiquement lorsque la botte atteint la dimension (et le poids) fixée d'avance.

Si P est le poids de la récolte à l'hectare ;
p —   d'une botte ;
l —   la longueur de coupe.

« le chemin x parcouru par la machine pour récolter la valeur d'une botte (c'est-à-dire le chemin parcouru par la machine pour un cycle complet) est :

$$x = \frac{10\ 000\ p}{\mathrm{P}l}.$$

En appliquant ces chiffres aux essais de Noisiel, dans lesquels on trouve que :
$$\begin{cases} \mathrm{P} = 5\ 510\ \text{kil.} \\ p = \qquad 5\ \text{kil.} \\ l = 1^{\mathrm{m}},50 \end{cases}$$

$$x = 6^{\mathrm{m}},047.$$

« La transmission du mouvement de la roue motrice à l'appareil lieur est telle qu'en général la botte est liée en un cinquième de tour de la roue motrice ; cette dernière ayant environ $0^{\mathrm{m}},90$ de diamètre, l'organe lieur est en action pendant un chemin parcouru de $0^{\mathrm{m}},57$ environ.

« De telle sorte que le travail mécanique de la moissonneuse-lieuse peut se décomposer ainsi (dans les conditions précédentes de récolte) :

		Rapports décimaux.
1re période.	Travail de la machine en moissonneuse ordinaire avec élévateur, sur un parcours de $6^{\mathrm{m}},05 - 0^{\mathrm{m}},57 = $ .... $5^{\mathrm{m}},48$	0.90
2e période.	Travail de la machine en moissonneuse-lieuse, tous les organes en fonctionnement..... $0^{\mathrm{m}},57$	0,09
	Cycle complet......... $6^{\mathrm{m}},05$	

« En d'autres termes, la première période d'action qui correspond au travail minimum s'effectue sur un chemin égal aux neuf dixièmes du chemin total parcouru par la moissonneuse-lieuse.

« *Travail mécanique total de la moissonneuse-lieuse.* — En reprenant les termes de l'équation (1), le travail est :

$$\text{Pendant la 1re période} \quad \tau_1 = a + b + c + d,$$
$$\text{—} \quad \text{la 2e} \quad \text{—} \quad \tau = \tau_1 + f + k.$$

« En appliquant les chiffres trouvés précédemment :

« *Période.* — Travail de la machine en moissonneuse ordinaire avec élévateur (par hectare) :

	Kilogrammètres.
a (roulement)	513 333
b (à vide)	273 333
c (coupe)	250 390
d (élévateur)	4 408
Total..................	1 041 464

dépensés sur toute l'étendue du champ.

« Sur les neuf centièmes du parcours, la machine exige un travail supplémentaire de :

	Kilogrammètres.
f (liage)	51 047
k (transmission)	60 822
Total $(\tau_2 - \tau_1)$	111 869

« d'où l'on tire les résultats suivants :

PÉRIODES.	Travail dépensé par hectare de récolte sur le chemin correspondant au parcours de chaque période. (kilogrammètres).	Chemin parcouru par la machine (avec une longueur de coupe de $1^m,50$). (mètres).	Surface correspondante. (mèt. carrés).	Traction moyenne avec une longueur de coupe de $1^m,50$. (kilogr.).
1° La machine ne liant pas.	947 733	6 039	9 058	156,93
2° La machine moissonnant et liant.	205 599	628	942	327,38
Totaux. . .	1 153 332	6 667	10 000	

« Représentation graphique du travail mécanique dépensé par une moissonneuse-lieuse. — En reprenant les conditions d'essais de Noisiel, on pourrait représenter le travail mécanique dépensé par une moissonneuse-lieuse de la façon suivante (fig. 168) :

« L'origine o de l'axe des x représentant le départ de la première période, la machine fonctionnant en moissonneuse simple avec élévateur, nous élevons une ordonnée y représentant à l'échelle une traction de $156^{kg},9$; le chemin parcouru pendant cette période est de $5^m,48$ porté à l'échelle sur l'abscisse oa.

« Pour la deuxième période, dont l'origine est en a, l'ordonnée y' correspond à $327^{kg},4$ pour une abscisse ab égale au chemin correspondant qui est de $0^m,57$.

« La représentation graphique du travail dépensé pendant un cycle complet se compose donc des deux rectangles yoa, $y'ab$.

« *Nota.* — En pratique, le tracé dynamométrique déforme les rectangles précités par suite des à-coups de l'attelage suivant le tracé spécimen indiqué en pointillé (fig. 168).

« La traction moyenne est l'ordonnée moyenne donnée par la division :

$$\frac{y\,(oa) + y'\,(ab)}{ob} ;$$

« en appliquant les chiffres ci-dessous, on trouve que l'effort moyen est de 172^{kg},96 (cette différence de 0^{kg},04 sur le chiffre des essais de Noisiel tient à ce que les décimales ont été négligées dans les calculs).

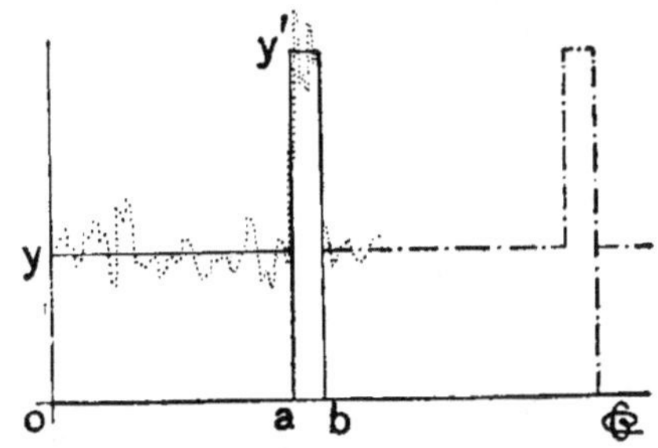

Fig. 168. — Représentation graphique du travail mécanique dépensé par une moissonneuse-lieuse liant sur un parcours de 0^m,57.

« Le travail mécanique dépensé par une moissonneuse-lieuse se décompose ainsi par période :

	Kilogrammètres.
1re période (moissonneuse ordinaire avec élévateur)..........................	859,812
2e période (en plein travail, moissonnant et liant)........................	186,618
Total par cycle...........	1 046,430

« Ainsi, pour couper et lier une gerbe de 5 kilogrammes (de blé), il faut dépenser un travail mécanique total de 1 046 kilogrammètres et demi.

« L'effort que chaque cheval doit fournir est en moyenne (pour les machines attelées de deux chevaux) de :

$$78^{kg},4 \text{ pendant la } 1^{re} \text{ période sur } 5^m,48$$
$$163^{kg},6 \quad - \quad 2^e \quad - \quad 0^m,57$$

« On voit donc que si, pendant la première période, l'effort exigé par chaque cheval n'est pas trop exagéré, il n'en est plus de même pour la deuxième période ; aussi cette dernière n'est-elle franchie que grâce à la *lancée* de la machine.

« Cet effort maximum de la deuxième période fatigue énormément l'attelage, d'autant plus qu'il est exigé brusquement par la machine ; c'est ce qui fait que l'on préfère atteler trois chevaux aux moissonneuses-lieuses.

« Dans le cas d'un attelage à trois chevaux, l'effort moyen que doit fournir chaque cheval est de :

$$52^{kg},3 \text{ pendant la } 1^{re} \text{ période sur } 5^m,48$$
$$109^{kg},1 \quad - \quad 2^e \quad - \quad 0^m,57$$

« *Résumé et conclusions.* — Examinons comment se décompose le travail mécanique exigé par une moissonneuse-lieuse pendant la première période.

	Travail total de la moissonneuse-lieuse pour la récolte de 1 hectare pendant la 1re période.	Rapports décimaux.
	(Kilogrammètres.)	
a_1) (roulement	467 133	0,49
b_1) (à vide).................	248 733	0,26
c_1) (coupe).................	227 855	0,24
d_1) (élévateur)...............	4 012	0,004
Total............	947 733	

« Ainsi le travail mécanique à vide a à peu près la même valeur que le travail nécessaire à la coupe (environ le quart du travail total). Quant au travail mécanique destiné à vaincre la résistance au roulement de la machine, il atteint près de la moitié du travail total.

« Le travail mécanique dépensé par le roulement est fonction de

P, poids de la machine,
p, poids du conducteur,   soit $\varphi\,(P + p)$.
φ, coefficient de roulement;

« deux de ces termes p et φ sont invariables; il n'en est pas de même de P, qu'il y a lieu de réduire autant que possible afin de diminuer la résistance au roulement. On ne peut donc qu'applaudir aux efforts que les constructeurs tendent à faire dans cette voie.

« Pour la deuxième période, le travail se décompose de la façon suivante :

	Travail total de la moissonneuse-lieuse pour la récolte d'un hectare pendant la 2e période.	Rapports décimaux.
	Kilogrammètres.	
a_2) (roulement.........	46 200	0,22
b_2) (à vide)...........	24 600	0,12
c_2) (coupe)...........	22 535	0,10
d_2) (élévateur)........	396	0,003
f_1) (liage)	51 046	0,25
k_1) (transmission de la lieuse).............	60 822	0,30
Total	205 599	

Les rapports partiels : a_2, b_2, c_2, d_2 donnent ensemble 0,443; f_1, k_1 donnent 0,55.

« On voit que, pendant la deuxième période, sur l'effort total exigé par la moissonneuse-lieuse, le mécanisme lieur en absorbe plus de la moitié (55 p. 100) ; le lieur, pour le liage même, n'exige que le quart de la traction totale (25 p. 100), tandis que les organes de la transmission du mouvement des roues au lieur en absorbent près du tiers (30 p. 100).

« *Nota*. — Dans certaines machines, la botte est liée en un demi-tour de la roue motrice ; dans ce cas le chemin parcouru par la machine pendant cette période (la 2ᵉ du cycle) est de 1ᵐ,50 environ.

« Le cycle se décompose de la façon suivante :

	Chemin parcouru.	Rapports décimaux.
1ʳᵉ période. La machine fonctionnant en moissonneuse ordinaire avec élévateur.	4ᵐ,55	0,75
2ᵉ période. La machine fonctionnant en moissonneuse-lieuse..................	1ᵐ,50	0,25
Cycle complet...........	6ᵐ,05	

« D'où l'on tire les résultats suivants :

	Travail mécanique dépensé par hectare de récolte sur le chemin correspondant à chaque période.	Parcours de la machine (1ᵐ,50 de longueur de coupe).	Surface correspondante.	Traction moyenne (avec une longueur de coupe de 1ᵐ,50).
	Kilogrammètres.	Mètres.	Mèt. carrés.	Kilog.
1ʳᵉ période : Moissonn. ordinaire avec élévateur...	781 098	5 014	7 521	155,78
2ᵉ période : Moissonn. en plein travail............	372 234	1 653	2 470	225,18

« La représentation graphique du travail de la moissonneuse-lieuse est alors donnée par deux rectangles dont les ordonnées y et y' sont de 155ᵏᵍ,78 et de 225ᵏᵍ,18, et les abscisses correspondantes x et x' de 4ᵐ,55 et 1ᵐ,50 (fig. 169).

$$\text{L'effort moyen est....} \quad \frac{xy + x'y'}{x + x'} = 172^{\mathrm{kg}},98.$$

« Le travail total de la seconde période se décompose de la façon suivante (celui de la première période restant constant au point de vue des rapports décimaux des travaux élémentaires :

2e Période.	Kilogrammètres.	Rapports décimaux.	
a_3) (roulement)	128 333	0,34	
b_3) (à vide)	68 333	0,17	
c_3) (coupe)...........	62 598	0,18	69,3 p. 100
d_3) (élévateur).........	1 102	0,003	
f_3) (liage)...........	51 046	0,14	
k_3) (transmission de la lieuse)	60 822	0,16	30 p. 100
Total.........	372 234		

« L'effort exigé par chaque cheval tombe alors à :

	Attelage de :	
	2 chevaux.	3 chevaux.
1re période..................	77,89	54,02
2e période..................	112,59	75,06

« Ainsi les moissonneuses-lieuses qui lient la botte sur un

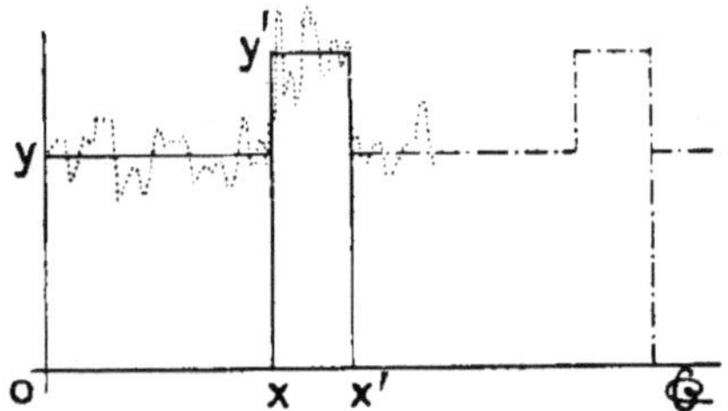

Fig. 169. — Représentation graphique du travail d'une moissonneuse-lieuse liant sur un parcours de 1^m,50.

parcours de 1^m,50 peuvent très bien être tirées par un attelage de 3 chevaux, chaque cheval n'ayant à fournir, dans le cas maximum de travail, qu'un effort moyen de 75 kilogrammes environ. »

Il est difficile d'indiquer avec quelque exactitude la superficie qu'on peut récolter et lier avec une moissonneuse-lieuse, étant donné le nombre des circonstances qui peuvent faire varier cette superficie. On estime simplement qu'elle oscille entre 3 et 4,5 ou 5 hectares par jour, en une ou en deux attelées.

On reproche souvent aux lieuses de faire des bottes trop petites. En fait, elles sont disposées pour exécuter normalement des gerbes de 5 à 6 kilogrammes. Or il est évident qu'avec le liage à la main on économise du temps et des liens en confectionnant de grosses gerbes, d'environ 10 kilogrammes chacune. Nous avons vu que les lieuses sont munies de régulateur permettant de modifier la dimension des bottes ; mais il n'y a pas intérêt à augmenter beaucoup cette dimension, car il faudrait employer une ficelle plus forte, un porte-gerbe plus grand, etc. L'inconvénient le plus grave est que l'effort à exercer pour remorquer la machine dans ces conditions s'accroît démesurément; on risque donc d'épuiser ses animaux, sans compter qu'avec des céréales sèches la compression excessive de la botte, dans le couloir et par la ficelle, détériore la paille et que la gerbe est mal confectionnée.

La consommation en ficelle est d'environ $0^m,90$ par gerbe ; la perte, variable avec le degré de perfectionnement de l'appareil noueur, oscille entre 10 et 15 centimètres.

Enfin, lorsque la récolte est très mûre, le froissement des épis entre les toiles des élévateurs, les secousses des tasseurs, des égaliseurs, etc., provoque un égrenage plus ou moins intense. On peut diminuer notablement la perte qui en résulte en attachant un fragment de bâche en dessous de la table de liage pour recueillir les grains ainsi battus.

Les lieuses peuvent être utilisées pour récolter les légumineuses qui doivent être séchées en moyettes; il suffit de déplacer l'appareil lieur de façon à lier très près du pied.

Prix de revient du travail des lieuses. — M. Adrien Boitel, maître de conférences à l'Institut national agronomique, a bien voulu nous communiquer les chiffres ci-dessous, relatifs au prix de revient du travail d'une lieuse dans une exploitation de la région parisienne :

Supposons que la machine, dont la valeur moyenne est de 1 000 francs, coupe 40 hectares de céréales par an, à raison de 4 hectares par jour; l'opération nécessite 3 chevaux (à 5 francs par jour) un conducteur (5 francs) et un aide pour aiguiser les lames (5 francs); les réparations et l'entretien coûtent, en moyenne, 40 francs par an, soit 1 franc par hectare, et le liage absorbe 4 kilogrammes de ficelle au prix moyen de 1 fr. 25 par kilogramme.

Les frais par journée de travail se répartissent comme suit :

1 conducteur et 1 aide...............	10 francs.
3 chevaux........................	15 —
Entretien, réparations	4 —
Intérêt et amortissement à 5 p. 100....	15 —
Ficelle (16 kilos)	20 —
Graissage	1 —
Total pour 4 hectares.	65 francs.
ou pour 1 hectare	16 fr. 25

Remarquons que, pour avoir le prix de revient de la *moisson*, il conviendrait d'ajouter à ce chiffre les frais de ramassage et de dressage des gerbes ; ce travail exige, au minimum, deux ouvriers à 4 francs. La moisson de 1 hectare coûte donc, avec la lieuse, environ 18 francs, au lieu de 35 à 40 francs quand elle est effectuée à bras.

IV. — MOISSONNEUSES ET MOISSONNEUSES-LIEUSES DIVERSES.

Nous nous bornerons à mentionner, parce qu'elles sont peu appropriées à nos besoins culturaux, un certain nombre de machines spéciales originaires, pour la plupart, du Nord-Amérique.

Les *headers* ou *espicadoras* sont, comme l'indique leur nom anglais ou espagnol, des machines destinées à ne récolter que les têtes ou épis ; plus exactement, la paille n'ayant pas de valeur dans les pays où on les emploie, on peut régler la hauteur de coupe de façon à n'enlever, avec l'épi, qu'une faible partie de la tige. La machine est, pour ainsi dire, poussée par l'attelage, qui se compose ordinairement de quatre chevaux ; la volée est fixée à l'extrémité libre d'une longue flèche reliée au bâti de la moissonneuse. Celle-ci coupe sur une largeur variant de 3 à 6 mètres ; en arrière de la scie, qui ne présente rien de particulier, se trouve un transporteur analogue à celui des lieuses, puis, sur l'un des côtés, un élévateur à deux toiles. Mais ce dernier déverse les épis dans un chariot complètement distinct du header, attelé également de chevaux et se déplaçant à côté de la moissonneuse ; quand il est plein d'épis, on lui en substitue un vide, et on conduit la charge de grains à la ferme. On peut aussi remplacer ce véhicule par le chariot-moule que nous avons précédemment décrit (p. 126), après lui avoir fait subir de légères modifications pour l'approprier à cet usage; on constitue ainsi des meules à proximité du chantier de battage. Les *headers lieurs*, qui coupent plus ras et qui confectionnent des gerbes comme les lieuses ordinaires, sont très appréciés en Algérie et en Tunisie.

Les *moissonneuses à maïs* ont la forme d'un traîneau rectangulaire de chaque côté duquel sont placées, obliquement par rapport au déplacement, des sortes de faux horizontales très tranchantes. Un seul cheval suffit pour les remorquer ; un homme, placé sur la plate-forme, saisit les tiges coupées et les appuie contre une sorte de balustrade.

On construit également des *lieuses à maïs*. Les séparateurs enserrent le rang à récolter, et la lame est, par suite, très courte. Le transporteur maintient les tiges à peu près verticales et les conduit au lieur, qui est identique à ceux que nous avons étudiés ci-dessus, mais qui agit de façon à laisser la botte verticale jusqu'à ce que la machine l'abandonne.

Les *lieuses à riz* ne diffèrent des lieuses ordinaires que par la plus grande légèreté de la machine et l'augmentation de la largeur de la roue, double condition imposée par le manque de consistance du sol des rizières ; le tablier est aussi plus étroit.

Citons enfin les *lieuses mixtes*, construites sur le même principe que les faucheuses mixtes précédemment étudiées; le mécanisme de coupe et de liage est actionné par un moteur à explosions fixé sur le bâti ou sur le timon; la machine peut ainsi être remorquée par un seul animal.

DEUXIÈME PARTIE

RÉCOLTE DES TUBERCULES ET DES RACINES

I. — ARRACHEURS DE TUBERCULES.

Les végétaux comme les pommes de terre, dont les parties comestibles sont enfouies dans le sol, sont le plus souvent récoltés au moyen de *crocs* analogues aux houes à bras (1) ; le fer, qui est généralement à deux dents, est enfoncé à quelques centimètres de la touffe, et, une fois celle-ci étalée, on abandonne pendant un certain temps les tubercules à l'air, pour provoquer une dessiccation superficielle ; puis on met en tas, en paniers ou en sacs. Ce procédé de récolte est extrèmement onéreux.

L'opération est rendue plus rapide par l'emploi d'une charrue qui, réglée de façon que les étançons soient un peu obliques par rapport au sol, renverse la butte où sont enterrés les tubercules ; mais il faut encore un nombreux personnel pour les ramasser et les enlever.

Le buttoir, qui a servi précédemment à butter les lignes de plantes, peut être utilisé pour l'arrachage des tubercules ; il offre même l'avantage d'en laisser une moindre quantité que la charrue dans le sol ; malheureusement, les fanes, plus ou moins desséchées ou pourries, s'accumulent avec une grande facilité devant la machine et en provoquent le bourrage.

Il existe un certain nombre de machines spécialement

---

(1) Voy., au sujet des houes à bras, Les machines de culture, par G. Coupan (ENCYCLOPÉDIE AGRICOLE).

construites pour l'arrachage des tubercules. Le plus souvent, ces machines n'ont pour but que de mettre la récolte au jour, et le ramassage doit en être effectué ensuite à bras. Quelques modèles ont cependant été étudiés pour permettre d'ensacher directement les tubercules, aussitôt qu'ils ont été sortis de terre, de façon à diminuer notablement les frais considérables qu'entraîne le ramassage manuel.

Charrues-arracheurs de tubercules. — Ces machines, montées en araires, avec deux mancherons, comportent un soc ordinaire et un versoir peu étendu (fig. 170) ; sur ce dernier sont

Fig. 170. — Charrue-arracheur de pommes de terre (Pilter).

fixées trois ou quatre tringles en acier, légèrement contournées. En guise de coutre, une lame recourbée, maintenue sur l'âge par une coutrière, rabat les fanes du côté du versoir. La charrue versant à droite, on l'engage en terre un peu à gauche de la ligne des touffes ; elle soulève une bande dont une portion seulement est retournée par la partie pleine du versoir ; le reste est, pour ainsi dire, trié par les tringles, qui laisssent passer entre elles les parties fines et retiennent les tubercules. Enfin, comme certains de ceux-ci peuvent s'être développés en dehors de la zone travaillée par les organes ci-dessus, on adapte en outre au sep, du côté opposé au versoir, une sorte de crochet recourbé vers le haut, à une dizaine de centimètres du plan des étançons ; une tringle supplémentaire part, en outre, du sep et complète l'action des précédentes. L'effet du crochet est de ramener dans la raie les tubercules qui auraient échappé à l'action du soc.

On construit également, en France, des charrues-arracheurs dont l'avant-train commande, par l'intermédiaire d'un renvoi d'angle et d'un flexible, une tringle horizontale garnie de broches, placée parallèlement au sol et au niveau de la partie postérieure du versoir ; ces broches, dont le nombre et l'écartement varient avec la nature du sol, fouillent la bande de terre retournée par la charrue, pour en extraire les tubercules et les rejeter sur la partie déjà travaillée. Les roues de l'avant-train, munies de cliquets, sont analogues à celles des faucheuses, mais de plus petit diamètre (fig. 171).

Arracheurs à grille. — Ces machines, qu'on appelle ordinairement *arracheurs de pommes de terre*, dérivent, en

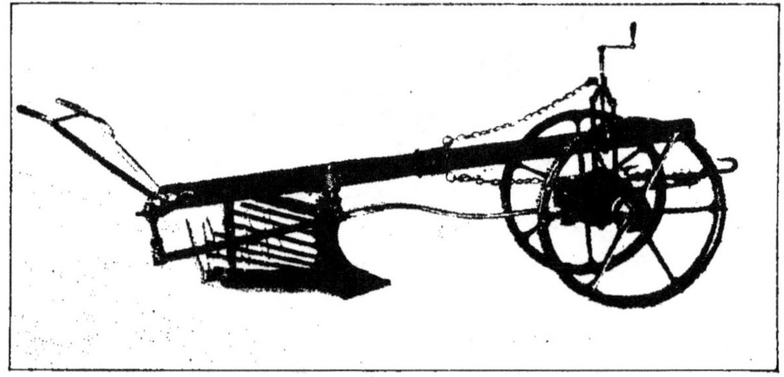

Fig. 171. — Arracheur de pommes de terre avec agitateur commandé par l'avant-train (Méline).

somme, des buttoirs, mais ne sont pas expansibles comme ces derniers. En arrière d'un soc large, symétrique par rapport au plan vertical contenant l'axe de l'âge, se trouve une grille formée généralement de cinq, de sept ou de huit branches, rectilignes ou légèrement contournées, disposées suivant les génératrices d'une surface à peu près conique dont la pointe du soc représenterait le sommet. Les branches de la grille sont formées soit de tringles d'acier à section circulaire, soit de bandes métalliques analogues à celles des versoirs évidés ; leur nombre est presque toujours impair, l'une d'elles étant disposée dans le plan axial de la machine pour protéger l'étançon.

Ces machines sont parfois montées en araires, comme l'indique la figure 172, mais plus fréquemment en charrues à support à une ou deux roues, ou en charrues à avant-train ; cette dernière disposition est adoptée par la plupart des constructeurs de l'Europe centrale.

Le soc, dont la pointe peut être avantageusement remplacée par un carrelet pour les sols pierreux, passe en dessous des touffes de tubercules et les soulève. La grille sépare les tubercules de la terre et, comme celle-ci passe facilement au travers des barreaux, la récolte est déposée

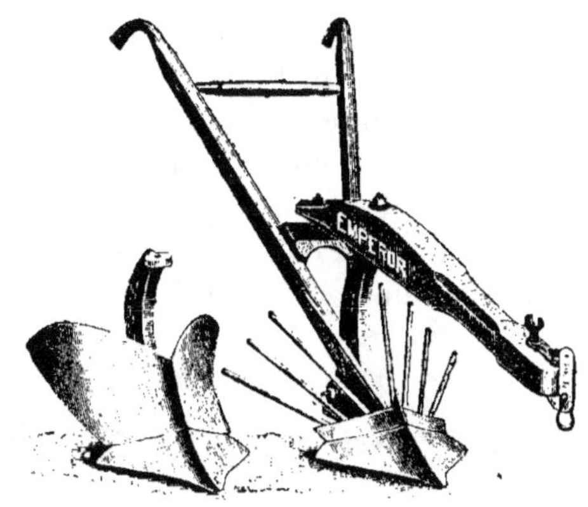

Fig. 172. — Arracheur à grille pouvant être transformé en buttoir (Cockshutt Plow C°).

au-dessus du sol. Il arrive fréquemment que les tubercules, au moins les plus petits, traversent la grille en même temps que la terre, et le travail est ainsi imparfait ; l'inconvénient est plus grand dans les sols forts que dans les sols légers, parce que, dans le premier cas, les barreaux doivent être plus écartés. Les constructeurs français emploient, pour remédier à ce

Fig. 173. — Arracheur de pommes de terre à deux grilles (Souchu-Pinet).

défaut, deux grilles placées l'une derrière l'autre (fig. 173), la postérieure ayant pour but de tamiser de nouveau ce qu'a laissé passer la première. Toutefois, l'arrachage est toujours très difficile lorsque le sol contient de nombreux cailloux de dimensions analogues à celles des tubercules.

Comme les organes de soutien ne diffèrent pas de ceux des charrues ou des buttoirs, le corps de l'arracheur est, dans la plupart des cas, simplement rapporté sur les pièces correspondantes de la charrue. La figure 172 représente un arracheur transformable en buttoir ; dans la figure 173, le corps d'arracheur est boulonné sur l'âge d'une charrue vigneronne.

Certains constructeurs, dans le but de perfectionner le travail et de faciliter le triage des tubercules, ont articulé la grille et l'ont pourvue de pièces destinées à lui imprimer des secousses pendant le travail. Tel est l'arracheur figuré en 174 ;

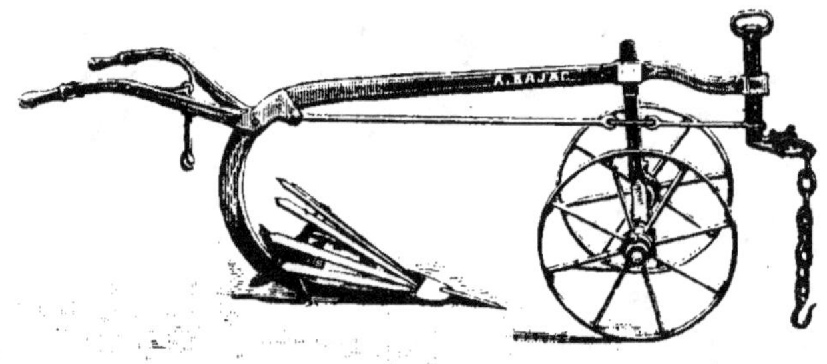

Fig. 174. — Arracheur de pommes de terre pourvu d'une grille à secousses (A. Bajac).

la grille est divisée en trois segments, dont l'un, celui du milieu, est articulé et relié à une came en étoile à quatre branches qui porte sur le fond de la raie ; cette came tourne en sautillant pendant que la machine se déplace, et les oscillations de son axe de rotation se transmettent à la partie centrale de la grille. La terre est ainsi mieux disloquée, et la séparation des tubercules est facilitée.

Ces machines, remorquées par deux chevaux, permettent de récolter de 1 hectare à 1ʰᵃ,25 et, dans les terres légères, 1ʰᵃ,5 de pommes de terre par jour.

Arracheurs-nettoyeurs. — On a construit, sur le même principe, des arracheurs spéciaux, beaucoup plus volumineux et plus lourds que les précédents, mais destinés à faire un travail plus complet.

Quand il s'agit principalement de nettoyer *grosso modo* les tubercules et de les laisser sur le sol après le passage de la machine, la grille est allongée. La figure 175 représente un semblable arracheur, de construction française. Un bâti monté sur deux roues à cliquets supporte tout d'abord les pièces arracheuses proprement dites, formées chacune de deux pointes légèrement cintrées et fixées aux extrémités inférieures de deux étançons recourbés ; ces pointes, passant en dessous des touffes, soulèvent les tubercules et les conduisent sur la

Fig. 175. — Arracheur-nettoyeur de pommes de terre, avec grille à secousses et coupe-fanes (A. Guichard).

grille. Celle-ci est une sorte de berceau cylindrique soutenu par un étrier dont les branches sont articulées aux deux extrémités d'un arbre-manivelle situé à l'arrière du bâti ; deux bielles relient, en outre, l'étrier à l'essieu ; enfin l'arbre manivelle reçoit, par l'intermédiaire d'une chaîne, le mouvement de l'essieu pendant la marche avant et imprime ainsi à là grille les secousses nécessaires. La machine est complétée par deux coutres circulaires placés en avant des roues et qui ont pour but, en coupant les fanes, d'éviter le bourrage.

Arracheurs à grille et à élévateur. — Ces machines, ordinairement portées par deux roues à jante nervée et munies d'un avant-train, comportent un large soc qui passe au-dessous des tubercules et les soulève en même temps que la terre environnante; l'ensemble est déversé sur un tablier sans fin, sorte de grille articulée, guidé par des rouleaux et auquel le mécanisme des roues communique un mouvement de translation de l'avant vers l'arrière de la machine (fig. 176). La

Fig. 176. — Arracheur à grille et à élévateur (Richter).

terre passe entre les barreaux pour retomber sous la machine; puis les tubercules sont conduits sur une grille inclinée fixe, qui détache la terre adhérente, et sont, ou déposés sur le sol, ou, pour faciliter l'opération du ramassage, recueillis dans des corbeilles; on peut, dans ce dernier cas, les transborder directement dans des véhicules, ou les mettre en tas pour les laisser ressuyer.

Ces arracheurs, qu'on a introduits récemment en France, semblent devoir être réservés surtout aux régions où le sol, léger, se désagrège facilement; c'est ce qui explique leur succès relatif en Allemagne. Pour les terres fortes et collantes, il convient que les tubercules soient conduits dans une sorte de décrotteur, ou cylindre à claire-voie à axe un peu incliné, auquel le mécanisme imprime un mouvement de rotation. Ces machines exigent, en général, quatre chevaux au moins (1).

(1) Voy., pour l'étude générale des arracheurs de tubercule la série d'articles

Arracheurs à fourches. — Les constructeurs anglais ont depuis longtemps cherché à imiter l'action de la houe manœuvrée à bras pour l'arrachage des pommes de terre et autres tubercules. Leurs machines (fig. 177) sont montées sur deux roues à jante nervée ; l'organe actif se compose d'une série de fourches métalliques montées sur un axe de rotation horizontal perpendiculaire à l'essieu, auquel les roues commu-

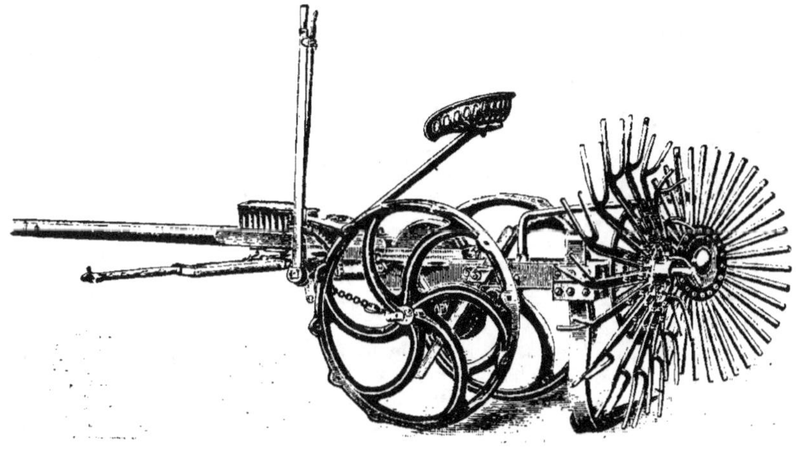

Fig. 177. — Arracheur de pommes de terre à fourches radiales rotatives et nettoyeur rotatif à cône (Powell et Whitaker).

niquent un mouvement rapide ; les fourches agissent perpendiculairement à la ligne des plantes, et leur axe peut être soulevé ou abaissé de façon qu'elles pénètrent dans le sol à la profondeur voulue. Pour faciliter leur action, un soc, relié par de robustes étançons au bâti de la machine, passe en dessous des touffes et disloque la bande de terre qu'il soulève. Quant aux tubercules, ils sont chassés latéralement par les fourches et projetés sur un organe nettoyeur composé soit d'un panneau à claire-voie, soit d'un filet tendu sur un cadre, ou bien encore d'une grille rotative affectant la forme d'un cône et que le choc des tubercules fait tourner autour de son axe ; ce dernier système nous paraît préférable, car il doit moins détériorer

de M. Ringelmann dans le *Journal d'agriculture pratique*, 1898, 2º semestre.

les tubercules que les organes fixes. En tout cas, la récolte, séparée de la terre, est déposée sur le sol entre les anciennes lignes de plants.

L'effort de traction qu'exigent ces machines est assez considérable ; elles sont, en outre, un peu brutales. Aussi, suivant une évolution analogue à celle qu'ont subie les faneuses, propose-t-on maintenant des arracheurs dans lesquels les fourches décrivent une trajectoire beaucoup moins étendue ; restant, comme celles des vire-andains, presque parallèles à elles-mêmes pendant le mouvement, ces fourches ne projettent pas les tubercules avec violence, tout en fouillant aussi énergiquement le sol. La figure 178 donne le principe d'une de ces machines qui, comme les précédentes, sont montées sur un bâti, à deux roues pourvues de cliquets, non représenté sur la figure. L'essieu entraîne, pendant la marche avant, et par l'intermédiaire d'engrenages multiplicateurs, un arbre A, parallèle à la direction de déplacement de l'arracheur, et terminé par un disque D. Ce disque porte cinq tourillons o, sur lesquels sont articulées autant de fourches f qui sont entraînées par D, mais qui sont maintenues à peu près verticales, grâce aux tiges en bois dur t, dont l'une des extrémités est articulée autour des axes o' perpendiculaires à o. Toutes ces tiges sont, en outre, engagées dans un anneau a, situé au-dessus et un peu en arrière du disque D et relié au bâti par une potence. Les pièces t sont donc disposées comme les génératrices d'un hyperboloïde à une nappe ; elles s'élèvent et s'abaissent alternativement, pendant le fonctionnement de la machine, et glissent, en même

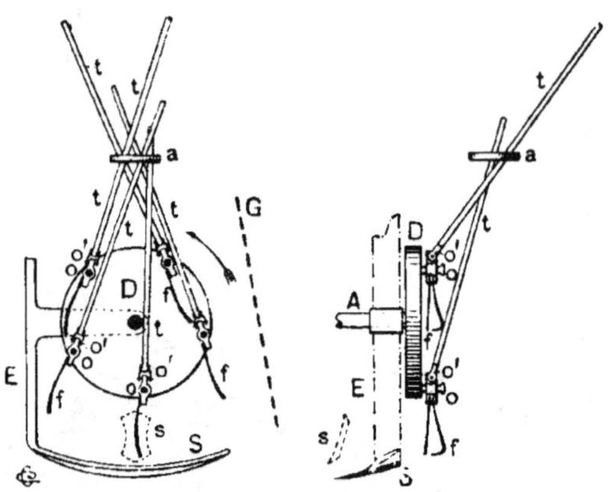

Fig. 178. — Principe d'un arracheur de pomme des terre à fourches maintenues presque verticales (Ph. Mayfarth et Cie).

temps, sur le cercle intérieur de l'anneau *a*, de sorte que, après une révolution complète du disque D, elles sont revenues à même position. La machine est complétée, elle aussi, par un robuste soc S, fixé sur l'étançon E, et par une dent de scarificateur *s*, qui fend la bande de terre et écarte les fanes avant le passage du soc.

Enfin une grille G nettoie les tubercules, qui sont déposés en lignes sur le sol.

Dans d'autres modèles, le disque D est remplacé par deux disques parallèles, mais excentrés l'un par rapport à l'autre; les fourches, étant calées, comme celles des vire-andains, sur les bielles qui accouplent ces deux disques, restent rigoureusement verticales.

II. — ARRACHEURS DE RACINES.

Les machines de cette catégorie sont construites principalement dans le but de récolter les betteraves et surtout les betteraves à sucre.

On emploie encore très souvent, pour les betteraves comme pour les navets et les autres racines, des bêches ou des crocs à manche court dont le fer, pourvu de deux dents, est enfoncé à quelques centimètres de la plante; en exerçant un effort latéral sur le manche, on soulève un peu la racine, qu'on arrache ensuite en la saisissant par les feuilles. Cet outil endommage de 5 à 10 p. 100 des racines.

L'arrachage ne présente pas de sérieuses difficultés quand il ne s'agit que de racines peu enterrées, comme les betteraves fourragères; il est beaucoup moins aisé avec les betteraves sucrières riches que la culture a dû adopter après la promulgation de la loi de 1884, d'autant plus que la pénurie de main-d'œuvre s'est notablemment accentuée. On a donc cherché, pour ces motifs, à fabriquer des arracheurs mécaniques; les constructeurs de l'Europe centrale s'étaient d'ailleurs préoccupés depuis assez longtemps de cette question et les premières machines employées en France à partir de 1872 furent de provenance étrangère.

La solution du problème de l'arrachage mécanique des betteraves sucrières est difficile : les racines pénètrent profondément dans le sol, qui a reçu des façons nombreuses et énergiques ; le collet dépasse à peine le sol, et les feuilles, au lieu d'être dressées comme dans les variétés fourragères, sont au contraire étalées sur la terre. L'organe destiné à soulever la betterave devant agir à une profondeur considérable, l'effort de traction est très élevé. Ajoutons que la récolte a lieu tardivement et qu'il pleut souvent à l'époque où on l'opère.

On peut diviser les arracheurs de betteraves en deux groupes principaux : 1° ceux dans lesquels la pièce travaillante n'a pour but que de soulever la racine de quelques centimètres, afin de briser les radicelles qui la relient au sol, l'arrachage proprement dit étant ensuite effectué à bras ; 2° ceux qui déterrent complètement la racine et la déposent sur le sol, après l'avoir, au besoin, nettoyée plus ou moins complètement. Les machines appartenant à ces deux groupes peuvent, en outre, être munies d'organes spéciaux pour couper les feuilles, trancher les collets, etc.

Arracheurs soulevant simplement la racine.

La pièce travaillante est tantôt un soc, tantôt une fourche.

Arracheurs à soc. — On a construit des arracheurs comportant un soc symétrique, généralement de faible largeur, et supporté par un étançon en forme d'étrier. Ce soc agissait dans une direction sensiblement horizontale ; on le faisait passer en dessous des betteraves, mais il arrivait fréquemment, par suite d'une grande difficulté à régler l'entrure, qu'il remontât quelque peu et sectionnât la partie inférieure du pivot.

On emploie, de préférence, un soc étroit et oblique, fixé à l'extrémité inférieure d'un robuste étançon ; les constructeurs français y adjoignent, en général, une ou deux tringles ou nervures, un peu plus obliques que le soc, qui facilitent, semble-t-il, le soulèvement ; les prolongements en forme de fourche visibles sur la figure 179 ont le même effet. L'étançon, qui est très large, est courbé à sa partie inférieure, de façon à pouvoir passer à côté des racines, tandis que le soc agit au-dessous d'elles.

En adaptant plusieurs socs semblables au même bâti, on obtient un arracheur à plusieurs rangs.

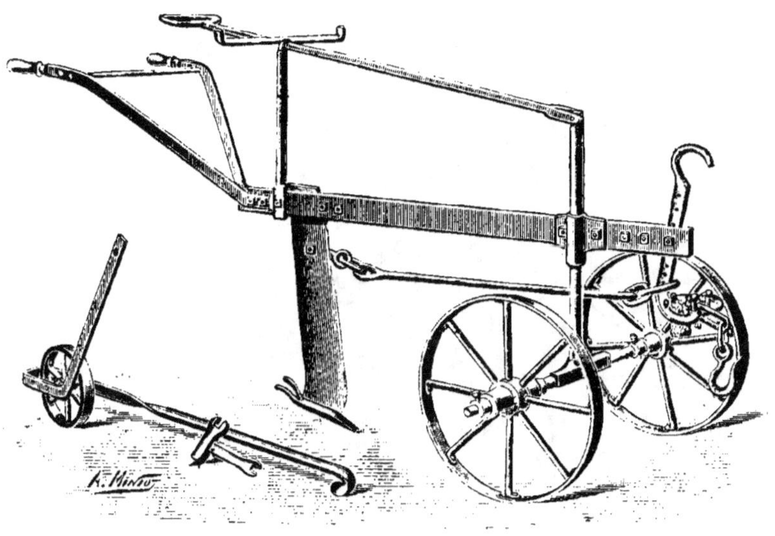

Fig. 179. — Arracheur de betteraves à soc, à une ligne (A. Guichard).

Ces machines sont montées avec un support à deux roues égales et pourvues de mancherons; mais il est très pénible, même pour les arracheurs à un rang, de corriger les déviations à l'aide de ces mancherons, et cela devient impossible pour les arracheurs à plusieurs lignes. Aussi vaut-il mieux employer des machines pourvues d'un levier de direction agissant sur le support, les mancherons ne servant alors qu'à déterrer l'arracheur et à le soutenir pendant les tournées.

Lorsque l'arracheur est à plusieurs rangs, les étançons peuvent fouiller chacun des interlignes, comme dans la machine représentée par la figure 180, ou, au contraire, travailler deux par deux dans le même interligne.

En raison de la profondeur à laquelle pénètrent les socs,

ces machines exigent un effort de traction très élevé. Malgré cet inconvénient, on les emploie dans les terres très difficiles, et elles offrent l'avantage d'arracher les racines sans les briser quand une sécheresse prolongée, ou un froid précoce, durcissant le sol outre mesure, ne permettent pas de faire usage des autres types.

Arracheurs à fourches. — On peut se dispenser, dans la

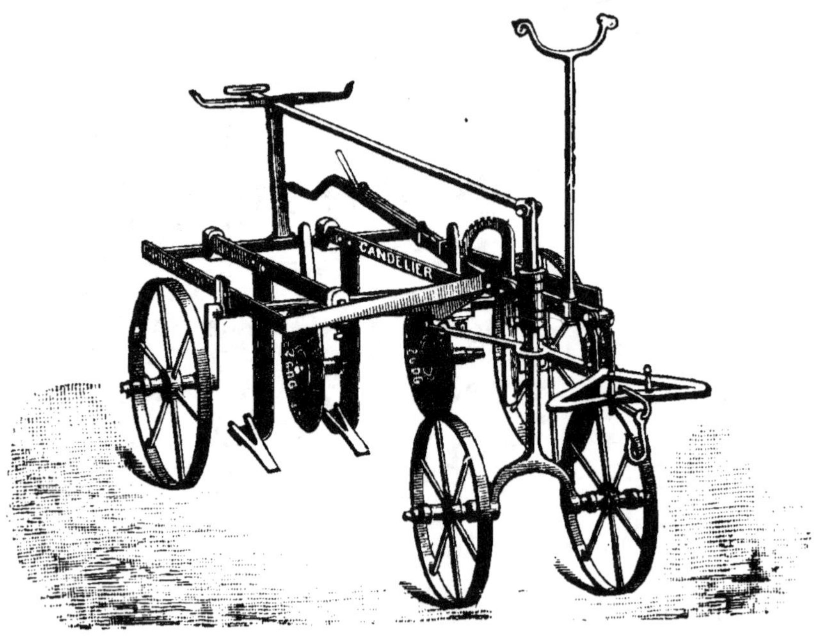

Fig. 180. — Arracheur à socs, pour deux rangs (Candelier).

plupart des cas, de faire agir une pièce en dessous de la racine, à condition de la saisir, à mi-distance, environ, entre la pointe et le collet (soit à 10 ou 15 centimètres de profondeur) entre deux pièces F (fig. 181) qui soient capables de la soulever. L'effet est le même qu'avec les socs, et l'effort de traction se trouve réduit dans une très notable proportion. C'est seulement dans le cas de sécheresse excessive que la betterave risquerait d'être cassée et que la partie comprise entre la pointe et la pièce travaillante pourrait rester dans le sol.

La fourche, ou pièce travaillante, est formée par deux branches en acier à section circulaire, soutenues chacune par un étançon relié au bâti de l'arracheur ; elles sont pointues à l'une de leurs extrémités, arrondies à l'autre, et sont cintrées de façon que leurs pointes soient plus écartées que leurs extrémités mousses ; la distance entre leurs pointes (environ 15 centimètres) est toujours supérieure au plus grand diamètre habituel des racines.

Ces fourches sont, dans les modèles actuels, légèrement

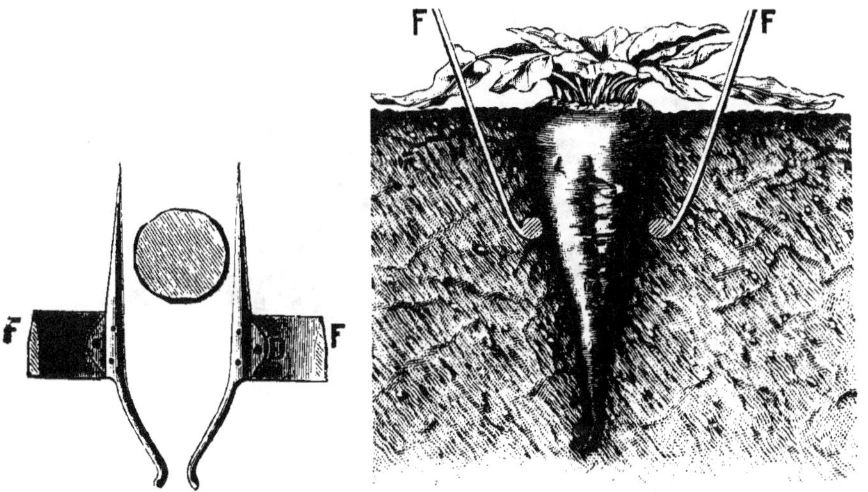

Fig. 181. — Mode d'action des fourches d'arracheurs de betteraves (H. Amiot).

inclinées d'avant en arrière et de bas en haut : c'est ce qui détermine le soulèvement de la racine. En outre, les pointes passant à quelque distance du pivot, un matelas de terre s'interpose automatiquement entre la pièce travaillante et la racine, de sorte que celle-ci n'est pas endommagée.

Pour soutenir les deux étançons, l'âge est habituellement formé, à sa partie postérieure, de deux pièces parallèles, et chacune d'elles est munie d'un mancheron. Mais, quand la machine doit pouvoir être transformée en buttoir, ou en arracheur de pommes de terre, ces étançons sont reliés à une traverse fixée perpendiculairement à l'âge ; en raison des efforts de torsion qu'elle subit, cette traverse doit être très solide. Enfin, pour les arracheurs à deux ou à trois rangs, le bâti est analogue à celui des scarificateurs, avec montage des pièces sur longrines ou sur traverses (1).

Les fourches ont, sous l'influence de la résistance opposée par le sol, tendance à se placer horizontalement, et, comme elles sont disposées obliquement par rapport aux étançons, à soulever l'avant de la machine. On remédie à cet inconvénient en munissant l'arracheur d'un support à roues massives et très lourdes (fig. 181), qui s'opposent à ce mouvement; mais on peut craindre alors que, pour se placer horizontalement, les fourches tendent à pénétrer trop profondément

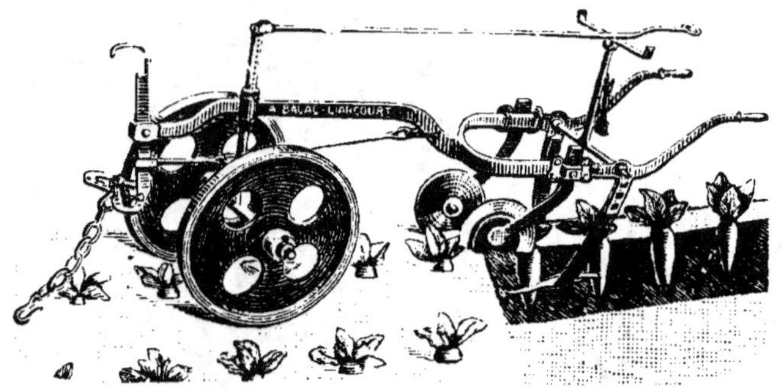

Fig. 182. — Arracheur de betteraves à fourches pour un rang (A. Bajac).

dans le sol. Celui-ci oppose, en général, une résistance suffisante, et les coupe-feuilles empêchent, aussi, l'enfoncement quand ils sont placés près des fourches. On peut, du reste, utiliser l'appareil de déterrage qu'on rencontre dans beaucoup de modèles comme un support d'arrière et déterminer ainsi d'une façon rigoureuse la profondeur d'action des fourches.

De même que dans les arracheurs à socs, les mancherons ne servent guère à assurer la direction, et il est préférable d'avoir recours à un levier ou à tout autre mécanisme permettant d'obliquer plus ou moins le support antérieur. On n'utilise alors les mancherons que pour déterrer la machine, à fin de raie.

(1) Voy., pour ces procédés de montage et leur valeur relative, les Machines de culture, par G. COUPAN (ENCYCLOPÉDIE AGRICOLE).

Toutefois, même avec des machines à un seul rang, le
déterrage est pénible, surtout si l'ouvrier conducteur est de
petite taille. Aussi emploie-t-on fréquemment des appareils
releveurs composés, en général, d'un essieu coudé à deux
roues, qu'on manœuvre au moyen d'un levier, et qui agit
comme nous l'avons expliqué à propos des charrues multiples

Fig. 183. — Arracheur de betteraves à fourches pour trois rangs (A. Bajac).

et des scarificateurs. Ces appareils sont d'un usage général
avec les arracheurs à plusieurs rangs (fig. 183); si l'on ne
voulait pas les appliquer aux arracheurs à un seul rang, il conviendrait de munir ceux-ci de mancherons articulés sur
l'âge, adaptables, par suite, à la taille du conducteur. Enfin,
en l'absence d'essieu releveur, il faut, pour transporter l'arracheur, soutenir les fourches par un petit traîneau à deux
roues.

Arracheurs déterrant complètement les racines.

Arracheurs à lames. — Nous avons vu que les fourches
soulèvent simplement de quelques centimètres les racines
sur lesquelles elles agissent; mais on conçoit qu'en les prolongeant vers l'arrière d'une quantité suffisante elles puissent,
une fois les radicelles brisées, extraire ces racines du sol. Tel
est, au fond, le principe de certains arracheurs, dont la

figure 184 représente un type ; mais les fourches sont remplacées par deux lames d'acier disposées un peu obliquement,
plus écartées à l'avant qu'à l'arrière, tranchantes à l'avant
et en dessous. Ces lames ne pénètrent dans le sol qu'à une
faible profondeur et ne fouillent pas la terre comme les
fourches.

Arracheurs à disques. — On détermine aussi l'arrachement complet des racines en les saisissant entre deux disques
métalliques placés symétriquement par rapport au plan ver-

Fig. 184. — Arracheur déterrant complètement les betteraves (Pruvot frères).

tical qui passe par la ligne à récolter, mais obliques relativement à ce plan et au sol (fig. 185). Ils se trouvent ainsi plus
éloignés à l'avant qu'à l'arrière et en haut qu'en bas. Ces
disques, qui tournent automatiquement, comme le font les
coutres circulaires, enserrent progressivement la racine,
l'arrachent et, à partir d'un certain niveau, l'abandonnent.
Malheureusement, il se produit sur la betterave, maintenue
par le sol et entraînée par les disques, un effort de flexion, qui,
lorsque la terre est un peu dure, fait briser la racine dont une
partie échappe, par suite, à l'action de la machine ; aussi cette
dernière est-elle surtout destinée à travailler dans les terres
légères et faciles. Les disques sont munis, sur l'une de leurs
faces, d'une couronne cylindrique, jouant le rôle de jante et
qui limite leur enfoncement.

Arracheurs-nettoyeurs. — Quel que soit le mécanisme
d'arrachage et de soulèvement, on peut recueillir les racines,

une fois déterrées, soit sur une grille à secousses, soit sur des cylindres rotatifs garnis d'aspérités (fig. 184), soit, enfin, à l'intérieur d'un cylindre à claire-voie analogue aux nettoyeurs à sec (fig. 185), etc. La machine, pourvue d'un avant-train servant à la diriger, est supportée par deux roues à cliquets qui transmettent leur mouvement aux organes de nettoyage et aux autres pièces qui ne sont pas à fonctionnement automatique. On y trouve, en outre, des leviers et des chaînes

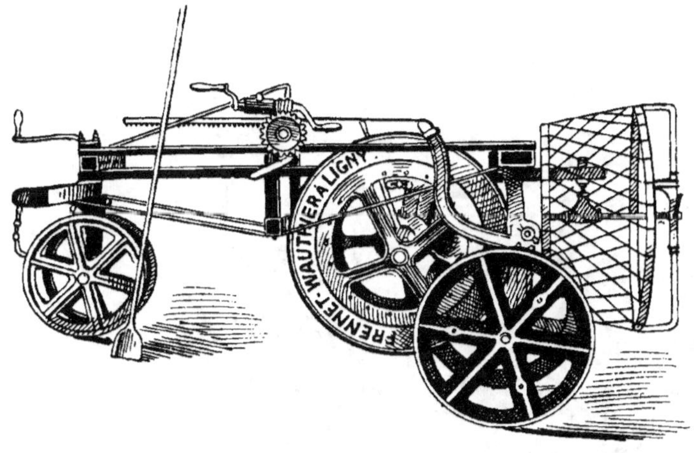

Fig. 185. — Arracheur-nettoyeur à disques, pour betteraves (Frennet-Wauthier).

ou des tringles qui permettent de modifier en hauteur la position des organes pour assurer le fonctionnement normal (fig. 184 et 185).

Ajoutons enfin qu'on peut établir ces machines pour arracher plusieurs rangs à la fois et, au besoin, les commander mécaniquement.

Organes accessoires des arracheurs de racines.

Coupe-feuilles. — Ils n'ont d'autre but que de sectionner, de chaque côté de la ligne des plantes, les feuilles les plus étalées, notamment les feuilles flétries, qui risquent de faire bourrer la machine. Ce sont des sortes de coutres circulaires qu'on règle de façon à ne pénétrer que de quelques centimètres

dans le sol et dont le bord tranchant coupe plus ou moins
nettement les feuilles. Ces organes sont visibles, un peu en
avant des fourches, sur les figures 182, 183 et 186; ils sont
munis d'une couronne perpendiculaire à leur plan, formant
jante, et qui, limitant l'enfoncement des coupe-feuilles, permet d'utiliser ceux-ci comme organes de soutien pour l'arracheur (fig. 186).

On utilise parfois aussi les roues du support pour couper les

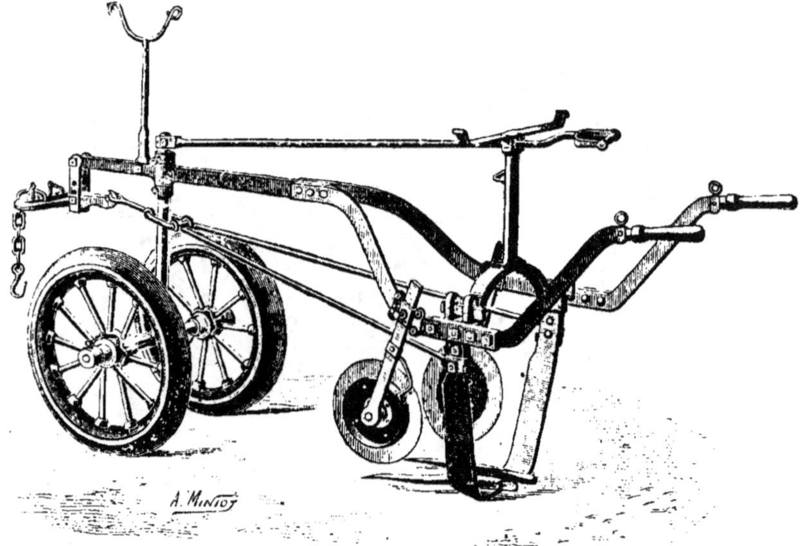

Fig. 186. — Coupe-feuilles montés sur un arracheur de betteraves (Amiot).

feuilles; à cet effet, on les garnit, du côté intérieur, d'une
couronne annulaire à pourtour tranchant, qui agit comme les
coupe-feuilles précédemment décrits. Toutefois, ces organes
étant placés assez loin des pièces arrachantes, il y a lieu de
craindre qu'en cas de déviation un peu intense de l'arracheur
certaines racines soient détériorées par eux.

Coupe-collets. — L'enlèvement du collet est très souvent
effectué à l'aide de couteaux, de serpes ou de tout autre
instrument tranchant actionné à la main par des hommes ou
par des femmes. Cette opération exige une certaine précision
dans l'exécution, puisque, si l'on sectionne la racine trop loin

de la naissance des feuilles, on supprime une certaine proportion de matière utilisable, et que, si l'on n'enlève pas tout le collet, les sucreries font subir à la livraison une diminution proportionnelle au non-sucre qu'on introduit ; l'agriculteur subit une perte dans les deux cas. Le décolletage mécanique est assez difficile à réaliser, puisque, dans un même champ, les betteraves n'ont pas toutes la même longueur de collet. Toutefois, lorsque la main-d'œuvre fait défaut, on peut adjoindre à l'arracheur un coupe-collets, qui consiste en une lame tranchante, horizontale, supportée par un étançon, ou encore en deux sortes de coutres circulaires presque horizontaux ; on règle la hauteur d'action de ces organes de façon à décolleter convenablement le plus grand nombre possible de racines. On perfectionne quelque peu le fonctionnement de ces coupe-collets en les rendant mobiles verticalement, sous l'influence d'un galet-guide qui passe sur les betteraves et qui permet, par conséquent, de sectionner toutes les racines à la même distance de la naissance des feuilles. On distingue cette disposition sur les figures 184 et 187. Les collets détachés sont rejetés généralement dans l'intervalle qui sépare les lignes de plantes à arracher ; la brosse rotative visible sur la figure 184 a précisément cet effet.

Décolleteurs. — Tous les organes adjoints aux arracheurs, coupe-feuilles, coupe-collets, augmentent le poids et le tirage de la machine, surtout lorsqu'il s'agit d'arracheurs à plusieurs rangs. Aussi a-t-on construit des décolleteurs indépendants, qui doivent précéder l'arracheur proprement dit. Ils sont basés sur le même principe que les coupe-collets et portés par un châssis à deux essieux, dont l'un anime un organe destiné à écarter latéralement les bouquets de feuilles (comme la brosse rotative ci-dessus), un chargeur, etc. Notre figure 187 représente un semblable décolleteur indépendant, où les organes de coupe sont les disques tranchants G, supportés par l'étrier J ; ces disques, légèrement concaves, sont un peu inclinés l'un vers l'autre, et d'arrière en avant ; ils sont tangents extérieurement, afin que la section soit aussi nette que possible. Ils sont guidés par les galets directeurs obliques I, qui les amènent exactement devant les betteraves, et qui

peuvent se déplacer latéralement en entraînant les disques G.
Enfin, le galet vertical H, placé en avant de G et en arrière
de I, situé dans l'axe même du décolleteur, saute par-dessus
toutes les betteraves ; son étançon est relié à l'étrier J par une
monture réglable, de sorte qu'on détermine à volonté l'épaisseur à enlever sur les racines. En arrière des disques G, un
élévateur, formé de deux toiles sans fin, O, munies, de place en

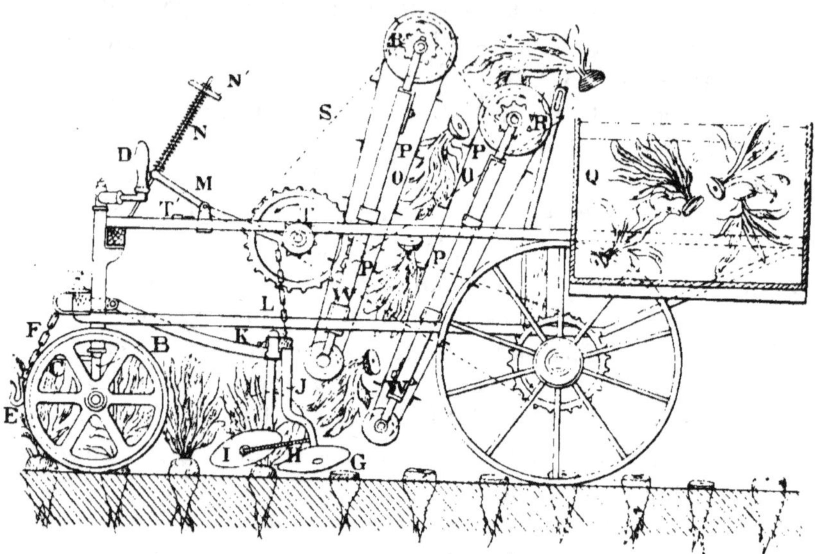

Fig. 187. — Principe d'un décolleteur de betteraves (Frennet-Wauthier).

place, de cornières P, et entraînées par les rouleaux R et R',
déverse les collets garnis de feuilles dans la caisse Q, que
l'ouvrier fait basculer à l'extrémité des lignes. Cet élévateur
est commandé par la chaîne S, qui prend son mouvement
sur l'arbre T, commandé lui-même par l'essieu d'arrière. Le
ressort N, tendu plus ou moins par l'écrou N', détermine le
degré de liberté qu'il convient de laisser aux décolleteurs G
dans leurs déplacements verticaux.

Les décolleteurs indépendants doivent être suivis par des
arracheurs déterrant complètement les racines, puisque, avec
des machines à socs ou à fourches, les ouvriers n'auraient
plus aucune prise sur les pivots dépourvus de feuilles.

Considérations générales sur le fonctionnement des arracheurs de racines.

Il faut, en moyenne, de 110 à 130 heures de travail pour récolter, à bras, 1 hectare de betteraves; attelé de deux chevaux, un arracheur un à rang permet de travailler au moins trois quarts d'hectare et même, quand le terrain n'est pas trop difficile, 85 ou 90 ares par jour. Enfin une machine à trois rangs, attelée de six bœufs, et conduite par quatre hommes, dont deux bouviers et un ouvrier chargé de débourrer les organes, arrache $1^{ha},5$ environ en dix heures (Ringelmann). On voit donc que l'arrachage mécanique de 1 hectare, ne nécessitant guère que quarante heures d'animaux et vingt-six heures d'hommes, permet de réaliser une économie de main-d'œuvre assez importante.

La direction des arracheurs à plusieurs rangs étant pénible, l'économie qu'on pense réaliser en employant ces machines de préférence à celles à un seul rang est peu sensible, si même elle existe; en tout cas, de même que pour les houes multiples, il faut proportionner le nombre de rangs de l'arracheur à celui du semoir et veiller à faire coïncider l'origine des trains.

Les arracheurs de betteraves on fait l'objet de nombreux concours ou essais. Nous donnons ci-contre (tableau n° 12) les résultats de celui de Cambrai, où des expériences dynamométriques ont été affectuées par M. Ringelmann.

Lors des essais effectués à Wegeleben, les 22 et 27 octobre 1909, par le Syndicat des fabricants de sucre d'Allemagne, les appareils présentés (un décolleteur indépendant et deux arracheurs déterrant complètement les racines), ne purent pas remplir exactement les conditions exigées par le programme, d'ailleurs très sévère, du concours (1).

(1) Voy. la conférence de M. Jacques Bouchon, publiée dans le 56e *Bulletin trimestriel du Syndicat des fabricants de sucre de France* (juin 1910).

Tableau n° 12. — *Arracheurs de betteraves.*

Concours international de Cambrai 1893 (M. Ringelmann).

DÉSIGNATIONS.	SOL ARGILEUX à sous-sol crayeux.	SOL ARGILEUX profond.
Sol très sec.		
Betteraves. { Écartement des rangs...........	0^m,40	0^m,40
Nombre par hectare..............	82 000	77 000
Tractions moyennes.		
Machines à un rang... { à fourche.	268 à 292 kg.	260 à 273 kg.
à soc..	285 à 353 —	273 kg.
Machines à deux rangs. { à fourches.........	450 à 533 —	494 —
à socs	477 à 846 —	340 à 1270 kg.
Travail mécanique dépensé par hectare.		
Machines à un rang... { Maximum...........	8 825 000 kgm.	9 977 500 kgm.
Minimum...........	6 690 000 —	6 845 000 —
Différence	2 135 000 kgm.	3 132 500 kgm.
Machines à deux rangs. { Maximum...........	10 573 750 kgm.	15 870 000 kgm.
Minimum...........	5 615 000 —	4 245 000 —
Différence...........	4 958 750 kgm.	11 625 000 kgm.

Nota. — Ces différences représentent, par hectare, de 0,7 à 4 journées de travail d'une paire de bœufs.

TROISIÈME PARTIE

PRÉPARATION DES RÉCOLTES

Certaines substances récoltées dans la ferme subissent des manipulations tellement nombreuses et exigent un matériel si important qu'elles font l'objet d'une industrie spéciale (sucrerie, minoterie, etc.). Nous n'avons pas à nous en occuper dans ce volume. Mais les plantes dont nous venons d'étudier les procédés de récolte ne sont ordinairement pas vendues ou utilisées telles quelles. Ainsi les grains sont battus, nettoyés, triés et même concassés ou moulus dans nos exploitations. Les fourrages que nous avons laissés sur le champ, mis en meules ou engrangés, peuvent être comprimés en vue de l'emmagasinage ou du transport, divisés, hachés, etc.; les brindilles, les jeunes pousses plus ou moins épineuses, les sarments sont consommés après déchiquetage et broyage. Les racines et les tubercules qui ne sont pas dirigés vers la sucrerie, la distillerie ou la féculerie, sont nettoyés, découpés en tranches, cuits et broyés. Enfin l'agriculteur emploie, pour compléter les rations alimentaires de ses animaux, des substances qui sont souvent le résidu d'autres industries et qu'il ne peut pas toujours délivrer sans leur faire subir une trituration. C'est le matériel destiné à effectuer ces opérations diverses que nous allons étudier dans la troisième partie de notre ouvrage.

I. — ÉGRENAGE.

ÉGRENAGE DES CÉRÉALES.

Les procédés mis en œuvre pour séparer les grains des épis qui les contiennent varient de région à région. Dans les pays à climat chaud et sec, la paille, peu abondante et très cassante, se brise aisément quand on la fait piétiner par les animaux, et le froissement qui en résulte suffit pour provoquer l'égrenage des épis. On pratique alors le *dépiquage* sur une aire plane, en terre argileuse bien damée, encollée, pour ainsi dire, avec un mélange d'eau et de bouse de vache qui évite la formation de poussière; on étend la céréale en couches d'épaisseur bien uniforme, et on fait piétiner par les animaux. Comme ceux-ci souillent la récolte de leurs déjections, on active le travail en remplaçant le piétinement par un froissement intense, résultant du passage de traîneaux ou *dépiqueuses*, dont la face inférieure est munie d'aspérités aussi petites et aussi nombreuses que possible. On obtient le même résultat avec des *rouleaux* unis ou, mieux, garnis de saillies. En France, dans l'Ouest et dans le Midi, on emploie pour l'égrenage des rouleaux lisses, qui n'abîment pas la paille; on étend la céréale de façon que tous les épis soient placés dans la même direction, et on fait passer le rouleau de manière à attaquer le chaume par l'épi, si l'instrument est léger, par le pied s'il s'agit d'un lourd rouleau en pierre.

Dans les régions septentrionales, où les récoltes conservent toujours un peu d'humidité, on agit par percussion, et l'on bat au *fléau*. Il est inutile d'insister sur cette machine, qui est connue de tout le monde, et dont l'emploi est de moins en moins fréquent; on bat sur aire, au dehors, ou en granges. Le dépiquage au rouleau est très souvent complété par un battage au fléau.

La paille ainsi battue est soulevée, secouée avec des fourches et finalement enlevée de l'aire; les grains restent sur le sol, mélangés à des bales, des pierres, des poussières, etc. Une certaine proportion de grain, variable de 3 à 10 p. 100 suivant le soin apporté à l'opération du secouage, reste dans la paille. Enfin la quantité de travail produite par unité de temps est toujours très faible, ou, ce qui revient au même, le personnel à employer est toujours important. Bien que les chiffres ci-dessous n'aient aucune valeur absolue et qu'ils varient avec la dessiccation et le rendement de la récolte, rappelons qu'on évalue à 1^{hl},5 la quantité de blé qu'un homme peut battre en un jour au fléau (cette quantité pouvant s'élever à 3 hectolitres pour l'orge et à 4 ou parfois à 5 hectolitres pour l'avoine) : dans le dépiquage au pied, et en tenant compte du personnel nécessaire pour disposer les gerbes, les secouer, les déplacer, etc., on estime que l'égrenage de 1 hectolitre de blé nécessite un cinquième de journée de cheval et un septième à un sixième de journée d'homme.

MACHINES A BATTRE.

On avait songé, depuis longtemps, à commander mécaniquement des fléaux, ou de simples leviers destinés à frapper périodiquement les graines à séparer de la plante qui les a produites. Les Asiatiques emploient depuis la plus haute antiquité des sortes de fléaux mus par des roues à cames pour égrener le riz ; des machines semblables sont encore utilisées pour le battage du lin et, lorsqu'on en construisit en Angleterre, vers 1750, on les considéra comme des appareils nouvellement inventés. Mais c'est l'Anglais Andrew Meickle (de Tyningham), qui a réellement imaginé la première machine à battre, telle que nous la concevons aujourd'hui, en établissant, dès 1786, un batteur rotatif tournant à l'intérieur d'un contre-batteur, puis en complétant peu à peu cette machine par des secoueurs de pailles, des cribles, etc. Dans la batteuse de Meickle, la récolte à égrener était amenée au batteur par deux cylindres alimentaires cannelés.

Les types actuels de machines à battre sont très variés ; mais on peut les diviser en deux groupes principaux : 1° celles dans lesquelles la paille est engagée perpendiculairement à l'axe de rotation du batteur : ce sont les *batteuses en bout* ou *batteuses en long*, qui sont caractérisées par un batteur très court (0ᵐ,50 à 0ᵐ,80 en moyenne, et au plus 1ᵐ,10), et la paille qui en sort est froissée ; 2° les batteuses où la paille est engagée parallèlement à l'axe du batteur, qui a alors à peu près la même longueur qu'elle : ce sont les *batteuses en travers*, dont l'origine est plus récente que celle des premières et qui n'abîment pour ainsi dire pas la paille lorsqu'elles sont bien réglées.

A quelque catégorie qu'appartienne une batteuse, elle provoque toujours l'égrenage en froissant les épis entre une pièce, appelée *batteur*, animée d'un mouvement de rotation autour d'un axe horizontal, et une pièce fixe dénommée *contre-batteur*.

Examinons tout d'abord les modes différents de construction de cet organe essentiel des machines à battre.

Batteurs et contre-batteurs.

Batteurs en long. — Nous rencontrons deux types principaux de batteurs dans les machines en bout : les batteurs dits *écossais* et les batteurs dits *américains* ou *suisses*.

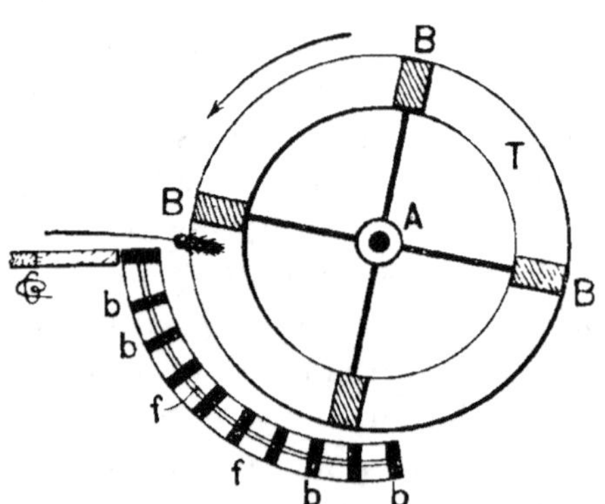

Fig. 188. — Principe d'un batteur écossais à claire-voie.

Batteurs écossais. — Les batteurs écossais sont dérivés de la machine de Meickle. Ils se composent (fig. 188) d'un certain nombre de battes B, à section rectangulaire, carrée, trapézique, etc., montées, parallèlement à l'axe A, sur deux tourteaux en fonte T. Ces battes froissent les épis contre les arêtes de barreaux en fer, *b*, également espacés, maintenus latéralement par deux flasques, et réunis par une série de fils de fer, *f*, d'assez gros diamètre. L'ensemble des barreaux et des fils de fer, qui constitue une sorte de grille à éléments croisés, forme le contre-batteur; cet organe est toujours placé en dessous du batteur.

L'intervalle entre les battes du batteur peut rester libre; on a alors un *batteur à claire-voie* (fig. 189). Son inconvénient est que la paille, en s'enroulant autour de l'arbre, peut faire bourrer la machine; il faut donc arrêter le travail pour nettoyer le batteur, et cette opération n'est pas aisée à effec-

tuer, en raison de la compression que subit la paille sous
l'influence d'une rotation aussi rapide. On évite ces arrêts et
les ennuis qui en découlent en réunissant les battes B par des
feuilles de tôle, *t*, comme l'indiquent les figures 190 et 191 ;

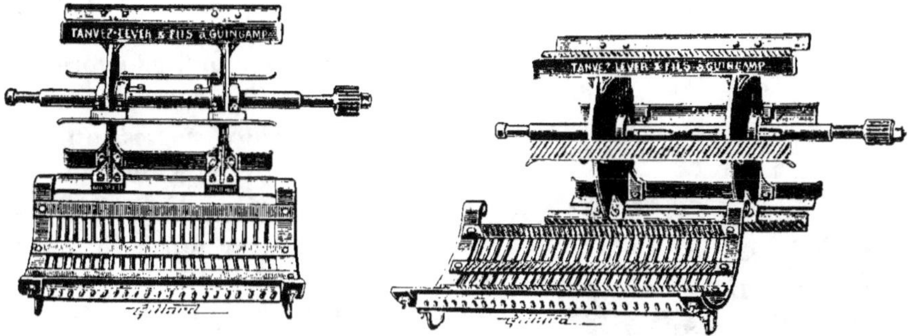

Fig. 189. — Batteur et contre-batteur écossais, à claire-voie, à éléments lisses
(à gauche) ou cannelés (à droite) (Tanvez-Lever).

c'est un *batteur plein*. Il n'y a plus alors à redouter l'engorgement de l'organe, mais les pailles, en frottant sur
ces tôles, forment frein, et il en résulte une légère augmen-

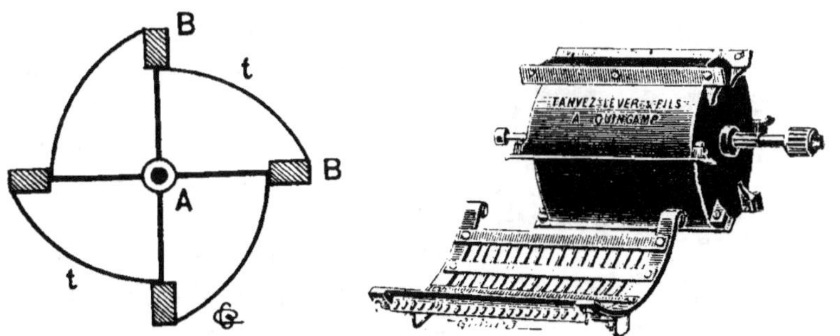

Fig. 190. — Principe d'un
batteur plein.

Fig. 191. — Batteur écossais plein
(Tanvez-Lever).

tation du travail résistant ; en outre, ces tôles s'usent, et il
faut veiller à les remplacer avant que l'amincissement progressif les ait rendues incapables de résister aux efforts centrifuges, car elles pourraient alors se briser et causer des
accidents sérieux.

15.

Le mouvement de rotation du batteur est très rapide : la vitesse à la circonférence des battes est, en effet, ordinairement comprise entre 20 et 30 mètres par seconde. Les batteurs, tout en étant solides, doivent donc être aussi légers que possible, pour diminuer les effets destructifs de la réaction centrifuge.

Batteurs américains. — Ces batteurs, qu'on appelle encore batteurs à *chevilles*, à *peignes*, à *pointes*, ou *batteurs suisses*, ont été imaginés dans l'Amérique du Nord, se répandirent en France après l'exposition de 1855, puis furent brusquement abandonnés, jusqu'au jour où ils apparurent de nouveau, montés sur de petites machines à bras et à manège de construction suisse.

Fig. 192. — Batteur américain à pointes (Belle-City-C. I. M. A).

Le batteur américain est composé d'un cylindre muni de génératrices équidistantes, sur lattes disposées suivant des lesquelles sont boulonnées des chevilles métalliques de forme variable suivant les constructeurs. La figure 192 montre l'aspect d'un semblable batteur qu'on voit également en C sur la figure 194 ; les chevilles y sont presque radiales et simplement un peu cintrées, mais on en trouve de très fortement inclinées par rapport aux rayons, de rigoureusement radiales, etc. ; de plus, elles sont ici élargies à leur extrémité libre, tandis que, dans d'autres modèles, elles sont terminées presque en pointe. En tout cas, elles sont toujours disposées en hélice sur la périphérie du batteur.

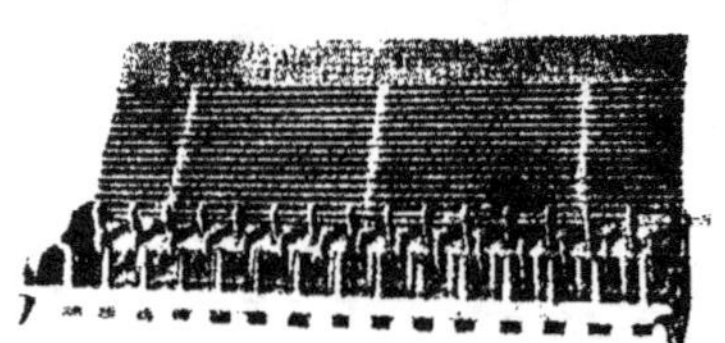

Fig. 193. — Contre-batteur et sa grille (Belle-City-C. I. M. A).

Le contre-batteur (fig. 193 et D, fig. 194) est formé d'une portion de cylindre sur la face concave duquel sont implantées des chevilles analogues aux précédentes, et entre lesquelles doivent passer celles du batteur. Son développement est toujours très faible et ne dépasse pas un huitième, environ, de circonférence. Dans les machines à bras ou à manège, si employées en Europe centrale et qu'on construit également en France, on place le contre-batteur au-dessus du batteur. On prétend que, grâce à cette disposition, les accidents sont moins à craindre : si l'ouvrier engreneur avançait imprudem-

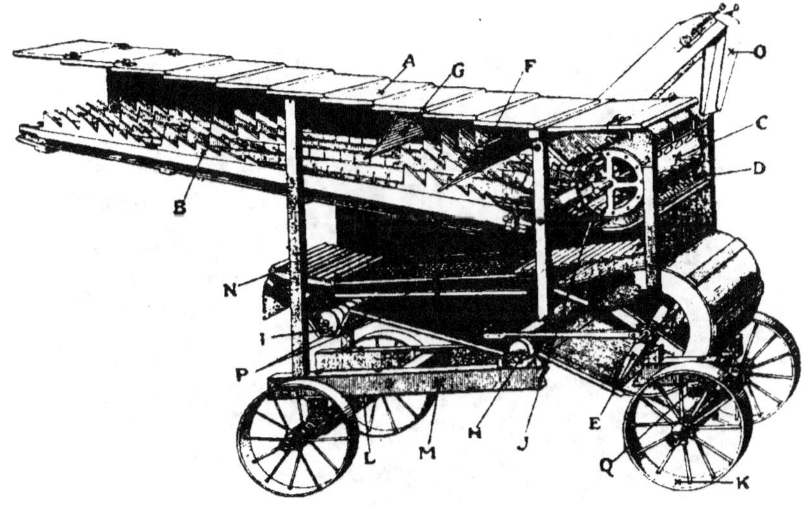

Fig. 194. — Coupe d'une batteuse américaine à simple nettoyage
(Belle-City-C. I. M. A.).

ment la main dans la machine, le batteur, qui tourne en sens contraire du mouvement qu'on lui imprime quand le contre-batteur est en dessous, la repousserait au lieu de l'entraîner, mais cette explication n'est évidemment guère convaincante. Il convient surtout de remarquer que le batteur américain consomme près de deux fois moins d'énergie que le batteur écossais; c'est pourquoi il y a lieu d'en munir les batteuses à bras et de l'employer toutes les fois qu'il n'est pas indispensable de conserver la paille intacte. En outre, les batteurs à pointe peuvent servir pour l'égrenage de presque toutes les plantes, même des graminées de prairies.

Le réglage est effectué au moyen du contre-batteur, qu'on

éloigne ou qu'on approche du batteur, au moins dans les grandes machines ; enfin le contre-batteur est fréquemment complété par une grille analogue, comme construction, au contre-batteur écossais (fig. 193). D'autres fois, indépendamment de la grille, le contre-batteur est divisé en deux parties séparées par une plaque ajourée jouant le rôle de grille (fig. 195). Quelquefois enfin, comme dans la même figure, l'action du

Fig. 195. — Batteurs et contre-batteurs (Buffalo-Niagara-Pilter).

premier batteur est complétée par un deuxième batteur, également à pointes, avec un très court contre-batteur du type écossais.

Dans certaines machines à bras ou à manège, le contre-batteur, articulé à l'une de ses extrémités, est maintenu à l'autre par des ressorts qui peuvent céder si l'on engage une quantité exagérée de céréales; ce dispositif est recommandable, car il permet d'éviter le bourrage.

Batteurs en travers. — Ici, la longueur du batteur doit, en principe, être égale à celle de la paille et, en France, cette longueur est portée à 1^m, 80 et même 2 mètres, alors qu'elle

ne dépasse guère 1ᵐ,50 dans les machines de construction
anglaise. Dans ce dernier cas, si la récolte est longue, il faut
l'engager un peu en biais dans la machine ; le battage
s'effectue tout aussi bien, mais la paille est un peu plus
froissée. Toutefois la dimension la plus courante des batteurs
français est de 1ᵐ,60 pour les batteuses en travers à grand
travail, mais elle ne descend jamais au-dessous de 1ᵐ,20,

tandis qu'à l'é-
tranger on trouve
des batteurs en
travers de 0ᵐ,90.
Le diamètre des
batteurs oscille or-
dinairement entre
0ᵐ,50 et 0ᵐ,60.
Les batteurs dif-
fèrent peut comme

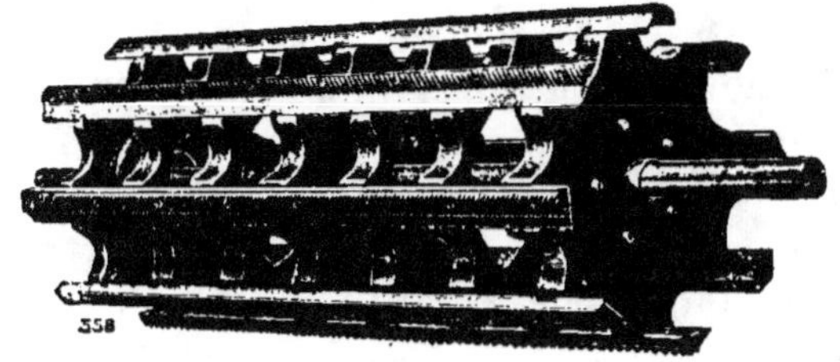

Fig. 196. — Batteur à battes cannelées (Garret-Pilter).

construction, des batteurs écossais ; ils sont constitués par
une série de battes, en bois ou en métal, boulonnées, suivant
leur longueur, sur trois, quatre, six ou sept tourteaux en fer
forgé, clavetés eux-mêmes sur l'arbre du batteur. Les battes
en bois sont toujours protégées, du côté où elles agissent, par
une bande métallique, formée généralement d'une cornière ;
on les abandonne, du reste, de plus en plus pour les remplacer
par des battes entièrement métalliques, à section plate ou triangulaire, et dont la partie active est tantôt lisse, tantôt perforée
ou cannelée. On emploie beaucoup, depuis quelques années,
des battes présentant des striures obliques (fig. 196) : on les
faisait primitivement en fonte et on les reliait aux tourteaux par
l'intermédiaire de traverses en bois. Mais elles sont maintenant en acier laminé, et on peut les boulonner directement
sur les tourteaux. Toutefois, certains constructeurs préfèrent
garnir la partie creuse, non travaillante, avec une fourrure en
bois, pour éviter que la poussière s'y accumule. Lors des
arrêts, en effet, cette poussière s'échapperait bien des battes
qui sont situées au-dessus de l'axe du batteur, mais resterait
dans les autres, et, à la reprise du travail, le batteur ne serait
plus aussi bien équilibré.

On a beaucoup vanté l'influence des stries dont les battes sont munies, et notamment le déplacement latéral alternatif qu'elles impriment à la récolte lorsque, comme dans la plupart des machines modernes, ces stries sont inversées sur deux battes consécutives. En fait, au cours des expériences faites un peu de tous côtés, on n'a jamais constaté de différences d'effet bien sensibles entre les divers types de battes, et, si l'on réfléchit que la vitesse de rotation d'un batteur est comprise entre 800 et 1 200 tours par minute, on se rend aisément compte de l'impossibilité d'un déplacement latéral sensible de la récolte, déplacement dont l'utilité n'apparaît pas, du reste, comme évidente.

Le contre-batteur est identique, à la longueur près, à celui des batteurs écossais. Il est formé de barreaux en fer méplat, réunis par des fils de fer d'assez gros diamètre, constituant une claire-voie au travers de laquelle les grains peuvent passer. Le contre-batteur est la seule pièce réglable ; généralement, même, il est formé de deux parties articulées l'une sur l'autre, et dont la première, à l'entrée des grains, est fixe ; la seconde peut être approchée ou éloignée du batteur au moyen de vis et d'écrous situés à l'extérieur de la batteuse. Le réglage dépend de la nature de la récolte, de la dimension des épis et des grains, etc.; en serrant trop, on brise les grains et on use les battes, tandis qu'en écartant trop le contre-batteur on n'égrène pas complètement. On laisse généralement plus de distance entre les deux pièces du côté du pied de la gerbe que du côté des épis, à cause des mauvaises herbes qui rendent la récolte, une fois étalée, plus épaisse de ce côté que de l'autre.

Batteuses simples.

C'est à un batteur et à un contre-batteur que se réduisent les pièces travaillantes des batteuses dites *simples*. Une table horizontale, dite *table à étaler* ou *table d'engrènement*, et sur laquelle un aide dépose les gerbes après les avoir déliées, facilite le travail de l'ouvrier chargé de passer la céréale ; le rôle de cet ouvrier est très important, car c'est de la plus ou moins grande régularité avec laquelle il alimente que dépend

non seulement la résistance opposée par la machine, mais
également le travail de tout le chantier.

Batteuses simples à bras. — Les batteuses à bras, à une ou
mieux à deux manivelles, ont ordinairement un batteur très
court, de 35 à 45 centimètres (fig. 197). Comme elles ne sont utilisées que par les petites exploitations, où l'on conserve la paille
pour la nourriture des animaux et pour la litière, il y a intérêt à
les munir de batteurs américains, afin de diminuer l'effort
nécessaire au battage. Mais, même avec cette précaution, le

Fig. 197. — Batteuse simple à bras (J. Garnier et Cⁱᵉ).

travail est très pénible, car, le batteur devant tourner très
vite, il faut que les engrenages interposés entre son axe et
celui de la manivelle multiplient beaucoup le mouvement. On
trouve d'ailleurs des batteuses simples à bras avec batteur
écossais, plein ou à claire-voie, et même des batteurs en
travers.

Batteuses simples à manège. — On utilise aussi beaucoup,
dans certaines régions et notamment dans l'Ouest de la
France, des batteuses simples mues par manège. Le manège
est à terre ou en l'air, à une certaine distance de la machine
où, comme dans l'Ouest, sur la machine même, ou tout à côté
d'elle. Il faut avoir soin, quand on commence le travail, de
n'augmenter que très progressivement la vitesse du batteur,

pour éviter la rupture des engrenages ; il est même bon d'interposer entre la puissance et la résistance, le plus près possible de l'axe du batteur, un ressort destiné à amortir les chocs de la transmission. On construit couramment des batteuses en travers simples, mues par des manèges en l'air ou à terre pour quatre ou six chevaux (fig. 198 et 199) ; le manège peut entraîner la batteuse soit par des tringles montées sur joint de Cardan, qui actionnent l'arbre de la manivelle, soit au moyen d'une courroie commandée par la poulie d'un intermédiaire ; les manèges en l'air, avec transmission par courroie, sont préférables au point de vue des résistances passives.

On construit aussi des batteuses simples mises en mouve-

Fig. 198. — Batteuse simple avec manège à terre (Tanvez-Lever).

ment par un manège à un plan incliné ; la batteuse et son manège sont généralement supportés par le même bâti et montés sur un essieu à deux roues.

Batteuses simples à moteur inanimé. — On utilise très fréquemment, dans l'Ouest de la France, des batteuses simples commandées par des moteurs à vapeur de 3 à 6 chevaux et, depuis quelques années, par des moteurs à pétrole de puissances équivalentes. Les batteurs sont tantôt en long, tantôt en travers, mais, dans les deux cas, c'est au type à battes qu'on a recours. La batteuse et son moteur sont parfois séparés et montés l'une et l'autre sur deux roues ; on les cale, au moment de l'emploi, à l'aide de jambes de force (fig. 201).

Locobatteuses. — La machine la plus typique de notre région ouest est la locobatteuse à vapeur (fig. 200) : un châssis rectangulaire, en bois ou en fer, monté sur deux roues, supporte

Fig. 199. — Battage au manège dans une ferme de Bretagne (Phot. de Mlle A. Beghin).

une chaudière tubulaire sur la partie supérieure de laquelle est
un cylindre vertical ; l'arbre moteur, qui traverse la cheminée
de la machine, est terminé d'un côté par une manivelle reliée
au piston et, de l'autre, par un lourd volant, dont le plan est
perpendiculaire à l'axe de la chaudière. La batteuse est fixée
à l'avant du châssis, du côté de la boîte à fumée ; l'axe du

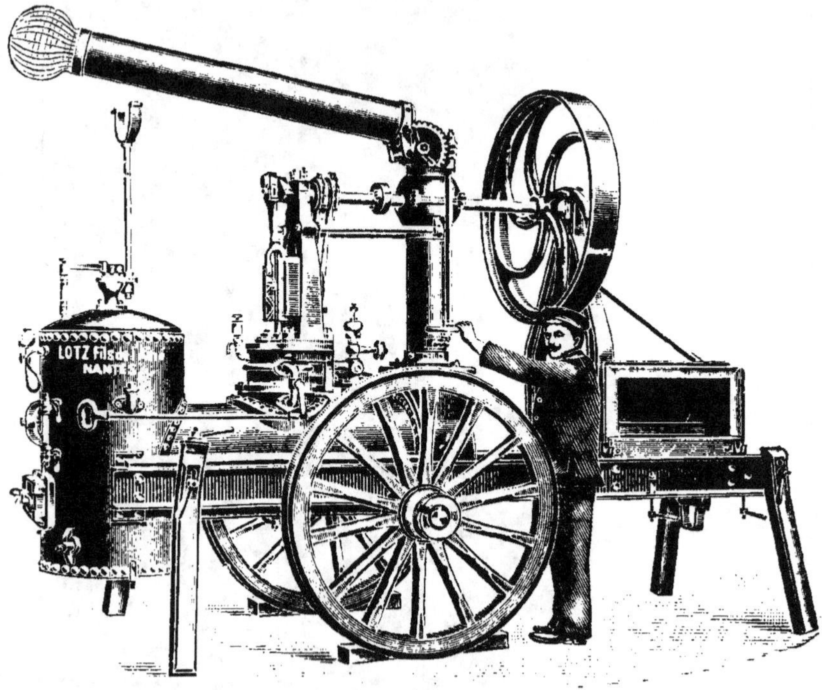

Fig. 200 — Locobatteuse à vapeur avec batteuse simple sans secoueurs (Lotz).

batteur est parallèle à celui de la chaudière, et la poulie de
commande exactement en dessous du volant, auquel elle est
réunie par une courroie. On cale la machine avec des jambes
de force, et on adapte une table d'engrènement à l'entrée
du batteur.

Qu'il s'agisse de locobatteuses proprement dites ou de
batteuses séparées de leur moteur à vapeur, ces matériels très
rustiques produisent une énorme quantité de travail par jour ;
ils appartiennent ordinairement à des entrepreneurs, qui vont

Fig. 201. — Batteuse simple conduite par une locomobile à vapeur, fonctionnant dans une ferme de Bretagne (Phot. de l'Auteur).

de ferme en ferme battre la récolte. Il faut un nombreux personnel pour desservir ces batteuses, car le secouage est fait à la fourche, et il n'est pas rare de voir des équipes de quarante à cinquante personnes, hommes et femmes, employées à desservir un chantier de battage comportant un moteur de 3 à 4 chevaux; aussi les fermiers d'un même pays se prêtent-ils mutuellement assistance. La figure 201 représente une scène de battage photographiée par nous dans les Côtes-du-Nord; la machine développait 3 chevaux et le chantier occupait au total quarante-six personnes.

Moissonneuses-batteuses. — C'est également aux batteuses simples qu'il convient de rapporter les moissonneuses-batteuses, qui ont été récemment introduites en France et en Algérie. On a imaginé, en Autriche, des moissonneuses-batteuses automobiles comportant une batteuse ordinaire, à grand travail et à double nettoyage, à l'avant de laquelle se trouvaient deux scies de moissonneuses,

Fig. 202. — Moissonneuse-batteuse (Massey-Harris).

dont l'une pour les épis, l'autre pour la paille; les épis étaient conduits au batteur par des élévateurs. Deux moteurs à essence de 5 chevaux commandaient l'un les roues, l'autre le mécanisme de coupe et d'égrenage (1).

La moissonneuse-batteuse représentée par la figure 202 est à traction animale; son châssis, en acier profilé, est supporté par trois roues, dont deux calées sur l'essieu moteur, et la

(1) Les plans de cette machine imaginée par M. P. Sikora (de Pustkow), ont figuré à l'Exposition internationale des alcools de Vienne, en 1904. Nous n'avons pas connaissance qu'elle ait été expérimentée; elle était d'ailleurs extrêmement compliquée, et nous ne l'avons signalée qu'à titre de curiosité (Voy. *Bulletin de la Société des Agriculteurs de France*, 1er juin 1906).

troisième, directrice, roulant dans le même plan que la roue motrice de gauche. L'organe de coupe, placé à droite, est muni d'un peigne spécial, dont l'effet est d'enlever simplement les épis, qu'un élévateur envoie au batteur ; ce dernier est formé d'un axe sur lequel sont implantées, en hélice, des

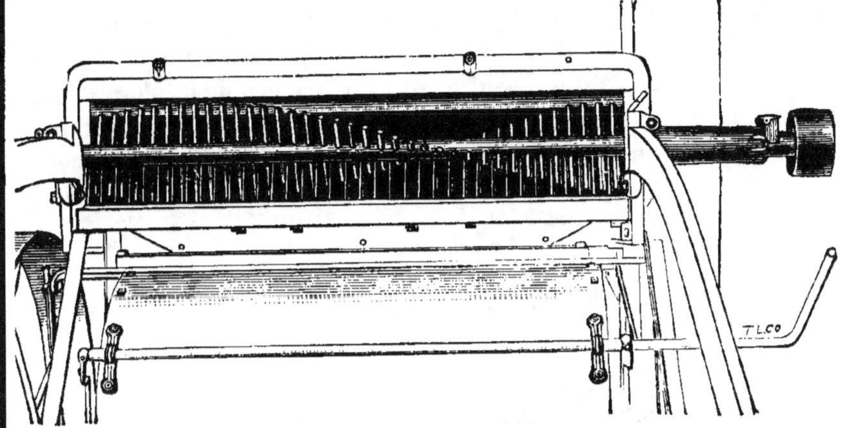

Fig. 203. — Batteur de la moissonneuse-batteuse (Massey-Harris).

chevilles qui passent entre les chevilles correspondantes du contre-batteur (fig. 203). Les grains séparés des épis sont remontés dans un coffre latéral en acier.

Organes complémentaires des machines à battre.

Tire-paille. — Le secouage à bras occupant, comme nous l'avons vu, un personnel considérable, on a cherché de bonne heure à effectuer cette opération par des procédés mécaniques. Déjà Andrew Meickle avait placé, à la suite du batteur, deux ou trois berceaux demi-cylindriques à claire-voie, où se mouvaient des cylindres armés de broches ; en passant successivement d'un berceau à l'autre, les pailles étaient agitées, et les grains s'en séparaient. Ce principe a été conservé dans les batteuses dites à *tire-paille* (fig. 204). A la suite du batteur B et du contre batteur C se trouve un berceau ajouré *y* sur lequel sont projetées les pailles battues plus ou moins mélangées de grains. Un arbre, qui entraîne les ailes courbes T, tourne suivant l'axe du berceau *g* ; les ailes T, en tôle, sont munies, à leur extrémité libre, de traverses, *b*, en bois, garnies de pointes. Les grains qui traversent le contre-batteur et le berceau ajouré *g* sont recueillis dans la trémie unique T et vont de là au nettoyage ou à l'ensachage, tandis que les pailles sont expulsées.

Secoueurs. — Les constructeurs anglais ont perfectionné ces organes et établi le type couramment employé aujourd'hui. En principe, un élément de secoueur est formé de deux flasques en bois, longues et étroites, espacées de $0^m,20$ à $0^m,50$ environ et réunies par une série de petites baguettes à section triangulaire ou rectangulaire, parallèles entre elles et perpen-

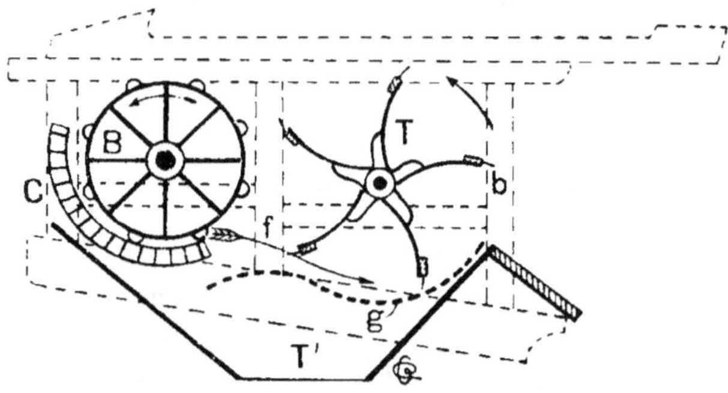

Fig. 204. — Principe d'une batteuse avec tire-paille (type Wintenberger).

diculaires aux flasques ; ces baguettes, qui donnent au secoueur l'aspect d'une persienne, sont écartées les unes des autres de quelques centimètres, de sorte que le grain mélangé à la paille peut passer aisément entre elles. Comme ces organes ne subissent pas d'efforts importants, on remplace quelquefois les baguettes par des plaques de tôle mince, emboutie et découpée, afin d'en alléger le poids.

Les secoueurs sont ordinairement animés d'un mouvement alternatif, dans des plans perpendiculaires à l'axe du batteur, au moyen de manivelles qui agissent à l'une de leurs extrémités pour leur permettre de suivre le mouvement imprimé par la manivelle ; on les fait glisser, à l'autre extrémité, sur des surfaces polies ou on les suspend à des bielles ou à des tiges flexibles. En règle générale, deux éléments voisins sont commandés par des manivelles calées à 200 grades (180°)

l'une de l'autre, et, dans la plupart des cas, tous les secoueurs
sont entraînés par un même arbre vilebrequin. Grâce à cette
disposition, il y a toujours un certain nombre de secoueurs
qui se déplacent, en montant, du batteur vers la sortie de la
machine, pendant que les autres exécutent, en s'abaissant,
un mouvement de sens inverse.

La paille qui a été lancée par le batteur sur les secoueurs
ne repose, bien entendu, que sur ceux qui s'élèvent; elle est
donc entraînée par eux pendant toute la durée du mouvement
où ils sont au-dessus de la ligne XX', de a en b par exemple
(fig. 205, *1*); mais, au moment où la série de secoueurs S va

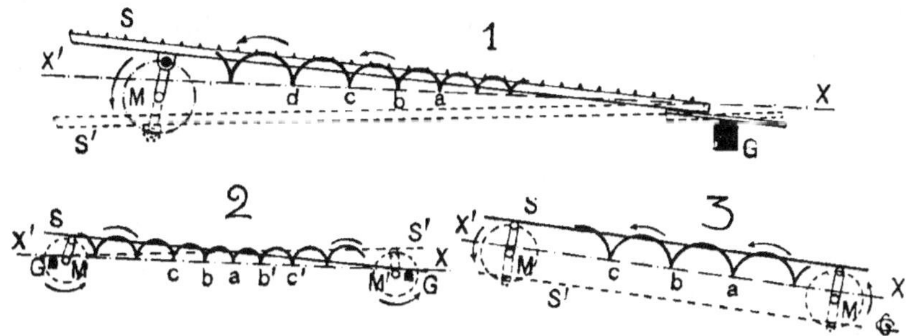

Fig. 205. — Principe de l'action des secoueurs.

passer en dessous de XX', les secoueurs S' arrivent à ce niveau
et, prenant les brins en b, vont les transporter en c, où S les
reprendront pour les amener en d, etc. Ces changements
brusques de sens de mouvement impriment des secousses
énergiques à la paille, qui chemine en même temps vers
l'extérieur de la batteuse. Dans la disposition *1*, qui est la
plus courante, l'amplitude des mouvements est faible au
niveau de la glissière G, c'est-à-dire près du batteur; on a
craint, à une certaine époque, que la batteuse bourre dans
cette région si l'ouvrier engreneur alimente d'une façon
trop intense, et l'on a imaginé la disposition **2**, où deux
secoueurs consécutifs sont mis en mouvements par des manivelles, M et M', agissant sur leurs extrémités opposées; mais
on voit que l'amplitude minima des mouvements se trouve
au milieu des secoueurs et que les engorgements risquent de

se produire à cet endroit. Il semblerait plus naturel de relier les deux extrémités de chaque secoueur à deux manivelles de même rayon, comme dans le schéma 3 de la figure 205. Ce dispositif est d'ailleurs employé dans certaines grandes batteuses d'origine anglaise (C, fig. 219) ; mais, indépendamment de la nécessité d'employer deux vilebrequins, ce montage exige une grande précision d'exécution, qui le rend coûteux, augmente le nombre des coussinets à graisser, etc. Aussi préfère-t-on, le plus souvent, la première disposition, avec laquelle, d'ailleurs, les engorgements sont rares, parce que la paille, sortant du batteur avec une grande vitesse, est toujours lancée sur les secoueurs assez loin des glissières G pour que les mouvements des pièces SS' y aient une amplitude notable.

On trouve aussi des secoueurs mus par un seul vilebrequin, mais placé près du batteur ; on en voit un exemple sur la figure 207, et cette disposition est fréquente dans les batteuses rustiques de l'Ouest de la France.

Qu'il s'agisse de batteuses en long ou de batteuses en travers, les secoueurs à mouvements alternatifs sont toujours construits d'après les principes ci-dessus. Toutefois, dans le cas des batteuses en long, dont le batteur est toujours court, les secoueurs sont plus étroits et sont aussi rapprochés que la construction le permet. Parfois aussi, comme dans les modèles construits en Belgique, les secoueurs sont parallèles à l'axe du batteur ; cette disposition empêche, paraît-il, la paille, qui sort alors sur l'un des côtés de la machine, de s'emmêler.

Les agriculteurs étant de plus en plus exigeants au sujet du grain laissé par la batteuse dans la paille, les constructeurs ont dû apporter un soin tout particulier au secouage de cette dernière. C'est ce qui fait que, dans les batteuses modernes, et surtout dans les types employés par les entrepreneurs ou par les grands propriétaires, les secoueurs sont extrêmement longs ; on y ménage, en outre, un ou plusieurs ressauts, qui obligent la paille à tomber, de place en place, d'une hauteur de $0^m,20$ à $0^m,30$, ce qui rend le secouage plus énergique (fig. 210, 216, 217, 218, 219). On tend même, actuellement, à munir l'extrémité des secoueurs de grandes fourches métalliques, ou de grilles à secousses qui agissent au moment où

la paille va quitter la batteuse ; mais cela conduit à exagérer
les dimensions de la table destinée à recueillir les grains. On
remarque enfin, sur la figure 218, que les secoueurs sont divisés
chacun en deux parties, s, s_1, s', s'_1, entraînés par les deux
vilebrequins v et v_1 ; l'arrière des secoueurs s_1, s'_1 est
rattaché à l'avant des secoueurs s, s', par des lames métalliques flexibles ; quant aux deux vilebrequins, ils sont réunis
par une chaîne de Galle, extérieure au coffre de la batteuse,
qui assure la similitude de leurs mouvements.

Dans nos régions Ouest, la diminution de main-d'œuvre a
fait créer des secoueurs spéciaux, très simples et supportés,
entre deux panneaux, par un cadre rectangulaire allongé

Fig. 206. — Secoueurs pour batteuses en bout (Tanvez-Lever).

muni de quatre pieds ; les secoueurs proprement dits sont
reliés à un arbre-vilebrequin. Ces appareils sont souvent indépendants de la machine à battre et mis en mouvement par
un ouvrier qui agit sur une manivelle ; mais il est préférable
d'adapter le secoueur à la batteuse et de relier par une courroie l'arbre de celle-ci au vilebrequin du secoueur : le même
manège actionne ainsi les deux machines (fig. 206). Les grains
mélangés à la paille passent au travers des secoueurs et
tombent à terre sous l'appareil. On trouve aussi des locobatteuses à vapeur munies de secoueurs de paille (fig. 207).

Enfin, certaines batteuses américaines ne comportent qu'un
seul secoueur, dont la largeur est égale à celle du batteur ; il
est commandé par un balancier, qui lui communique un
mouvement circulaire alternatif (fig. 220). Grâce à son profil
en zigzag et à ses liteaux en forme de dents de scie, il n'agit

efficacement sur les pailles que pendant qu'il s'éloigne du
batteur; il agit donc sur la paille par des poussées successives qui, jointes aux chutes que provoquent les gradins,
assurent un secouage énergique.

On a cherché, à maintes reprises, à substituer au mouvement alternatif des secoueurs, tels que nous venons de

Fig. 207. — Locobatteuse avec secoueurs (Nassivet et Cie).

les décrire, un mouvement continu. Ainsi les Nord-Américains construisent des batteuses dans lesquelles, au sortir du
batteur (ou du deuxième batteur) les pailles passent d'abord
sur un premier entraîneur sans fin, D (fig. 208), qui opère une
première séparation, puis sur un deuxième entraîneur I, complété quelquefois par un court secoueur ordinaire G. Ces deux
entraîneurs sont formés de chaînes et de courroies réunies
par de petits liteaux triangulaires transversaux, et dans la
machine représentée par la figure 208, l'entraîneur I, très

long, est animé de secousses par la came J. En principe, la
séparation du grain et de la paille est effectuée en majeure
partie sur D; les pailles passent sur G, tandis que les grains
et les menues pailles tombent directement sur I.

On a construit aussi, pendant un certain temps, en Angleterre, des secoueurs composés de fourches rotatives formées
chacune d'un prisme triangulaire sur chaque face duquel
étaient fixées des broches métalliques; une série de prismes
analogues, dont les axes étaient parallèles à celui du batteur,
faisaient cheminer la paille à travers la batteuse et la

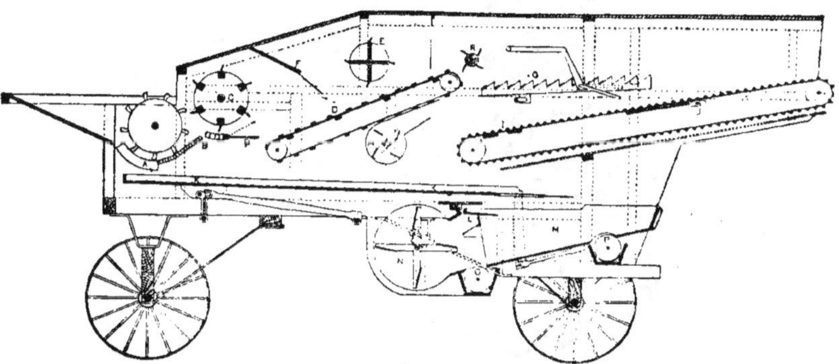

Fig. 208. — Coupe d'une batteuse américaine avec secoueurs à cames
(Buffalo-Pilter).

secouaient énergiquement. Ce mécanisme fonctionnait bien ;
mais les axes des prismes étaient réunis par de nombreux
engrenages qui, avec la poussière qu'on ne peut éviter dans
les chantiers de battage, s'usaient assez rapidement. Ce
dispositif n'a pas été conservé, et les Américains tendent
aussi à abandonner les entraîneurs à secousses, auxquels ils
reprochent depuis quelque temps d'être insuffisamment énergiques ; comme ces organes avaient donné toute satisfaction
pendant longtemps, il est probable que leur insuffisance
actuelle est due à une modification dans la nature des grains
cultivés.

Les constructeurs de l'Europe centrale fabriquent actuellement, pour remplacer le secouage à main, des secoueurs
comportant un long tablier sans fin, constitué par des lattes

rivées sur des chaines ou sur des courroies, et montés sur deux axes parallèles. Souvent, l'un au moins des axes est garni d'une fourrure en bois à section triangulaire; ces arbres entraînent l'organe, mais n'en maintenant pas les éléments au même niveau, comme le feraient des cylindres, lui impriment des oscillations violentes. Ces secoueurs peuvent

Fig. 209. — Batteuse avec secoueur formé d'un tablier sans fin (Mayfarth).

être indépendants de la machine à battre, auquel cas on jette la paille, à l'aide de fourches, sur le tablier, ou faire partie de la batteuse comme l'indique la figure 209.

Organes de nettoyage.

Les batteuses dites à *grand travail* comportent des appareils destinés à séparer plus ou moins complètement les impuretés contenues dans le grain et à rendre l'égrenage plus parfait.

Premier nettoyage. — Batteuses à simple nettoyage.

Tables et hottes. — Dans les batteuses dites à simple nettoyage (fig. 194, 208, 210, 212 à 215), toutes les matières qui

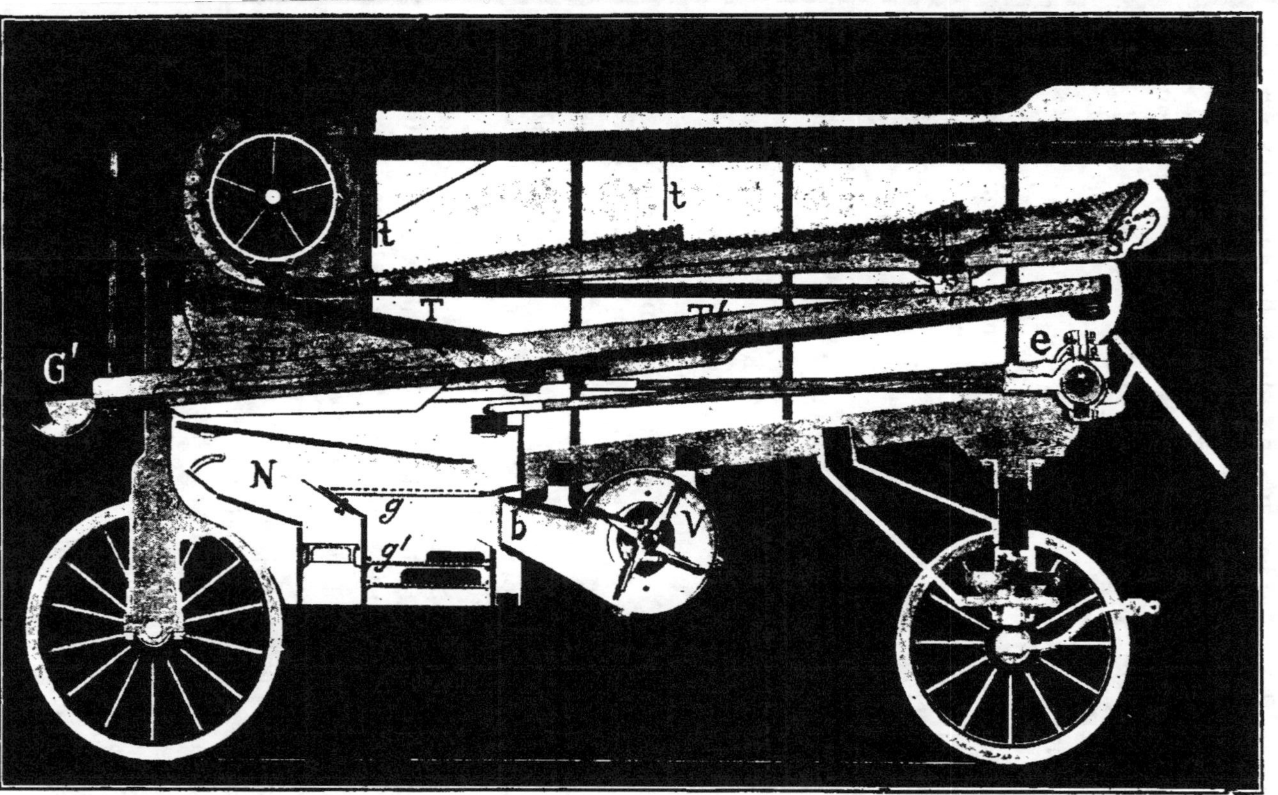

Fig. 210. — Coupe d'une batteuse montrant le premier nettoyage ; courtes pailles, bales et poussières sortant à l'arrière (Anciens Établissements Albaret) Photographie d'un modèle du cours de Génie Rural de l'Institut National Agronomique.

ont traversé le contre-batteur ou l'intervalle des lattes des secoueurs tombent sur deux tables inclinées. La première, T (fig. 210) ne recueille que des grains et de menus fragments, tels que les glumes ou glumelles, assez réduits pour pouvoir traverser le contre-batteur et qui constituent les *bales*; l'autre, T', placée en dessous des secoueurs, reçoit au contraire, indépendamment des grains, des épis égrenés ou non égrenés, séparés de leurs tiges, et qui forment les *ôtons* ou *hottons*, des fragments de paille, des bales, etc., le tout plus ou moins souillé de poussière. Ces deux tables sont inclinées en sens inverse, et ce qu'elles ont reçu est déversé, dans les machines les plus simples, sur la grille de hotte, où le courant d'air du ventilateur enlève simultanément les ôtons, les bales et les menues pailles. Mais, dans les batteuses plus perfectionnées, toutes ces matières sont amenées sur la partie T'', appelée *crible* ou *auget* (P, dans la figure 194; K, dans la figure 208), où se trouvent une série de grilles, en bois (1) ou en métal, dont les orifices ont les dimensions nécessaires pour laisser passer tout ce qui a de la valeur, comme les grains, les ôtons, etc., mais que les fragments de paille volumineux, les mottes de terre, les pierres grosses, etc., ne peuvent traverser. Ces dernières substances tombent à l'extrémité de la table; celle-ci est parfois prolongée par une partie relevée, qui n'est qu'un complément de crible pour achever la séparation des ôtons (fig. 194). Dans les machines françaises, une goulotte, G' (fig. 210), en forme de demi-tronc de cône, recueille tout le refus de la table T'' et le conduit sur le côté de la machine. Ce qui a traversé cette table est alors conduit dans la *hotte* N, qui est composée d'une série de grilles, *g*, *g'*, etc., que traverse le courant d'air provenant, par *b*, d'un ventilateur, V (fig. 210 et également 216, 217, 218); l'ensemble de la hotte et du ventilateur constitue le *tarare*. Le courant d'air enlève les éléments légers, comme les bales, les fétus, la poussière; les grilles séparent le blé des impuretés, plus grosses ou plus petites que lui, qui ont pu passer au travers des cribles précédents, et le grain, sommairement nettoyé, est amené sur

(1) Pitchpin, acajou, etc.

l'un des côtés de la batteuse à une bouche d'ensachage.

Quoique les tables soient inclinées, la circulation des éléments, et surtout des débris de paille, ôtons, etc., serait impossible si l'on n'animait tous ces organes de secousses assez intenses ; il en est de même pour la hotte, sur les grilles de laquelle la matière doit être triée. Aussi tables et hotte sont-elles suspendues à la membrure de la batteuse par des bielles métalliques articulées ou, de préférence, des lattes flexibles en bois, dont la structure moléculaire n'est pas influencée par les vibrations continuelles auxquelles ces pièces sont soumises. Les organes d'entraînement consistent en manivelles ou en excentriques à collier, c, (fig. 210, 216 à 218) montés sur un axe transversal et que des bielles ou des tiges relient au tarare. Les manivelles et les excentriques sont équivalents au point de vue des oscillations transmises aux tables (1); toutefois, les excentriques semblent donner un mouvement plus doux.

Reprise des ôtons. — Quant aux ôtons, ou bien ils ont été séparés du grain par la grille inférieure P (fig. 194) et conduits, par la vis d'Archimède I, à une chaîne à godets qui, par la buse O, les ramène au batteur C ; le ventilateur E a nettoyé les grains passant au travers des deux grilles P, et la vis d'Archimède H le conduit à l'ensacheur. Ou bien (fig. 208) les substances recueillies par le plateau K et ayant déjà subi l'action du ventilateur H, qui intervient entre leur passage de l'entraîneur D au secoueur J, sont déversées sur des grilles superposées dans le coffre M ; les ôtons, séparés dès le début, sont pris par la vis P et ramenés aux batteurs ; les autres matières sont soumises, dans M, au courant d'air produit par le ventilateur N, et les grains nettoyés sont emmenés par la vis O.

Dans les batteuses françaises, le retour des ôtons au batteur s'effectue d'une façon pour ainsi dire automatique ; nos constructeurs profitent de la dépression causée, au voisinage de l'axe A du batteur B, par le mouvement rapide de cet organe

(1) Toutefois, l'excentrique n'étant pas réversible, ces deux organes ne sont pas identiques au point de vue mécanique. Voy. Les moteurs agricoles, par G. Coupan, p. 92 (Encyclopédie agricole).

pour provoquer, dans un conduit latéral C aboutissant près de l'axe de rotation A, un courant d'air ascensionnel (fig. 211).

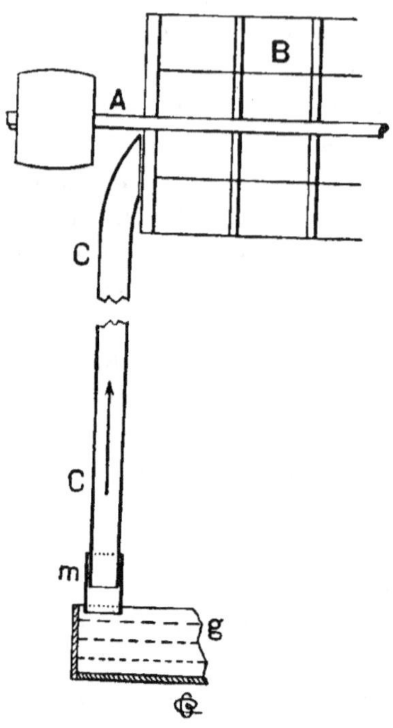

Fig. 211. — Principe d'un aspirateur d'ôtons.

Le conduit C, qui est en fonte ou en tôle, a une section généralement rectangulaire, et il est muni, à sa partie inférieure, d'un manchon mobile m, qu'on peut monter ou descendre de façon à l'amener, par tâtonnements, à la distance voulue de la grille g qui a retenu les ôtons. Cela permet de déterminer, au voisinage de la grille, un courant assez violent pour provoquer l'entraînement des matériaux légers comme les ôtons. Bien entendu, les épis qui ont échappé une première fois à l'action des battes ne sont pas obligatoirement égrenés dès leur deuxième passage dans le batteur ; il en est certainement qui parcourent le circuit un grand nombre de fois. On voit en c le conduit de cet aspirateur sur la figure 218 et on le distingue aussi sur la figure 221.

On a souvent muni le batteur, au voisinage des battes, de bandes métalliques jouant le rôle de palettes, dans le but d'augmenter l'aspiration. On a reconnu que ces palettes n'ont aucun effet utile, et on les supprime de plus en plus.

Ventilateur. — Le ventilateur V ne présente jamais de bien grandes particularités. Il comporte ordinairement quatre palettes radiales ou obliques par rapport aux rayons ; bien entendu, cet organe ne participe pas aux mouvements de va-et-vient du tarare, et sa buse b (fig. 210) est simplement engagée sans frottement à l'intérieur d'une sorte d'entonnoir dont l'entrée d'air dans le tarare est munie ; comme il peut y avoir lieu de modifier l'intensité du courant d'air envoyé dans le tarare, on fait quelquefois varier la vitesse de rotation de l'arbre du ventilateur; mais on préfère presque toujours, pour plus de simplicité, maintenir constante la vitesse et agir sur les dimensions de l'*œillard* ou orifice d'aspiration du ventilateur V : en diminuant l'œillard, on réduit l'intensité du vent, qu'on augmente par la manœuvre inverse.

Lorsque la paille est friable, comme dans les régions méridionales, il y a intérêt à faciliter le travail de la table T″ en soulevant un peu les matières qui y sont accumulées sur une épaisseur assez considérable. On envoie alors un courant d'air sous cette grille, soit au moyen d'un deuxième ventilateur, soit, ce qui est plus simple, en dérivant une partie du courant d'air fourni par le ventilateur V; on voit, dans la figure 218, que ce ventilateur est pourvu de deux buses b et b', dont la seconde envoie de l'air en dessous de la table T″. Les fétus de paille et les autres matières légères étant soulevées, les grains s'en séparent plus facilement et passent mieux ainsi au travers des grilles. Ce dispositif est appliqué surtout au premier tarare des batteuses à double nettoyage.

Fig. 212. — Locobatteuse commandant une « vannette » (Nassivet et Cie).

Types de batteuses à simple nettoyage. — Les types de batteuses à simple nettoyage sont extrêmement nombreux; ils conviennent surtout à la petite culture. Ainsi l'on emploie couramment, dans l'Ouest, des batteuses dites *vannantes* ou *vannettes*, qui battent généralement en bout, ne font qu'un nettoyage et peuvent être actionnées par un manège circulaire ou par une machine à vapeur; c'est souvent la loco-

batteuse même qui actionne cette machine, dont les modèles
les plus simples sont portés par deux roues (fig. 212). Par
contre, on trouve dans nos régions du Nord des batteuses à
simple nettoyage, à tire-paille ou quelquefois à secoueurs,
directement accouplées à un manège à plan incliné pour un
ou pour deux animaux (fig. 213 et 214) : on les appelle souvent
trépigneuses, tripoteuses. Lorsque la machine n'est pas destinée
à se déplacer de ferme en ferme, et que les granges sont assez
vastes, on installe ordinairement la batteuse à poste fixe, et on

Fig. 213. — Batteuse-trépigneuse à un cheval (Wintenberger).

l'actionne par un manège ou par un moteur d'un système
quelconque ; on établit alors un plancher au niveau de la
table à étaler. La batteuse fixe ne diffère, du reste, des
batteuses mobiles que par la suppression des roues ; la membrure est supportée par des poteaux ou par de petits massifs
de maçonnerie.

En raison de leurs dimensions généralement restreintes,
les batteuses à simple nettoyage se prêtent bien à l'établissement de groupes autonomes, auxquels, par extension, on
donne encore le nom de *locobatteuses*. C'est ainsi que, dans
certains groupes à vapeur, une chaudière du type Field alimente un moteur à cylindre oblique pouvant développer de

4 à 5 chevaux. Cet ensemble moteur est placé à l'arrière
d'un châssis supporté par quatre roues, sur lequel repose
également la batteuse. Il est bon que cette dernière
soit mobile sur des rails fixés au châssis, afin qu'on puisse
l'éloigner de la chaudière pendant le travail; on diminue
ainsi les chances d'incendie, et ce dispositif permet, en outre,
de relier le batteur au volant par une courroie plus longue.

Fig. 214. — Batteuse-trépigneuse à deux chevaux.

On soutient la batteuse ainsi déplacée à l'aide de chambrières
ou de béquilles.

Motobatteuses. — On semble réserver plus spécialement ce nom aux groupes dans lesquels la batteuse est
actionnée par un moteur à explosions. Ces matériels se sont
beaucoup répandus depuis une quinzaine d'années, en raison
du perfectionnement des moteurs, de leur prix relativement
faible et de leur conduite facile. Le moteur est généralement
installé dans une cage métallique qui l'isole de la batteuse
proprement dite (fig. 215); il faut préférer les machines dans
lesquelles le moteur est du type pilon et dont l'arbre se trouve
exactement au-dessus de l'essieu d'arrière : c'est une condition essentielle pour que les secousses dues au fonctionnement du moteur n'impriment pas des oscillations excessives à

la machine. Les motobatteuses montées sur quatre roues sont
également préférables à celles à deux roues. Il faut enfin que
le mécanisme soit pourvu d'un équipage de poulies fixe et folle
pour qu'on puisse mettre facilement le moteur en marche.

L'échappement des gaz brûlés est toujours dirigé au-dessus
de la toiture du moteur; il convient donc d'orienter la machine
de façon que le vent ne rabatte pas ces gaz vers le débouché
des secoueurs, car la paille, étalée sur la table ou sortant de
la machine, pourrait s'imprégner de pétrole ou d'autres

Fig. 215. — Motobatteuse (Biaudet-Fortin).

substances à odeur désagréable, et les animaux refuseraient
de la manger.

**Classification basée sur la sortie de la poussière et
des menues pailles.** — Dans la plupart des cas, les menues
pailles et la paille secouée sortent du même côté, dit *avant*
de la machine, et les bales du côté opposé ou *arrière* (fig. 217).
Il en résulte que les poussières et les fragments les plus
légers sont entraînés par le ventilateur du côté de la machine
à vapeur. M. Ringelmann croit pouvoir attribuer à ce fait les
explosions très violentes, mais fort heureusement très rares,
qui se produisent même dans les chantiers de battage en

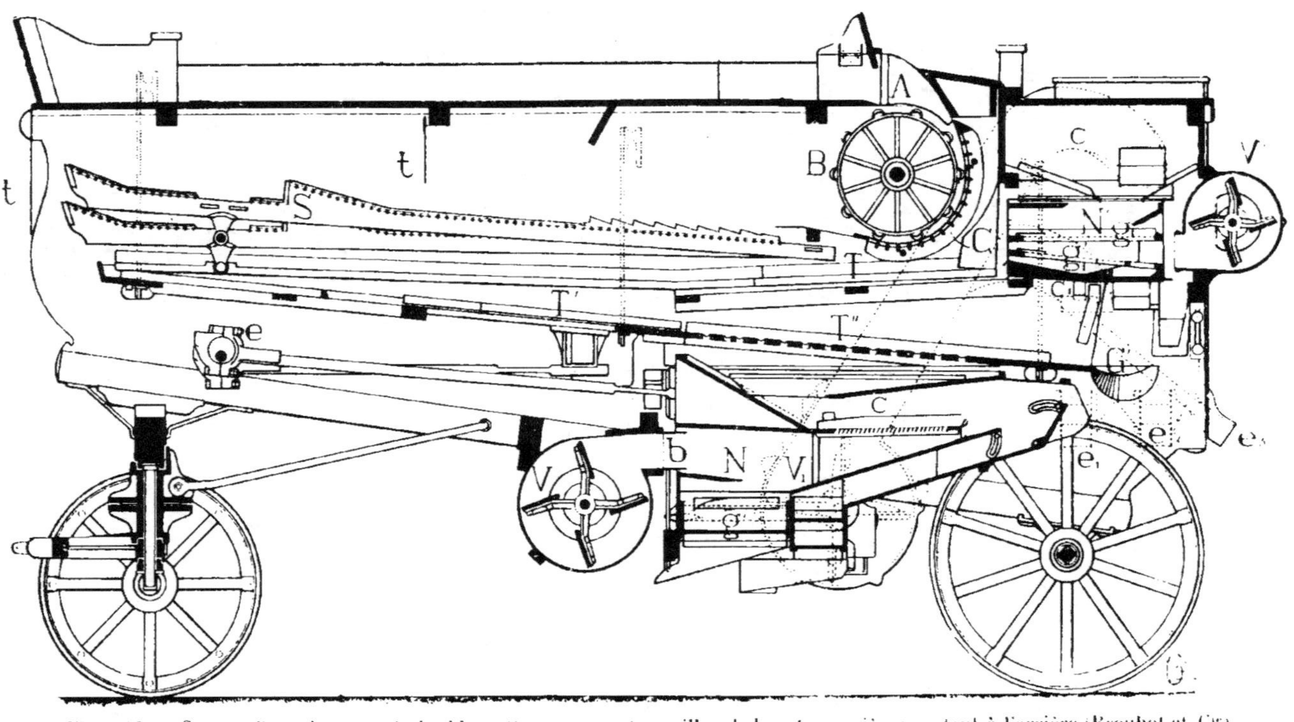

Fig. 216 — Coupe d'une batteuse à double nettoyage, courtes-pailles, bales et poussières sortant à l'arrière (Brouhot et Cⁱᵉ).

plein air; il est bien constaté, en effet, que les particules
combustibles très fines, mélangées à l'air, donnent, quoique
solides, des mélanges explosifs. On peut évidemment diriger
les bales et les poussières vers l'avant, mais alors on souille
la paille; rien n'est plus simple d'ailleurs, dans ce dernier
cas, que de renvoyer vers le sol, en dessous de la batteuse,
les bales et les matières ténues, au moyen d'une paroi courbe
analogue à celle qu'on aperçoit en M sur la figure 218; elles
s'accumulent alors entre les roues Y, fig. 219). On peut aussi
faire sortir les menues pailles et les bales du même côté
fig. 210, 216), et il résulte de ces différentes dispositions possibles une très grande variété de types que nous pouvons, aux
restrictions ci-dessus près, considérer comme équivalents, et
parmi lesquels l'acheteur choisit suivant ses goûts.

Deuxième nettoyage. — Batteuses à double nettoyage.

Le premier nettoyage n'a eu pour effet que d'enlever les
étons et les bales, avec la majeure partie des poussières. Mais
il reste encore dans le grain des pierres, de dimensions inférieures ou égales à celles du grain, de la poussière, des grains
légers ou cassés, parfois aussi, lorsqu'il s'agit d'orge ou de
blés barbus, des barbes qui diminuent le poids et la valeur
de la matière. Le deuxième nettoyage a pour but d'éliminer
ces différentes impuretés.

Élévateurs. — Nous avons vu que la première épuration
a lieu pendant que le grain cascade de grille en grille. A la
fin du premier nettoyage, nous le retrouvons à la partie inférieure de la batteuse; il faut donc, avant tout, sauf lorsqu'il
s'agit de batteuses fixes où il est facile d'installer le deuxième
nettoyage au-dessous du premier, remonter le grain d'une
certaine quantité. C'est le rôle des *élévateurs*, qui sont toujours
placés sur l'un des côtés de la batteuse, et auxquels les
grains sont conduits soit par une grille inclinée à secousses,
dépendant généralement de la hotte, soit, comme dans certaines machines étrangères, par une vis d'Archimède.

Chaînes à godets. — Un semblable organe est visible en JJ
sur la figure 219 et indiqué par les mêmes lettres dans les

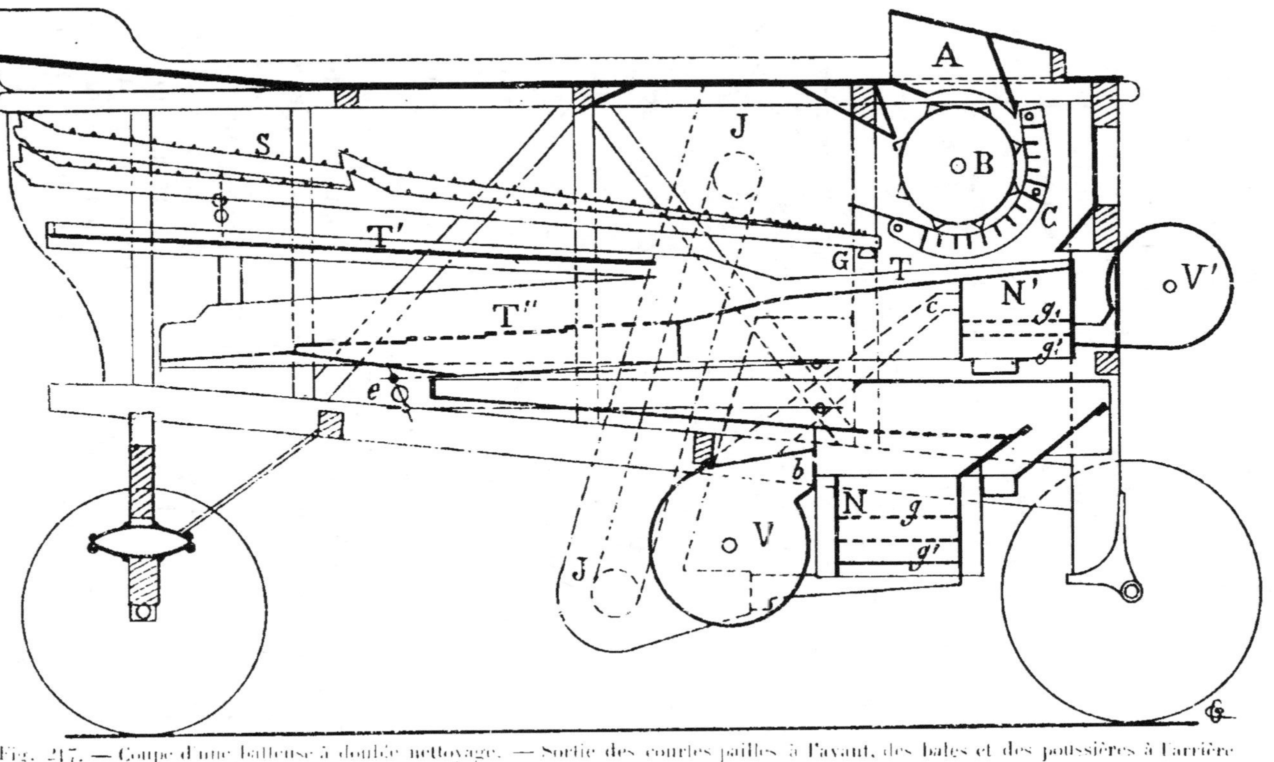

Fig. 217. — Coupe d'une batteuse à double nettoyage. — Sortie des courtes pailles à l'avant, des balles et des poussières à l'arrière (Société française de matériel agricole et industriel.)

figures 217 et 218; il apparaît aussi sur les figures 223, près de
la cage du moteur et 224. A l'intérieur d'une double enveloppe,
en bois ou en tôle, à section rectangulaire ou carrée, se meut,
guidée par deux poulies, une courroie sans fin sur laquelle
sont fixés, de place en place, des godets en fer-blanc. Le grain
sortant du premier nettoyage par G (fig. 219 tombe à la partie
inférieure de l'enveloppe, formant cuvette, où les godets, qui
se présentent l'ouverture en bas, viennent le puiser pour
l'élever jusqu'aux organes de deuxième nettoyage.

Projecteurs centrifuges. — On les rencontre presque exclu-

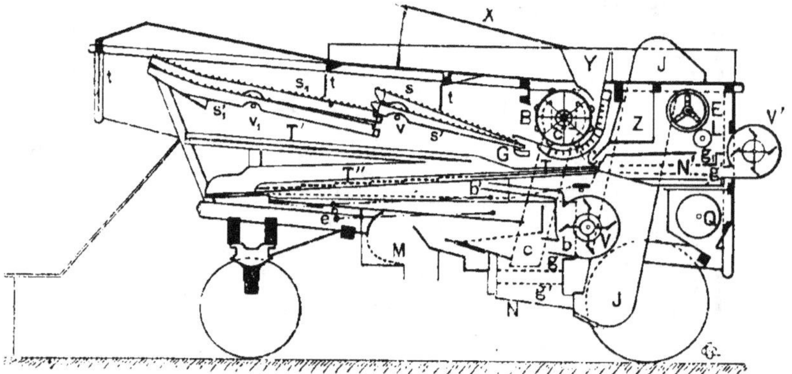

Fig. 218. — Coupe longitudinale d'une batteuse à double nettoyage; sortie des
courtes-pailles en avant, des bales et des poussières en dessous.

sivement dans les machines françaises. Ils sont, en somme,
analogues aux ventilateurs et aux pompes centrifuges et comportent un arbre horizontal, garni de palettes, tournant avec
une grande vitesse à l'intérieur d'une enveloppe en fonte V_1,
raccordée avec un conduit c à section rectangulaire (fig. 215);
les grains arrivent au voisinage de l'axe, tourbillonnent et
s'échappent par le conduit, qui les dirige également vers le
deuxième nettoyage. On distingue ce projecteur sur la figure 224.

On emploie de même, principalement à l'étranger, des vis
d'Archimède obliques dont l'effet est analogue. En définitive,
tous ces systèmes d'élévateurs sont bons quand ils ont un
débit convenable. On a beaucoup reproché aux chaînes à godets
de s'engorger quand le grain est abondant; cela tient à ce
que les constructeurs n'ont songé à rendre leur débit propor-

tionnel qu'à la vitesse du batteur, au lieu de le faire varier avec la quantité de grain que contient la récolte. Les projecteurs centrifuges n'offrent pas cet inconvénient, mais, par contre, lorsque le grain est très sec, ils peuvent, par suite des chocs contre les palettes ou les parois, en briser une quantité plus ou moins considérable ; on accuse généralement le batteur de ce méfait, alors que le projecteur serait plus à incriminer. On a cru obvier à cet inconvénient en garnissant les palettes de plaques de caoutchouc, mais on y a rapidement renoncé, quand on a reconnu que cela n'avait aucun effet

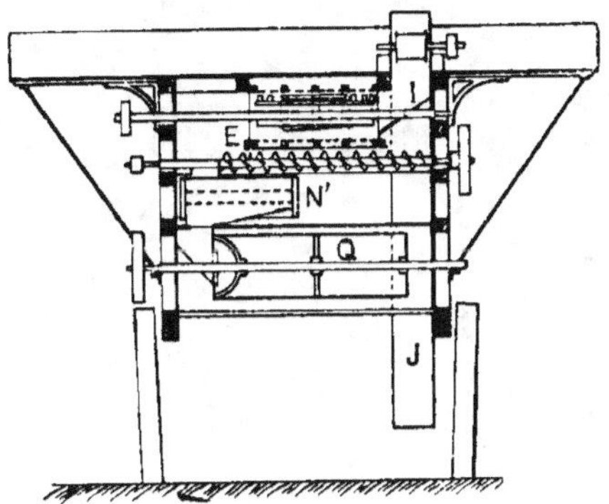

Fig. 218 *bis*. — Coupe transversale par le deuxième nettoyage, de la même batteuse (Société Française de matériel agricole et industriel).

utile. En réalité, nos constructeurs sont arrivés à donner à ces projecteurs la vitesse nécessaire pour que le grain soit bien remonté sans que le concassage, au moins avec les variétés courantes et l'état de siccité normal, influe d'une façon appréciable sur la valeur du grain.

Il existe d'ailleurs des machines dans lesquelles les deux procédés d'élévation, chaîne à godets et projecteurs, se trouvent réunis ; telle est par exemple la batteuse représentée par la fig. 217.

Ébarbeur. — Couramment employé sur les batteuses du, type anglais, cet organe n'est que plus rarement monté sur les machines françaises. Parfois même, comme dans la batteuse dont la figure 216 montre la coupe, on se borne à substituer à la paroi lisse de l'enveloppe V_1 du projecteur, dans sa partie extérieure avoisinant le raccord avec le conduit *c*, et sur une certaine longueur de ce même conduit, une paroi rugueuse, composée d'une plaque de fonte striée, sur laquelle les grains, projetés par l'élévateur, viennent frotter et perdre les barbes dont ils sont armés. Mais les véritables ébarbeurs, qu'on distingue en K sur la figure 219 et en E sur 218 et 218 *bis*, se composent d'une enveloppe cylindrique ou tronconique, pourvue de cannelures ou garnie d'un grillage métallique, à l'intérieur de laquelle tourne rapidement un agitateur à palettes qui projette les grains contre la paroi rugueuse. Vient ensuite le deuxième nettoyage proprement dit. Mais, lorsqu'on n'a affaire ni à de l'orge ni à du blé barbu, il est inutile d'em-

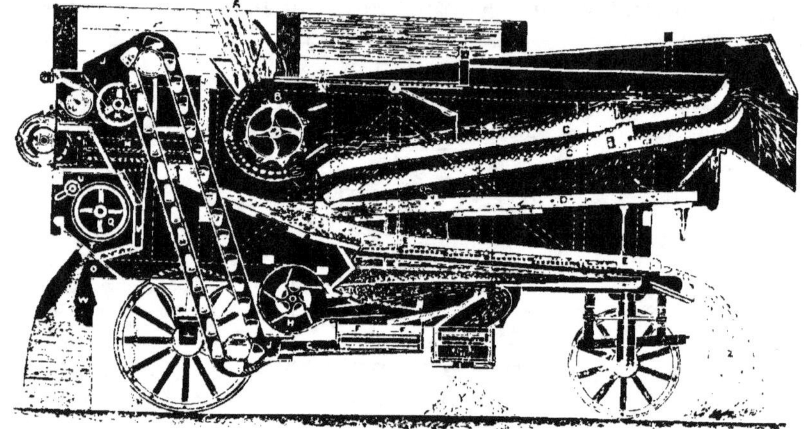

Fig. 219. — Coupe d'une batteuse à double nettoyage, courtes-pailles sortant à l'avant (en Z), bales en dessous (Ruston Proctor-Perrier et Hafft).

ployer l'ébarbeur; on enlève alors la courroie de son agitateur et, en rabattant en sens inverse le registre I (fig. 218 *bis* et 219), on amène directement le grain à la vis d'Archimède L, qui le déverse sur le deuxième tarare (N', fig. 218, ou M, fig. 219).

On n'est d'ailleurs pas obligé d'utiliser le deuxième tarare; dans ce cas, la machine fonctionne comme batteuse à simple nettoyage, et, en disposant convenablement les registres, le grain retombe directement de l'élévateur dans les ensacheurs. Dans le cas des projecteurs centrifuges, le conduit est généralement bifurqué (c, c_1, fig. 216) et, à l'aide d'un registre intérieur, les grains sont envoyés soit dans le deuxième tarare N', soit aux ensacheurs e_1, e_3. Mais, parfois aussi, le conduit n'est pas divisé en deux; le grain est remonté à l'origine du deuxième tarare, où il rencontre des orifices qu'on démasque quand on

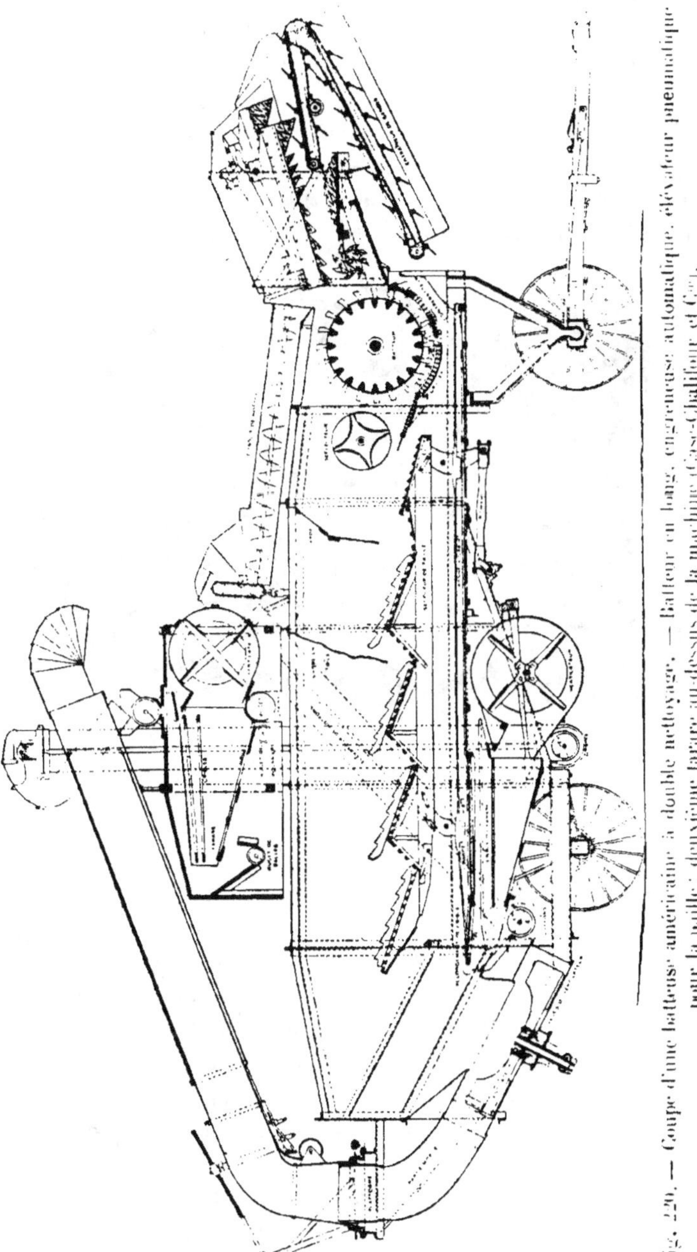

Fig. 220. — Coupe d'une batteuse américaine à double nettoyage. — Batteur en long, engreneuse automatique, élévateur pneumatique pour la paille; deuxième tarare au-dessus de la machine (Case-Chalifour et Cie).

le juge utile et qui le ramènent aux ensacheurs ; on peut
ainsi diminuer la longueur du conduit du projecteur.

Deuxième tarare. — Le deuxième tarare ne diffère du
premier que par ses dimensions beaucoup plus réduites ; il ne
reçoit, en effet, que des grains presque complètement débarrassés des bales et des poussières, des petites pierres, des
grains cassés, etc. Il comporte, bien entendu, un ventilateur,
généralement distinct de celui du premier nettoyage, dont le

Fig. 221. — Type de batteuse à double nettoyage, avec aspirateur d'ôtons et projecteur centrifuge (Société Anonyme des anciens établissements Albaret).

courant d'air est utilisé non seulement pour nettoyer, mais
aussi pour opérer une classification : ainsi les pierres, plus
lourdes, sont moins influencées par ce vent que les bons grains,
et ceux-ci le sont également moins que les grains légers,
cassés ou vêtus. On voit donc qu'en aménageant convenablement plusieurs goulottes on peut recueillir séparément les
différentes matières résultant de cette classification.

On dispose le deuxième tarare à l'endroit où il est plus
facile de le loger. Nous avons déjà vu que, dans les batteuses
fixes, on le place souvent en dessous du premier, parce qu'il
n'y a ordinairement aucun inconvénient à surélever quelque
peu l'ensemble de la batteuse ; il n'en est évidemment pas de
même pour les machines montées sur roues. Dans la bat-

teuse américaine représentée par la figure 220, ce deuxième
tarare est placé au-dessus de la machine même, et une chaîne
à godets, partant de l'auget à grains situé auprès du ventilateur inférieur, lui amène la matière à nettoyer une deuxième
fois. Au contraire, dans tous les types anglais ou dans leurs
dérivés, les organes servant au deuxième nettoyage sont
placés en arrière de la machine, dans une sorte de coffre où
se trouvent, indépendamment du tarare (M, fig. 219 : N', avec

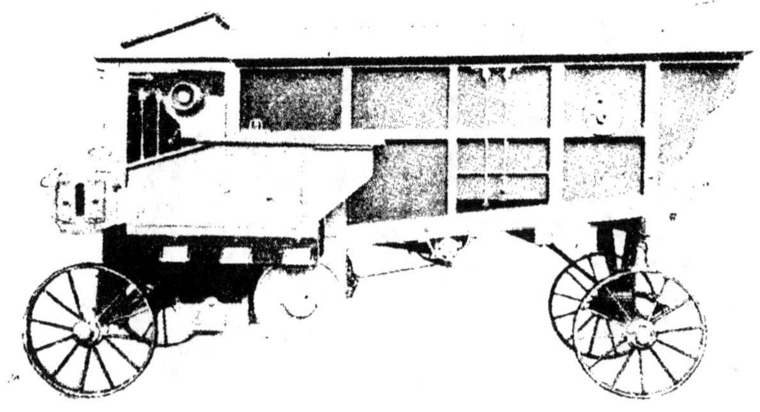

Fig. 222. — Batteuse avec deuxième nettoyage à l'extérieur du coffrage
(Breloux et Cie).

ses grilles g^1, g'_1, fig. 218 et 218 *bis*), l'ébarbeur, la vis sans fin
et le crible rotatif ; le ventilateur V' est alors extérieur à la
machine, et c'est pour ne pas augmenter la longueur de son
arbre qu'on reporte toujours le tarare contre l'un des grands
panneaux de la batteuse.

Quoique nos constructeurs aient tendance à imiter leurs
collègues anglais (fig. 216 : N', deuxième tarare ; g^1, g'_1, ses
grilles ; V", ventilateur), on trouve en France beaucoup de
machines où le deuxième tarare est placé entre les tables,
à l'intérieur de la batteuse, vers l'avant, quand les menues
pailles sortent à l'arrière, et inversement. On voit sur la
figure 221 une semblable batteuse avec deuxième tarare intérieur vers l'avant, alimenté par un projecteur centrifuge. Très
souvent, dans ce cas, le ventilateur du deuxième nettoyage

est calé sur l'arbre du premier ventilateur ou encore sur celui du propulseur, afin d'éviter un arbre, des paliers et poulies spéciaux. La figure 217 montre, au contraire, le deuxième tarare N' placé à l'arrière, en dessous du batteur et relié aux tables, de façon qu'il soit animé de secousses sans mécanisme spécial; le projecteur centrifuge envoie, par le conduit c, le grain sur les grilles g_1, g'_1, où il est soumis à l'action du ventilateur V'.

Fig. 223. — Motobatteuse à double nettoyage (Lacroix et Cie).

Enfin certains constructeurs reportent le deuxième tarare sur l'un des côtés de la machine (fig. 222); le fonctionnement en est le même. La surveillance du deuxième nettoyage est particulièrement facile avec cette disposition, mais les dimensions transversales de la machine sont un peu augmentées.

Les batteuses à double nettoyage et à grand travail sont ordinairement actionnées par des locomobiles à vapeur; mais il existe aussi des machines du type motobatteuse, comportant un moteur à explosions fixé sur le châssis même de la batteuse (fig. 223).

Classification des grains. — Les grains provenant du deuxième nettoyage sont débarrassés de presque toutes les impuretés qu'ils pouvaient contenir, mais il peut être intéressant de leur faire subir un triage, afin de les classer par catégories uniformes comme dimensions. C'est le but des *cribleurs rotatifs* qu'on adjoint aux batteuses du type anglais. Ce sont des cylindres à claire-voie Q (fig. 218, 218 *bis* et 219 formés par un fil d'acier rond enroulé en spirale autour d'une carcasse métallique constituée généralement par quatre fers disposés suivant les génératrices du cylindre. Aux extrémités de ce crible sont deux tourteaux de soutien, dont l'un, du côté de l'arrivée du grain à gauche sur la fig. 218 *bis* est fixe, tandis que l'autre peut être déplacé le long de l'arbre moteur : ce dernier est fileté sur une certaine longueur, et, en tournant un écrou dans un sens ou dans l'autre, on diminue ou on augmente l'écartement des spires de l'hélice. A l'aide d'un certain nombre de tourteaux intercalaires, on détermine plusieurs hélices de pas différents et croissants de l'entrée vers la sortie : il suffit de disposer des trémies ou entonnoirs en dessous de ces diverses zones du crible pour recueillir séparément les produits qui les traversent. Afin d'assurer le fonctionnement ininterrompu de l'appareil, une brosse rotative U nettoie constamment les spires (fig. 219 .

Appareils d'engrènement.

La céréale est presque toujours engrenée dans le batteur par les soins d'un ouvrier spécial, qui, ayant à sa disposition une partie plane plus ou moins étendue, dite *table à étaler*, y éparpille uniformément les bottes qu'un aide lui passe après les avoir déliées. Cet ouvrier a une influence considérable sur le fonctionnement de la machine, qu'il doit surtout alimenter d'une façon régulière. Placé sur le sol même quand il s'agit des petites batteuses simples, communes dans l'Ouest français, cet ouvrier se tient debout, avec les modèles français les plus courants, sur une planche, ou *pont*, fixée à peu près à mi-hauteur d'un des panneaux ; située du côté nécessaire pour que l'ouvrier regardant la table à étaler ait le batteur à sa droite, cette planche est articulée sur la carcasse de la batteuse, soutenue par des potences ou par des tirants et peut être rabattue quand on déplace la machine. La table à étaler se

confond alors à peu près avec le plan horizontal tangent
supérieur au batteur : elle fait corps avec la toiture même de
la batteuse et est ordinairement recouverte, en tout ou en
partie, par une tôle mince pointée sur ses bords. Quant au
batteur, il est protégé par un couvercle prolongé quelque peu
au-dessus de la table, et l'on ne peut y accéder que par une
entrée A (fig. 210, 216, 217), située du côté de la table à étaler.

Lorsqu'on veut pouvoir utiliser des batteuses à double
nettoyage dans les régions où, comme en Bretagne, les chemins
de ferme sont étroits et encaissés, il est bon, pour rendre l'en-

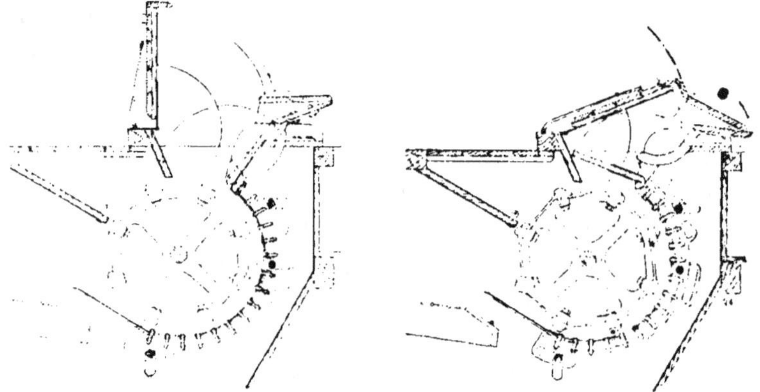

Fig. 225. — Trémie articulée formant table à engrener et garde de sûreté
pour le batteur (Marshall Sons et Cⁱᵉ).

combrement transversal de la machine aussi faible que
possible, de placer le pont à l'arrière ; cette disposition est
représentée par la figure 225.

Dans les batteuses françaises à très grand travail, plus ou
moins rapprochées du type anglais, la table X (fig. 218) est de
dimensions plus réduites, assez fortement inclinée ; placée
au-dessus de la toiture, elle aboutit à une trémie Y située
exactement au-dessus du batteur. L'engrènement se fait par
chute automatique de la paille étalée sur la table. Les batteuses anglaises comportent, au contraire, une sorte de
chéneau transversal (Z, fig. 218), appelé *dickey*, où prend place
l'ouvrier engreneur. La table est très étroite, et les panneaux
de la trémie sont généralement articulés, de façon que celui

d'avant puisse être rabattu pour fermer le batteur, soit en vue de prévenir les accidents auxquels le personnel est exposé, soit simplement comme protection pendant les périodes de chômage (fig. 224). Dans le cas où une pression exagérée s'exercerait sur la table à étaler, comme si, par exemple, l'ouvrier placé dans le chéneau tombait en avant, une planchette articulée vers l'origine du contre-batteur fermerait le fond de la trémie, isolant le batteur de l'extérieur.

Fig. 225. — Batteuse à double nettoyage, disposée pour chemins étroits (Gautier et Cⁱᵉ).

Enfin, dans toutes les batteuses du type anglais ou dérivées de lui, la toiture est prolongée latéralement par des panneaux articulés, soutenus par de robustes contre-fiches en bois ou en fer, et sur lesquels d'autres panneaux forment un rebord périphérique (fig. 218 *bis* et 219). C'est sur ce *pont* que prennent place les ouvriers qui passent les bottes à l'engreneur.

Engreneuses automatiques. — En raison de la grande vitesse avec laquelle tournent les batteurs, les accidents auxquels le personnel est exposé sont graves et malheureusement assez fréquents. On a cherché tout d'abord à protéger suffisamment les ouvriers, soit en prolongeant de beaucoup le couvercle au-dessus de la table, soit en disposant des pièces qui, comme dans les trémies anglaises ci-dessus décrites, viennent fermer brusquement l'accès du batteur. Encore faut-il que ces pièces mobiles soient bien disposées et ne risquent pas, elles-mêmes, de causer des accidents. Un appareil très simple, imaginé par M. R. de Lavaur, ingénieur agronome, permet d'ailleurs de prévenir la plupart des accidents les plus fréquents : il suffit d'attacher au poignet droit de l'ouvrier engreneur un bracelet de cuir, muni d'une ficelle fixée, d'autre part, en un point quelconque de la table de liage et de longueur suffisante pour que cet ouvrier engrène commodément sans que sa main puisse arriver jusqu'au batteur. Mais, quand les hommes montés sur la table glissent et tombent, il faut que le couvercle déborde d'au moins 0^m,60 pour qu'ils ne

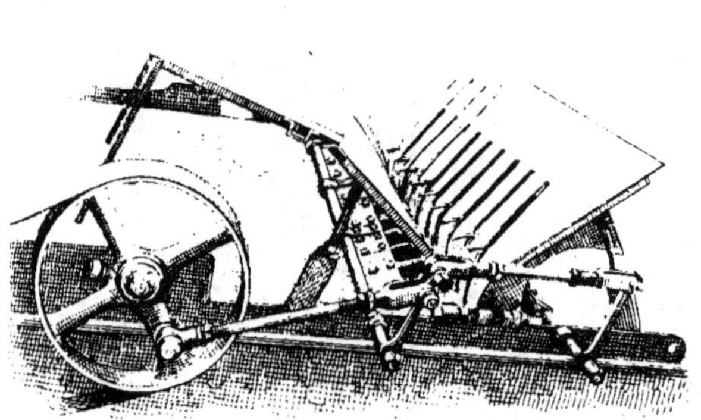

Fig. 225. — Engreneur automatique à trémie, le couvercle enlevé (G. Guillot).

risquent pas trop d'être blessés. Les engreneuses mécaniques ne peuvent qu'assez rarement être considérées comme des appareils de sécurité, mais elles offrent au moins l'avantage d'assurer la régularité d'alimentation, sans qu'il soit nécessaire d'avoir recours à des ouvriers exercés et consciencieux. Or, cette régularité facilite le secouage, en évitant la formation de masses de paille trop épaisses, soulage le moteur en supprimant les à-coups ; si l'on ajoute à cela qu'elles permettent de supprimer un ouvrier, et quelquefois deux, on voit que l'emploi des engreneuses est recommandable.

Les engreneuses actuelles peuvent être rapportées à deux types principaux : celles à transporteur et celles à trémie. Dans la première catégorie, l'appareil comprend une toile sans fin, munie de liteaux garnis de pointes et tendue sur deux rouleaux parallèles au batteur ; des fourches à mouvements alternatifs éparpillent uniformément sur cette toile la botte qui y a été simplement jetée, après avoir été déliée. Les modèles à trémie, plus nombreux, comportent deux panneaux obliques, percés de lumières dans des plans perpendiculaires à l'axe du batteur, et entre lesquels tourne un axe armé de dents, animé d'un mouvement continu ou alternatif, chargé de pousser la récolte vers le batteur ; un agitateur régularise la quantité de paille débitée ainsi à intervalles égaux. La figure 226 montre le mécanisme intérieur d'une semblable engreneuse dont on a démonté l'enveloppe protectrice ; les deux arbres sont animés de mouvements alternatifs. Le dessin 227 représente, au contraire, une engreneuse dont le poussoir E, armé de dents, tourne d'un mouvement continu, tandis que les agitateurs courbes D, calés sur l'arbre B, reçoivent un mouvement alternatif par l'excentrique à collier, la tige

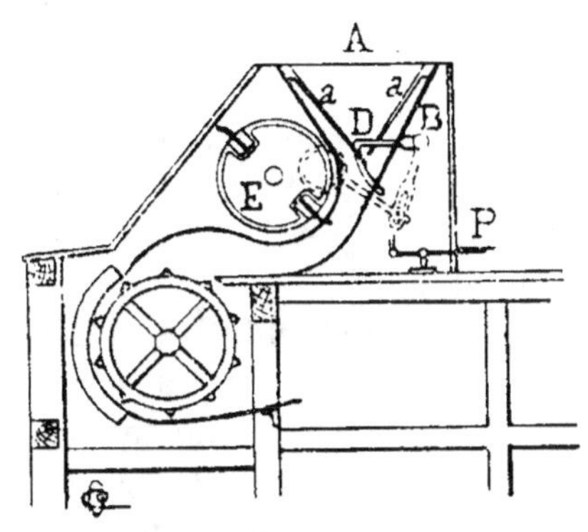

Fig. 227. — Engreneuse automatique (Soc. des anciens établissements Albaret).

Fig. 228. — Engreneuse américaine (Case-Chalifoux).

et la manivelle figurés en pointillé : chacun des panneaux de la trémie A est muni d'une série de lattes flexibles *a* qui ont pour but d'empêcher la paille de passer d'elle-même au batteur ; enfin on voit en P une planchette basculante, qui, agissant sur une poulie à friction, débraye l'engreneuse en cas de besoin.

Quel que soit le type d'appareil auquel on ait recours, l'ouvrier chargé de l'alimentation doit délier la botte et la jeter dans l'engreneuse, en ayant soin de placer les épis du côté convenable.

Toutes les machines imaginées en Europe sont établies pour fonctionner avec des ouvriers montés sur la batteuse. Dans le Nord-Amérique, au contraire, les ouvriers circulent sur le sol même, et l'engreneuse se charge de conduire la gerbe au batteur, sans qu'il soit même besoin de la délier. Ainsi, sur la figure 220, on aperçoit à droite une chaîne sans fin munie de liteaux à broches, formée de deux parties qui sont repliées, la machine étant en position de transport. Pour le travail, on déploie cet entraîneur, dont l'extrémité libre arrive à 1^m.50, environ, du sol ; la figure 228 représente le même organe développé. Les gerbes, simplement jetées dans un couloir dont l'entraîneur forme le fond, sont élevées un peu au-dessus du niveau du batteur, puis sont saisies par des sortes de scies, commandées comme les secoueurs des machines à battre européennes, et dont les dents, formées de grandes sections faucillées, coupent la ficelle, déliant ainsi les bottes. Des disques retardateurs, dont on voit la projection en étoile sur le dessin, retiennent la paille et la soulèvent, tandis que les scies la poussent vers le batteur. On peut modifier la vitesse de la chaîne de l'entraîneur, suivant l'intensité de la récolte ; en outre, un régulateur débraye cette chaîne quand le batteur ne tourne pas à la vitesse voulue.

On a également adapté à nos fortes batteuses européennes des engreneuses répondant à un programme analogue ; un petit monte-charge, placé un peu en biais sur l'un des côtés de la machine, élève les bottes non déliées et les déverse sur une engreneuse à transporteur, munie, en outre, d'une scie pour couper les liens.

Châssis et carcasse des machines à battre.

Le châssis sur lequel reposent tous les organes de la batteuse a, tout au moins dans les grandes machines, une forme rectangulaire et peut être supporté soit par des roues, soit par des massifs de maçonnerie ou des chevalements en bois. Sur les deux grands côtés de ce châssis s'élèvent des panneaux réunis à la partie supérieure par une toiture. Les Nord-Américains construisent souvent ces organes entièrement en métal, fers profilés et tôles embouties, assemblés par les procédés ordinaires avec tirants, goussets, etc., pour en assurer la rigidité. En Europe, on préfère avoir recours au bois, en consolidant au besoin les assemblages par des pièces métalliques; toutefois, ce dispositif est défectueux pour les climats très secs, où les assemblages de bois se disloquent rapidement. Les mouvements alternatifs des secoueurs, des tables, des tarares, etc., impriment à l'ensemble de la carcasse des vibrations qui disloqueraient en peu de temps les assemblages si l'on ne prenait pas les précautions nécessaires pour en augmenter la résistance. Les panneaux comportent un cadre formé de pièces horizontales et verticales sur lequel sont fixées des planches assemblées à rainure et languette; les éléments du cadre sont très souvent triangulés par des tirants en fer. Certains constructeurs adoptent même un mode de montage dérivé de celui des charpentes : les montants verticaux sont traités comme des poinçons et soutenus par des arbalétriers, soulagés eux-mêmes par des contre-fiches et des potelets; ces dernières pièces peuvent être en fonte. On trouve d'ailleurs en Europe des panneaux dont le cadre est entièrement constitué par des fers profilés; mais, en France, on se borne généralement à consolider les assemblages par des équerres d'angle ou des équerres à plat, et l'on augmente la rigidité de l'ensemble en substituant aux planches, dans la partie qui soutient le batteur, une plaque de fonte encastrée entre les montants et les traverses; quelquefois même cette plaque, qui soutient les paliers du batteur, occupe toute la hauteur du panneau et constitue le conduit de l'élévateur d'ôtons (fig. 218).

Enfin, lorsque les secoueurs sont très allongés, dans le but de mieux extraire le grain entraîné avec la paille, on se contente, pour ne pas augmenter les dimensions générales de la machine et ne pas l'alourdir outre mesure, d'enfermer l'extrémité libre de ceux-ci sous un capot distinct, simplement maintenu par les panneaux (fig. 218 et 219).

Organes accessoires des machines à battre.

Toiles et tôles de garde. — Ce sont des morceaux de forte toile, ou des panneaux en tôle mince, cloués ou articulés sur les traverses de la toiture, et dont le but est d'empêcher les pailles et les grains sortant du batteur d'être projetés trop loin. On emploie en général deux ou trois de ces toiles ou tôles de garde (*t*, fig. 210, 216, 217, 218). On voit, en outre, sur la figure 220, une pièce rotative, dite *déflecteur*, placée tout à côté du batteur, et qui remplit un rôle analogue.

Ensacheurs. — Les grains qui sortent de la batteuse, après avoir subi un ou deux nettoyages, tombent dans de petites trémies, qui aboutissent à des buses auxquelles sont adaptés les sacs (c_1, c_2, c_3, fig. 216); on se contente très souvent de munir l'orifice de pointes sur lesquelles on pique le sac; mais, comme ce dernier est rapidement détérioré, il vaut mieux le saisir entre la buse et un loquet mobile qui le maintient par pression; il existe actuellement un grand nombre d'appareils de ce genre.

L'ensacheur est souvent constitué, dans les machines françaises, par un coffre fixé sur l'un des panneaux, et où le grain sortant du nettoyage est envoyé par un projecteur centrifuge; on pourrait se servir du projecteur pour classifier les grains suivant dimensions, car les plus lourds sont lancés plus loin. On n'obtiendrait évidemment pas un triage aussi parfait qu'avec un crible rotatif, mais le grain débité par la buse la plus éloignée du projecteur pourrait certainement être vendu avec une plus-value appréciable. Cette question ne semble pas avoir intéressé nos constructeurs.

Aspirateurs de poussières. — On dispose quelquefois, au-dessus des secoueurs, un ventilateur dont l'œillard aspire l'air au-dessus des pailles, au moment où elles vont sortir de la batteuse : une grande partie de la poussière qui aurait souillé la paille est ainsi refoulée par les palettes dans un conduit qui les dirige soit dans une chambre spéciale, quand l'installation est fixe, soit, pour les matériels locomobiles, vers un point suffisamment éloigné et du côté opposé à la direction d'où souffle le vent.

Aspirateurs de bales. — Ce sont encore des ventilateurs qui sont chargés de ce travail. On peut, de même que précédemment, recueillir ces matériaux légers dans un local à ce affecté, ou les remonter de quelques décimètres pour les conduire à un ensacheur et en faciliter ainsi la manutention.

Cales. — Il est nécessaire de caler soigneusement les batteuses locomobiles pour éviter qu'elles subissent des oscillations trop fortes et même qu'elles ne se déplacent. On emploie pour cela des cales, ou coins en bois qu'on applique de chaque côté des roues et qu'on relie par des broches à vis ; ou bien, l'une des cales est munie d'un grand étrier en fer, qu'on engage dans des trous ou des crans de l'autre cale, et l'on serre fortement les deux pièces contre la roue au moyen d'un levier.

Enlèvement de la paille battue.

La paille abandonnée par les secoueurs ou les tire-paille tombe sur une grille inclinée, à barreaux en bois, terminée généralement par une table à claire-voie sur laquelle les ouvriers peuvent la prendre commodément pour la lier. Ces ouvriers acquièrent rapidement l'habitude nécessaire pour confectionner des bottes de poids sensiblement égaux. Mais, pour les faire rigoureusement de même poids, on a construit des *pèse-paille* formés d'une sorte de trémie métallique dont les deux parois, maintenues par des contrepoids réglables, s'écartent lorsque la quantité de paille qui s'y est accumulée est suffisante. Ces appareils ne se sont pas répandus.

Botteleuses mécaniques. — Les *botteleuses* qu'on adjoint aux machines à battre remplissent d'ailleurs le même office et suppriment aussi le travail très pénible qu'ont à accomplir les ouvriers qui, pour prendre et lier la paille, se meuvent

dans une atmosphère chargée de poussière. Il existe des botteleuses sur roues et des botteleuses fixes, c'est-à-dire adaptables à demeure sur la batteuse ; leur principe est d'ailleurs le
même, et, dans les deux cas, l'appareil se compose d'une table
et d'un organe de liage de moissonneuse-lieuse. Les tasseurs,
au nombre de trois ou de quatre, sont un peu plus écartés
que dans la machine de récolte ; en outre, en raison de la
moindre rigidité des pailles, que le batteur a toujours un peu

Fig. 229. — Botteleuse sur roues (Massey-Harris).

froissées, on emploie plusieurs verrous. A cela près, tout est
identique aux organes que nous avons précédemment étudiés,
et le mouvement est transmis à cette botteleuse par l'un des
arbres de la batteuse. La figure 229 représente une botteleuse
sur roues, pourvue de brancards ; elle ne comporte qu'une
aiguille et qu'un noueur ; mais, malgré le soin avec lequel
les organes ont été disposés, il ne faut pas compter pouvoir
obtenir des bottes aussi bien faites qu'avec la moissonneuse-
lieuse, les pailles qui sortent de la batteuse étant quelque peu
détériorées. Il convient donc, si on veut avoir de belles bottes,
de lier *à deux liens*, avec des botteleuses comprenant deux

aiguilles et deux noueurs ; malheureusement, le prix de la
ficelle est assez élevé, et la plupart des agriculteurs reculent
devant la dépense supplémentaire que ce procédé impose. La
figure 230 donne l'aspect d'une botteleuse à deux liens montée
à poste fixe sur une batteuse ; grâce à un petit treuil placé à
l'angle d'un panneau et de la toiture, on peut relever complètement l'appareil, pour faciliter le déplacement du matériel
(à gauche de la figure), l'abaisser quand on ne veut pas lier la

Fig. 230. — Botteleuse à deux liens, vue dans les trois positions qu'on peut lui
donner par rapport à la batteuse (Hornsby-Wallut).

paille (à droite) ou le placer dans la position intermédiaire
(au milieu) quand il doit fonctionner.

Botteleuses à bras. — On construit, depuis quelques années,
de petites botteleuses à bras, au moyen desquelles on peut
utiliser les brins de ficelle provenant de la lieuse ; on prépare
les liens à l'avance, pendant les veillées d'hiver, en nouant
bout à bout deux brins et en les coupant à la longueur voulue ;
puis on fait une boucle à l'une des extrémités et un nœud à
l'autre extrémité de la cordelette ainsi constituée. On trouve
d'ailleurs, dans le commerce, des liens tout préparés ; parfois
même le nœud est coloré, de façon qu'on l'aperçoive sans
difficulté et qu'on puisse délier la gerbe sans couper le lien,
qui peut ainsi servir plusieurs fois.

L'un des appareils botteleurs les plus simples consiste
en une aiguille métallique cannelée, légèrement cintrée et
percée d'un trou, ou chas, à l'une de ses extrémités (fig. 231);
l'ouvrier, prenant un lien préparé comme nous l'avons expliqué, accroche le nœud dans le chas et passe l'aiguille sous

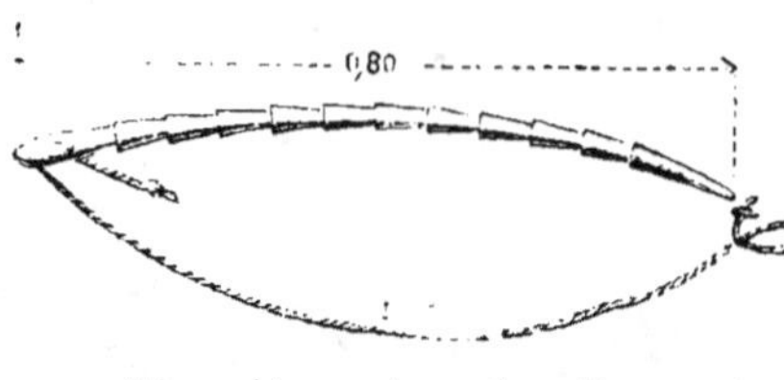

Fig. 231. — Lieuse de gerbes (Vermorel).

la gerbe : rabattant la ficelle par-dessus cette dernière, il engage la boucle sur la pointe de l'aiguille, puis, mettant le pied à la fois sur la boucle et sur la gerbe, il tire l'aiguille jusqu'à ce qu'elle sorte de la boucle; d'une

légère secousse, il dégage le nœud, qui, par l'élasticité de
la gerbe, vient s'appuyer sur la boucle et maintenir la
botte liée. Pour délier, il suffit de dégager le nœud en
le faisant passer, en sens inverse, à travers la boucle.

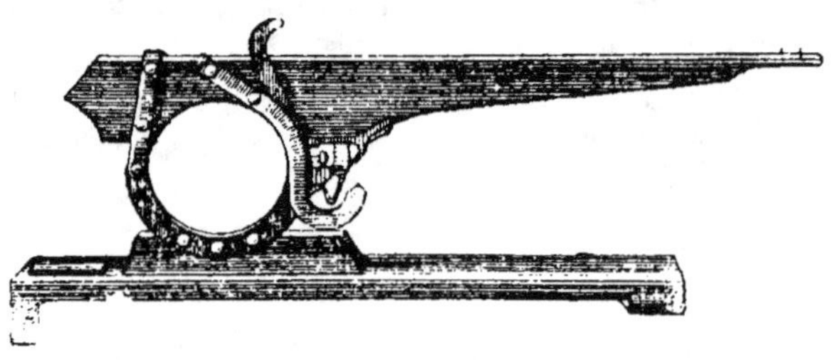

Fig. 232. — Botteleuse à bras (Mary-Jeanson).

D'autres petites botteleuses à bras, dont il existe plusieurs
types, d'ailleurs peu différents les uns des autres, comportent un berceau formé de deux fers méplats cintrés en demi-
cercle, supporté par une simple planche constituant la base
de la machine (fig. 232); un levier, articulé sur un montant
perpendiculaire à la base, et muni également d'un ou de deux
fers analogues, peut être abaissé ou relevé. Dans cette dernière position, ces différents fers constituent une ceinture à
peu près circulaire. Le berceau fixe est muni d'une collerette
ou d'une double griffe sur laquelle on passe la boucle, qui est

ainsi maintenue un peu ouverte: le nœud est, d'autre part, engagé dans la fente d'un pied-de-biche étroit, disposé à l'extrémité correspondante du berceau mobile.

Quand on abaisse ce dernier, la botte est comprimée: le pied-de-biche engage le nœud dans la boucle, et, lorsque le levier est relevé, celle-ci, abandonnée par les griffes, bloque le nœud comme précédemment.

On a récemment construit une machine du même genre, mais destinée à fonctionner avec de la ficelle en pelotes, comme les lieuses montées sur les batteuses. La paille est alors placée sur une table inclinée, pourvue inférieurement d'un rebord. En manœuvrant un levier latéral, on fait fonctionner une aiguille analogue à celle des lieuses, mais pourvue, près de sa pointe, d'une courte crémaillère latérale, qui fait tourner un noueur du type Appleby, ainsi que sa pince à ficelle, son couteau, etc. Au point de vue du principe, c'est une machine intermédiaire entre les lieuses actuelles et les anciennes lieuses à fil de fer, dans lesquelles l'aiguille faisait tourner elle-même les pièces chargées de tortiller le fil; malgré sa réelle ingéniosité, elle nous paraît un peu compliquée, eu égard au résultat à obtenir.

Élévateurs de paille. — Ces machines sont annexées aux batteuses et prennent leur mouvement sur l'un de ses axes; elles ont pour but de recueillir la paille débitée par les secoueurs et de la transporter à quelques mètres, en l'élevant de la quantité nécessaire pour l'engranger ou, surtout, pour la disposer en meules.

On emploie actuellement deux types principaux d'élévateurs de paille : dans l'un, les pailles sont entraînées par un tablier sans fin, tandis qu'avec l'autre, c'est un violent courant d'air, provenant d'un ventilateur, qui produit cet effet.

Dans le premier cas, l'appareil peut encore être à orientation fixe ou à orientation variable. Pour l'orientation fixe, l'élévateur est simplement accroché, par une de ses extrémités, sur les longerons de la batteuse, en dessous des secoueurs (fig. 233); il est constitué par deux longues flasques entretoisées supportant, à leurs deux extrémités, des arbres pourvus de poulies ou de tourteaux, qui servent à guider et à entraîner des cour-

roies parallèles en cuir, en coton, ou parfois en caoutchouc,
réunies par des liteaux transversaux très souvent garnis
de griffes en feuillard ou de broches plus ou moins acérées.
Le tablier sans fin ainsi constitué est commandé, au moyen
d'une courroie, par l'un des arbres de la batteuse; un

Fig. 233. — Élévateur à orientation fixe (Rololausse)

treuil, fixé à la toiture, permet d'augmenter ou de diminuer l'angle formé par l'élévateur avec le sol; d'abord faible, cet angle est peu à peu augmenté, à mesure que la meule s'élève.

Les élévateurs du type précédent ne peuvent délivrer la paille que dans la direction même des secoueurs. Si l'on veut que la machine puisse faire un angle quelconque avec la batteuse, il faut la monter sur un châssis spécial, qui

est généralement à quatre roues. Il existe même des modèles
permettant de confectionner des meules en demi-cercle ou
d'engranger dans un bâtiment dont la façade fait un angle
quelconque avec la batteuse; ils comportent encore un châssis
à quatre roues, dont l'avant-train est soigneusement maintenu
par des cales, tandis que les roues d'arrière sont pourvues de
fusées qu'on peut faire pivoter d'un angle droit autour d'axes
verticaux (fig. 234). La cheville ouvrière sert alors de pivot,
et l'élévateur peut ainsi être déplacé fortement vers la gauche
ou vers la droite; l'amplitude de ce mouvement d'oscillation,
qu'un ouvrier imprime peu à peu aux moments nécessaires

peut atteindre près de 200 grades (demi-circonférence).
Dans ces modèles sur roues, la paille ne tombe plus directement sur l'élévateur, mais est recueillie dans un vaste
entonnoir où le tablier sans fin la prend plus normalement.
Le réglage en hauteur est effectué au moyen d'une manivelle qui commande deux pignons agissant sur des crémaillères cintrées ; la courroie qui réunit l'arbre de la batteuse

Fig. 234. — Élévateur de paille à orientation variable (Clayton et Shuttleworth).

à celui de l'élévateur est guidée par deux galets de renvoi.
Les flasques dépassent toujours un peu le niveau de la
partie utile du tablier, ou sont même garnies de panneaux,
afin de former rebord et d'éviter que le vent ne fasse tomber
la paille ; dans les élévateurs américains, dont le tablier est
fait d'une toile de coton analogue à celle des lieuses, ces
rebords sont constitués par des toiles maintenues à l'aide de
petits montants métalliques, ce qui allège beaucoup la
machine.

La longueur de ces élévateurs varie entre 5 et 6 mètres
dans les modèles les plus courants, mais il en existe aussi de
plus grands ; les Nord-Américains en construisent même dont

la portée, en hauteur et en largeur, atteint près de 12 mètres. Il est donc nécessaire de prévoir des dispositifs facilitant le transport de ces appareils encombrants. Pour les élévateurs sur roues de dimensions courantes, on se borne souvent à les abaisser complètement sur le châssis; mais pour certains de ces modèles, pour tous ceux à orientation fixe ou à orientation variable de grandes dimensions, on réduit la longueur en

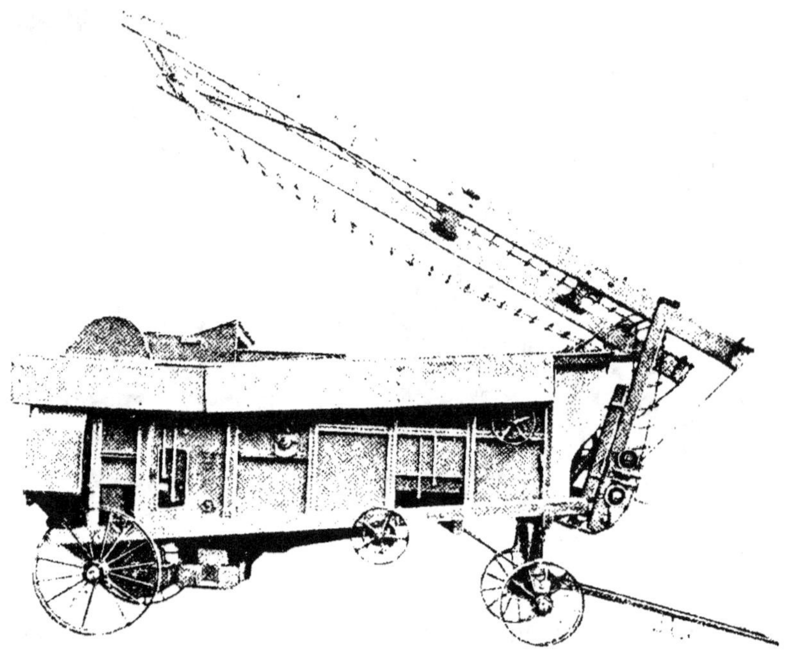

Fig. 235. — Élévateur de paille à orientation fixe, en cours de rabattement sur la voiture de la batteuse (Société française de matériel agricole et industriel).

sectionnant les deux flasques et en les faisant télescoper, ou en rabattant l'une des parties sur l'autre. Avec l'orientation fixe, une disposition commode consiste à replier l'élévateur sur la toiture de la batteuse; on semble d'ailleurs préférer maintenant les élévateurs pliants aux élévateurs télescopants. En tout cas, la manœuvre en est assurée par des treuils qui permettent à un seul homme de déployer ou de replier l'appareil sans difficulté (fig. 235).

La figure 220 montre la disposition employée aux États-Unis pour élever la paille au moyen d'un ventilateur; on ne l'applique qu'aux batteuses en bout et, par suite, à la paille froissée. Immédiatement en dessous de l'extrémité du secoueur se trouve un entonnoir qui conduit la paille à l'œillard d'un ventilateur actionné par l'arbre du batteur ; elle tourbillonne et s'échappe, en même temps que le courant d'air, par un conduit en tôle qui, dans cette figure, est représenté en situation de transport, c'est-à-dire amené au-dessus de la batteuse ; mais, en ordre de marche, il est à 200 grades (180°) de cette position vers la gauche. La plate-forme horizontale qui le soutient à l'avant de la batteuse est en effet munie d'une glissière circulaire et d'une crémaillère qui permettent ce mouvement de rotation. La partie extrême du conduit est composée de deux tuyaux en tôle, qui jouent l'un dans l'autre comme les tubes d'une lorgnette, de sorte qu'en agissant sur un petit treuil on lui donne, au besoin, une longueur à peu près double de celle qu'il a sur la figure; on peut enfin élever ou abaisser à volonté l'extrémité libre, ou débouché, du conduit. Quand on veut confectionner une meule demi-circulaire, on embraye un mécanisme qui agit sur la crémaillère de la plate-forme, et le conduit se déplace automatiquement, d'un lent mouvement circulaire alternatif dont l'amplitude est à peu près d'une demi-circonférence.

Broyeurs de paille. — Dans les pays où le foin est rare, comme en Algérie, en Tunisie ou dans certaines régions méri-

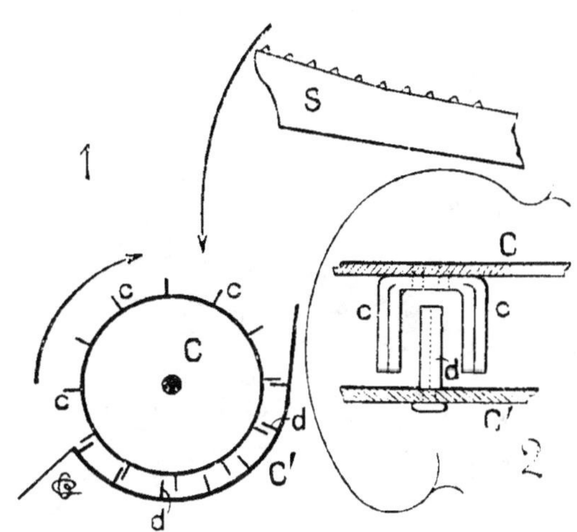
Fig. 236. — Principe d'un broyeur de paille.
1. disposition schématique d'ensemble ; 2. détail des dents fixes et des couteaux mobiles.

dionales de la France, la paille entre, pour une forte proportion, dans l'alimentation des animaux. Comme cette paille est toujours très dure, il faut la déchiqueter, et, pour éviter une manipulation spéciale, à l'aide des instruments que nous décrirons plus loin, on adjoint à la batteuse un broyeur de paille. Cet appareil se compose (fig. 236) d'un cylindre rotatif en tôle, C, soutenu par des tourteaux, et sur lequel sont disposés, en hélice, un grand nombre de couteaux à doubles lames, c, formés par de petites bandes d'acier, repliées à angle droit à leurs deux extrémités, et affûtées sur une face; vis-à-vis de ce cylindre, se trouve une cuvette demi-cylindrique fixe, C', de même axe que lui, pourvue de dents, d, de chaque côté desquelles passent les lames des couteaux. Le broyeur étant placé immédiatement en dessous du débouché des secoueurs S, la paille est entraînée par le cylindre mobile, auquel l'arbre du batteur communique un mouvement de rotation très rapide; elle est déchiquetée entre les couteaux et les dents fixes. Un deuxième organe, identique au premier, complète souvent le broyage.

Fig. 237. — Broyeur indépendant, avec sasseur et ensacheur (Clayton et Shuttleworth).

On obtient aussi le broyage de la paille en faisant passer cette dernière, à sa sortie des secoueurs, entre deux cylindres, tournant en sens inverse, et dont la périphérie est garnie de lames hélicoïdales tranchantes.

Sasseurs. — On adjoint utilement aux batteuses munies d'un broyeur un *sasseur* formé (fig. 238) d'une grande table perforée et animée de secousses, montée à peu près comme l'auget de premier nettoyage des batteuses et supportée par un châssis à quatre pieds ou à quatre roues; en dessous, se trouve un

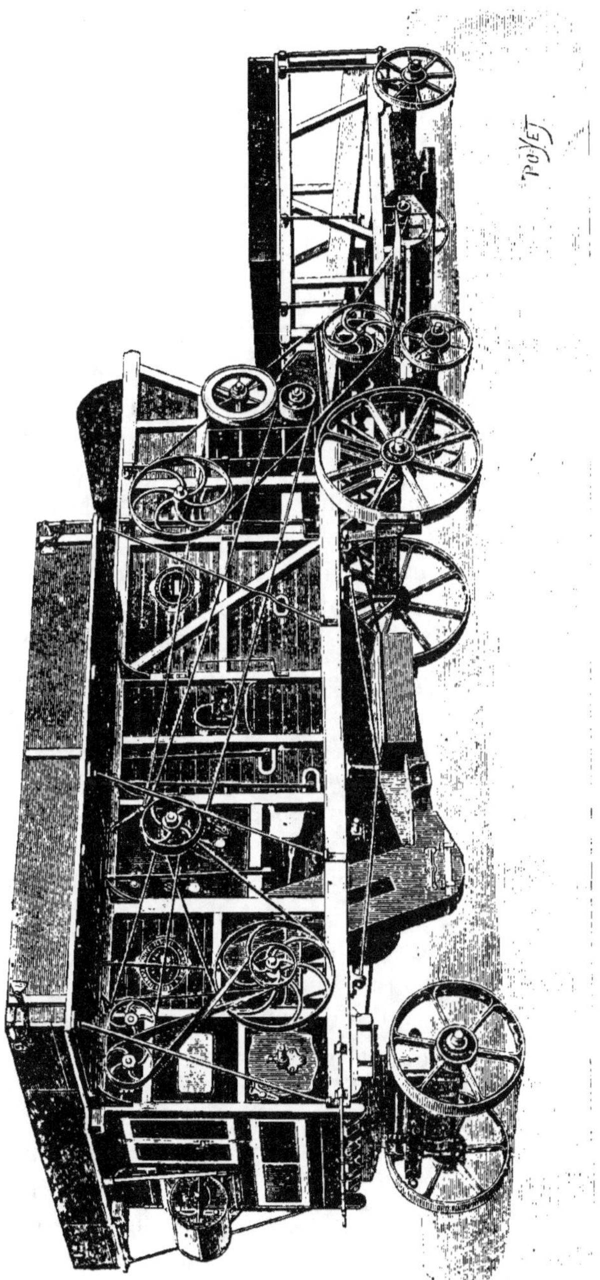

Fig. 238. — Batteuse munie d'un broyeur et d'un sasseur de paille (Société française de Matériel agricole et industriel).

18.

ventilateur qui enlève la poussière et les éléments trop menus.

On construit également des ensembles broyeur et sasseur, montés sur un chassis à trois ou à quatre roues : ces machines sont complétées par un ensacheur à chaîne à godets ou par un élévateur centrifuge qui conduit la paille hachée dans le local où on la remise. La figure 237 donne l'aspect d'un de ces appareils, qui permet d'ensacher ou d'engranger, à volonté, la paille broyée et sassée.

ÉGRENAGE DES PETITES GRAINES.

Les graines de certaines plantes fourragères de la famille des papilionacées, telles que le trèfle, la luzerne, etc., sont de très petites dimensions et enfermées dans des gousses qui adhèrent encore, en même temps que les débris plus ou moins desséchés des organes floraux, aux parties végétatives. Les semences ne représentent, dans l'ensemble de la matière récoltée, qu'un volume insignifiant, et il est, par suite, difficile de bien les séparer des parties foliacées, qu'on appelle souvent les *pailles*, par analogie avec les organes correspondants des céréales. Le fléau est encore fréquemment employé pour le battage de ces *petites graines*, mais on opère généralement sur une bâche, pour pouvoir ramasser plus facilement les semences ; toutefois cet égrenage est très imparfait, et il faut le compléter par un pilonnage ou même par un passage entre des meules peu serrées. Ces procédés ne peuvent être employés que si les quantités à traiter sont faibles.

Lorsqu'on égrène avec des machines, l'opération est effectuée en deux temps : on commence par séparer de la paille les grappes ou capitules qui contiennent les semences et qui constituent la *bourre*, d'où le nom d'*ébourrage* donné à ce premier travail ; puis on bat de nouveau cette bourre pour en extraire les graines, et ce deuxième travail est appelé *ébossage ou égrenage*. Ces opérations sont effectuées à l'aide d'organes différents, qui peuvent être disposés sur deux machines distinctes ou réunis sur un même bâti de batteuse.

Ébourrage. — La séparation des bourres est obtenue à l'aide d'une machine à battre appartenant à l'un quelconque des systèmes étudiés pour l'égrenage des céréales. Les batteurs à pointes conviennent parfaitement à ce genre de travail, et, dans certains modèles d'origine américaine, les dents du batteur et du contre-batteur sont pourvues de cannelures obliques facilitant, paraît-il, le dégagement des bourres. Mais,

sauf dans la région Ouest, on recourt de préférence, en France, aux batteurs en travers, dont on réduit ordinairement la longueur, pour les machines à petites graines pro-

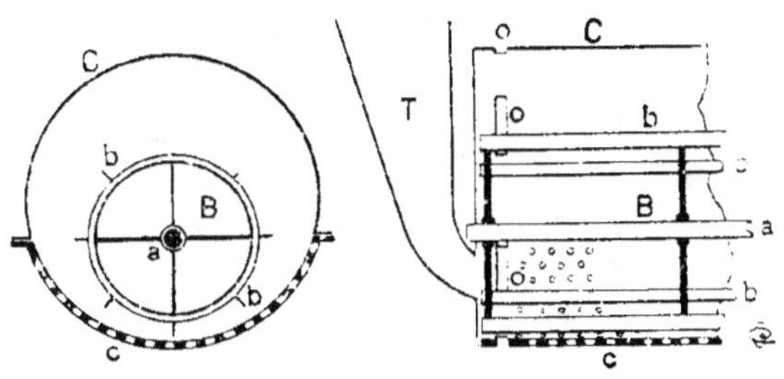

Fig. 239. — Principe de l'ébossage par chocs.

prement dites, à 1ᵐ,20, ou quelquefois à 1ᵐ,40 seulement. Le contre-batteur est identique à celui des batteurs à céréales : certains constructeurs en rapprochent cependant un peu plus les battes en fer plat. Les bourres, séparées par les secoueurs, sont recueillies dans l'auget.

Ébossage. — Les organes chargés de l'ébossage agissent soit par chocs, soit par froissement.

Ébosseurs à chocs. — Le batteur B, pourvu de battes rectilignes *b* (fig. 239), tourne à l'intérieur d'un contre-batteur ajouré C, fortement excentré par rapport au batteur. La partie perforée du contre-batteur, *c*, est placée en dessous du batteur et occupe un tiers, environ, de la surface cylindrique ; le reste peut être en tôle pleine ou en toile métallique. Les bourres arrivent, par le conduit T, à l'une des extrémités de cet appareil et, saisies par les battes, sont projetées sur les parois. Les chocs déterminent l'ouverture des gousses ; les graines traversent les perforations inférieures, et les bourres égrenées sortent à l'autre extrémité. Pour éviter la détérioration du contre-batteur par les pierres introduites en même temps que les bourres, on ménage à l'entrée quelques ouvertures, *o*, par où les pierres, bien plus rapidement entraînées, par le mouvement du batteur, en raison de leur poids spécifique élevé, sont bientôt projetées, tandis que les bourres, très légères, tourbillonnent quelque temps avant d'être saisies à leur tour.

Ébosseurs à frottement. — Quand l'ébosseur agit par frottement, il comprend, comme dans le cas de la figure 240, un batteur cylindrique en tôle pleine, hérissé d'innombrables petites saillies, et un contre-batteur de même nature, enveloppant à moitié le batteur, et dont l'écartement, réglable d'ailleurs, diminue progressivement de l'entrée vers la sortie. Les bourres, engagées mécaniquement suivant la longueur de l'organe, sortent en même temps que

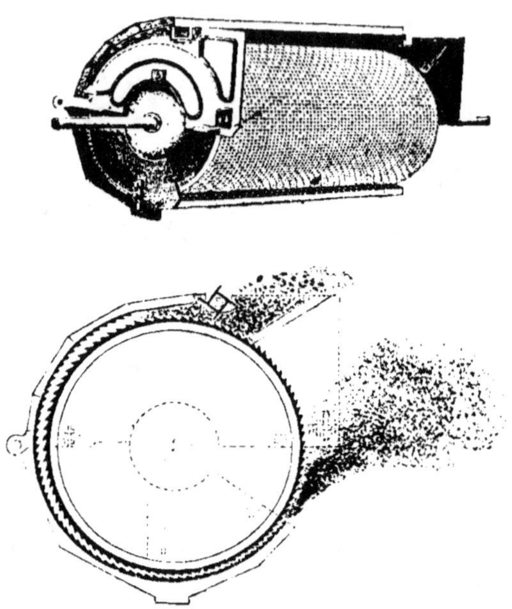

Fig. 249. — Ensemble et coupe d'un ébosseur à frottement (Pécard frères).

les graines, et un triage les sépare de ces dernières.

Mais, le plus souvent, on emploie un batteur et un contre-batteur tronconiques. Le batteur est formé de battes constituées par des fers en ⌐ contournés en hélice et boulonnés, les ailes en dehors, sur des tourteaux dépendant de l'arbre ; le contre-batteur est une enveloppe en fonte, pourvue intérieurement de cannelures disposées aussi en hélice. Le contre-batteur, qui entoure entièrement le batteur, était autrefois fondu en deux pièces, ajustées ensuite suivant un plan diamétral ; comme, par suite du retrait qui les déforme, il était impossible d'obtenir par ce procédé des pièces régulièrement tronconiques, on compose maintenant les contre-batteurs

d'une série de plaques en fonte, longues et étroites, cannelées
et légèrement concaves sur l'une de leurs faces, qu'on
assemble sur des ga-
barits et qu'on cercle
de la même façon
que les douves d'un
tonneau.

Le batteur et le
contre-batteur ayant
le même axe, il suffit
de déplacer légère-
ment le batteur le
long de cet axe pour
faire varier la dis-
tance entre les battes
et le contre-batteur,
donc pour régler la
machine. On dispose,
en général, d'un jeu
latéral d'une dizaine

Fig 241. — Ébosseuse simple (Lotz fils de l'Aîné).

de centimètres, ce qui est amplement suffisant. La bourre est
introduite du côté de la grande base du tronc de cône et
chemine vers la petite base à la fois sous l'influence des battes
et sous celle des cannelures.

Types de batteuses à petites graines. — On construit de
très nombreux types, fixes ou locomobiles, de batteuses à petites
graines. Les plus simples sont, comme nous l'avons dit,
destinées à travailler les bourres provenant d'un premier
passage dans une autre batteuse. La figure 241 en représente
une, agissant par chocs, où la bourre, disposée dans une
trémie au-dessus de la machine, est engagée peu à peu par
l'ouvrier et ressort en C′ tandis que les semences sont déversées en B par la goulotte A ; ces batteuses, qui ne nettoient
pas la graine, peuvent être conduites par un manège.

Il suffit ordinairement d'un seul nettoyage pour débarrasser
la graine des impuretés qui la souillent. Mais on peut aussi faire
deux, trois et même quatre nettoyages, remonter à l'ébosseur
les bourres non battues, etc. La figure 242 donne l'aspect

d'une batteuse à petites graines, simplement ébosseuse, mais
pourvue d'un nettoyage et d'un ensacheur.

Les ébourreuses-ébosseuses combinées à nettoyages multiples sont représentées en ensemble par les figures 243 et 244 et en
coupe par la figure 245. Si nous nous reportons à cette dernière
figure, nous voyons que le fourrage à travailler, engagé par A,
arrive au batteur B et au contre-batteur C, du type courant

Fig. 242. — Ébosseuse pour petites graines avec nettoyage et ensacheur (Merlin et Cie).

qui effectuent l'ébourrage; la paille est entraînée par les
secoueurs S, tandis que la bourre, tombant sur la table à
secousses T, en traverse les orifices, se sépare des menus brins
et arrive à la vis d'Archimède r; celle-ci la dirige vers le projecteur centrifuge D, dont le conduit C' aboutit à l'ébosseur E.
Le mélange de bourre et de graines qui sort de cet appareil
est reçu sur la grille G et le courant d'air venant du ventilateur V facilite la séparation en soulevant un peu la bourre; ce
triage est complété par la grille G', et les grains arrivent enfin
sur les grilles g, g', où un deuxième ventilateur V' les débar-
rasse de la majeure partie des poussières. Les matières qui

n'ont pu traverser ni G ni G' sont déversées en N, et les

Fig. 243. — Ébourreuse-ébosseuse avec quadruple nettoyage de quatrième à l'extérieur du coffre (Merlin et Cie).

Fig. 244. — Ébourreuse-ébosseuse, avec triple nettoyage et deux aspirateurs (Hidien).

bourres non battues peuvent, au besoin, être reprises par un

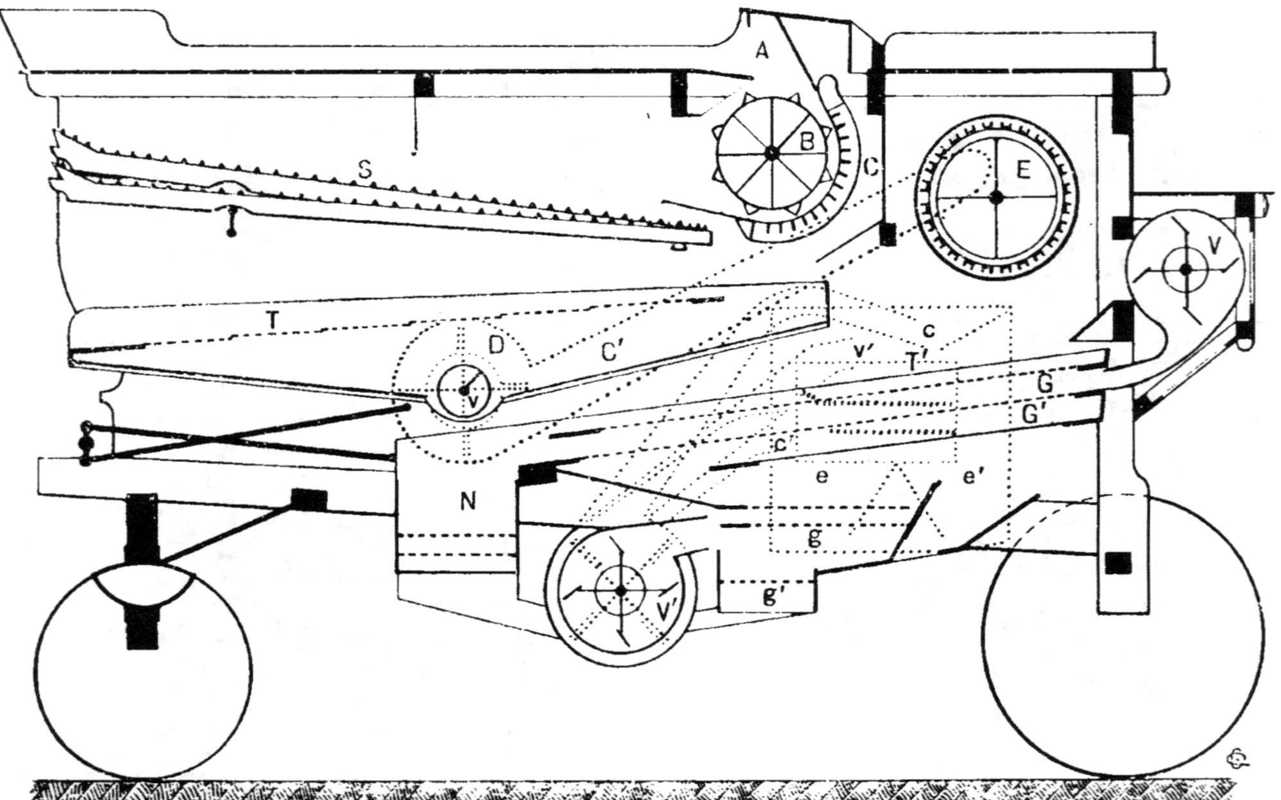

Fig. 245. — Coupe d'une ébourreuse-ébosseuse à double nettoyage (Société française de matériel agricole et industriel).

élévateur et renvoyées en E. Les graines, recueillies sur les grilles *gg'*, sont reprises par un projecteur calé sur le même arbre que V' et remontées par *c* au deuxième tarare, figuré en pointillé sur notre dessin, reçoivent par *v'* un nouveau courant d'air et parviennent aux ensacheurs *ee'*; si l'on ne veut pas procéder au deuxième nettoyage, on envoie directement les graines, par *c'*, aux ensacheurs.

ÉGRENAGE DU MAIS.

Égrenoirs à bras. — Le maïs n'étant cultivé en France, pour ses graines, que sur de petites étendues, les grandes machines égreneuses analogues à celles qu'on emploie en Hongrie, aux États-Unis, etc., ne se sont pas répandues dans notre pays. On n'y utilise guère que les *égrenoirs à bras*, au moyen desquels les épis sont travaillés un à un, après avoir été débarrassés de la feuille, ou gaine, qui les entoure. Le principe de ces machines est simple : un plateau à axe horizontal, dont une face est garnie de très fortes aspérités, est animé d'un mouvement de rotation au moyen d'une petite manivelle ; il tourne devant une partie fixe com-

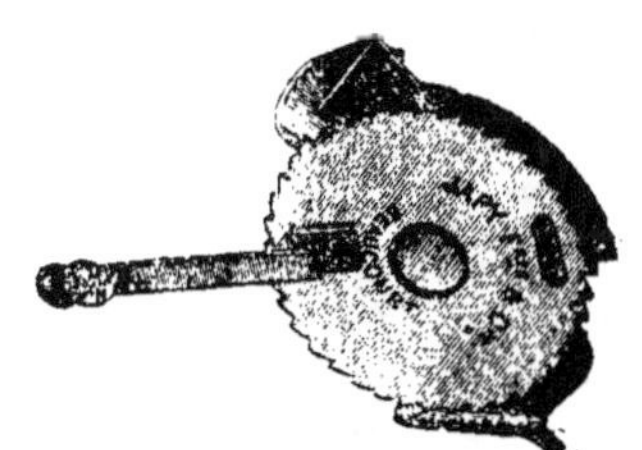

Fig. 246. — Égrenoir de maïs à bras (Japy frères).

portant latéralement un logement ayant à peu près la forme d'un tronc de cône coupé suivant son axe et présentant des cannelures hélicoïdales (fig. 246 et 247); le plateau, qui joue le rôle de batteur, est appliqué sur la plaque fixe, analogue à un contre-batteur, par un ressort à boudin qui permet à la machine d'égrener des épis de dimensions assez différentes. Les aspérités arrachent les grains, et, en raison de la situation du logement, l'épi est chassé vers le bas; mais les cannelures l'obligent à tourner autour de son axe et à présenter successivement tous les points de sa périphérie à l'action du batteur. Cette petite machine est fixée sur une caisse ou portée par un trépied métallique ; elle est très légère, et un enfant peut l'actionner : dans la figure 246, les épis égrenés et les grains tombent ensemble par terre ou dans la caisse.

La figure 247 représente une machine américaine, fonctionnant aussi à bras, mais qui sépare les rafles des grains; on la fixe, à l'aide de griffes à vis, à l'intérieur et près de l'un

Fig. 247. — Égrenoir de maïs avec éjecteur de rafles (Pilter).

des angles d'une caisse quelconque. L'épi de maïs est introduit, comme l'indique la figure, dans une petite trémie; sous l'influence du batteur denté et du conduit à cannelure hélicoïdale qui prolonge la trémie, l'épi tourne autour de son axe, et les grains tombent dans la caisse. Lorsque le sommet de la rafle est arrivé à la partie inférieure du conduit, les dents, qui, en raison de la direction sensiblement horizontale de leur mouvement, ne peuvent plus la pousser vers le bas, la chassent latéralement; guidée par une plaque solidaire du conduit, elle s'engage dans un petit couloir dépendant du bâti et

Fig. 248. — Égrenoir de maïs (Senet).

visible sur la partie droite et inférieure de la figure; finalement, elle est entraînée en dehors de la caisse. La trémie et le conduit cannelé formant contre-batteur sont articulés sur le bâti et maintenus par un ressort à boudin; en agissant sur un écrou à oreilles, on approprie la machine à la dimension des épis qu'elle doit travailler.

Il existe des appareils à bras permettant de faire une plus grande quantité de travail par unité de temps (fig. 248). La machine est en bois ou en métal, montée sur un châssis à quatre pieds, et on peut y introduire simultanément deux épis. Le batteur est dentelé sur ses deux faces, et les trémies aboutissent à des noix cannelées situées de part et d'autre du plateau et tournant en sens inverse de lui : les épis sont maintenus, en outre, par des plaques montées à charnière et rappelées par des ressorts. Ces égrenoirs sont presque toujours complétés par un ventilateur et par un crible à secousses, ce dernier ayant pour but de séparer les rafles des grains. Enfin la machine peut être actionnée à volonté par un ou par deux hommes, au moyen de manivelles, ou encore par un moteur quelconque.

Batteuses à maïs actionnées par moteurs. — Nous nous bornerons à donner le principe d'une batteuse à maïs, telle

Fig. 249. — Coupe longitudinale d'une batteuse-effeuilleuse de maïs (Fr. Casali et fils).

qu'on en construit pour les pays où cette céréale est cultivée en grand. Le batteur A, analogue à celui des batteuses en travers, mais de dimensions plus réduites, comporte des battes à plusieurs rangs de cannelures, étagées de façon à agir progressivement sur les épis engagés dans le contre-batteur (fig. 249). Ce dernier ne présente rien de particulier. Les grains qui ont traversé le contre-batteur sont conduits au nettoyage, en même temps que les rafles, qui sont séparées par la première grille de la hotte. Les grains sont recueillis en C, tandis que les rafles sont déversées latéralement et que les bales, chassées par le ventilateur D, tombent en dessous de la machine.

Lorsqu'on opère sur des épis débarrassés de la gaine, la

batteuse est réduite aux organes ci-dessus. Mais, quand on veut se dispenser de les effeuiller préalablement, on emploie des secoueurs E, sur lesquels les gaines et une partie des rafles sont projetées par le batteur. Les feuilles sortent de la même façon que la paille dans nos batteuses; les rafles et les grains sont ramenés vers la hotte par une table à secousses.

Enfin la machine représentée par la figure 249 est munie d'un engreneur semi-automatique composé d'un élévateur à toile sans fin, B, dans lequel on pousse les épis placés sur une petite table, et qui les déverse dans une trémie surmontant le batteur.

Considérations générales sur la dynamique et sur le fonctionnement des machines à battre.

Les expériences relatives aux machines à battre sont peu nombreuses. Lors des concours généraux agricoles de 1856 et 1860, on procéda à des essais à l'aide d'une locomobile tarée à l'avance, de façon que la connaissance du cran de détente ou de l'ouverture de la valve d'admission fournît immédiatement, pour une pression déterminée dans la chaudière, une valeur approximative du travail dépensé. On fit également quelques expériences à l'aide d'un dynamomètre de rotation, mais leur faible durée ne permit pas d'obtenir des indications suffisamment exactes. La Société royale d'agriculture d'Angleterre inaugura, lors du concours de Cardiff, les expériences dynamométriques de longue durée. Enfin, en 1880, la Société des Agriculteurs de France entreprit également une série d'expériences, prolongées pendant un mois, et qui ont fait l'objet d'un rapport technique détaillé, présenté à la Société par M. A. Tresca [1].

Ce sont les principaux résultats de ces essais que nous condensons ci-dessous.

La Société, pour obtenir un degré élevé de précision, commanda en Angleterre un dynamomètre de rotation du système

[1] Comptes rendus des travaux de la Société des agriculteurs de France, 12e session annuelle, t. XII, p. 184 à 225.

Easton et Anderson, pourvu d'un enregistreur-totalisateur.
Mais, dans le cas où cet appareil n'aurait pu être livré à
temps, on résolut de recourir à la méthode déjà utilisée
en 1856, et M. Ringelmann procéda à un tarage minutieux du
moteur, dans les ateliers de la Société de construction de Pantin
(Établissements Weyher et Richemond), qui avaient mis une
locomobile de 15 chevaux à la disposition des expérimentateurs : un secteur, devant lequel se déplaçait l'extrémité
de la tige du compensateur Denis, monté sur la machine, et
gradué d'après les résultats de nombreux essais au frein,
donnait la valeur de l'énergie développée pour les différentes
positions de cette tige, dans les conditions normales de pression et d'allure du moteur (1). On plaça, en outre, sur le
cylindre, un indicateur de Watt, type Richard, qui permit de
déterminer le travail indiqué (2). Bien que le dynamomètre
eût été prêt au moment voulu, on eut recours simultanément
aux trois procédés de mesure du travail absorbé, et on put
ainsi contrôler leur valeur.

Les essais eurent lieu à la ferme de la Faisanderie, à Join-
ville-le-Pont, sauf quelques expériences complémentaires
qui furent exécutées au magasin du matériel du Bois de
Vincennes. L'administration militaire contribua à ces recherches coûteuses en fournissant des voitures et des attelages d'artillerie, ainsi qu'un certain nombre de soldats d'in-
fanterie.

Nous passons sous silence les essais préliminaires permettant
aux concurrents de régler leurs machines et aux expérimentateurs d'en étudier le fonctionnement (3). Les expériences
officielles ont comporté : 1° un essai dynamométrique de
longue durée, avec battage d'environ 800 gerbes de blé et
200 gerbes de seigle; 2° un essai dynamométrique à vide; 3° un
essai sur 200 gerbes de blé, chacun des concurrents employant

---

(1) Bien que M. Ringelmann ne soit pas nommé une seule fois dans le rapport
technique de M. A. Tresca, ni dans le rapport préliminaire de M. Raoul Duval,
c'est à lui qu'incomba la plus grande partie des essais.

(2) Cf. *Moteurs agricoles*, par G. Coupan (Encyclopédie Agricole).

(3) D'après le rapport en question, ces expérimentateurs furent MM. A. Tresca,
répétiteur à l'École Centrale; Vuaillet, chef des travaux de Génie rural à l'Institut
Agronomique ; Viel, directeur de la ferme de la Faisanderie.

Tableau n° 13. — *Caractéristiques des machines à battre.* Essais de Joinville.

ORGANES.		MARSHALL, SONS ET Cie.		GARRET.		PÉGARD.	AULTMAN (chat. en bout.)
		Grande machine.	Type WB.	Grande machine.	Petite machine.		
Batteur	Diamètre extérieur	0m,56	0m,59	0m,55	0m,50	0m,59	0m,58
	Longueur	1m,52	1m,60	1m,37	1m,52	1m,60	0m,84
Contre-batteur	Développement	2,5/6 de circ.	1/3 de circonf.	0,66	0,66	1/2 de circonf.	0,25
Tablier sans fin	Longueur	»	»	»	»	»	2m,93
	Largeur	»	»	»	»	»	1m,10
Secoueurs	Longueur	3m,20	2m,80	3m,00	3m,00	2m,80	1m,86
	Largeur	1m,52	1m,60	1m,37	1m,52	1m,60	1m,10
	Nombre (1)	4	6	4	5	6	»
Cribles	Longueur	1m,40	1m,50	1m,22	1m,22	1m,60	1m,30
	Largeur	1m,38	1m,32	0m,78	0m,78	4m,50	»
	Nombre	1	1	2	2	»	»
1er ventilateur	Diamètre	0m,46	0m,50	0m,64	0m,72	0m,57	0m,58
	Longueur des ailes	0m,95	0m,80	0m,13	0m,23	1m,30	1m,10
	Largeur do	0m,15	0m,12	0m,13	0m,11	0m,16	0m,18
	Nombre do	4	4	6	6	4	4
2e ventilateur	Diamètre	0m,43	0m,50	»	»	»	»
	Longueur des ailes	0m,16	0m,18	»	»	»	»
	Largeur do	0m,12	0m,13	»	»	»	»
	Nombre do	4	4	»	»	»	»
Trieur rotatif (Penney).	Diamètre	0m,37	»	0m,18	»	»	»
	Longueur { Serré	1m,14	»	0m,68	»	»	»
	Longueur { Desserré	1m,35	»	1m,00	»	»	»
	Nombre de spires	202	»	148	»	»	»

(1) Ce nombre est porté jusqu'à 12 dans certaines batteuses modernes.

sa propre locomobile et réglant sa batteuse à son gré, de façon à obtenir le meilleur nettoyage possible ; 4° le rebattage de pailles de blé et de seigle réservées lors des essais préliminaire et n° 1 ; 5° des expériences complémentaires avec le restant la provision de blé et de seigle achetée par la Société ; 6° battage de deux meules d'avoine de la ferme de la Faisanderie ; 7° le battage, à l'aide d'une machine tirée au sort, de 10 000 kilogrammes d'avoine appartenant à l'administration du Bois de Vincennes.

Les machines essayées ont été au nombre de six, dont une seule munie d'un batteur à pointes, en bout. Les caractéristiques de ces machines sont consignées dans le tableau n° 13.

D'autre part, les vitesses constatées au batteur pendant le fonctionnement sont mentionnées dans le tableau n° 14 :

Tableau n° 14. — *Vitesse des batteurs* (Essais de Joinville).

MACHINES.	NOMBRE DE TOURS par minute.			VITESSE MOY. à la circonférence par seconde.	
	Indiqué par les concurrents.	Observé.			
		Minimum.	Maximum.	Minima.	Maxima.
Marshall grande mach..	800 à 1 000	804	1 083	23ᵐ.45	31ᵐ,59
— type WB.....	800 à 1 000	776	1 091	23ᵐ.93	33ᵐ,64
Garrett grande machine.	1 000	940	1 374	26ᵐ.58	38ᵐ,94
— petite machine..	1 000	1 133	1 273	29ᵐ.48	33ᵐ,12
Aultman diam. moyen du batteur en bout 0ᵐ.505..............	1 000 à 1 100	1 012	1 108	26ᵐ.77	29ᵐ,31
Pécard..................	1 000 à 1 050	935	1 082	28ᵐ.89	33ᵐ,60

Les résultats dynamométriques sont consignés dans le tableau n° 15.

Le poids de grain laissé dans la paille a été déterminé en rebattant les gerbes réservées lors des expériences dynamométriques. Les constatations sont indiquées dans le tableau n° 16 :

Tableau n° 15. — *Expériences dynamométriques sur les machines à battre* (Essais de Joinville).

DÉSIGNATION DES MACHINES.	POIDS		TRAVAIL DÉPENSÉ.			DURÉE du battage.	TRAVAIL par seconde.	PUISSANCE en chevaux vapeur.	A VIDE.	
	des gerbes.	du grain nettoyé.	Total constaté.	par 1 000 k. de gerbes.	par 100 k. de grain nettoyé.				Kgm. par seconde.	Puissance en H.P
	kg.	kg.	kgm.	kgm.	kgm.	min.sec.	kgm.	H.P.		
1° Battage du blé.										
Marshall, grande machine......	5455	1763	3 498 948	678 728	198 400	64.10	908.82	12.12	580.2	7.74
— WB..............	5041	1512	3 215 361	637 848	212 579	63.20	846.15	11.28	538.5	7.18
Garrett, grande machine......	5205	1669	3 185 012	611 922	190 799	54.45	969.56	12.93	666.3	8.88
— petite machine........	4967	1485	2 733 789	550 390	184 107	61.30	740.87	9.88	493.3	6.58
Aultmann..........	5066	1621	2 662 948	525 492	164 209	91.10	486.69	6.42	216.9	2.89
Pécard.............	4875	1589	2 925 114	600 037	184 022	75.00	650.03	8.67	446.3	5.95
2° Battage du seigle.										
Marshall, grande machine.....	1037	359	659 380	635 858	183 640	11.10	984.11	13.12	»	»
— WB..............	930	274	567 283	609 960	222 530	11.20	834.24	11.12	»	»
Garrett, grande machine......	899	288	644 565	716 982	229 729	11.00	976.60	13.02	»	»
— petite machine........	910	290	617 339	678 396	212 662	15.00	685.93	9.14	»	»
Aultmann............	974	279	443 124	454 954	158 819	17.00	454.44	5.79	»	»
Pécard (1)............	998	290	904 243	906 039	311 282	23.30	669.81	8.93	586.0	7.81

(1) Les chiffres exagérés indiqués pour la machine Pécard sont dus à un déréglage du batteur, qui a augmenté d'environ 2 chevaux la puissance nécessaire pour le fonctionnement à vide.

Tableau n° 16. — *Poids de grain laissé dans la paille* (Essais de Joinville).

DÉSIGNATION DES MACHINES.	POIDS						RAPPORT du poids du grain laissé dans la paille au poids total du grain.
	de la paille réservée.	de la paille liée au 1er essai.	du grain récupéré.	du grain au 1er essai.	total du grain laissé dans la paille.	total du grain contenu dans les épis.	
	kg.	kg.	kg.	kg.	kg.	kg.	p. 100.
1° Paille de blé.							
Marshall, grande machine....	125.0	2940	0.990	1763.4	23.28	1786.68	1.303
— WB..............	84.6	2885	0.585	1512.5	19.95	1532.45	1.318
Garrett, grande machine.....	114.6	2950	1.045	1669.4	26.90	1696.30	1.586
— petite machine......	90.0	2898	0.635	1484.9	20.45	1505.35	1.358
Aultmann	88.8	2501	0.410	1621.2	11.55	1632.75	0.707
Pécard	91.0	2750	0.754	1589.4	22.57	1611.97	1.400
2° Paille de seigle.							
Marshall, grande machine....	76.0	580	0.550	358.9	4.20	363.40	1.157
— WB..............	146.0	546	1.240	274.1	4.64	278.74	1.665
Garrett, grande machine.....	36.0	485	0.204	288.1	2.76	290.86	0.905
— petite machine......	66.0	513	0.770	290.3	5.99	296.29	2.022

Tableau n° 17. — *Constatations générales sur*

DÉSIGNATION DES MACHINES.	POIDS des gerbes battues.	des grains.	de la paille liée, liens déduits.	de la paille brisée.	des menues pailles.	des petits grains.	ÔTONS.
	kg.	kg.	kg.	kg.	kg.	kg.	kg.
1° Battage du blé.							
Marshall, grande mach..	5155	1763	2882	160	245	5	16
— WB............	5041	1512	2830	260	315	18	6
Garrett, grande machine.	5205	1669	2890	222	302	27	13.4
— petite machine..	4967	1485	2841	270	320	»	3
Aultmann...............	5066	1621	2451	887		28	»
Pécard................	4875	1589	2696	»	458	29	»
2° Battage du seigle.							
Marshall, grande mach..	1037	359	569	84		4.6	
— WB............	930	274	536	65	23	16.8	
Garrett, grande machine.	899	288	475	132		7.5	
— petite machine..	910	290	503	53	42	4.5	
Aultmann...............	974	279	499	150		15.5	
Pécard................	998	290	579	»	84	3	3.4
3° Battage de l'avoine.							
Marshall, grande mach..	3130	1235	1355	»	250	»	»
— WB............	4850	1791	2249	»	410	»	»
Garrett, grande machine.	5750	2223	2612	»	250	»	»
— petite machine..	4765	1832	2195	»	220	»	»
Aultmann...............	6340	2387	3042	»	500	»	»
Pécard................	5726	2366	2510	»	390	»	»

RENDEMENTS : POIDS NETS

le fonctionnement des machines à battre (Essais de Joinville).

ÉGRAINS.	DÉ-CHETS.	RAP-PORT du grain à la paille.	RAPPORT AU POIDS DES GERBES.					QUANTITÉS BATTUES à l'heure,		
			Grains.	Paille liée.	Paille brisée.	Menues pailles.	Otons.	Grains.	Poids.	Nombre de gerbes de 7 kil.
kg.	kg.							kg.	kg.	
12	−72	0.61	0.34	0.56	0,03	0.05	0.003	1 649	4 833	689
36	−63	0,58	0.30	0.56	0.05	0.06	0.001	1 437	4 789	684
40	−41	0.58	0.32	0.55	0.04	0.06	0.003	1 789	5 577	797
30	−20	0.52	0.30	0.57	0.05	0.06	0.0006	1 449	4 846	692
42	−38	0.66	0.32	0.48	0.175		»	1 071	3 340	477
18	+74	0.59	0.33	0.55	»	0,09	0.002	1 272	3 900	557
9	−11.6	0.63	0.34	0.55	0.08		»	1 900	5 490	784
6	−8.6	0.51	0.29	0,58	0.07	0.02	»	1 451	4 924	703
»	+3.6	0.51	0.32	0.53	0.141		»	1 571	4 904	701
8	−8.9	0.58	0.32	0.55	0.06	0.05	»	1 148	3 600	514
24	+6.9	0.56	0.29	0.51	0.154		»	985	3 438	491
18	−18.5	0.50	0.29	0.58	»	0.08	0.005	775	2 661	380
»	290	0.91	0,39	0.43	»	0.08	»	1 256	3 183	458
»	400	0.83	0.37	0.46	»	0.08	»	1 221	3 307	472
»	665	0.85	0.39	0.45	»	0.04	»	1 962	5 074	725
»	512	0.73	0,38	0.46	»	0.05	»	1 896	4 929	704
»	411	0.70	0,38	0.48	»	0.08	»	1 627	4 323	618
»	460	0.94	0.41	0.44	»	0.07	»	1 392	3 368	481

Nous résumons enfin, sous forme de tableau d'ensemble, et à titre d'indications générales, toute une série de constatations faites au cours de ces expériences sur le travail des batteuses en fonctionnement normal (tableau n° 17).

Expériences de Chambly. — Nous avons pu déterminer, avec M. Vuaillet, le prix de revient du travail de battage dans un cas particulier. L'exploitation où nous avons opéré avait une étendue de 56 hectares, dont 35 cultivés en blé et 10, environ, en avoine. La batteuse de la ferme était à simple nettoyage et du type fixe; elle était normalement actionnée par un manège à terre pour deux chevaux, d'ailleurs assez mal disposé. Le personnel se composait d'un engreneur, d'un aide pour délier les gerbes et de deux ouvriers pour lier et enlever la paille battue. La quantité moyenne de blé récoltée annuellement étant de 30 000 gerbes de 8 kil. 250, et le prix de la journée, tous frais compris, étant de 4 fr. 50 pour les animaux et 4 francs pour les hommes, le battage d'un quintal de blé revient à 1 fr. 235.

D'autre part, une installation électrique ayant été provisoirement montée dans cette ferme, en vue d'expériences spéciales, nous avons constaté que, grâce à la constance de la vitesse du batteur, le débit de la batteuse ci-dessus a été augmenté de près de 50 p. 100. Dans ces conditions, le prix de revient du battage, le courant étant payé à raison de 0 fr. 45 par kilowatt-heure, s'est abaissé à 0 fr. 954.

Nous indiquons dans le tableau n° 18 les plus importantes des constatations faites au cours de nos expériences.

Ces expériences [1] nous ont également permis de nous rendre compte des puissances respectivement absorbées par les différents organes de la batteuse; les caractéristiques de cette dernière étaient :

Batteur.	Longueur..........................	$1^m.600$
	Diamètre..........................	$0^m.460$
Tarare.	Longueur..........................	$0^m.800$
	Diamètre..........................	$0^m.600$

(1) Pour le détail des expériences de Chambly, voy. le *Bulletin de la Société des Agriculteurs de France*, nos des 1er et 15 nov. 1907.

Tableau n° 18. — *Prix de revient du battage du blé* F. VUAILLET et G. COUPAN,
Chambly, 1907.

DÉSIGNATIONS.	BATTEUR. — Nombre de tours par minute.	BATTEUR. — Vitesse à la circonférence par seconde.	PRIX — unitaire.	PRIX — total.	INTÉRÊT et amortissement (5 0/0).	DURÉE du travail.	FRAIS DE TRAVAIL pour 30000 gerbes 861 quintaux. — Unités.	Prix partiels.	Totaux.	PRIX par quintal battu.
		m.	fr.	fr.	fr.	journées.	journées.	fr.	fr.	fr.
1° Fonctionnement au manège.										
Régime de marche. Max..	670	16,07	»	»	»	»	»	»	»	»
Régime de marche. Min..	538	»	»	»	»	»	»	»	»	»
Batteuse	»	»	900	1400	196	34	»	»	»	»
Manège	»	»	500								
Animaux	»	»	»	»	»	»	68	306	1063.00	1,235
Hommes	»	»	»	»	»	»	136	544		
Huile	»	»	»	»	»	»	»	17		
2° Fonctionnement à l'électricité.										
Régime de marche	786	18,94	»	»	»	»	»	»	»	»
Batteuse	»	»	900	1900	256	24	»	»	»	»
Installation électrique	»	»	315				»	»	»	»
Dynamo	»	»	685				»	»	»	»
Courant	»	»	»	»	»	»	»	153.30	821.30	0,954
Hommes	»	»	»	»	»	»	96	384.00		
Huile	»	»	»	»	»	»	»	18.00		

Le travail, exprimé en watts-seconde, était :

Pour la batteuse complète, en fonctionnement, de. 1738 w.
— — à vide.................... 1392 —
Pour le batteur seul............................. 948 —
Pour le tarare seul (par différence)............. 444 —

Importance des chantiers de battage. — Nous avons vu que les batteuses dépourvues de nettoyage exigent un personnel de quarante à cinquante personnes ; ce nombre est évidemment réduit lorsque la machine est munie des organes de secouage et de nettoyage dont nous avons parlé, mais les chantiers de battage à matériel puissant doivent néanmoins être desservis par un personnel assez important. Voici, à titre d'exemple, quelques chiffres que nous avons relevés, en août 1904, dans la célèbre ferme « Isabelle », à Magyar-Ovàr (Hongrie).

Le matériel était composé d'une locomobile à foyer carré, de 10 chevaux, et d'une batteuse type anglais, pouvant travailler de 150 à 200 quintaux de blé par journée de douze heures (repos déduits) et munie d'un élévateur de paille ; en outre, un tarare indépendant, pourvu d'un ensacheur, complétait le nettoyage du grain. Le chantier comprenait :

1 contremaître.
1 mécanicien } pour le service de la locomobile.
1 chauffeur }
1 engreneur.
2 femmes pour délier les gerbes.
1 femme pour reprendre la paille froissée et la rejeter sur l'élévateur.
3 femmes pour l'enlèvement des bales.
3 femmes } pour entasser la paille débitée par l'élévateur.
2 hommes }
2 hommes pour le service du tarare-ensacheur.
1 homme pour le coltinage des sacs.
5 attelages de 2 bœufs }
5 hommes } pour amener les gerbes à la batteuse.
8 voitures }
2 attelages de 2 bœufs }
2 hommes } pour emmener le grain battu.
2 voitures }
2 bœufs }
1 apprenti } pour l'alimentation en eau de la chaudière.
1 tonneau de 300 litres }

Tableau nº 19. — *Travail des batteuses* (M. Ringelmann).

MACHINES.	NATURE et puissance du moteur.	NOMBRE de personnes en service.	TRAVAIL PAR HEURE.			LIEUX D'OBSERVATION.
			Gerbes battues.	Grain.	Poids de grain battu p. heure et par personne.	
			kg.	kg.	kg.	
Fléau (comparaison).........	1 homme........	1	70	23	23.0	»
Batteuse en bout. genre écossais, sans secoueurs ni nettoyeurs...............	Manége à 4 chevaux.........	12 à 15	1500	500	33.3	Grand-Jouan. Barbézieux.
Locobatteuse, batteur genre écossais, sans secoueurs ni nettoyeurs	Machine à vapeur 4 chevaux, consommant de 22 à 23 kil. de charbon par heure..	50	7200	2400	48.0	Essais de St-Père-en-Retz. Concours de Nantes 1882.
Batteuse avec secoueurs et nettoyage simple..........	Locomobile 3 chevaux.........	8	2000 à 2100	700	87.5	Grand-Jouan.
Batteuse à double nettoyage.	Locomobile 6 chevaux.........	24	4800	1600	66.6	Machine d'entrepreneur (Loire-Inférieure).

En tout 26 personnes (dont 9 femmes et 1 apprenti), 16 bœufs et 11 véhicules divers (1).

Le tableau n° 19 donne, d'autre part, le résultat de plusieurs observations faites en France par M. Ringelmann.

Batteuses automobiles.

Les machines à battre précédemment étudiées sont remorquées sur routes par des chevaux ou par les locomotives-routières à vapeur qui servent à les actionner. Dans le cas des moto-batteuses, il suffit de relier le moteur à l'essieu d'arrière pour transformer la machine en un ensemble automobile. Cette disposition, très intéressante, a été imaginée en France, mais n'y a pas obtenu le moindre succès ; l'idée en a été reprise, récemment, à l'étranger et, notamment en Italie, où ce matériel spécial est très apprécié.

II. — NETTOYAGE DES GRAINS.

TARARES.

L'enlèvement des poussières et des substances légères mélangées au grain est assuré par un simple courant d'air. Il suffit même de lancer le grain de bas en haut, ou de le laisser tomber d'une certaine hauteur, si le vent règne avec une vitesse de 6 à 7 mètres par seconde, pour que le nettoyage soit très bien effectué ; avec une vitesse supérieure, on obtiendrait même une classification des matériaux suivant leurs poids spécifiques : les plus denses, comme les pierres, tomberaient très près du pied de la verticale de chute, et les autres seraient entraînés plus ou moins loin.

Indépendamment du *van*, qui sert à nettoyer de petites quantités de grain, on emploie surtout, à l'heure actuelle, des machines appelées *tarares soufflants*, ou simplement *tarares*,

(1) Ce personnel, placé sous la direction du contremaître, était composé principalement de Slovaques qui émigrent en Hongrie de mai à octobre ; leur salaire journalier était de 2 fr. 30 pour les hommes, 1 fr. 75 pour les femmes et 1 fr. 05 à 1 fr. 25 pour les apprentis.

dans lesquelles un organe rotatif est chargé de produire arti-
ficiellement le courant d'air. Ces machines, assez légères pour
être portées à bras par deux hommes, sont formées d'un
châssis supporté par quatre pieds, ou parfois par quatre roulettes, et de deux panneaux, en sapin ou, plus rarement, en
tôle, auxquels est raccordé l'organe soufflant. Ce dernier est
toujours un ventilateur muni d'un certain nombre de palettes,
radiales ou obliques, planes ou cintrées, en bois ou en métal,
et auquel une manivelle communique, par l'intermédiaire
d'engrenages multiplicateurs, un mouvement de rotation
assez rapide. Les palettes se meuvent à l'intérieur d'une
enveloppe cylindrique, en tôle ou en bois, sur les bases de
laquelle sont pratiquées, au voisinage de l'axe, des ouvertures, dites *œillards*; on peut, au moins dans les modèles les
plus perfectionnés, ouvrir ou fermer plus ou moins ces
œillards à l'aide de planchettes, de plaques de tôle, etc.,
montées à coulisse, de façon à régler l'intensité du vent.

Grilles. — Le grain est placé dans une trémie, à un niveau
supérieur à celui du ventilateur, et s'écoule avec un débit
réglé au moyen d'une vanne ou, dans les très grandes
machines, par un distributeur mécanique à cannelures; pour
éviter qu'il tombe en paquets et trop vite, on l'éparpille sur
des grilles en fil de fer galvanisé, animées de secousses, et
dont les mailles varient avec la nature du grain à nettoyer.
De là, le grain passe sur un crible incliné, également à
secousses, qu'on peut avantageusement utiliser pour classer
les grains d'après leurs dimensions. Le courant d'air est
dirigé, par une planche, de façon à traverser toutes les
grilles.

Celles-ci sont réunies, par deux, par trois ou par quatre,
dans un petit bâti spécial, formé de deux flasques en bois
pourvues de rainures où l'on fait coulisser les cadres sur
lesquels sont tendues les grilles; la largeur et la longueur
utiles de celles-ci varient entre 35 et 50 centimètres. Les
dimensions des mailles, tant pour les grilles que pour les
cribles, sont assez différentes: lors du concours spécial
d'Arras, ces dimensions étaient, en millimètres:

Grilles pour le blé.

	mm.	mm.	mm.	mm.
1re grille..........	6 × 8	7 × 5	5 × 5	6 × 7
2e —	9 × 6	7 × 4,5	diam. = 7	6 × 5
3e —	9 × 5	»	13 × 4	»

Grilles pour l'avoine.

1re grille..........	20 × 14	20 × 12	20 × 26	13 × 23
2e —	»	11 × 13	—	12 × 10
3e —	19 × 10	»	26 × 8 (triangulaire).	»

Cribles pour le blé.

	mm.	mm.	mm.	mm.
Fils parallèles espacés de..	2	»		
Trous ronds (diamètre)	3	»	5 et 3,5	»
Mailles carrées	»	4	»	4,5

Cribles pour l'avoine.

Trous rectangulaires.......	»	»	3 et 2	»
Trous ronds.............	2 et 3	»	2	»
Mailles carrées	»	3	»	3,5

L'écartement des grilles variait de 45 à 60 millimètres
pour le blé et de 55 à 110 millimètres pour l'avoine; l'amplitude des oscillations était de 6 à 8 centimètres pour les
grilles et de 2 à 6 centimètres pour les cribles.

Bien entendu, il existe des grilles spéciales pour l'orge, le
lin, les légumineuses, etc.

Sablières. — On emploie aussi, indépendamment des
grilles, des sablières, ou toiles métalliques très fines, qui sont
destinées à laisser passer les grains de sable que le vent serait
incapable d'entraîner.

Transmissions. — Le petit bâti qui soutient les grilles
est suspendu en dessous du débouché de la trémie, et l'arbre
du ventilateur lui transmet, par des renvois appropriés, un
mouvement d'oscillation latéral ou longitudinal qui facilite la
progression des grains. Cet arbre est ordinairement commandé
par une manivelle, qui agit sur lui par un engrenage à denture
intérieure ou extérieure multipliant la vitesse de rotation
dans la proportion de 1 à 4 ou à 5. A l'une des extrémités de
l'arbre, se trouve une manivelle, ou quelquefois un excen-

trique, reliée au bâti des grilles; comme ce mécanisme doit imprimer au petit bâti des oscillations longitudinales ou transversales, la liaison est directe dans le premier cas, ou réalisée par un renvoi de sonnette dans le second. Quant à la manivelle, elle est placée de différentes façons: si l'on considère la direction du courant d'air lancé par le ventilateur, on trouve cette manivelle tantôt à l'arrière du tarare,

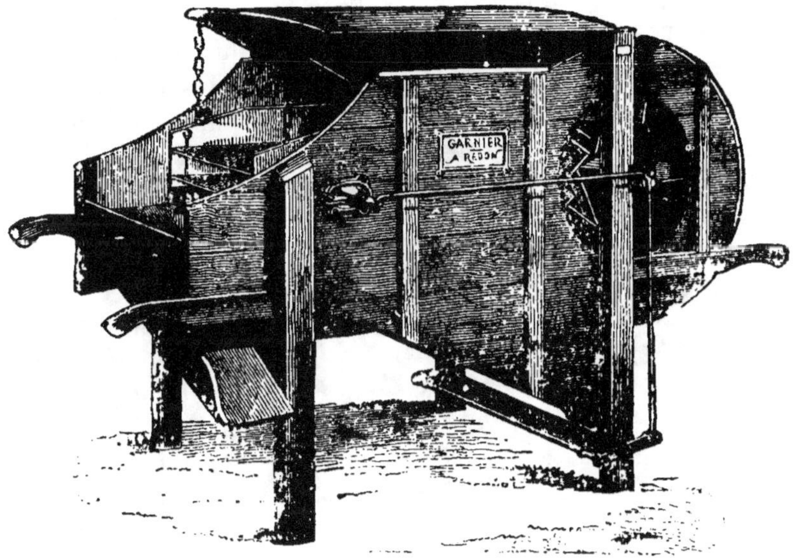

Fig. 250. — Tarare avec ferrure en arrière et à droite (J. Garnier et Cie).

c'est-à-dire au niveau de l'axe du ventilateur, à sa gauche ou à sa droite, tantôt en avant, et généralement à droite; pour ce dernier cas, l'axe de la manivelle est soit parallèle, soit perpendiculaire à celui du ventilateur; dans cette deuxième hypothèse, le mouvement est transmis au ventilateur par une tringle et un ou deux trains d'engrenages d'angle. On dit, suivant le type, que le tarare est pourvu d'une ferrure à droite ou à gauche, en avant ou en arrière, ou d'une ferrure d'angle (fig. 250, 251 et 252); les tarares avec ferrure d'angle peuvent généralement être commandés aussi par l'arrière.

Ces différents types sont équivalents au point de vue du nettoyage des grains, mais la ferrure à gauche permet à l'ouvrier qui agit sur la manivelle de régulariser l'écoulement du grain par la trémie : avec la ferrure d'angle, on peut surveiller la chute du grain sur les grilles sans être incommodé par les poussières.

La manivelle de l'arbre du ventilateur communique également, par une bielle, un mouvement longitudinal d'oscillation au crible du tarare, et, dans certains modèles, l'amplitude de ce mouvement, comme de celui des grilles, peut être réglée en déplaçant le bouton de manivelle ou le point d'articulation de la bielle sur les leviers de renvoi.

Fig. 251. — Tarare avec ferrure en arrière et à gauche (Bourget frères).

Il est bon de pouvoir modifier d'après les besoins l'inclinaison des grilles ; c'est en effet de cette inclinaison que dépend la largeur de la nappe suivant laquelle s'étend le grain qui sort de la trémie ; on y parvient habituellement en allongeant ou en raccourcissant les chaînes qui soutiennent le petit bâti, du côté de la sortie des graines. Enfin, au point de vue du nettoyage, il est très utile de pouvoir régler la direction du courant d'air et de l'envoyer plus ou moins près de l'origine des grilles : il suffit pour cela d'articuler à charnière la planche qui, placée au débouché du ventilateur, renvoie le vent vers le haut, et de la maintenir par son extrémité libre, au moyen d'un écrou engagé dans une coulisse, au lieu de la rendre fixe comme la plupart des constructeurs ont le tort de le faire. Il est rare, en effet, qu'avec une direction de vent invariable les tarares nettoient également bien toutes les graines, comme le prouvent les différences de plus-values mentionnées dans les tableaux n°s 20 et 21. Cette modification, dont le prix de revient est insignifiant, est appliquée depuis longtemps à l'étranger, et tout récemment en France. Certains constructeurs russes munissent même leurs tarares d'une soupape de sûreté, placée sur le tambour du ventilateur, qui s'ouvre automatiquement quand la pression dépasse une certaine limite et empêche ainsi le courant d'air d'acquérir une

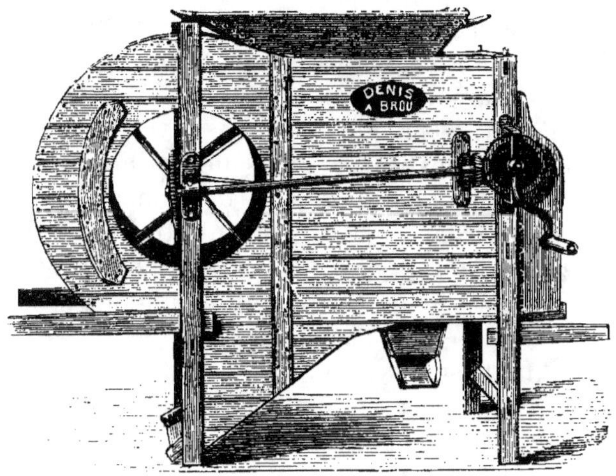

Fig. 252. — Tarare avec ferrure d'angle en avant et à droite (L. Denis).

vitesse supérieure à celle qui a été empiriquement reconnue comme la plus avantageuse.

Tarares débourreurs. — Autrefois beaucoup plus répandus que maintenant, ces tarares avaient pour but de travailler la matière restant sur l'aire après le dépiquage ou le battage au fléau, ou celle qui provient des batteuses simples. Ils ne diffèrent de ceux que nous avons étudiés, et qu'on appelle souvent, par opposition, *tarares cribleurs*, que par le moindre nombre de grilles (deux et souvent une seule) et par les grandes dimensions des mailles; le mouvement d'oscillation est toujours longitudinal, pour faciliter la sortie des pailles, ôtons, etc.

Ces machines, qui nécessitaient l'emploi ultérieur de *tarares finisseurs*, sont remplacées par les tarares ordinaires, qu'on rend aptes à faire tous les travaux en changeant les grilles et en modifiant la vitesse du vent ; toutefois, les modèles dans lesquels l'ouvrier doit tourner la manivelle plus ou moins vite ne sont pas recommandables, car nous savons que les moteurs animés ne peuvent travailler d'une façon suivie qu'avec une allure déterminée, qui dépend de leurs fonctions organiques et, notamment, de leurs mouvements respiratoires [1] ; il est préférable d'employer des ventilateurs dont les œillards sont munis de plaques de réglage.

Tarares décortiqueurs. — Ce sont des machines mixtes utilisées pour enlever les enveloppes qui, par suite d'un défaut de dessiccation ou d'un réglage défectueux du contre-batteur, adhèrent encore aux grains. L'enveloppe cylindrique du ventilateur est constituée, ainsi que les ailettes, par de la tôle pourvue de nombreuses aspérités, analogues à celles d'une grosse râpe ; les œillards peuvent être hermétiquement fermés et des panneaux, disposés à l'intérieur du ventilateur, forcent le grain à y séjourner. Le froissement des grains sur les palettes et sur l'enveloppe provoque la séparation des bales. Le tarare peut être employé indifféremment comme cribleur ordinaire ou comme décortiqueur. Dans ce dernier cas, on fait tomber directement le grain de la trémie dans le ventilateur après avoir fermé les œillards et le débouché de l'air. L'emploi de ces machines devient de moins en moins fréquent.

Tarares aspirants. — Ces tarares, très employés en meunerie, mais peu répandus en culture, sont connus également sous le nom de *tarares américains*. Ils consistent en une caisse parallélépipédique en relation, par une de ses extrémités, avec l'œillard d'un ventilateur : le grain cascade, à l'intérieur de la caisse, sur une série de chicanes diversement disposées, et l'air aspiré par le ventilateur y pénètre au travers d'une ouverture réglable ; une soupape disposée sur une des parois, en dehors du trajet des grains, régularise la vitesse du vent. Ces appareils nettoient très bien, mais sont plus délicats à régler que les tarares soufflants ; c'est pourquoi on ne les rencontre guère dans les fermes.

---

[1] Voy. *Les moteurs agricoles*, par G. Coupan (ENCYCLOPÉDIE AGRICOLE), p. 144.

Tarares ensacheurs. — A la sortie du crible, le grain tombe dans une goulotte en fer-blanc, où il est puisé par des godets rivés sur une courroie sans fin, actionnée par l'arbre du tarare ; il est ainsi élevé de 1^m,60 à 1^m,70 et déversé dans une bouche d'ensachage qui est munie d'une vanne (fig. 253). Ce dispositif, qui ne consomme qu'une faible quantité d'énergie, est très commode ; l'extrémité de l'en-

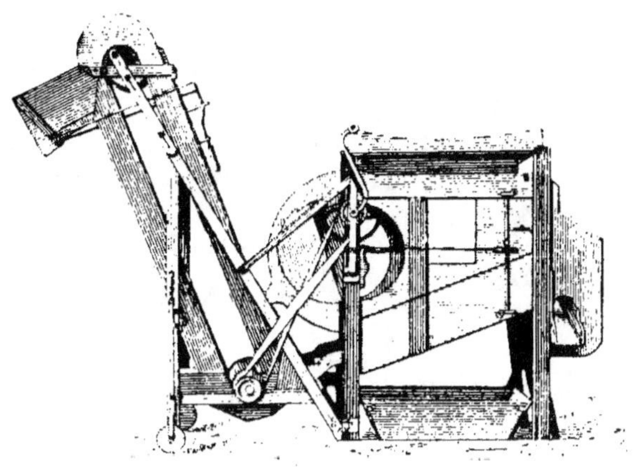

Fig. 253. — Tarare ensacheur (Denisart).

sacheur peut être placée au-dessus du plateau d'une bascule, de sorte que les sacs sont pesés sans manipulation spéciale.

Dynamique des tarares. — Les essais entrepris en 1867 par la Société royale d'Angleterre, lors du concours de Bury, n'ont donné que des résultats fort incomplets ; on s'est borné, en effet, à mesurer la quantité d'énergie consommée par les machines, ainsi que le débit, sans se préoccuper de l'amélioration résultant de l'opération. Or le nombre de kilogrammètres dépensé est peu influencé par le débit, et il est, par suite, possible de faire passer dans un tarare une très grande quantité de matière, quitte à ne la nettoyer que d'une façon très imparfaite, en n'accusant qu'une dépense d'énergie relativement faible. Aussi, lors du Concours d'Arras, M. Ringelmann, après avoir procédé à une série de recherches dynamométriques, a-t-il fait adjoindre au jury des experts grainetiers, qui ont été chargés d'apprécier la plus-value dont bénéficierait, sur le marché, le bon grain sorti des tarares par comparaison avec la matière qu'il y avait à nettoyer. Les résultats généraux de ces expériences sont consignés dans le tableau n° 20.

Ces documents ont permis de déterminer le prix de revient

Tableau n° 20. — *Essais de tarares.*
Concours spécial d'Arras, 1898 (M. Ringelmann) (1).

DESIGNATION	TARARE			
	Desizart.	Poly.	Brichard.	Joly.
Nombre de tours (Manivelle......	40	40.8	40	39.1
par minute... (Ventilateur...	160	170	200	163
À vide. — Vitesse de l'air, en mètres par seconde — À Feuillard....	4.90	1.84	»	2.70
Au-dessus des grilles......	4.17	4.90	2.41	4.21
Au milieu des grilles......	3.83	2.25	3.00	3.20
En dessous des grilles......	»	2.60	5.30	»
Travail mécanique par seconde, en kgm............	5.28	3.16	9.02	4.29
Essais avec du blé.				
Travail mécanique par seconde, en kgm............	5.39	3.19	9.40	4.51
Nombre de tours (Manivelle........	40.5	40.8	40	40
par minute.... (Ventilateur......	162	170	200	166.8
Hauteur d'ouverture de la vanne....	0m.010	0m.013	0m.015	0m.018
Temps employé pour passer 100 kg. (minutes)................	29	14 1/4	7 1/2	7 1/2
Poids de grain nettoyé en 60 min. (kg).	207	420.6	800	800
Poids de bon grain, n° 1 (p. 100)....	95.33	92.05	84.20	68.10
Travail mécanique par quintal de grain, en kgm................	9378.6	2727.5	4230	2029.5
Plus-value par quintal..... — De bon grain.......	1fr.25	1fr.75	1fr.00	1fr.50
De grain passé à la machine.........	1fr.19	1fr.61	0fr.84	1fr.02
Essais avec de l'avoine.				
Travail mécanique par seconde en kgm............	5.83	3.19	9.18	4.46
Nombre de tours (Manivelle........	40	40.8	40	40
par minute.... (Ventilateur......	160	170	200	166.8
Hauteur d'ouverture de la vanne ...	0m.020	0m.015	0m.015	0m.025
Temps employé pour passer 100 kg. (minutes)................	27	43 3/4	11	14 1/2
Poids de grain nettoyé en 60 min. (kg).	222	137.16	545.4	420
Poids de bon grain n° 1 (p. 100).....	94.93	78.40	94.20	77.30
Travail mécanique par quintal de grain, en kgm................	9444.6	8373,8	6058.8	3880.2
Plus-value par quintal..... — De bon grain.......	1fr.50	0fr.75	1fr.25	1fr.00
De grain passé à la machine.........	1fr.42	0fr.59	1fr.17	0fr.77

(1) Extrait du rapport sur les concours spéciaux d'instruments d'intérieur de ferme organisés sous le haut patronage de la Fédération des Sociétés agricoles du Pas-de-Calais, les 6, 7, 8 et 9 octobre 1898, à Arras.

du travail des tarares et la plus-value qu'il est possible de retirer de l'emploi de chaque machine. Les principales considérations sur lesquelles s'est basé M. Ringelmann pour ses calculs sont les suivantes : dans le Pas-de-Calais, la statistique indique que les rendements, en quintaux, du blé et de l'avoine, sont dans le rapport de 4 à 9 ; d'autre part, la

Tableau n° 21. — *Prix de revient du travail des tarares.*
Concours spécial d'Arras, 1898 M. RINGELMANN.

DÉSIGNATIONS.	Denizart.	Poly.	Brichard.	Joly.
	fr.	fr.	fr.	fr.
Frais fixes annuels. { Amortissement (6 p. 100 — 10 ans)	6.80	6.00	10.40	6.00
Service, entretien	3.00	5.00	4.00	6.00
Totaux	9.80	11.00	14.40	12.00
Poids de blé passé en pratique par heure (kg.)	172.5	350.5	614.0	666.6
Frais de travail par quintal de blé (fr.)	0.2907	0.1428	0.0814	0.0759
Poids d'avoine passé en pratique par heure (kg.)	185.0	114.3	429.0	340.0
Frais de trav. par quint. d'avoine (fr.)	0.2702	0.4386	0.1163	0.1428
Plus-value..... { Pour 240 quintaux de blé (fr.)	284.88	385.40	201.60	244.80
Pour 160 quintaux d'avoine (fr.)	228.00	93.60	188.00	123.20
Totale pour 400 quintaux de grain (fr.)	512.88	480.00	389.60	368.00
Frais de travail. { Pour 240 quintaux de blé (fr.)	69.60	34.27	19.11	18.24
Pour 160 quintaux d'avoine (fr.)	43.20	70.17	18.56	22.72
Totaux p. 400 quintaux de grain (fr.)	112.80	104.44	38.00	40.96
Plus-value nette, déduction faite des frais fixes et des frais de travail (fr.)	390.28	364.56	337.20	315.04

répartition de la propriété dans ce département peut faire considérer comme typique une exploitation où la récolte moyenne est de 240 quintaux en blé et de 160 quintaux en avoine. En comptant l'heure d'ouvrier à 0 fr. 25, et deux hommes étant nécessaires pour le service du tarare, on obtient les résultats figurés dans le tableau n° 21 (1).

En outre, lors des Essais de Chambly 1907, MM. Vuaillet et Coupan ont constaté, sur un tarare-ensacheur élevant le grain à 1ᵐ,65 de hauteur, les résultats consignés dans le tableau n° 22.

Tableau n° 22. — *Prix de revient du travail des tarares* F. VUAILLET et G. COUPAN, Chambly, 1907).

TARARE ENSACHEUR DENIZART.	TRAVAIL ABSORBÉ en watts par seconde.	PRIX par 100 kilos de grain (*).
		fr.
A vide.....	644	»
En travail, sans ensacheur...	705	0,0495
En travail avec l'ensacheur..	740	0,0521
Pour l'ensacheur seul........	35	0,0026

(*) Le courant était fourni à raison de 0 fr. 15 par kilowatt-heure.

ÉPIERREURS.

Les épierreurs, dont on fait un si fréquent usage en meunerie, sont peu employés en culture. Ils sont constitués par une grande cuvette triangulaire en bois, à fond plat, légèrement inclinée et supportée par des lattes flexibles, en bois ou en métal ; une manivelle et une bielle lui impriment des secousses parallèles à l'une des bases de la cuvette. Sur le fond de celle-ci sont disposés des tasseaux triangulaires qui partagent l'organe en une série de triangles semblables à celui que forme la cuvette et semblablement disposés. Le grain,

(1) Nous renvoyons le lecteur au rapport désigné dans la note précédente pour les autres considérations, et notamment pour l'établissement du prix du travail des hommes.

contenu dans la trémie, arrive à peu près au centre de gravité de la base; sous l'influence des secousses, les substances ont tendance à se superposer dans l'ordre de leur densité, et les plus lourdes s'accumulent vers la partie la plus basse, ou pointe, de la cuvette, tandis que les bales remontent vers la base. Quant aux grains, qui auraient tendance à rester vers le milieu de la cuvette, leur élasticité les oblige, sous l'influence des chocs contre les parois obliques des tasseaux et de la cuvette, à remonter également vers la base. On peut donc éliminer, par des orifices convenablement placés, les matières plus légères et plus lourdes que le grain ; des tôles criblantes facilitent d'ailleurs le classement et le nettoyage. Ces machines fonctionnent très bien, mais leur réglage est un peu délicat.

III. — CLASSIFICATION DES SEMENCES.

Si l'on fait écouler les grains, plus ou moins mélangés, contenus dans une trémie T (fig. 254), sur une toile sans fin un peu rugueuse, t, tendue sur deux rouleaux, r, r', et légèrement inclinée; si l'on anime cette toile d'un mouvement de faible vitesse suivant la flèche f, ceux des grains dont la forme est voisine d'un solide de révolution rouleront rapidement sur la toile et tomberont en 1, à une assez grande distance de l'extrémité inférieure de la machine ; d'autres, moins réguliers, tomberont en 2, plus près que les précédents: d'autres enfin, roulant très mal, seront remontés et déversés en 3. Les

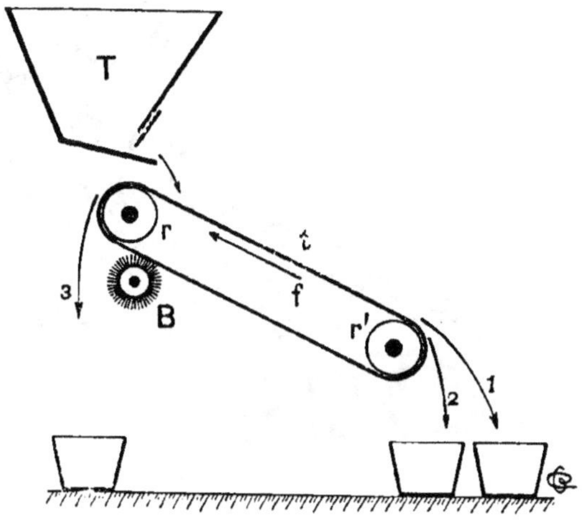

Fig. 254. — Principe de la classification des grains par la gravité.

bales, les poussières seront aussi entraînées suivant f, et une brosse, B, devra être placée en dessous de la toile pour la nettoyer. On conçoit qu'avec des toiles plus ou moins rugueuses et des vitesses variables suivant f on puisse nettoyer et classer toutes sortes de graines. Ce principe est appliqué dans certaines machines, qui ne sont d'ailleurs pas utilisées en culture proprement dite, mais qu'on emploie en graineterie.

Les cribleurs, les trieurs et les sélectionneurs retiendront plus longtemps notre attention.

CRIBLEURS.

Les cribles, ou *tamis*, à fond perforé, ne peuvent servir que pour de très petites quantités de matières : on les actionne à

Fig. 253. — Cribleur plan à mouvements alternatifs, avec ventilateur (Boby Robert).

bras. On peut aussi employer des treillis métalliques plus ou moins serrés, tendus sur des cadres rectangulaires, qu'on maintient obliquement par rapport au sol, soit en les appuyant contre un mur, soit en les soutenant par une béquille. On projette le mélange, avec une pelle, sur le crible ainsi constitué : si l'on a placé l'appareil dans un courant d'air, on enlève assez bien les poussières et on classe assez convenablement les matières par ordre de grosseur. Mais, si l'on a d'importantes quantités de graines à traiter, il faut, tout en conservant le principe même du crible ou du tamis, adopter des dispositions permettant un grand débit sans exagérer les dimensions de la machine.

Cribleurs à mouvements alternatifs. — Ces machines sont utilisées surtout en Angleterre : le crible est constitué par des tringles d'acier, cylindriques ou rectangulaires, maintenues à écartement invariable par des entretoises, et soutenues par un cadre rectangulaire pourvu de roulettes. Ce cadre repose sur deux longerons inclinés, dépendant du bâti général de la machine; une manivelle et une bielle lui communiquent un mouvement de va-et-vient assez rapide. Pour éviter l'engorgement de la grille, des disques en tôle, supportés par des tiges cylindriques fixes disposées suivant la largeur du crible, sont engagés entre les tringles et nettoient l'organe. Les grains sont placés dans une trémie au-dessus de la grille, et, très souvent, un ventilateur, agissant au début de leur chute, enlève les poussières et autres substances légères qui peuvent encore y être mélangées (fig. 255). Ces machines fonctionnent le plus souvent à bras, mais on trouve également des modèles à moteur.

On tend maintenant à remplacer ces tringles à écartement

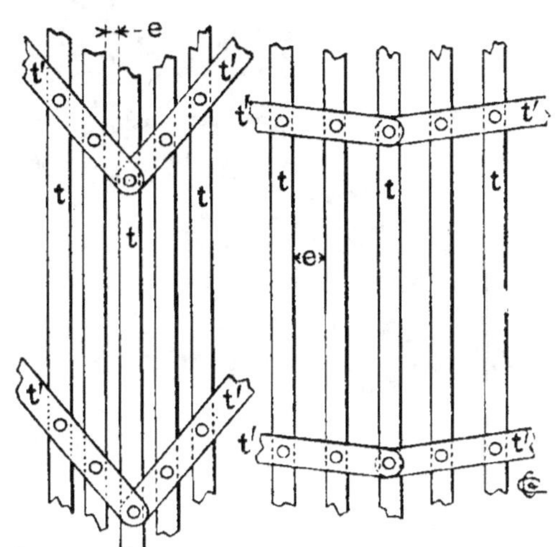

Fig. 256. — Principe des cribleurs à écartement variable des grilles.

fixe par des grilles à écartement variable. A cet effet, les tringles *t* sont articulées sur de petites traverses, *t'*, reliées elles-mêmes par des articulations et disposées en zigzag (fig. 256). On voit qu'il suffit de modifier l'angle que forment entre elles les traverses *t'* pour faire varier l'écartement *e* des tringles *t*. La figure 257 représente un cribleur muni d'une semblable grille : comme la largeur de celle-ci est également variable, on la munit, de chaque côté, de joues en tôle empêchant le grain de s'échapper; les disques nettoyeurs, fous sur leurs axes, s'écartent et se rapprochent en même temps que les tringles.

Fig. 257. — Cribleur plan avec grille à écartement variable et ventilateur (W. Rainforth et Sons).

Cribleurs rotatifs. — Ces appareils, construits sur un principe très simple, ont été imaginés en France, mais se sont répandus surtout en Allemagne et, en général, dans l'Europe centrale. Ils consistent en un cylindre d'assez gros diamètre, dont l'axe est faiblement incliné par rapport à l'horizon et qui tourne à raison de dix à quinze tours, au maximum, par minute. La paroi cylindrique, divisée ordinairement en quatre compartiments, est perforée d'orifices dont les dimensions, dans la plupart des cas, sont d'autant plus grandes que le compartiment est plus près de la partie basse du cribleur. Le grain, placé dans une trémie, arrive à la partie la plus élevée du cribleur; en dessous de chacun des compartiments, se trouve une caisse ou une trémie pour recueillir la substance qui a pu passer au travers des perforations. Une brosse, appuyée par des ressorts ou par des contrepoids, nettoie les orifices. Les tôles des compartiments sont simplement maintenues par des

boulons sur les tourteaux qui constituent la carcasse du cribleur ; il est donc facile de les changer suivant la nature des
graines à classer. On peut enfin compléter la machine par un
crible à secousses, placé immédiatement en dessous de la
trémie, et qui enlève la poussière ainsi que les grosses
impuretés (fig. 258).

Les cribles extensibles dont nous avons parlé à propos des

Fig. 258. — Cribleur rotatif (E. Marot et Cie).

machines à battre peuvent être rattachés à la catégorie des
cribleurs rotatifs. La figure 259 donne l'aspect d'un de ces
cribles qu'on emploie très fréquemment, en Angleterre, comme
machine distincte de la batteuse. C'est toujours un fil d'acier,
enroulé en spirale entre deux tourteaux, qui constitue l'organe
essentiel ; une brosse fixe ou rotative nettoie le crible. En
rapprochant ou en éloignant les tourteaux extrêmes, on
modifie l'écartement des spires.

On construit également, depuis quelques années, des cribles

à extension analogues à ceux dont le principe est représenté par la figure 256; mais, dans ce cas, les traverses t', très

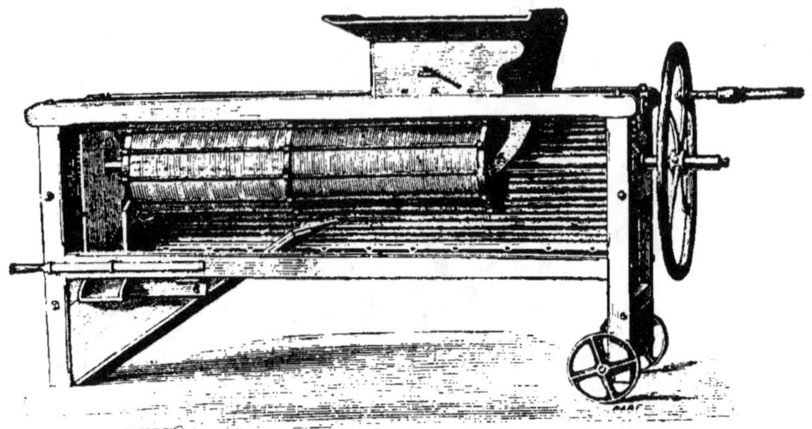

Fig. 259. — Cribleur rotatif réglable (Penneyand et Cⁱᵉ).

longues, sont disposées suivant les génératrices du cylindre cribleur. Ces appareils peuvent être complétés par un ventilateur, un émotteur, etc. (fig. 260).

Fig. 260. — Cribleur rotatif avec grilles à écartement variable (Coleman et Morton).

TRIEURS A ALVÉOLES.

Le Français Vachon imagina, dès 1845, d'utiliser des cavités de dimensions déterminées pour classer les graines, non plus d'après une de leurs dimensions seulement, comme le font les cribleurs, mais d'après leurs formes.

Ainsi, en faisant glisser sur une table inclinée, composée, par exemple, d'une feuille perforée superposée à une tôle pleine, du blé mélangé d'avoine, de vesce, etc., les graines rondes, les blés avariés sont retenus par la table, tandis que le bon blé et l'avoine s'échappent au bas de l'appareil; une deuxième table sépare, de même, le blé de l'avoine. Un semblable trieur ne pouvait fonctionner que périodiquement, puisqu'il fallait, de temps en temps, nettoyer les cavités garnies de graines: aussi Vachon eut-il l'idée, en 1847, d'établir un modèle rotatif à débit continu. C'est de cet appareil que sont dérivés les trieurs alvéolaires actuels, qui se sont répandus dès que la métallurgie du zinc a été assez perfectionnée pour permettre de les construire économiquement.

L'organe principal d'un trieur alvéolaire est un cylindre en

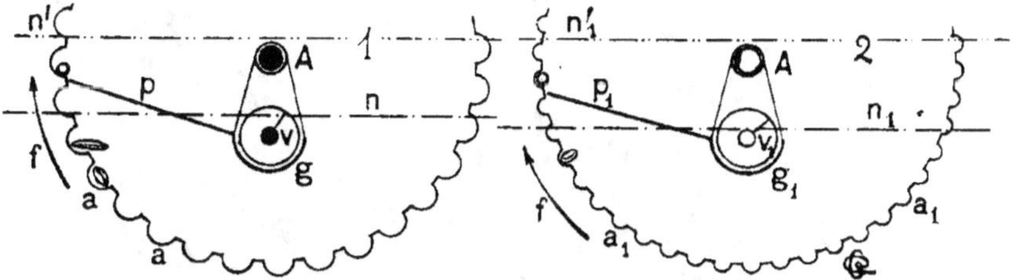

Fig. 261. — Principe du fonctionnement d'un trieur à alvéoles.

tôle de zinc dont la périphérie est garnie d'alvéoles, de dimensions variables suivant les grains à trier, et emboutis à égale distance les uns des autres; ce cylindre tourne lentement autour de son axe, qui est légèrement incliné par rapport au sol. Imaginons que le mélange ci-dessus de blé, graines rondes et graines longues, soit envoyé dans un cylindre 1 (fig. 261), dont les alvéoles a sont de capacité suffisante pour loger le blé et les vesces, mais trop petits pour contenir l'avoine. Ce cylindre tournant suivant f, tout le mélange sera entraîné vers la gauche, mais l'avoine, trop longue, basculera et retombera à partir d'un certain niveau n, tandis que les grains ovales ou ronds seront remontés par les alvéoles jusqu'à un niveau n' sensiblement plus élevé que n. Si donc on place, un peu en dessous de n', une planchette oblique p, elle recueillera les graines rondes et ovales, mais non les graines longues; de p, le mélange, déjà épuré d'une catégorie de matières, glissera dans une goulotte, g, d'où une vis d'Archimède, v, pourra l'envoyer dans un deuxième cylindre, 2, dont les alvéoles a_1 sont juste suffisants pour loger les graines rondes. Le blé se comportera alors comme les graines longues dans le premier cylindre et retombera à partir du niveau n_1, tandis que les graines rondes, remontées en n'_1, seront recueillies par la planchette p_1 et évacuées par la goulotte g_1 et la vis v_1. En employant des alvéoles appropriés et en réglant les planchettes

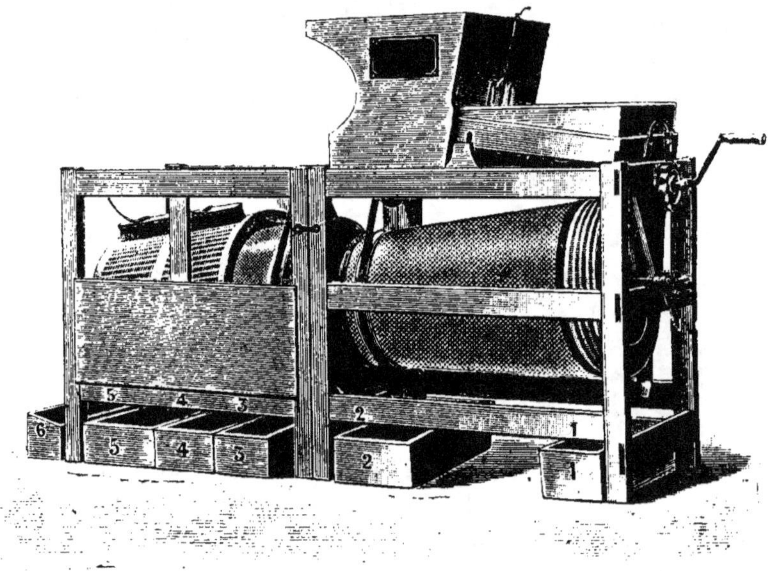

Fig. 262. — Trieur alvéolaire à tambours tronconiques, en deux parties (Clert).

p, p_1 à la hauteur voulue, on peut trier toutes sortes de graines.

Les axes des alvéoles sont ordinairement perpendiculaires à la surface cylindrique. On remarquait toutefois, dans les concours de 1910, des trieurs dans lesquels ces axes étaient obliques et inclinés en sens inverse du mouvement des cylindres; la cuvette dissymétrique ainsi constituée retient mieux les grains que les alvéoles ordinaires et permet de les déverser plus haut; ces alvéoles sont fraisés au lieu d'être simplement emboutis.

Les goulottes g, g_1 et les planchettes p, p_1 qui en dépendent

sont soutenues par des tiges articulées sur l'axe du trieur, de
sorte qu'on peut les faire tourner autour de cet axe sans modifier la distance de l'extrémité libre de p à la paroi alvéolaire ;
un simple écrou à oreilles, qu'on serre sur une coulisse circulaire, maintient la planchette dans la position convenable.

Les planchettes sont, en réalité, formées d'une série de
lames, en bois ou en métal, placées côte à côte et articulées
sur la goulotte ; elles s'appliquent, par un bord taillé en

Fig. 263. — Trieur alvéolaire en une seule partie (E. Marot et Ce).

biseau, sur la paroi interne du cylindre. Dans certains modèles
récents, les palettes, en tôle mince, sont bordées de cuir
et sont, en outre, soutenues en dessous par des taquets ; ce
dispositif, qui diminue l'usure, est recommandable.

La classification exige, en principe, autant de cylindres
alvéolaires qu'on veut obtenir de catégories moins une ; mais
on se borne, en général, à deux cylindres pour ne pas augmenter la longueur de la machine, et l'on complète le triage
par un criblage. Les deux cylindres sont souvent indépendants et supportés par deux châssis à pieds distincts l'un de
l'autre (fig. 262). On met le deuxième cylindre au bout du
premier quand on le juge nécessaire. Mais fréquemment, aussi,

le trieur, qui semble n'être composé que d'un seul cylindre, est formé en réalité de deux ou de plusieurs compartiments alvéolaires assemblés sur le même axe (fig. 263); des orifices disposés entre chacun de ces compartiments, sur la paroi cylindrique, laissent échapper ce qui n'a pu être remonté jusqu'à la planchette, et des interruptions dans la goulotte renvoient dans le compartiment voisin ce qui a été remonté dans le précédent. Quant aux cribles, ils affectent une forme tronconique, de façon que leur pente soit dirigée, dans la

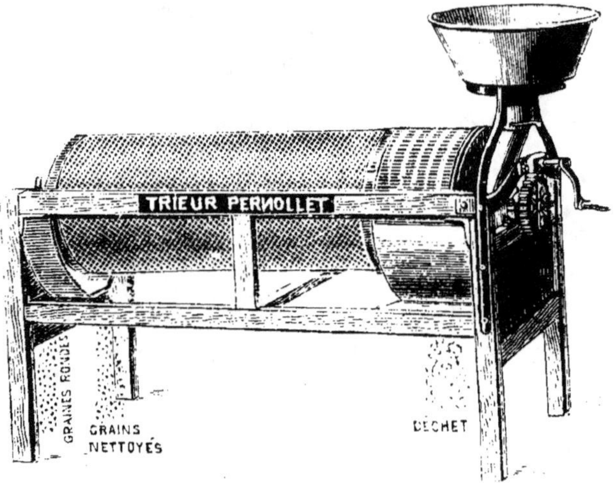

Fig. 264. — Trieur à simple effet (Pernollet-Billioud).

partie basse, en sens inverse de celle du trieur; ils sont composés de tôles perforées suivant des gabarits appropriés, et agissent sur la matière qui s'écoule par les orifices de la paroi du trieur. Ils sont nettoyés par des brosses (fig. 262 et 263).

Indépendamment de la trémie d'alimentation, les trieurs comportent aussi un crible à secousses, articulé sur la trémie et muni, du côté opposé à cette articulation, d'un bec métallique qui repose sur un rochet entraîné par l'arbre de la machine. Ce crible est muni de tôles perforées qui enlèvent les poussières, les mottes, les fragments de paille ou les bales, les graines légères, etc. C'est donc un mélange partiellement épuré qui pénètre dans le cylindre alvéolaire.

Il existe aussi des trieurs plus simples, destinés aux petites exploitations, et qui consistent en un élément de cribleur rotatif suivi, sur le même axe, d'un compartiment de trieur alvéolaire (fig. 264). Par contre, les grainetiers, les malteurs, etc., emploient des trieurs à plusieurs cylindres, ayant chacun près de 4 mètres de longueur; ces cylindres sont alors superposés sur un ou sur deux rangs, pour réduire l'encombrement horizontal de la machine.

On a enfin tout récemment construit des trieurs à alvéoles dont les compartiments sont non plus cylindriques mais tronconiques (fig. 262); cette disposition facilite, paraît-il, le triage : la plupart des grains de formes convenables étant enlevés dès l'entrée du compartiment, le surplus s'étend en nappe mince sur le restant de la surface alvéolaire.

Ajoutons que les trieurs peuvent être munis d'ensacheurs, qui consistent en courroies sans fin, pourvues de godets, passant sur le cylindre et sur une poulie à axe parallèle à ce dernier; les godets puisent dans une goulotte les grains déversés par les orifices pratiqués sur la paroi du cylindre et le conduisent dans une buse d'ensachage.

Considérations générales sur l'emploi des trieurs.

1° *Dynamique*. — Au cours des expériences faites à la Station d'essais de machines, en 1893, sur un trieur Marot n° 7, M. Ringelmann a obtenu les résultats suivants :

Cylindre	Longueur	$2^m,098$
	Diamètre	$0^m,472$
	Pente par mètre	$0^m,044$
Nombre de tours à la manivelle, par minute.		35,5
Travail pratique à l'heure (durée du travail effectif, 45 minutes).	Blé	$122^{kg},89$ ou $1^{hl},563$
	Avoine	$75^{kg},21$ ou $1^{hl},482$
	Moyenne, en grain	$1^{hl},500$
Travail mécanique par seconde.	Blé	$3^{kgm},040$
	Avoine	$1^{kgm},427$
Poids de l'hectolitre de blé	Avant triage	76 kg.
	Après triage	80 kg.

2° **Résultats culturaux.** — Voici, d'autre part, les résultats culturaux obtenus comparativement, dans le sol argilo-calcaire de Grignon, avec des grains triés ou non :

Tableau n° 23. — *Résultats culturaux de l'emploi des trieurs* (M. Ringelmann).

PAR HECTARE.	BLÉ SAUMUR DE MARS		AUGMENTA-TION pour les grains triés.
	non trié.	trié.	
Semences (en lignes)........	260 lit.	260 lit.	—
Récolte. Totale...........	8 000 kg.	10 800 kg.	2 800 kg.
Récolte. Grain	1 668 —	2 885 —	1 217 —
Récolte. Paille	5 800 —	7 000 —	1 200 —
Récolte. Bales, etc........	532 —	915 —	383 —
Rendement en hectolitres..	21^{hl},6	38^{hl},6	45 hl.
Poids de l'hectolitre récolté.	77^{kg},2	78^{kg},7	1^{kg},5

L'augmentation de rendement résultant de l'emploi du trieur est donc importante ; voyons, toujours d'après les essais de M. Ringelmann, quel est le prix du travail fourni par cette machine.

Cent kilogrammes de grains passés au trieur donnent 60 kilogrammes de blé de semence ; 2 hectolitres de semence (160 kilogrammes) par hectare représentent donc 266 kilo-grammes ou 3 hectolitres un tiers passés dans l'appareil. Les frais fixes se décomposent en :

Amortissement en 10 ans, à 4 p. 100, de 330 francs.　26 fr. 40
Service et entretien à 5 p. 100... ....　16 fr. 50

Frais fixes totaux................　42 fr. 90

soit 43 francs en chiffres ronds. En comptant la journée d'ouvrier à 4 francs, et en se basant sur les résultats des expériences ci-dessus (1°), on voit que les frais de triage se répartissent comme l'indique le tableau n° 24.

Ces frais sont donc insignifiants, même pour les petites étendues cultivées en blé, par rapport à l'augmentation de rendement que le triage procure. Aussi les trieurs sont-ils au nombre des machines que les petits cultivateurs d'un même village ou hameau auraient le plus d'intérêt à acquérir en commun.

Tableau n° 24. — *Prix de revient du travail des trieurs* (M. Ringelmann).

ÉTENDUE cultivée en blé.	FRAIS FIXES.	FRAIS de journées à 4 francs.	FRAIS DE TRIAGE	
			totaux.	par hectare de blé.
Hectares.	Francs.	Francs.	Francs.	Francs.
10		12	55	5.50
20		24	67	3.35
30	43	36	79	2.63
40		48	91	2.28
50		60	103	2.06

SÉLECTIONNEURS.

Les sélectionneurs sont des machines destinées à classer par dimensions les grains déjà purifiés par les instruments précédemment étudiés et à fournir, dans chaque catégorie, des graines de grosseurs rigoureusement égales. Un des modèles récemment construits en France comportait une série de cylindres en acier, tournés et polis, de même diamètre et maintenus à écartement constant par des évidements demi-cylindriques pratiqués dans deux règles en bronze. Une barre de fer, garnie de caoutchouc et appuyant sur tous ces cylindres, leur communiquait un mouvement de rotation alternatif; elle était elle-même commandée par manivelle et bielle. Il fallait changer les règles de bronze pour modifier l'écartement des cylindres ; aussi a-t-on bientôt remplacé les cylindres par des cônes d'angle très faible, et des boîtes, placées en dessous d'eux, recueillaient les différentes catégories.

On utilise dans l'Europe centrale, principalement pour la classification des orges, des sélectionneurs rotatifs composés d'une sorte de turbine légèrement évasée vers le haut, et dont la périphérie est formée par des tringles d'acier, à section circulaire. disposées suivant les génératrices du tronc de cône. Comme les deux bases n'ont pas le même diamètre, l'écartement des tringles est d'autant plus grand qu'on se rapproche plus de la base supérieure. Le grain placé dans la turbine est entraîné par suite de la rotation rapide imprimée à l'appareil et s'élève le long de la paroi évasée jusqu'à ce que l'écartement des tringles soit suffisant pour le laisser passer. Il est recueilli dans des goulottes circulaires superposées.

Ces sélectionneurs classifient très bien les semences ; mais la précision même qu'il faut apporter à leur construction en élève le prix. Aussi semblent-ils plus appropriés aux besoins de l'industrie qu'à ceux de la ferme même.

CRIBLEURS ET TRIEURS SPÉCIAUX.

Nous avons vu qu'on emploie des tôles pourvues de perforations ou d'alvéoles spéciaux pour chaque sorte de graine à trier ; certains alvéoles sont même percés, suivant leur axe ou latéralement, d'orifices généralement petits, par où peuvent passer des graines très fines, des poussières, etc. Mais, pour enlever les semences à la fois très petites et très redoutables, comme la cuscute, ou pour classer des semences très volumineuses, comme les pommes de terre, on a recours à des machines spéciales.

Décuscuteurs. — Il est en général difficile de débarrasser les semences de légumineuses de la cuscute qu'elles contiennent ; les machines que l'on emploie dans ce but sont de deux types.

Les unes se rapportent au genre *cribleur.* Les plus petits modèles se composent d'un cadre, animé de secousses par une roue à cames. et muni de trois cribles superposés ; la tôle perforée supérieure enlève les grosses impuretés ; la suivante ne retient que la plus belle semence, et la troisième, percée de trous très fins, laisse passer la cuscute et délivre une semence de deuxième choix (fig. 265). On trouve aussi des cribleurs à mouvements alternatifs dans lesquels les organes de séparation sont des gazes de soie, mais ces appareils ne sont guère employés que par les marchands grainiers.

D'autres machines, à plus grand débit, comportent, indépendamment d'un crible à secousses analogue au précédent, un cribleur rotatif formé de deux tôles perforées en forme de cylindre ou de prisme polygonal, placées l'une à l'intérieur de l'autre et ayant même axe. Ce deuxième organe a pour but de compléter l'action du premier; les perforations de la tôle intérieure retiennent les belles

Fig. 265. — Cribleur-décuscuteur (Marot).

semences et laissent passer les semences de deuxième qualité, avec la grosse cuscute et le plantain : la tôle extérieure ne laisse passer, au contraire, que ces deux dernières graines. Dans certains modèles, le crible à secousses est remplacé par un jeu de deux cylindres montés sur le même axe, qui remplit le même but, mais ne produit aucun bruit (fig. 266).

Au groupe des trieurs se rattachent d'autres décuscuteurs, dans lesquels les semences, débarrassées des grosses impuretés, de la poussière et de la petite cuscute par un crible à secousses, tombent dans un cylindre dont les alvéoles, très petits, ne peuvent contenir que le trèfle ou la cuscute, mais non la luzerne ni le plantain ; les deux premières graines, déversées dans la goulotte, sont conduites à l'intérieur d'un cylindre perforé de trous ronds, très petits, qui élimine la grosse cuscute.

Enfin un grainetier-cultivateur de l'Aisne, M. Duval, a tout récemment imaginé un crible spécial qui permet d'éliminer plus facilement la cuscute et le plantain. Le procédé est basé sur ce fait que la cuscute s'égrène beaucoup plus facilement, à maturité, que les légumineuses, et que la graine de plan-

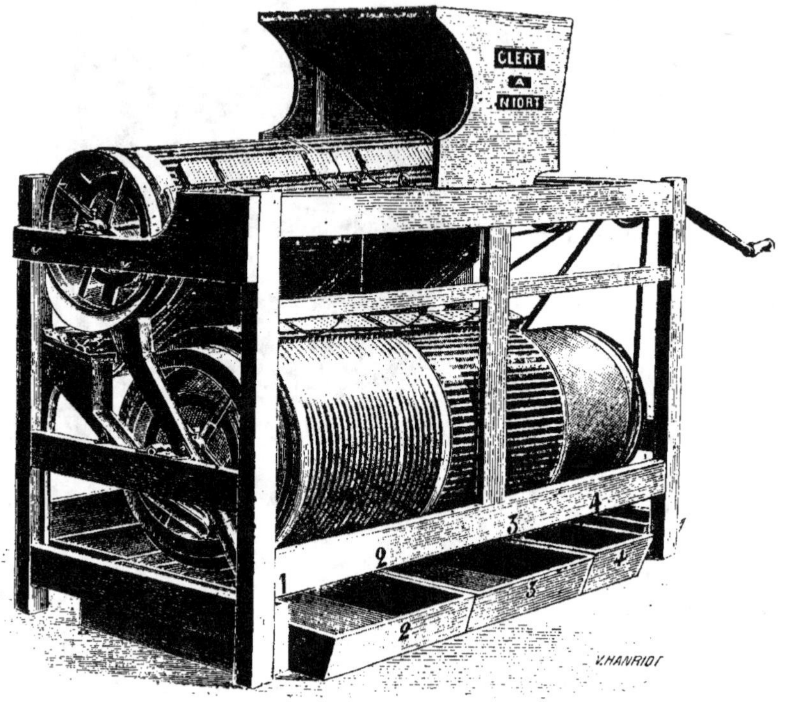

Fig. 266. — Décuscuteur avec émotteur rotatif (Clert).

tain n'adhère que très faiblement à l'inflorescence. Ces deux sortes de plantes sont donc égrenées par l'action du premier batteur, ou ébourreur, et il suffit de faire passer la bourre dans un crible approprié pour n'envoyer à l'ébossage qu'une semence débarrassée de cuscute et de plantain. Ce décuscuteur, qui est un crible tronconique, de 1 mètre environ de longueur, est donc destiné à être adjoint aux batteuses à petites graines et à fonctionner avant l'ébosseur dans les machines les plus simples, entre l'ébourreur et l'ébosseur

dans les autres. Les dimensions des orifices, pour le trèfle
violet et la luzerne, sont de 2 millimètres de diamètre pour
les trous ronds et de $1^{mm},40$ sur 12 millimètres pour les trous
rectangulaires ; la cuscute et le plantain les traversent facilement, même s'ils ne sont pas égrenés. Des trous ronds de
$2^{mm},80$ de diamètre et des orifices rectangulaires de $1^{mm},65$
sur 12 millimètres permettent de séparer le trèfle jaune des

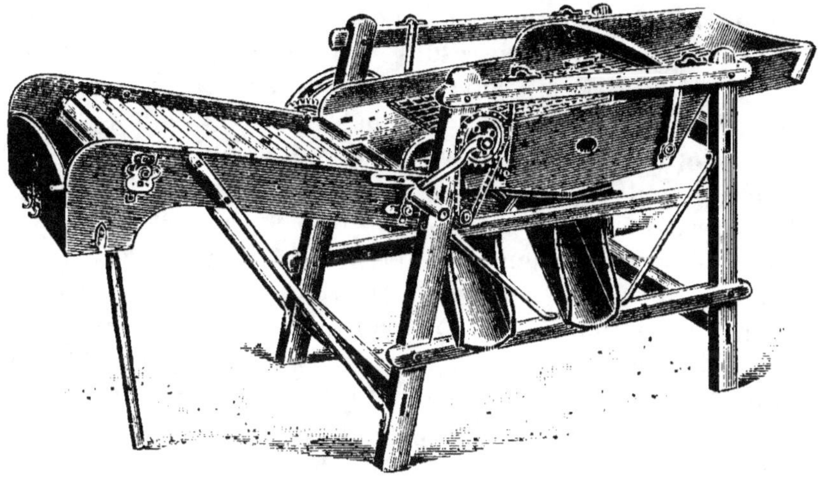

Fig. 267. — Cribleur de pommes de terre (H. Cooch).

sables de la minette et du mélilot qui le souillent si souvent,
comme le trèfle anglais des mauvaises herbes et de la
navette.

Cribleurs de pommes de terre. — Ces machines, malheureusement peu connues en France, sont très employées à
l'étranger, notamment en Angleterre, où on les utilise pour
classer les pommes de terre en trois ou en quatre catégories,
Ce sont de simples cribles, à mailles larges et fortes, superposés dans un coffre suspendu au bâti, un peu incliné et
animé de secousses longitudinales. Des goulottes conduisent
dans des baquets les tubercules classés par dimensions.
La figure 267 représente un semblable appareil, avec lequel
les plus beaux tubercules sont emportés par un tablier sans
fin et dirigés vers un ensacheur.

IV. — PRÉPARATION DES GRAINS EN VUE DE LEUR CONSOMMATION SUR PLACE.

Les grains peuvent servir à la nourriture des animaux ou à celle de l'exploitant et de son personnel. Dans le premier cas, il est parfois nécessaire, surtout pour l'alimentation des vieux animaux, de fragmenter les grains, ou tout au moins d'en entamer l'enveloppe, afin de remédier au défaut de mastication qui résulte de l'usure excessive des dents et de faciliter ainsi l'action des sucs digestifs sur l'amande. Il n'est pas rare, en effet, que certaines graines, comme l'avoine, traversent le tube digestif de ces animaux sans être aucunement attaquées et germent ensuite sur le fumier ; d'autres, comme le maïs, sont trop dures pour être mastiquées sans fragmentation préalable. Mais toutes les fois que ces substances sont délivrées sans être mélangées à des aliments humides, il faut éviter, au cours des manipulations qu'on leur fait subir, de pousser la division jusqu'à la production de farine : indépendamment de la perte de matière qui en résulterait, cette farine, pénétrant par les naseaux, pourrait enflammer les voies respiratoires. Au contraire, pour l'alimentation des hommes, on cherche à réduire les grains en farine aussi fine que possible et à travailler cette farine en vue de la transformer en pain.

Les différentes manipulations auxquelles nous venons dé faire allusion sont effectuées par des instruments connus sous les noms d'*aplatisseurs*, de *concasseurs*, de *moulins* et de *pétrins mécaniques*.

APLATISSEURS.

Les aplatisseurs ont pour but de comprimer, de laminer et parfois d'étirer un peu les graines, mais sans les briser, de façon à faire éclater les enveloppes ; cela permet aux sucs digestifs d'agir sur l'amande qu'elles contiennent.

Ils sont formés, le plus souvent (fig. 268 et 270), de deux roues métalliques à jante plate et assez large, faisant office de cylindres lisses, et placées sur un même bâti, de façon que

leurs axes soient parallèles. L'écartement des roues est réglable
à volonté au moyen d'une vis qui déplace sur le bâti les
paliers de l'un des axes. Suivant les constructeurs, les roues
sont de même diamètre ou de diamètres différents. L'une
d'elles, seulement, est actionnée par une manivelle ou, si la

Fig. 268. — Aplatisseur à bras à deux manivelles (Faul).

machine fonctionne au moteur, par une poulie (c'est alors la
plus grande, lorsqu'elles sont de diamètres différents); l'autre
est entraînée par l'intermédiaire des grains, et un ressort lui
permet de s'écarter de la première si un objet dur s'engage
entre les deux pièces, pour reprendre ensuite sa position
normale. Les grains sont placés dans une trémie, au-dessus
des roues; une vanne et un cylindre cannelé, actionné par
l'arbre moteur au moyen d'engrenages ou d'une courroie, en
déterminent et régularisent le débit; ils doivent, en effet,
tomber d'une manière très uniforme entre les deux cylindres.

21.

On construit, depuis quelques années, des aplatisseurs composés de deux troncs de cône à axes parallèles, disposés de façon que la grande base de l'un soit au niveau de la petite base de l'autre. Le réglage de l'écartement des deux pièces est effectué en les déplaçant le long de leurs axes, ce qui permet d'employer des paliers fixes ; un ressort à boudin, enroulé autour de l'un des axes, laisse les cônes s'écarter, s'il se présente un corps dur, et les rapproche ensuite. Les axes sont pourvus de roulement à billes. En raison de la forme même des pièces, les vitesses ne sont les mêmes qu'au niveau de leurs deux circonférences moyennes ; partout ailleurs elles sont différentes, de sorte que les grains sont non seulement laminés, mais étirés (fig. 269).

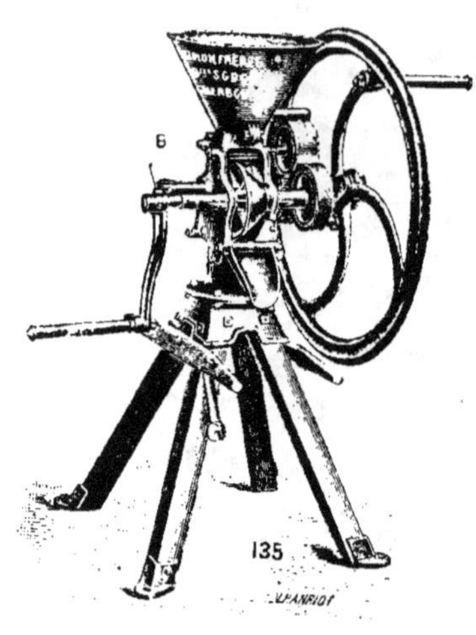

Fig. 269. — Aplatisseur à cônes (Simon frères).

Ces machines sont ordinairement munies d'un volant ; toutefois, quand les dimensions et le poids de l'une des roues sont suffisamment considérables, on peut supprimer cet organe régulateur.

Les aplatisseurs fonctionnent à bras (fig. 268 et 269) ou par moteur animé ou inanimé (fig. 270). Dans le premier cas, ils sont pourvus d'une ou même de deux manivelles ; dans le second, l'axe de la roue commandée est muni d'un jeu de poulies fixe et folle.

Nous verrons, à la fin de ce chapitre, ce qui a trait à l'utilisation pratique des aplatisseurs.

CONCASSEURS.

Les machines chargées de fragmenter les grains peuvent être rattachées à trois groupes principaux : les concasseurs *à plateaux*, les concasseurs *à contre-plaque* et les concasseurs *à cylindres*.

Concasseurs à plateaux. — Ils se composent, en principes, de deux plateaux métalliques cannelés, disposés sur le même axe horizontal, et dont l'un est fixe, tandis que

Fig. 270. — Aplatisseur actionné par moteur (Pilter).

l'autre est mobile. Le plateau fixe est généralement percé, près de son centre, d'un orifice en communication avec la trémie qui contient le grain à concasser; l'autre est animé d'un mouvement de rotation assez lent dans les machines à bras (au moins 40, parfois de 120 à 160 tours par minute), et rapide pour les concasseurs fonctionnant par moteur (de 450 à 600 tours). Ces plateaux sont enfermés dans une enveloppe en fonte, formée de deux pièces assemblées par des boulons ordinaires ou à bascule, et une buse conduit à l'extérieur les grains concassés.

Les plateaux en acier ou en fonte trempée ne sont pas rigoureusement plats, mais toujours au moins un peu coniques. Leurs cannelures affectent, comme formes, directions et nombre, les dispositions les plus variées ; ce sont tantôt des stries rectilignes obliques, à pied-droit et rampant, analogues aux « rayons » des meules de pierre (fig. 271), tantôt des stries curvilignes, parfois à directions différentes, tantôt, enfin, des dents placées suivant des circonférences concentriques, de dimensions

Fig. 271. — Concasseur à plateaux, ouvert (Lanz-Faul).

décroissantes du centre vers la périphérie, et telles que les saillies de l'un des plateaux puissent pénétrer dans les creux de l'autre. Aucune expérience précise n'a encore permis de déterminer quelle est la meilleure de toutes ces dispositions de cannelures. Dans beaucoup de machines modernes, les plateaux sont cannelés sur leurs deux faces, de façon qu'on puisse les retourner quand ils sont usés d'un côté. Le réglage de l'opération s'effectue toujours en rapprochant ou en éloignant le plateau mobile.

L'inconvénient le plus à redouter dans ces machines est l'engorgement des cannelures par les fragments les plus fins, qui les remplissent et y forment une sorte de mastic ; le débit est alors suspendu. Les constructeurs ont cherché à y remédier en augmentant la conicité des plateaux P, et même en ondulant ces derniers ; on arrive ainsi à des formes très variées, dont la figure 272 indique les plus typiques.

Comme des matières dures, pierres, clous, etc., peuvent être mélangées aux grains, il est indispensable que les organes puissent s'écarter momentanément, afin d'éviter la détérioration des stries ou des dents. L'un des deux plateaux est donc muni d'un ressort, que nous n'avons pas figuré, pour

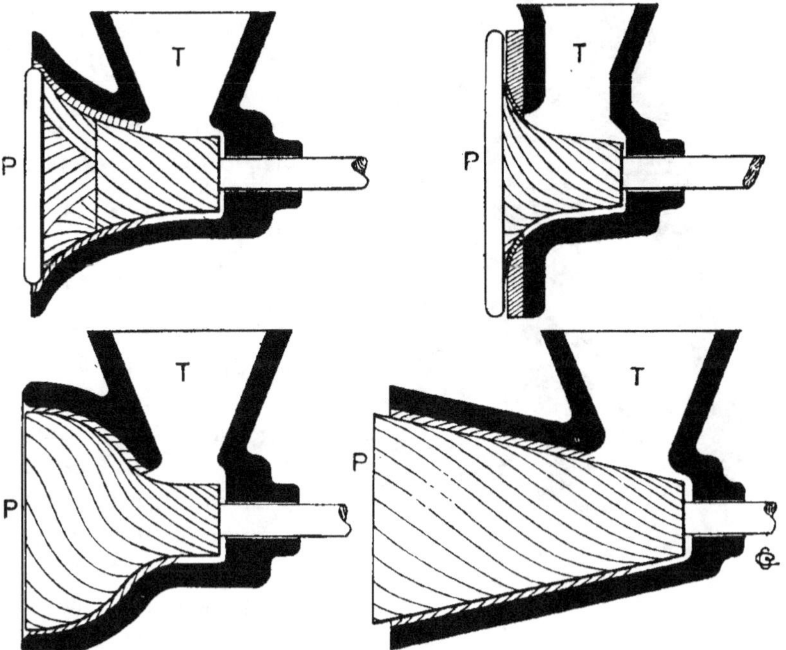

Fig. 272. — Principaux types de concasseurs à plateaux.

plus de simplicité, sur notre schéma; il rétablit l'écartement normal après l'expulsion de la matière dure.

L'alimentation en grain doit être très régulière, aussi la trémie T est-elle souvent pourvue d'un distributeur animé d'oscillations longitudinales ou latérales, dont on peut modifier la pente suivant la levée de la vanne, et muni d'une grille qui sépare les pailles, les ôtons, etc. (fig. 274).

Concasseurs à contre-plaque. — Nous nous bornerons à indiquer le principe de ces concassseurs, qui, s'engorgeant trop fréquemment, sont de moins en moins employés. Ils com-

portent un cylindre strié ou denté et une contre-plaque, également striée ou dentée, placée de la même façon qu'un contre-
batteur vis-à-vis du batteur; cette contre-plaque peut être
éloignée ou rapprochée
du batteur, et un ressort
lui permet de laisser
passer les corps durs.

**Concasseurs à cylin-
dres.** — Ils comportent
ordinairement (fig. 273)
deux cylindres cannelés
horizontaux, disposés
parallèlement et tour-
nant en sens inverse
avec des vitesses diffé-
rentes; les cannelures,
à pied-droit et rampant,
sont tracées en hélices
sur ces cylindres, qui
sont tantôt de même
diamètre, tantôt de dia-
mètres différents, et dont
la longueur, toujours peu
considérable, varie avec
le débit à obtenir et avec

Fig. 273. — Concasseur à cylindres
à bras (Pilter).

la puissance du moteur qui les actionne. Les axes des cylindres
sont reliés par des engrenages, mais les paliers qui supportent
l'un d'eux peuvent coulisser sur le bâti, de façon qu'à l'aide
de vis ou d'excentriques on puisse les déplacer pour régler
l'intensité du concassage; un ressort permet, en outre, comme
dans les appareils précédents, de laisser passer les corps durs
sans détériorer les cannelures. Les grains sont contenus dans
une trémie pourvue d'une vanne et d'un distributeur cannelé.
Il existe enfin des concasseurs pourvus de trois cylindres.

Différents types de concasseurs. — On trouve dans
chacune de ces catégories des machines fonctionnant à bras
ou au moyen d'un manège ou d'un moteur. Les plus petits,
qui conviennent aux exploitations de très faible étendue ou

aux laboratoires, peuvent être fixés, au moyen d'une presse à vis, sur le bord d'une table ; mais, dans la plupart des cas,

l'ensemble de la machine est supporté par un bâti à quatre pieds, en bois ou en fonte, ou par un socle en fonte avec pieds en bois. L'arbre moteur est muni d'un volant et d'une manivelle ou de poulies fixe et folle ; lorsque le concasseur doit être commandé par un moteur, il est bon que le volant soit placé, toutes les fois que la disposition de la machine le permet, à l'intérieur du bâti et enfermé dans une enveloppe protectrice (fig. 274) ; il est, de même, avantageux de protéger les engrenages par des tôles, afin d'éviter les accidents.

Fig. 274. — Concasseur à moteur, avec volant dans le bâti (Harrison M° Grégor).

MOULINS.

La plupart des machines précédentes, convenablement réglées, donnent une moûture assez fine, mais un taux d'extraction peu élevé ; on améliore le rendement au moyen de cannelures plus fines et d'un ajustage plus soigné. C'est ce qui constitue, avec les meules en pierres analogues à celles des minoteries, mais de petit diamètre, la catégorie des *moulins agricoles*. Ces machines, sur lesquelles nous ne croyons pas utile d'insister davantage, s'usent très rapidement en agriculture, parce qu'on leur donne à travailler des grains insuffisamment nettoyés, contenant encore des pierres, des clous, etc., tandis que toutes ces substances étrangères sont soigneusement éliminées en minoterie, au moyen d'appareils spéciaux que leur prix d'achat ou de fonctionnement, leur difficulté de réglage, ne permettent pas d'employer avantageusement dans les exploitations métropolitaines ; mais elles sont intéressantes pour les colonies.

La moûture proprement dite doit être complétée par un blutage, au moyen de *bluteries* ou *bluteaux* identiques, aux dimensions près, à ceux des meuneries.

Considérations générales sur les aplatisseurs, les concasseurs et les moulins. Dynamique de ces machines.

Il convient, avant tout, de déterminer l'augmentation de digestibilité résultant de l'aplatissage ou du concassage des grains, sauf, bien entendu, pour ceux qui sont trop durs ou trop volumineux pour pouvoir être consommés tels quels. Des expériences entreprises à l'École de Grignon, par MM. Sanson et Gay, ont montré qu'on peut remplacer, pour l'alimentation des chevaux, 100 kilogrammes d'avoine entière par 96 kilogrammes d'avoine aplatie ou par 92 kilogrammes d'avoine concassée. Pour les ruminants, et notamment pour les moutons, l'augmentation de digestibilité de l'avoine n'atteint pas 0,5 p. 100 par l'aplatissage et 1 p. 100 par le concassage.

D'autre part, les essais effectués par M. Ringelmann à l'École de Grignon en 1894-1896, à la Station d'essais de machines en 1889 et 1898, ont donné des résultats qui permettent de déterminer le prix de revient du travail des aplatisseurs et des concasseurs. Nous les résumons dans les tableaux nᵒˢ 25 à 28.

En définitive, les essais du concours d'Arras montrent que les variations du travail mécanique nécessaire pour concasser 100 kilogrammes sont en kilogrammètres :

	Maïs.	Orge.
Concasseurs à bras......	de 142 000 à 494 000	de 165 000 à 364 000
— à manège...	112 000	103 000
— à moteur...	de 191 000 à 234 000	de 150 000 à 288 000

et les variations générales de :

$$112\,000 \text{ à } 494\,000 \text{ kgm.} \qquad \text{pour} \qquad 100 \text{ kg. de maïs.}$$
$$103\,000 \text{ à } 364\,000 \quad\text{—}\qquad\text{—}\qquad\text{—}\qquad \text{d'orge.}$$

Le tableau n° 26 donne, d'autre part, le résultat d'expériences sur les concasseurs travaillant du blé ou de l'avoine.

Tableau n° 25. — *Travail des aplatisseurs* (Station d'essais des machines) (M. RINGELMANN).

DÉSIGNATION.	BLÉ (1889).		AVOINE (1895-96).
	Tendre.	Dur.	
Poids de l'hectolitre { naturel..	78 kg.	81^{kg},4	50^{kg},9
{ aplati...	59 —	60^{kg},1	21^{kg},7
Poids du grain passé à la machine	153^{kg},5	150^{kg},4	»
Temps utile employé, en minutes	50	69	»
Nombre de tours pour travailler 1 kilo de grain.......	....	....	150
Travail mécanique dépensé par kilo de grain travaillé, en *kgm*...........	658	672	1583

Tableau n° 26. — *Travail des concasseurs* (Station d'essais des machines, 1889) (M. RINGELMANN).

PRODUITS TRAVAILLÉS.	BLÉ		AVOINE.
	tendre.	dur.	
Poids de l'hectolitre. { Naturel......	78^{kg}	81^{kg},4	50^{kg},9
{ Travaillé	»	»	19^{kg},2
Poids de grain passé à la machine..	100^{kg}	100^{kg}	»
Temps utile employé (minutes).....	49	40	»
Nombre de tours pour concasser 1 kg.	»	»	150
Kilogrammètres dépensés pour travailler 1 kilo..........	302	223	785
Farine passant au tamis de 33.2 fils par centimètre carré............	1^{kg},292	1^{kg},072	»
Farine passant au tamis de 22.1 fils par centimètre carré............	18^{kg},548	4^{kg},440	»
Gruaux	20^{kg},712	20^{kg},558	»
Concassage..............	50^{kg},048	73^{kg},436	»
Pertes et déchets...........	0^{kg},400	0^{kg},464	»

Tableau n° 27. — *Travail des concasseurs. Concours spécial d'Arras, 1898.*
(Station d'essais de machines) (M. Ringelmann) (1).

	A BRAS.						PAR MANÈGE.	PAR MOTEUR.			
CONCASSEURS FONCTIONNANT :	Lanz.		Bentall. À 1 homme.		À 2 hommes.	Picksley.	Lanz.	Bamford.	Harrison.	Nicholson.	Bentall.
Nombre de tours par minute.	40		40		40	40	80	600	560	500	460
À vide.											
Kilogrammètres dépensés par seconde	0.825		1.300		0.72	1,65	3,57	4.8	8,25	10,20	7,14
Avec du maïs.											
Poids concassé par heure ...	20kg,7	23kg,2	8kg,57	6kg,31	13kg,9	36kg	96kg	92kg	226kg,2	141kg	120kg
Kilogrammètres dépensés { p. seconde.	10.12	8.8	7.26	8,63	19.14	11.00	29,81	54	120	72	78
{ pour 100 kg. de grain.	176088	142560	304920	492195	493812	112200	111787	210600	190800	183600	234000
Refus du tamis n° 10 (p. 100).	7.2	19.2	36.0	9.4	11.6	37.6	11,2	13.0	13.4	13.0	15.4
— 25 —	74.2	64.6	45.4	60.4	53.8	47.6	74,4	73.8	69.6	73.4	69.8
— 50 —	13.2	10.4	12.4	19.4	18.4	11.0	9.8	9.4	11.0	9.6	9.2
Passe au tamis 50 (par diff.).	5.4	5.8	6.2	10.8	14.2	4,4	4.6	3.8	6,0	4.0	5.6
Avec de l'orge.											
Poids concassé par heure ...	18kg,7		8kg,88	7kg,27	15kg	30kg	82kg,8	78kg	133kg	120kg	75kg
Kilogrammètres dépensés { p. seconde.	7,15		6,16	7.37	14.85	8.32	23,5	32,4	91,8	60	60
{ pour 100 kg. de grain.	165165		249480	364815	356400	100665	102877	149688	247860	180000	288000
Refus du tamis n° 10 (p. 100).	16,4		46,4	45.6	17.6	65.4	20.4	13.4	12.4	18.0	7,4
— 25 —	73,2		43,4	64,2	60,2	29,4	73,6	75,6	76,4	72,4	75,0
— 50 —	6,4		7,8	14,4	16,8	2,0	4.8	7,8	8,2	4,6	13,6
Passe au tamis 50 (par diff.).	4,0		2,4	5,8	5,4	4.2	1,2	3,2	3.0	5.0	4.0

(1) Extrait du rapport sur les concours spéciaux d'instruments d'intérieur de ferme, organisés sous le haut patronage de la Fédération des Sociétés agricoles du Pas-de-Calais, les 6, 7, 8 et 9 octobre 1898, à Arras.

Tableau n° 28. — *Prix de revient du travail des aplatisseurs et des concasseurs* (M. Ringelmann).

TRAVAUX.	APLATISSAGE.		CONCASSAGE.	
Kgm. nécessaires pour travailler 1 kg. — de blé tendre.	658		302	
dur..	672		223	
d'avoine......	1583		785	
Rapports — blé... tendre.	2.17		1	
dur...	3,02		1	
avoine.......	2.01		1	
Pour l'avoine (15 francs les 100 kg.). Poids équivalant à 100 kg. d'avoine naturelle.............	96 kg		92 kg	
		Prix des 96 kg. travaillés.		Prix des 92 kg. travaillés.
	fr.	fr.	fr.	fr.
Frais de travail du poids équivalant à 100 kg. d'avoine entière, avec : — 2 hommes........	3.13	17.53	1.48	15.28
un manège.......	1.06	15.46	0.50	14.30
un moteur à vapeur.	0.83	15.23	0.39	14.19
moteur à pétrole.	0,74	15.14	0.35	14.15

L'examen du tableau n° 28 montre que l'aplatissage est une opération toujours onéreuse, tandis que le concassage devient économique dès qu'on emploie un moteur inanimé ; avec un manège, l'économie de matière compense à peu près exactement les frais de concassage.

Les concasseurs sont donc préférables aux aplatisseurs, même pour les exploitations où le prix de revient du travail n'a pas une grande importance, puisque le concassage assure une meilleure utilisation de la nourriture que l'aplatissage. Avec un moteur à vapeur ou à pétrole, le concasseur procure un bénéfice sensible (1), d'autant plus qu'on peut préparer à l'avance une grande quantité de grains et constituer, avec les mêmes frais de mise en route du moteur, une provision pour plusieurs jours.

(1) Au cours de 19 francs par quintal d'avoine, le prix de revient des 92 kilogrammes concassés, équivalant à 100 kilogrammes d'avoine naturelle, est de 17 fr. 83 : l'économie immédiate est donc de 1 fr. 17, et on conserve, en outre, 8 kilogrammes d'avoine valant, à raison de 0 fr. 19 par kilogramme, 1 fr. 52. Le bénéfice définitif de l'opération est donc de 2 fr. 69.

Les frais de concassage à bras sont très élevés ; les essais d'Arras les montrent variant entre 1 fr. 56 et 7 fr. 81 par quintal pour le maïs, 1 fr. 38 et 5 fr. 68 pour l'orge. Il y aurait lieu de faire des recherches pour déterminer s'il ne serait pas possible d'augmenter plus économiquement la digestibilité de ces matières.

En ce qui concerne les moulins, la réduction de 1 kilogramme de blé en farine exigeant de 10 000 à 12 000 kilogrammètres, c'est une opération excessivement coûteuse qu'il n'y a pas intérêt à effectuer dans les exploitations, sauf, bien entendu, aux colonies où, en l'absence de minoteries industrielles, ces machines peuvent rendre les plus grand services.

PÉTRINS MÉCANIQUES.

Il peut être, au contraire, intéressant de fabriquer le pain dans la ferme même, en achetant de la farine ou en faisant moudre le grain par un meunier de profession. Nos lecteurs trouveront dans le traité rédigé par notre camarade M. Ammann (1) une étude approfondie sur les divers pétrins actuellement existants. Mais nous croyons devoir résumer en quelques lignes les conditions générales auxquelles un pétrin doit répondre; c'est la longue série d'expériences auxquelles s'est livré le Syndicat de la boulangerie de Paris, en 1908 et 1909, ainsi que les essais effectués à cette occasion par M. Ringelmann, qui ont permis de les déterminer.

Les quatorze pétrins qui ont pris part au concours ont été examinés par une commission composée d'experts et de membres du syndicat de la boulangerie de Paris, assistée de MM. Arpin, chimiste-conseil du Syndicat. Le ministre de l'Agriculture, M. Ruau, avait délégué MM. L. Lindet et M. Ringelmann pour suivre ces expériences. Celles-ci ont eu lieu en deux fois : au siège du Syndicat, pour toutes les constatations relatives à la technique boulangère et à la Station d'Essais de machines, 47 rue Jenner, pour les recherches dynamométriques. Dans les deux cas, on a opéré avec des pétrissées en pâte dure,

(1) Voy. L. AMMANN, Meunerie et Boulangerie (ENCYCLOPÉDIE AGRICOLE).

sur levure, représentant chacune 172^{kg},750 de pâte (1).

Au point de vue technologique, bien que les pâtes présentassent des aspects très différents, les experts n'ont pu établir de différences entre les pains obtenus avec elles, au point de vue de la qualité ; tous les pétrins ont donné de *beau* et de *bon* pain, qui ne le cédait en rien à celui obtenu par un pétrissage à bras *soigné*. Sous le rapport du rendement en pain, les expériences ont montré qu'il est le même avec les pétrins mécaniques qu'avec un pétrissage à bras *bien fait*.

Le travail au pétrin mécanique doit s'effectuer en deux temps, les deux périodes étant séparées par un arrêt pendant lequel la pâte « se repose » dans la cuve. La durée utile du pétrissage, non compris cet arrêt, a varié, suivant la forme, les dimensions et la vitesse des organes pétrisseurs, entre six et quinze minutes et demie.

Au point de vue dynamométrique, M. Ringelmann a constaté que le travail mécanique nécessaire pour préparer les 172^{kg},750 de pâte ferme variait de 19 476 à 185 380 kilogrammètres, les variations correspondantes de la puissance étant de 0,41 à 5 chevaux-vapeur, suivant les pétrins employés. La résistance à vide oscillait, de même, entre 1,75 et 32,42 kilogrammètres. En déduisant du travail total les résistances passives, on constate que le *travail utile* pour la confection des 172^{kg},750 de pâte a varié de 16 664 à 175 983 kilogrammètres. Il est intéressant de comparer la dépense de travail utile à la qualité de la pâte obtenue. Dans le tableau ci-dessous, cette qualité est exprimée en cotes comprises entre 0 et 20.

Qualité de la pâte.	Travail utile.	Qualité de la pâte.	Travail utile.
19...............	43 052 kgm.	14...............	32 554 kgm.
18...............	{ 40 661 — { 54 979 —	13...............	{ 24 393 — { 30 981 — { 175 983 —
17...............	20 864 —	11...............	17 176 —
15...............	{ 16 664 — { 25 380 — { 29 797 —	10...............	{ 36 555 — { 40 097 —

(1) Voy., pour l'histoire du pétrissage mécanique, les précautions opératoires, le détail des expériences, etc., le rapport sur les expériences comparatives de pétrissage mécanique et de pétrissage à bras, publié par le Syndicat de la Boulangerie de Paris (au siège du Syndicat, 7, quai d'Anjou, Paris).

On peut tirer des expériences de M. Ringelmann la classification suivante, basée sur le travail utile consommé et la nature des organes pétrisseurs (Tableau n° 29).

Tableau n° 29. — *Dynamique des pétrins mécaniques*
(M. RINGELMANN).

ORGANES PÉTRISSEURS.	KILO-GRAMMÈTRES utiles.	DURÉE de la pétrissée en minutes.
Une hélice ou une grande demi-hélice.	17 000	8 et 14 $\frac{1}{2}$
Une palette à mouvements alternatifs.	21 000	10 $\frac{1}{2}$
Un fraseur tournant autour d'un axe vertical	24 000 à 25 000	6 et 15 $\frac{1}{2}$
Un fraseur vertical et un allongeur oblique	30 000	7 $\frac{1}{2}$
Une seule fourche à mouvements alternatifs	31 000	9
Deux fourches parallèles à mouvements alternatifs	33 000	10
Un pétrisseur rotatif se déplaçant d'une extrémité à l'autre	36 000	13 $\frac{1}{2}$
Deux hélices parallèles tournant en sens inverse	40 000	12 $\frac{1}{2}$
Deux fourches à mouvements alternatifs se croisant dans la cuve	41 000 à 43 000	7 et 8
Un large fraseur vertical	55 000	11
Deux fraseurs verticaux enchevêtrés et deux allongeurs tournant autour d'axes horizontaux	176 000	12 $\frac{1}{2}$

Les pétrins, considérés par la commission comme excellents sous tous les rapports, exigent de 41 000 à 55 000 kilogrammètres utiles pour préparer la pétrissée de 172^{kg},750 de pâte ferme. Mais, comme le rendement en qualité et quantité de pain a été le même pour les quatorze pétrins essayés, on peut dire qu'il suffit de 17 000 kilogrammètres utiles, ou, en totalité, de 20 000 kilogrammètres pour préparer 172^{kg},750, soit, par kilogramme de pâte ferme, 98^{kgm},4 utiles ou 115^{kgm},7 en totalité. Il n'y a donc pas lieu de chercher à compliquer le mécanisme dans le but d'imprimer aux pièces des mouvements analogues à ceux qu'exécute l'homme ; la qualité du pain n'y gagne rien, et le travail consommé s'accroît.

On n'a pas à craindre que les cuves métalliques, dont beaucoup de pétrins sont munis, refroidissent la pâte, en raison de leur conductibilité plus élevée que celle en bois; elles se mettent, en effet, plus vite que ces dernières en équilibre de température avec le milieu ambiant. Sous le double rapport de la facilité de sortie de la pâte et du nettoyage, les cuves métalliques à fond arrondi, sans angles vifs, sont supérieures aux huches en bois.

M. Ringelmann conclut de ses expériences que les pétrins dont les pièces travaillantes sont étamées sont préférables aux autres, car la pâte y adhère très peu, et elles se nettoient automatiquement quand elles sont mobiles; il n'y a donc pas lieu de les gratter avec un coupe-pâte au cours du travail, ce qui élimine de grands risques d'accidents. D'ailleurs, les pièces de fer, fonte ou acier, non étamées, risquent de se rouiller et de communiquer à la pâte une coloration et un goût désagréables. Les organes pétrisseurs doivent être simples; les engrenages qui les animent doivent être recouverts d'enveloppes pour éviter les accidents; des carters étanches doivent protéger également la pâte contre la chute de l'huile et de la graisse employées comme lubrifiant.

Aucune partie de la cuve ni des organes pétrisseurs ne doit présenter d'angles vifs, saillants ou rentrants, et tous les angles doivent être arrondis avec un rayon d'au moins 2 centimètres.

Il n'y a pas lieu, semble-t-il, d'attacher une grande importance à la possibilité de déplacer la cuve. Pourvu que les dimensions de celle-ci soient bien établies, l'enlèvement de la pâte est facile dans tous les cas; le maximum de commodité pour le chargement et la vidange est réalisé quand le bord de la cuve n'est pas à plus de $0^m,75$ au-dessus du sol et que son fond est à $0^m,40$ au-dessus du même niveau. La profondeur maxima est donc de $0^m,35$, ce qui prouve que, pour permettre de fortes pétrissées, les constructeurs doivent augmenter le diamètre des cuves.

En ce qui concerne le bâti, le pétrin n'étant pas une machine portative ni déplaçable, on peut lui donner tout le poids qu'impose une construction simple, robuste et économique ; dans les cas assez rares où on aurait à faire une installation sur plancher, il y aurait lieu de donner au bâti un grand empattement. Mais, comme l'accès des fournils n'est ordinairement pas facile, ce bâti doit pouvoir être démonté en plusieurs pièces, assez légères chacune pour pouvoir être transportées par deux ou par trois hommes. La fonte se prête particulièrement bien à ce genre de construction.

Ce programme, sommairement résumé, indique les princi-

Fig. 275. — Pétrin mécanique (Pollet).

pales conditions auxquelles doit satisfaire un pétrin mécanique. La figure 275 représente une machine établie d'après les considérations ci-dessus.

V. — PRÉPARATION DES FOURRAGES.

La mise en bottes, d'un poids sensiblement constant, est une opération considérée comme avantageuse par presque tous les agriculteurs, en raison des facilités qu'elle procure ultérieurement pour la distribution des rations aux animaux. D'autre part, lorsqu'il s'agit de transporter les fourrages, paille ou foin, à des distances considérables, par chemin de fer ou par bateaux, il y a avantage à réduire le volume occupé par ces matières à l'état naturel et à faire tenir le plus de marchandise possible dans la capacité correspondant à l'unité taxée, wagon complet ou mètre cube, en tenant compte, bien entendu, des limites de poids imposées par les tarifs ou par les règlements. Enfin, si le fourrage doit être consommé dans la ferme, on peut, en le divisant, faire utiliser par les animaux des végétaux de qualité inférieure, ou des plantes qui, quoique d'excellente qualité, ne pourraient pas être absorbées par eux sans avoir subi cette manipulation spéciale. Nous avons donc à étudier le bottelage, la compression et la division des fourrages.

BOTTELAGE DES FOURRAGES.

Cette opération est faite le plus souvent à bras, et les ouvriers acquièrent une très grande habileté dans ce travail particulier. M. Ringelmann a observé qu'un ouvrier travaillant à la tâche peut lier, à trois liens, de 200 à 250 bottes par jour et exceptionnellement 350 bottes dans le même temps : le prix de revient est de 4 à 6 francs par tonne de fourrage sec. « En tassant soigneusement des bottes de foin ou de paille, on peut atteindre le poids de 80 kilogrammes au mètre cube ; mais, en pratique, il est plus prudent de tabler sur le chiffre de 70 kilogrammes pour l'arrimage des bottes dans un local ou pour le chargement d'un véhicule (1). »

Nous avons précédemment étudié (2) les appareils à bras ou à moteur destinés à botteler et à lier la paille sortant des batteuses. On a également construit des botteleuses pouvant fonctionner avec toutes sortes de fourrages et dont certains modèles présentent l'avantage d'assurer aux bottes une très grande uniformité de poids. Ces machines consistaient en un berceau semi-cylindrique, sur l'un des bords duquel étaient fixés deux ou trois ressorts formés chacun de deux lames flexibles en acier, parallèles et écartées de 5 à 6 centimètres ; sur le bord opposé, se trouvaient des crochets

(1) Rapport sur les essais spéciaux de presses à fourrages du concours de Lizy-sur-Ourcq, par M. Ringelmann (*Bulletin du Syndicat agricole de l'arrondissement de Meaux* du 15 octobre 1899).
(2) Voy. p. 307 à 311.

Coupan. — Machines de récolte.   22

reliés à des pédales. Après avoir placé dans le berceau deux ou trois liens en paille, rotin, corde, fer, etc., l'ouvrier remplissait l'appareil de fourrage, puis rabattait les ressorts, les engageait dans les crochets et comprimait le fourrage avec les pédales, en même temps qu'il nouait les liens. Dans certains cas, le berceau était relié au fléau d'une balance romaine, sur lequel pouvait être déplacé un contrepoids; l'ouvrier chargeait alors le berceau jusqu'à ce que le fléau devînt horizontal. On confectionnait avec ces machines des bottes pesant de 80 à 100 kilogrammes par mètre cube; mais, malgré ses avantages, ce genre de botteleuses ne s'est pas répandu.

COMPRESSION DES FOURRAGES.

« Lorsque le fourrage est très sec, le *poids au mètre cube* (qu'on désigne en pratique sous le nom impropre de *densité*) est environ de :

> 60 à 62 kg. pour le foin de luzerne en bottes.
> 58 à 60 — la paille de blé en bottes.

« Si l'on vient à débotteler cette marchandise, puis à la faner à la fourche et qu'on la range en grande masse dans un coffre en la piétinant avec soin, le poids au mètre cube des mêmes fourrages s'abaisse alors à :

> 55 et 57 kg. pour le foin.
> 44 et 50 — la paille.

« Dans une grande meule de paille ou de foin, le plan inférieur, ou *sous-trait*, supporte une pression qui ne dépasse pas $0^{kg},05$ à $0^{kg},06$ par centimètre carré ; le pied de la meule, aussi faiblement comprimé, ne présente pas plus de 65 à 70 kilogrammes de fourrage au mètre cube, alors que le même volume à la partie supérieure pèse de 50 à 60 kilogrammes (1). »

La compression à effectuer varie avec le but qu'on se propose d'atteindre. S'il s'agit simplement de supprimer le botte-

---

(1) M. RINGELMANN, Rapport du Concours de Lizy-sur-Ourcq.

lage et d'assurer la conservation du fourrage, dans l'exploitation même, il est inutile de dépasser un poids de 120 kilogrammes par mètre cube. Si l'on veut au contraire, expédier ces fourrages par chemin de fer, il faut utiliser au maximum le wagon et atteindre un poids égal à la limite de charge de la plate-forme, sous un volume qui dépend à la fois de la surface de cette dernière et du « gabarit de chargement ». Les dimensions des wagons sont malheureusement variables, non seulement de réseau à réseau, mais même, pour un réseau déterminé, avec les époques de construction du matériel roulant (1).

Les compagnies de navigation taxent les marchandises suivant le volume occupé, jusqu'à concurrence d'un poids déterminé ; il y a alors lieu de comprimer le fourrage de façon à rapprocher le poids par mètre cube de ce poids limite.

Encore faut-il tenir compte de l'usage auquel le fourrage est destiné. Une compression énergique détériore le fourrage ; si cela n'offre aucun inconvénient pour la maille employée à la fabrication du papier, le foin pour l'alimentation des animaux subirait une dépréciation importante. Les pailles employées comme litière ne doivent pas être brisées, tout au moins lorsqu'elles sont destinées aux écuries de luxe ; les presses doivent donc, dans ce cas, avoir des dimensions telles que les brins de longueur courante puissent y passer librement.

Le problème est, par suite, éminemment complexe ; sans nous attarder à envisager toutes les solutions qu'il comporte, rappelons, avec M. Ringelmann, que pour un chargement de 5 tonnes et un parcours par chemins de fer de 500 kilomètres, les frais de transport représentent, par rapport à la valeur marchande des produits, 6 p. 100 pour les vins courants, 7, 8 p. 100 pour le blé, 60 p. 10 pour le foin et 178 p. 100 pour la paille. Le poids optimum qu'il convient de donner, par mètre cube, pour les différents types de plates-formes en usage sur les réseaux français varie de 138 à 166 kilogrammes. L'administration de la Guerre a fixé, en conséquence, ce poids à 170 kilogrammes ; à ce taux, les frais de transport, dans les

____

(1) Les gabarits de chargement sont également variables de réseau à réseau, mais dans des limites assez faibles pour qu'il n'y ait pas lieu d'en tenir compte dans le calcul des taux de compression.

conditions ci-dessus, représentent 25 p. 100 de la valeur pour le foin et 75 p. 100 pour la paille (1).

Pour faciliter l'arrimage, il conviendrait de donner aux balles des dimensions proportionnelles aux nombres 1, 2 et 4, de façon qu'on puisse les entasser en *découpant les joints* comme on le fait en maçonnerie, notamment avec les briques. Des balles à section sensiblement carrée, de longueur double de leur largeur, permettraient, en les plaçant alternativement en long et en travers, d'édifier des tas très solides.

On ne peut pas comprimer du fourrage complètement sec sans le briser; il en résulte un déchet important ou un aspect défectueux capable de diminuer la valeur marchande du produit. D'autre part, les fourrages humides, souples, glissant bien, se compriment aisément, mais sont exposés à fermenter ultérieurement; le fourrage ainsi échauffé n'a qu'une très faible valeur. Il convient donc d'agir sur des substances ni trop sèches ni trop humides, et M. Ringelmann admet qu'il y a lieu de passer un fourrage à la presse lorsqu'il présente un degré de siccité suffisant pour qu'on puisse sans danger le botteler ou le mettre en grandes meules, c'est-à-dire quand 120 à 130 kilogrammes de foin manipulé se réduisent, par dessiccation naturelle, à 100 kilogrammes, environ, de matière. En mélangeant du fourrage nouveau à un vieux foin, le premier jouant jusqu'à un certain degré le rôle de liant, on évite une détérioration excessive.

Enfin, comme les frais de travail croissent en même temps que l'énergie de la compression, il faut prendre garde à ne pas atteindre, et surtout à ne pas dépasser la limite, variable avec chaque cas particulier, à partir de laquelle l'opération cesse d'être avantageuse.

Quoi qu'il en soit, de nombreuses constatations ont prouvé que les fourrages comprimés conservent pendant longtemps

(1) Nous avons publié dans le *Journal d'agriculture pratique* (n°s des 11 octobre 1900, 19 septembre, 3 et 10 octobre 1901) une étude sur le transport des denrées agricoles (fourrages, bestiaux), en indiquant, pour chacun des réseaux, les dimensions des plates-formes les plus nombreuses, les tarifs, prix spéciaux, etc. Les tarifs n'ayant pas beaucoup varié depuis l'époque de cette publication, on peut encore utilement la consulter; elle permet, en particulier, de se familiariser avec cette question, si importante pour les agriculteurs, de l'application des tarifs.

leur coloration, leur qualité, leur état de propreté et même leur arome; ils sont peu sensibles à l'action de la sécheresse ou de l'humidité et, point également très important, ne sont que très difficilement combustibles.

Liens. — Sauf pour certaines presses, dites à paille longue. qui fonctionnent avec de la ficelle de moissonneuse-lieuse, on utilise, pour lier le fourrage comprimé, du fil de fer recuit dont le calibre varie avec le degré de compression et le poids de la balle; on a le plus souvent recours aux nos 12, 13 et 14 de la jauge de Paris. Les procédés de ligature sont de trois sortes. Pour les presses qui confectionnent des balles de dimensions constantes, les liens sont préparés à l'avance, coupés à la longueur voulue et tordus en boucle, à leurs deux extrémités, au moyen d'une petite machine spéciale; quand on a entouré la balle avec le lien, on rapproche les deux boucles et, à l'aide d'un outil particulier. on les réunit par une agrafe, en forme de C ou d'S, fabriquée à l'avance avec du fil de fer n° 20 ou n° 30; si on défait ensuite les bottes avec un outil approprié, ces liens, ainsi que les agrafes, peuvent servir de nouveau. Dans la plupart des cas. on donne aux liens de fil de fer une longueur plus grande que celle qui serait nécessaire; on peut faire une boucle à une des extrémités et y engager l'autre extrémité. qu'on replie et enroule ensuite autour d'elle-même; mais, généralement, on se contente de croiser les deux extrémités, de les tortiller ensemble et d'engager les deux bouts entre la balle et le lien. Le premier procédé est le plus économique, mais il nécessite un outillage particulier et un approvisionnement préalable; aussi recourt-on, de préférence, au troisième.

Les balles sorties de la presse, après avoir été liées, augmentent de volume, foisonnent; les liens sont ainsi tendus par l'élasticité de la matière et restent en place si leur calibre est suffisant et si la ligature a été bien faite. Le foisonnement diminue dans des proportions importantes le poids par mètre cube du fourrage comprimé (parfois près d'un quart); il faut en tenir compte dans l'évaluation de la compression à exercer pour obtenir un poids déterminé par mètre cube; mais on peut le réduire en augmentant le nombre et le calibre des liens. Il ne faut d'ailleurs pas employer des liens trop faibles, sous peine de ruptures à la sortie de la presse ou pendant la manutention.

M. Ringelmann a constaté, tant au cours des essais de Valence et de Lizy-sur-Ourcq qu'à la suite de recherches scientifiques personnelles, que, pour une pression donnée, par centimètre carré, le poids par mètre cube devient d'autant plus grand que l'épaisseur de la couche comprimée est plus faible ; les fourrages, comme les marcs, la tannée, etc., transmettent mal la pression, et il vaut mieux agir par couches minces et successives que par grandes masses. L'épaisseur primitive étant la même, le poids par mètre cube d'un fourrage comprimé sous une pression déterminée est peu influencé par le poids du volume primitif et dépend surtout de la souplesse des brins travaillés. Enfin la pression à exercer par centimètre carré augmente très rapidement à mesure qu'on veut obtenir un poids par mètre cube plus élevé, comme l'indique le tableau n° 30 :

Tableau n° 30. — *Recherches sur la compression des fourrages* (M. Ringelmann).

DÉSIGNATIONS.	FOIN DE LUZERNE.			PAILLE DE BLÉ.	
	kg.	kg.	kg.	kg.	kg.
Poids par mètre cube de la charge primitive.	51,0	90,0	93,0	51,0	90,0
Pressions par 100 kg.	0,3	0,3	0,42	0,8	0,5
centimètre 150 —	0,5	0,45	1,00	1,9	1,3
carré néces- 200 —	0,8	0,7	1,9	3,4	2,7
saires pour 250 —	1,25	1,05	3,2	5,5	4,7
obtenir, par 300 —	1,9	1,6	4,7	8,5	7,3
mètre cube, 350 —	2,8	2,4	6,6	12,5	10,5
un poids de.. 400 —	3,8	3,33	»	»	»

PRESSES A FOURRAGES.

Les presses à fourrages utilisées en agriculture fonctionnent d'une façon discontinue ou continue, à bras, par manège ou par moteur.

Presses discontinues.

Presses à bras. — Les presses à fourrages à bras, qui sont toutes discontinues, consistent en un coffre parallélépipédique, en bois, cerclé de fer et à parois internes aussi lisses que possible ; la section du coffre est rectangulaire, et les petites faces sont pourvues de lumières livrant passage aux pièces qui servent à transmettre la pression. Il existe des presses dont le coffre est horizontal, mais, dans la plupart des cas, la base de sustentation est constituée par le fond du coffre, renforcé par des sommiers et des traverses, et les parois s'élèvent verticalement.

On jette le fourrage dans le coffre, par couches peu épaisses, qu'un ouvrier piétine au fur et

Fig. 276. — Presse à fourrages à piston descendant (P. Mayfarth et Cie).

à mesure ; puis, quand ce récipient est rempli, on place un piston de dimensions un peu inférieures à celles de la section du coffre et pourvu d'une traverse, généralement en fer profilé, qui déborde de chaque côté en s'engageant dans les lumières. On accroche aux extrémités de la traverse des chaînes ou de fortes cordes, et, en tendant ces dernières avec un mécanisme spécial situé de chaque côté de la machine, on force le couvercle à descendre en comprimant le fourrage (fig. 276). Le piston est muni de deux traverses métalliques lorsque les presses confectionnent des balles de grandes dimensions.

Les grandes parois du coffre sont munies de portes qui, fermées par des loquets pendant la compression, sont ouvertes quand le piston est arrivé à l'extrémité de sa course ; on lie alors la botte, en engageant les liens de fils de fer dans des rainures dont sont munies la face inférieure du piston et la face supérieure du fond et en procédant comme nous l'avons indiqué ci-dessus. On remonte ensuite le piston et l'on dégage la botte : le coffre étant un peu évasé, cette dernière opération ne présente pas de difficultés.

Comme il est relativement peu facile de faire passer le fil de ligature dans les rainures du fond, puisque l'ouvrier est obligé de se pencher beaucoup ou même de s'agenouiller, on construit aussi des presses dans lesquelles le piston est déplacé de bas en haut pour comprimer le fourrage. La machine est alors fermée, à sa partie supérieure, par un couvercle à charnière maintenu au moyen de solides loquets (fig. 277); les ouvriers n'ont alors pas besoin de se courber pour lier la botte ni pour la dégager.

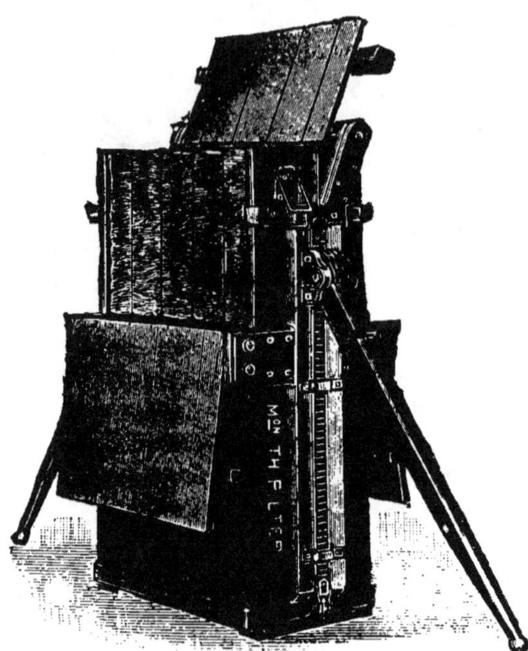

Fig. 277. — Presse à fourrages, à bras, à piston ascendant (Pilter).

Enfin, pour remédier à la mauvaise transmission de la pression, certaines presses anglaises sont pourvues de deux pistons que le mécanisme rapproche l'un de l'autre : on obtient ainsi un poids plus élevé par mètre cube.

Les organes de serrage comprennent toujours, de chaque côté de la presse, un levier sur lequel agit un homme, et un encliquetage qui empêche le piston de remonter, sous l'effet de la réaction élastique du fourrage, dans l'intervalle des efforts exercés par l'ouvrier. On avait recours, autrefois, à des leviers directs, c'est-à-dire à des leviers interrésistants articulés à la base du coffre, et qu'une bielle de longueur variable reliait à l'extrémité de la traverse ; une crémaillère verticale, articulée à la partie supérieure du coffre et disposée au niveau de la lumière, bloquait la traverse et permettait à l'ouvrier de relever le levier pour agir de nouveau avec une bielle plus courte.

On préfère maintenant accrocher ou articuler, à chaque extrémité des traverses, une poulie sur laquelle passe une corde, ou mieux une chaîne, fixée par une de ses extrémités à la base de la presse et reliée, par l'autre, à un treuil qu'on manœuvre au moyen du levier ; mais on peut aussi fixer directement la chaîne à l'extrémité de la traverse, comme l'indique la figure 276. L'encliquetage est assuré soit par une crémaillère, comme dans le type précédent, soit par une roue à rochet fixée sur l'axe du treuil et un chien articulé sur une pièce dépendant du bâti.

Toutefois, on utilise ordinairement, pour les presses à piston ascendant, des crémaillères verticales, placées dans le plan médian des lumières ; dans certains modèles, la crémaillère est soulevée par le levier en entraînant le piston (fig. 277) ; d'autres fois, le levier s'élève progressivement et conduit le piston par l'intermédiaire d'une petite bielle. Dans les deux cas, l'encliquetage est réalisé par un chien qui est en prise avec la denture de la crémaillère et qu'on dégage avec une manette quand on veut baisser le plateau pour confectionner une nouvelle botte.

Comme la pression à exercer augmente progressivement pendant la confection de la botte, on imprime un déplacement plus considérable au plateau au début qu'à la fin du travail, soit en diminuant peu à peu la course du levier, soit en réduisant le nombre de dents dont le levier s'élève le long de la crémaillère : on n'écarte, en somme, que le moins possible le levier de la position dans laquelle l'ouvrier peut agir le plus efficacement sur lui.

Il existe d'ailleurs beaucoup d'autres mécanismes pour provoquer le déplacement du piston dans un sens ou dans l'autre ; ainsi, avec un double jeu de deux bielles, reliées chacune à un écrou, et articulées, d'autre part, l'une sur le piston, l'autre sur une partie fixe, il suffit de rapprocher ou d'éloigner les deux écrous, au moyen d'une vis à pas inversés, pour faire mouvoir ce piston. Signalons enfin un curieux dispositif de serrage, appliqué à une presse anglaise que nous avons étudiée à l'Exposition du Smithfield Club, à Londres, en 1905. Dans cette machine (fig. 278), le plateau P' descend sous l'influence d'une grande came C, dont le profil est établi de façon à ralentir progressivement la descente du piston ; calée sur un arbre horizontal O, supporté par les montants M de la presse, et équilibrée par un contrepoids C', cette came est commandée par une chaîne, c, à maillons détachables, fixée au point le plus excentré de la came et appliquée sur sa périphérie ; un petit treuil, dont la manivelle m est solidaire du piston, conduit la came C. Un contrepoids spécial remonte le piston quand on ramène la came en arrière.

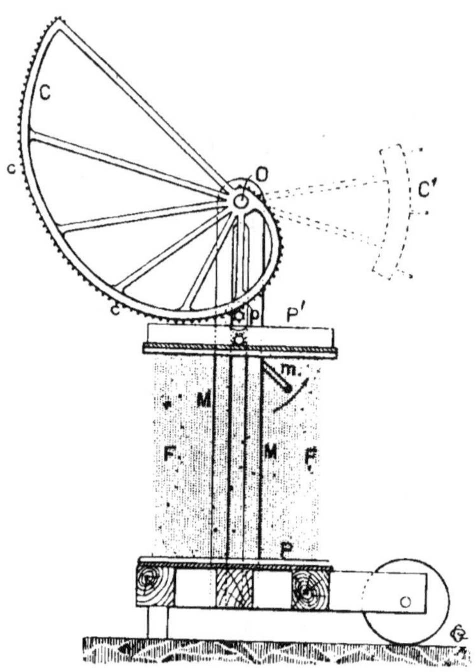

Fig. 278. — Principe de la presse à fourrages à came. syst. A. Humphrey.

La plupart des presses à bras sont munies de petites roues métalliques qu'on enlève lorsqu'on doit comprimer du fourrage et qui servent à déplacer plus aisément la machine. Mais, lorsqu'il s'agit de transporter la presse à de grandes distances, on fixe sur le coffre des fusées, auxquelles on adapte de grandes roues ordinaires, ainsi que des brides pour ajuster des brancards.

Il est alors avantageux d'utiliser l'animal pour comprimer

le fourrage; il suffit pour cela de l'atteler à une corde enroulée sur le grand tambour d'un treuil commandant le mécanisme du piston. On aperçoit un semblable dispositif sur
la figure 279.

Deux hommes suffisent pour actionner le piston dans la
plupart des presses à bras. Il existe, toutefois, de grands

Fig. 279. — Presse à fourrages discontinue, actionnée par un animal (Marmonier fils)

modèles fonctionnant avec quatre hommes: mais, comme il
n'y a pas intérêt à exagérer le poids des balles, puisque la
manutention en deviendrait difficile, les presses à deux
hommes sont, de beaucoup, les plus répandues.

Presses continues.

Principe. — Les presses à bras sont des appareils discon-
tinus; il faut, en effet, déplacer le piston et extraire la balle
pour pouvoir mettre dans le coffre une nouvelle quantité de
fourrage à comprimer. Les presses à manège, comme la plupart des presses à moteur, sont des machines à fonctionne-

ment continu. Il y a donc lieu d'étudier tout d'abord le mécanisme spécial de compression.

Il se compose (fig. 280, *1*) d'un piston, P, en forme de prisme droit à base carrée ou rectangulaire, soutenu par des galets, *g*, et animé d'un mouvement rectiligne alternatif de direction horizontale; cet organe se déplace dans un coffre, C, de même forme et de dimensions à peu près égales, ouvert à sa partie

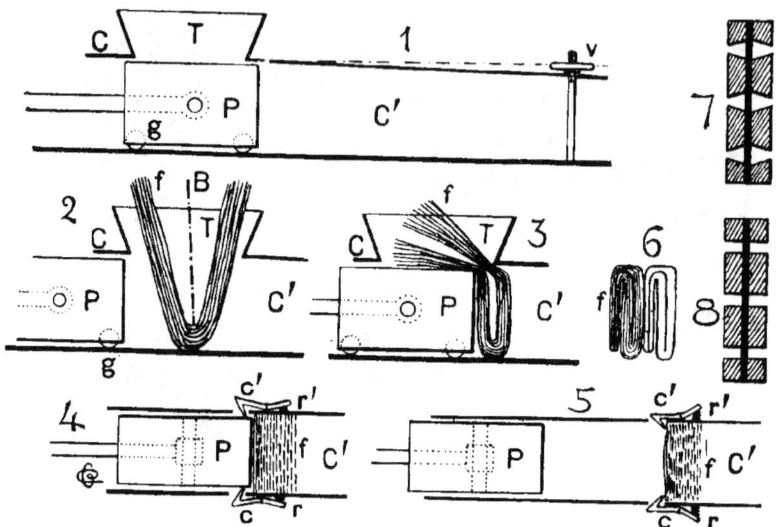

Fig. 280. — Principe d'une presse à fourrages continue.

supérieure et pourvu d'une trémie, T, dans laquelle on jette le fourrage; une tige, sous l'influence d'un mécanisme variable, déplace le piston P d'une quantité à peu près égale à sa longueur, de sorte que l'ouverture inférieure de la trémie T est alternativement démasquée et bouchée par lui. A la suite du coffre, C, et dans son prolongement, se trouve un conduit prismatique, C', dont les parois verticales, ordinairement fixes, sont pourvues de lumières; la paroi horizontale inférieure est également fixe, tandis que celle qui lui est opposée peut être légèrement déplacée, au moyen d'écrous à volant mobiles le long d'une vis fixe, de façon à réduire la section du prisme au débouché de ce conduit. On obtient aussi ce résultat en agissant sur les parois verticales, et on construit même

des presses où, seule, la paroi horizontale inférieure est fixe.
Lorsque le piston P, à l'extrémité arrière de sa course, a
dégagé la trémie T (fig. 280,2), le fourrage *f* est enfoncé dans le
coffre, soit avec une fourche, soit par un mécanisme automatique, B, appelé *bélier* ou *plongeur*; les brins sont alors repliés
en forme de V comme l'indique notre dessin; puis, quand le
piston P s'avance, le fourrage est poussé dans le conduit C',
les branches du V étant accolées et repliées à angle droit au
niveau de la face du piston (280,3). A la fin de la course
avant, le piston a écarté, grâce aux rampes obliques dont ils
sont pourvus, deux ou trois paires de crochets *c* et *c'* dont les
pointes font saillie à l'intérieur du coffre, et qui sont rappelés
par des ressorts *r*, *r'*; lorsque P revient en arrière, ces crochets
se rapprochent et leurs pointes s'opposent à ce que le fourrage engagé dans le conduit C' puisse revenir dans le coffre C
(fig. 280,4 et 5). Une nouvelle quantité de fourrage étant
amenée par le piston, la précédente est chassée un peu plus
loin dans le conduit C'; la partie horizontale des brins est
repliée vers le bas (fig. 280,6). La section du conduit diminuant peu à peu, les paquets de fourrage introduits à chaque
course avant par le piston éprouvent une difficulté de plus
en plus grande à progresser, et la compression augmente; le
poids par mètre cube du fourrage comprimé dépend du déplacement de la paroi horizontale supérieure, sous l'influence
des écrous *v*. Mais, pour une position donnée de ces écrous,
la compression n'atteint pas immédiatement sa valeur maxima;
il faut faire fonctionner la machine pendant quelques minutes
sans lier les bottes, pour qu'il se forme, peu à peu, une sorte
de tampon dont l'expulsion ne peut être produite qu'en comprimant au degré cherché le fourrage contenu dans le conduit. On facilite la formation de ce tampon au moyen de
plateaux (fig. 280,7 et 8), qui sont utilisés ultérieurement pour
la ligature, et qu'on introduit dans le coffre soit à des intervalles réguliers, soit lorsque la botte a acquis la longueur
voulue; ces plateaux sont formés d'une plaque de tôle de
4 à 5 millimètres d'épaisseur, de chaque côté de laquelle
sont fixés des tasseaux de bois, rectangulaires ou trapéziques,
laissant entre eux un certain intervalle; on constitue ainsi

des rainures, rectangulaires ou en queue d'aronde, qui servent à passer commodément les fils de fer, la botte à lier étant comprise entre les faces correspondantes de deux plateaux consécutifs; comme leur déplacement, à chaque coup de piston, n'est que de quelques centimètres, on fait aisément la ligature pendant que la machine fonctionne.

Presses à manège. — On a construit, pour les exploitations de moyenne étendue ne disposant pas d'une machine à vapeur, de petites presses actionnées par un manège à terre, assurant un débit plus grand que les presses à bras. Mais comme il fallait atteler plusieurs animaux à ces manèges, le prix de revient du travail était très élevé et on a, en conséquence, abandonné ces appareils.

Presses à manège direct. — On a employé ensuite des presses à manège direct dans lesquelles le piston était conduit par une flèche, entraînée, dans un mouvement circulaire alternatif, par des animaux auxquels on faisait parcourir un peu plus d'une demi-circonférence, tantôt dans un sens, tantôt en sens inverse. Comme on perdait du temps à faire tourner les animaux, à fin de course, on a remplacé ces machines par des presses à manège direct qui fonctionnent par un mouvement continu de la flèche; ce sont les types actuellement en usage.

Le mécanisme est supporté par un bâti en bois, très allongé, muni de quatre roues qui rendent la presse locomobile, et qu'on enlève, remonte ou enterre, de façon à appliquer ce bâti sur le sol quand on veut faire fonctionner la machine. Le conduit de compression et le coffre sont placés à une extrémité du bâti et l'axe du manège à l'autre extrémité. Cet axe, maintenu par une arcade et entraîné par une flèche, conduit une manivelle qui agit sur une bielle reliée au piston et communique à ce dernier un mouvement alternatif. Dans certains cas, la bielle étant simplement articulée sur la manivelle, le piston ne décrit qu'une course complète, avant et arrière, par tour de piste de l'attelage. Pour obtenir une plus grande rapidité de fonctionnement, on emploie des dispositifs, d'ailleurs assez variables, qui permettent d'obtenir deux coups de piston par tour; ce sont, par exemple, deux cames en développante de cercle, fixées sur l'axe du manège avec un décalage d'une demi-circonférence, qui agissent sur la tige du piston, laquelle est alors munie d'un galet; ou bien (fig. 281), deux manivelles opposées viennent engager alternativement le galet dont elles sont pourvues dans une encoche à biseau et redan pratiquée à l'extrémité libre d'une bielle reliée directement au piston, etc. Dans tous les cas, l'axe n'agit que pen-

Fig. 281. — Presse à fourrages à manège direct (Pilter).

dant la course avant du piston; les cames ou manivelles abandonnent la tige ou la bielle sur la ligne des points morts et le retour en arrière du piston est provoqué soit par la réaction élastique du fourrage, soit par un ressort à boudin.

Comme les animaux doivent franchir, à chaque tour, le bâti de la presse, ainsi que la bielle, les tirants de consolidation, etc., il est prudent de disposer sur la piste un petit pont en bois dont la voie est garnie d'un platelage, afin d'éviter les accidents.

Ces presses à manège sont dépourvues de bélier; l'enfoncement du fourrage dans le coffre est assuré par un ouvrier armé d'une fourche, qui prend place, habituellement, sur le conduit de compression.

Presses à moteur inanimé. — Ces machines, montées sur un robuste châssis à quatre roues, sont ordinairement actionnées par des machines à vapeur (fig. 283), et l'on peut même accoupler une batteuse et une presse à fourrages sur la même locomobile. La presse proprement dite ne diffère de celles des machines à manège que par des dimensions plus considérables, en longueur, largeur et hauteur (1); mais le piston est directement relié à une bielle qui reçoit son mouvement d'une manivelle à axe horizontal ; cette dernière est commandée, à son tour, par un arbre intermédiaire qu'attaque l'arbre de la poulie sur laquelle passe la courroie motrice,

Fig. 282. — Presse à fourrages à moteur
(Société française de Matériel agricole et industriel).

cette disposition d'engrenages ayant pour but de diminuer la vitesse (fig. 282).

Les presses à moteur sont toujours pourvues d'un bélier, qui enfonce dans le coffre ce que les ouvriers ont jeté dans la trémie dès que le piston a dégagé celle-ci. Articulé sur le bâti, ce bélier est relié à une glissière ou à un jeu de bielle et manivelle entraîné par l'un des arbres de la transmission ou par le piston lui-même. Il est formé de deux planches obliques, lisses ou dentelées sur leur bord inférieur, et montées sur un levier simple ou sur deux leviers parallèles

(1) Il existe des presses à moteur du type discontinu, confectionnant des balles cylindriques. Leur mécanisme est fort ingénieux, mais comme les balles parallélépipédiques sont plus faciles à arrimer et permettent de mieux occuper les capacités disponibles que les balles cylindriques, dont le seul avantage est de pouvoir être roulées pour le coltinage, nous ne nous occuperons pas de ces machines, faute de place, dans cet ouvrage.

Fig. 283. — Presse à fourrages en fonctionnement (Photogr. de la Société des anciens établissements Albaret).

articulés entre eux ; ce dernier dispositif, dont la figure 285 indique le principe, a pour but de maintenir le bélier à peu près parallèle à lui-même pendant le mouvement des leviers.

La figure 282 représente une semblable presse à fourrages. Il est avantageux que la poulie n'entraîne l'arbre qui la porte que par l'intermédiaire d'un mécanisme à friction évitant des ruptures de pièces lors des compressions excessives. Enfin il est bon de munir l'arbre moteur d'un frein, manœuvrable de chaque côté de la presse, pour pouvoir arrêter rapidement la machine.

Retour rapide. — On construit aussi les presses dites à

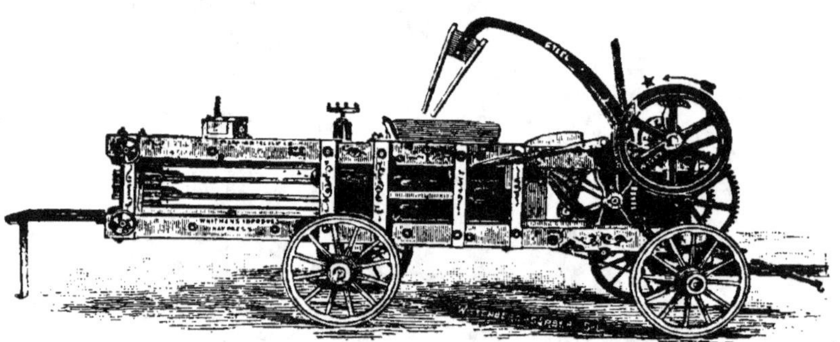

Fig. 284. — Presse à retour rapide (Whitman-R. Wallut et Cie).

retour rapide, dans lesquelles la bielle ordinaire est remplacée par un jeu de trois bielles articulées. Nous avons étudié précédemment [1] la disposition cinématique employée dans ce cas ; elle a pour but de rendre dissemblables les vitesses du piston à l'aller et au retour, de façon que le nombre de coups de piston par minute restant le même, les ouvriers aient plus de temps pour charger la trémie et que le piston comprime moins rapidement le fourrage. La disposition d'ensemble d'une semblable machine diffère d'ailleurs peu de celle d'une presse ordinaire (fig. 284).

On trouve souvent sur les presses à moteur des mécanismes spéciaux pour l'introduction des plateaux dans la presse. Ce sont des cadres, articulés sur le bord du coffre, et qu'on peut

[1] Voy. *Les moteurs agricoles*, par G. Coupan, p. 115 (ENCYCLOPÉDIE AGRICOLE).

abattre sur le conduit ou redresser verticalement. On y place
le plateau, et quand le cadre est redressé, le bélier le pousse
dans l'intérieur du coffre. Malheureusement, les ouvriers ne
se servent pas volontiers de ces appareils, qui les protége-
raient cependant contre des accidents pouvant être très
graves. Certaines presses sont même munies d'appareils

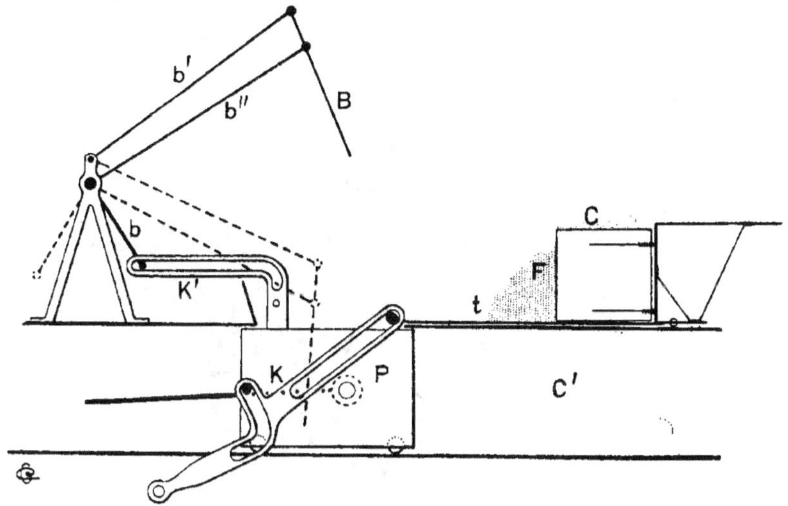

Fig. 285. — Principe de l'alimentation semi-automatique d'une presse à fourrages.

d'alimentation semi-automatiques, consistant en une sorte de
coffre incomplet C (fig. 285), dont les parois sont formées de
tôles légères, roulant au-dessus du conduit C'; on y place le
fourrage F et, au besoin, le plateau. Cet appareil est relié, au
moyen de la tringle t et d'une coulisse K, de forme spéciale,
au piston P qui, en se retirant, entraîne le fourrage vers la
trémie; le bélier B, actionné par les bielles b, b', b'', et la
coulisse K', l'enfonce dans le couloir. Le seul avantage de ces
appareils est de permettre aux ouvriers de travailler à une
grande distance de la zone d'action du bélier.

On peut enfin munir les presses d'une sonnerie qui retentit
quand un plateau passe à sa hauteur, et qui indique ainsi qu'il
faut introduire un nouveau plateau dans le coffre. Cela permet
de confectionner des balles de poids très uniforme.

Presses à paille longue. — La figure 286 représente une
presse destinée à former des bottes, tout en conservant les
pailles telles qu'elles sortent de la batteuse ; on la place ordinairement au débouché des secoueurs de cette dernière, qui
a la même largeur qu'elle. Le liage s'effectue automatiquement, au moyen de ficelle, par un mécanisme analogue à
celui des moissonneuses-lieuses, avec deux ou trois liens. Une
fois confectionnées, les bottes sont poussées, par le piston,

Fig. 286. — Presse à paille longue (Klinger-Mayfar h).

sur deux rails obliques qui forment plan incliné et facilitent
la manutention en élevant, au besoin, les bottes jusqu'au
plancher du grenier. On peut, à volonté, faire varier le poids
des bottes entre 15 et 50 kilogrammes. Très répandues en
Allemagne, ces presses ne permettent pas d'obtenir un poids
par mètre cube aussi élevé que celles que nous avons décrites
ci-dessus, mais elles respectent la paille, ce qui peut être
utile dans certains cas particuliers.

Dynamique des presses à fourrages. — Les concours de
Valence, en 1897, et de Lizy-sur-Ourcq, en 1899, ont permis
d'étudier le fonctionnement des presses à fourrages au point
de vue dynamique. Nous reproduisons, dans les tableaux
n⁰ˢ 31 à 34, les principaux résultats obtenus par M. Ringelmann lors des essais relatifs à ces deux concours.

Tableau n° 31. — *Presses à fourrages à bras*
(Concours de Valence, 1897) (M. Ringelmann).

CONSTATATIONS.	PRESSES	
	Viau.	Plissonnier.
Hauteur primitive de la charge H..........	1^m.61	1^m.53
— réduite — h..........	0^m.61	0^m.68
Rapport $\dfrac{h}{H}$..........................	0.38	0.44
Volume primitif en décimètres cubes V....	1460	1233
— réduit — V'....	439	548
— final — r.....	696	862
Foisonnement $\dfrac{v}{V}$......................	1.58	1.57
Poids de la balle...................	77^{kg}.0	88^{kg}.0
Poids par (Sous le volume V........ ...	66^{kg}.3	71^{kg}.3
mètre cube) — V'..........	175^{kg}.4	160^{kg}.4
de foin sec. (— r...........	110^{kg}.6	101^{kg}.9
Longueur utile du levier de manœuvre L ..	2^m.600	1^m.700
Rayon moyen d'enroulement de la chaîne, r.	0.070	0.080
Rapport R $= \dfrac{L}{r}$......................	37.14	21.25
Multiplication due au moufflage...........	2.00	2.00
— totale de l'effort de l'homme..	74.28	42.50
Effort théorique développé par les deux hommes. E.....................	1142^{kg}	6375^{kg}
Effort pratique (Total sur le piston. F.....	6016^{kg}	3442^{kg}
probable.... (Par centimètre carré de piston. f...............	0^{kg}.58	0^{kg}.47
Temps moyen pratique pour charger, presser, lier une botte de 80 kg.....................	10 minutes.	
Travail pratique, 3 balles par heure.............	240 kilogr.	
Prix d'achat de la machine.....................	500 francs.	
Durée du travail annuel.....................	100 jours.	
Fourrage manipulé (par jour.....................	2400 kilos.	
(par an.....................	240 tonnes.	

Frais. — Amortissement en 10 ans à
4 p. 100............... 40 fr.
Service, entretien à 10 p. 100. 50 fr. } 690 fr., soit 2 fr. 87 par tonne.
200 journées d'homme à
3 francs............... 600 fr.

Nota. — Le bottelage coûte de 2 fr. à 2 fr. 50 par tonne pour les bottes à 1 lien, et de 4 fr. à 4 fr. 50 par tonne pour les bottes à 3 liens.

23.

Lors du concours de Lizy-sur-Ourcq, M. Ringelmann a déterminé la valeur de l'effort exercé par l'homme sur le levier, à 1^m,50 de l'axe, suivant la position du plateau et la pression transmise; ce plateau descendait de 0^m,06 par coup de levier (tableau n° 32).

Tableau n° 32. — *Presses à fourrages à bras* (Concours de Lizy-sur-Ourcq) M. Ringelmann.

NUMÉRO DU CRAN de la crémaillère.	EFFORT APPLIQUÉ au levier à 1^m,50 de l'axe.	PRESSION SUPPORTÉE par le plateau.	
		totale.	par cent. carré.
	kg.	kg.	kg.
1	— 4 (1)	218.1	0.054
2	— 4 (1)	218.1	0.054
3	+ 1	272.7	0.068
4	1.5	300.0	0.075
5	4.5	463,7	0.115
6	6.0	545.4	0.136
7	9.5	736.3	0.184
8	14.0	981.7	0.245
9	19.0	1 254.4	0.313
10	28.0	1 745.2	0.436
11	43.0	2 563.3	0.640

(1) Le poids du levier, pour les crans 1 et 2, suffisait pour faire abaisser le plateau.

En résumé, les concours de Valence et de Lizy-sur-Ourcq ont prouvé que le prix de revient de la compression à l'aide des presses à bras est à peu près le même que celui du bottelage.

Quant aux constatations sur les presses à fourrages à manège et à moteur, nous pouvons les résumer, d'une façon plus claire, sous forme de graphique; c'est ce que représente la figure 287.

Presses à fourrages à manège (Concours de Lizy-sur-Ourcq, 1899) (M. RINGELMANN).

CONSTATATIONS.	PRESSE ÉCLAIR (Pilter).				PRESSE ÉCLIPSE (Wallut).			
	Foin (luzerne).		Paille (blé).		Foin (luzerne).		Paille (blé).	
	A.	B.	C.	D.	B.	D.	F.	G.
Temps employé par balle (minutes)......	9	8	5	6	3 1/2	4	4	4 1/2
Nombre de coups de piston............	39	37	26	29	21	23	23	24
Dimensions { Longueur............	1m.45	1m.46	1m.14	1m.17	0m.84	0m.83	0m.88	0m.87
de la balle. { Épaisseur............	0m.48	0m.50	0m.50	0m.50	0m.47	0m.47	0m.47	0m.47
{ Largeur............	0m.38	0m.38	0m.40	0m.40	0m.37	0m.37	0m.38	0m.38
Poids...... { De la balle............	48kg.3	55kg	42kg.2	46kg	39kg	40kg	36kg	36kg
{ Par mètre cube............	230kg	249kg	185kg	196kg	267kg	277kg	229kg	232kg
Efforts { Au départ............	25kg	25kg	25kg	25kg	25kg	25kg	25kg	25kg
moyens { A la moitié de la course du piston............	60kg	54kg	48kg	52kg	50kg	50kg	50kg	55kg
exercés { A la fin { Maximum............	270kg	240kg	225kg	270kg	275kg	290kg	325kg	260kg
par le { de la { Minimum............	225kg	180kg	135kg	135kg	200kg	175kg	180kg	175kg
cheval. { course. { Moyenne............	255kg	210kg	181kg	192kg	244kg	235kg	231kg	213kg
{ A la fin de la course, lors de la mise d'un plateau............	»	264kg	240kg	305kg	300kg	285kg	350kg	300kg
{ A vide............	»	»	»	25 à 30kg	»	15kg	»	15kg
Angle des traits avec le rayon de la flèche.	55°	69°	69°	69°	67°	67°	67°	67°
Travail mécanique { Par coup de piston..	684	681	605	643	714	704	722	721
dépensé. { Par balle............	26670	24825	15741	18648	14994	16192	16606	17304
(kilogrammètres). { Par 100 kg	55218	45135	37302	40540	38446	40480	46127	48066
Caractéristiques de la presse.								
Moteur............	1 cheval				1 cheval			
Rayon de la flèche............	3m.30				3m.07			
Course du piston............	0m.90				0m.64			
Conduit de { Longueur............	1m.67				1m.67			
compression. { Section à l'entrée........	0m.470	0m.377			0m.455 × 0m.375			
{ Section à la sortie........	0m.463	0m.375			0m.430 × 0m.355			
Nombre de liens, par balle, en fil n° 12 ..	3				3			

Tableau n° 34. — *Presses à fourrages à moteu*[r]

CONSTATATIONS.		Type Dédérick.			
		Foin (luzerne).		Paille (blé).	
		A.	B.	C.	D.
Tours, par minute, de la poulie de commande		357	357	352	352
Temps pour faire la balle		2'30"	2'3 '"	2'45"	3'58"
Nombre de coups de piston		29	31	39	»
Balle	Longueur	$0^m,95$	$0^m,95$	1^m	1^m
	Épaisseur	$0^m.47$	$0^m.47$	$0^m,48$	$0^m,48$
	Largeur	$0^m.37$	$0^m.37$	$0^m.38$	$0^m,38$
Poids	De la balle	$36^{kg}.3$	$32^{kg}.7$	33^{kg}	35^{kg}
	Par mètre cube	220^{kg}	198^{kg}	181^{kg}	192^{kg}
Travail dépensé par seconde (kilogrammètres).	Maximum	206	174	238	261
	Minimum	160	154	194	222
	Moyen	183	164	209	243
Puissance en chevaux-vapeur		2,44	2.18	2.78	3,24
Travail dépensé, en kilogrammètres	par balle	27 450	24 600	34 485	56 619
	par 100 kilogrammes	75 620	75 260	104 300	161 780

A vide.

	A.	B.	C.	D.
Travail moyen par seconde (kilogrammètres)	»	73	»	»
Puissance (H. P.)	»	0.97	»	»

Caractéristique de la presse.

Diamètre de la poulie de commande	$0^m.50$
Nombre de tours de la poulie de commande pour un coup de piston	29,55
Rayon de la manivelle	$0^m.370$
Longueurs — De la 1re bielle	»
Longueurs — De la 2e bielle	»
Longueurs — Du balancier	»
Course du piston	$0^m.74$
Conduit de compression — Longueur	$1^m.750$
Conduit de compression — Section à l'entrée	0.465×0.360
Conduit de compression — à la sortie	0.465×0.345
Liens par balle — Calibre	13
Liens par balle — Nombre	2
Liens par balle — Longueur	$2^m.760$
Liens par balle — Poids	$0^{kg}.133$

Concours de Lizy-sur-Ourcq (M. Ringelmann).

Lefebvre-Albaret et Laussedat.								Presse Whitman (Wallut).			
Type Whitman.				Type D.							
Foin (luzerne).		Paille (blé).		Foin (luzerne).		Paille (blé).		Foin (luzerne).		Paille (blé).	
A.	B.	C.	D.	A.	B.	C.	E.	B.	E.	H.	L.
360	350	350	360	358	358	386	382	»	»	480	460
'18"	2'50"	3'	3'15"	3'	2'30"	4'30"	3'15"	3'	2'30"	2'	2'15"
67	44	50	52	58	44	64	54	56	52	41	42
»	$1^m,05$	$1^m,03$	$1^m,05$	$0^m,95$	$0^m,93$	$1^m,06$	$1^m,00$	$0^m,94$	$0^m,92$	$0^m,92$	$0^m,91$
»	$0^m,47$	$0^m,47$	$0^m,47$	$0^m,47$	$0^m,47$	$0^m,47$	$0^m,47$	$0^m,56$	$0^m,56$	$0^m,57$	$0^m,57$
»	$0^m,37$	$0^m,37$	$0^m,37$	$0^m,37$	$0^m,37$	$0^m,38$	$0^m,38$	$0^m,44$	$0^m,44$	$0^m,45$	$0^m,45$
»	$48^{kg},5$	40^{kg}	$43^{kg},5$	39^{kg}	$37^{kg},3$	43^{kg}	36^{kg}	74^{kg}	71^{kg}	$53^{kg},4$	53^{kg}
»	266^{kg}	223^{kg}	238^{kg}	236^{kg}	230^{kg}	227^{kg}	202^{kg}	320^{kg}	314^{kg}	226^{kg}	227^{kg}
»	218	209	»	»	202	»	361	499	493	484	»
»	210	183	»	»	179	»	201	459	435	434	»
186	215	196	199	186	199	333	202	473	464	459	»
,48	2,86	2,61	2,65	2,48	2,65	4,44	2,69	6.3	6.2	6.12	»
»	36 550	35 280	38 805	33 480	29 850	89 910	39 390	85 140	69 600	55 080	»
»	75 360	88 200	89 252	85 846	80 026	209 093	109 416	115 054	98 020	103 146	»
»	64	»	»	72	»	»	»	»	»	»	103
»	0.85	»	»	0.96	»	»	»	»	»	»	1,37

$0^m,45$	$0^m,45$	$0^m,475$
22.18	19.64	23.89
$0^m,17$	$0^m,18$	$0^m,195$
$0^m,650$	$0^m,660$	$0^m,810$
$0^m,870$	$0^m,890$	$0^m,910$
$0^m,870$	$0^m,900$	$0^m,960$
$0^m,68$	$0^m,67$	$0^m,71$
$2^m,32$	$1^m,80$	$1^m,75$
»	0.465×0.360	»
$0^m,460 \times 0^m,360$	0.465×0.351	0.550×0.430
13	13	14
2	2	3
»	»	$2^m,60$
»	»	$0^{kg},237$

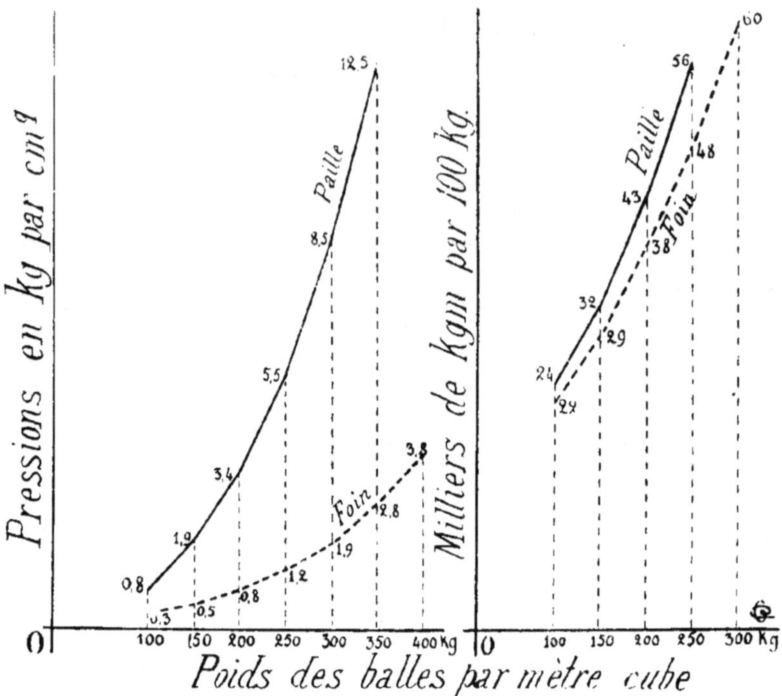

Fig. 287. — Représentation graphique du travail des presses à fourrages à manège et à moteur.

VI. — DIVISION DES FOURRAGES.

On coupe sans difficultés des fourrages même grossiers avec des lames tranchantes pourvues de denticulations et maniées à l'aide de deux poignées perpendiculaires l'une à l'autre. Ces outils, qui portent le nom de *couteaux à foin*, ont une longueur totale de 0^m,90 à 1 mètre.

La quantité travaillée par unité de temps étant très faible, on a construit des appareils montés sur pieds et composés d'un couloir d'alimentation, en forme de rigole rectangulaire, aboutissant à une bouche également rectangulaire, devant laquelle on déplace une sorte de lame de faux articulée à l'une de ses extrémités sur l'un des montants de l'appareil et munie à l'autre d'une poignée de manœuvre. On dispose le fourrage en long dans le couloir, et on le découpe avec la lame, en ayant soin de le faire avancer d'une certaine quantité entre chaque coup du couperet.

Le débit de ces machines est faible; aussi ces modèles ne sont-ils plus construits, en général, que pour la préparation de la nourriture des animaux de la basse-cour; on les désigne alors sous le nom de *coupeurs d'herbe* ou de *nourrisseurs de volailles*.

Les *hache-litière*, si employés en Suisse, reposent sur un principe analogue (fig. 288); ils permettent de découper rapidement la paille en fragments de grande longueur.

On ne tarda pas à établir des machines produisant une quantité de travail plus importante, et l'on construisit des diviseurs de fourrage à fonctionne-

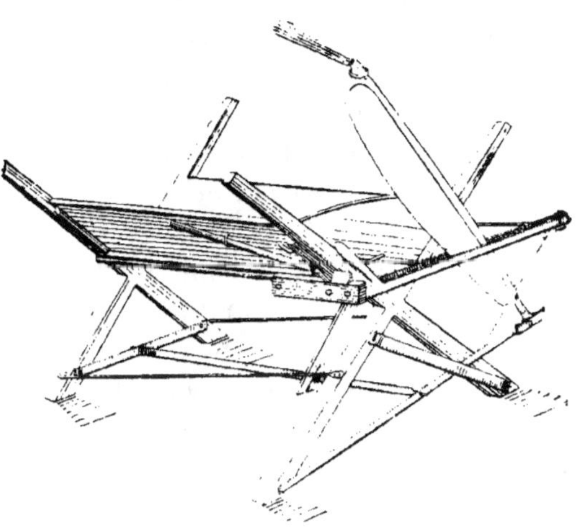

Fig. 288. — Hache-litière (Faul).

ment continu, dont les principaux types existent encore aujourd'hui. On désigne maintenant sous le nom de *hache-paille* ou de *hache-maïs* ceux qui sont destinés à travailler les substances faiblement ou moyennement résistantes, comme le foin, la paille, les tiges de maïs; pour les fourrages ligneux très durs, comme les brindilles, l'ajonc, les sarments de vignes, etc., le diviseur prend le nom de *broyeur*.

HACHE-PAILLE.

Les premiers modèles rotatifs, qui furent imaginés en Angleterre, comportaient des lames tranchantes, fixées obliquement sur deux tourteaux, et devant lesquelles des cylindres alimentaires cannelés conduisaient progressivement le fourrage à diviser. Ce principe a été conservé dans certains hache-paille américains, mais le tambour rotatif est beaucoup plus petit qu'autrefois, et son diamètre ne dépasse guère 40 centimètres. En France, on n'a plus recours à ce dispositif, qui n'est appliqué qu'aux broyeurs. La plupart des modèles actuels de hache-paille se rapportent au type ci-dessous.

Organes de coupe. — Le couloir d'alimentation aboutit à une *bouche* en fonte, de profil rectangulaire, et dont la face, qui doit être en contact avec les organes de coupe, a été soigneusement dressée. Cette bouche est pratiquée dans le bâti principal de la machine et supporte les différents axes dont nous aurons à nous occuper. En arrière d'elle se trouvent les *cylindres entraîneurs*, pièces en fonte de forme cylindrique, présentant de profondes cannelures, qui sont animées d'un mouvement de rotation de vitesse généralement variable au gré de l'ouvrier ; ils sont disposés l'un au-dessus de l'autre, et le cylindre supérieur est mobile dans des glissières verticales, tandis que l'autre est maintenu par des coussinets fixes. Le fourrage à diviser est engagé entre ces deux cylindres, qui tournent en sens inverse, et comprimé plus ou moins énergiquement au moyen d'un levier à contrepoids qui tend à rapprocher le cylindre supérieur du cylindre dit fixe ; ce levier est placé quelquefois au-dessus, mais plus souvent au-dessous de la machine ; on le remplace aussi, parfois, par des ressorts. La bouche peut, de même, être de dimensions variables ; elle est alors formée de trois côtés fixes, dont les deux verticaux sont rainés de façon à guider une plaque qui se déplace en même temps que le cylindre mobile et qui constitue le quatrième côté, ou *presse*. Les moyens et les grands hache-paille sont généralement pourvus d'une bouche à presse mobile ; on ne trouve guère de machine à bouche fixe que pour les faibles débits. C'est par la longueur et non la hauteur de la bouche que les diverses catégories de hache-paille se différencient au point de vue du travail qu'ils peuvent effectuer en un temps donné. Qu'il s'agisse de grandes ou de petites machines, la hauteur de la bouche est toujours d'environ 6 centimètres et, dans le cas des presses mobiles, ne dépasse pas 8 ou 9 centimètres ; il convient, en effet, de ne pas exagérer l'épaisseur du fourrage qu'on veut diviser, sous peine de n'avoir pas une coupe nette. La largeur de la bouche oscille entre 17 et 25 centimètres pour les appareils à bras et peut atteindre 45 centimètres dans les grands hache-paille actionnés par un moteur inanimé.

Les organes de coupe sont fixés sur un volant dont l'axe est parallèle à celui de la bouche, et qui tourne, par conséquent, autour d'un arbre perpendiculaire à ceux des cylindres entraîneurs. Ce sont des lames d'acier l, minces, légèrement embouties et maintenues au moyen de boulons, b, sur les bras B du volant (fig. 289); des vis de pression, v, maintenues par le volant, permettent de cintrer plus ou moins la lame l, de façon que le tranchant vienne frôler, en s'y appuyant légèrement, toute la périphérie p de la bouche B′; pendant le réglage, qui ne présente aucune difficulté, on imprime au volant un mouvement

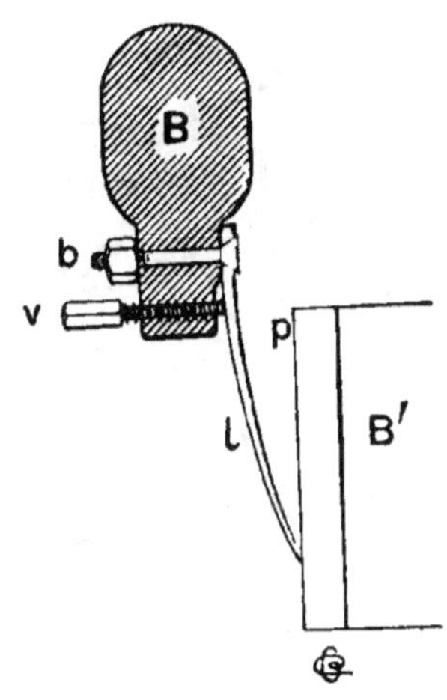

Fig. 289. — Principe d'un hache-paille.

alternatif, et on serre progressivement les vis de pression v jusqu'à ce que la lame produise le même son, en frottant sur toute l'étendue de la bouche, et aussi bien dans le sens de la coupe qu'en sens inverse.

La lame ne doit pas agir parallèlement à la plus grande dimension de la bouche, mais obliquement, pour ainsi dire à la façon d'une guillotine ; la section du fourrage est ainsi plus nette et moins pénible. On cherche, en général, à ce que l'angle formé par le tranchant avec le bord inférieur de la bouche reste constant pendant toute la durée d'action d'une même lame; cette considération a fait donner au tranchant un profil courbe particulier (1), généralement convexe (fig. 292, 293), mais parfois concave (fig. 294). Il va sans dire que les brins de fourrage ne sont attaqués sous un angle pratiquement constant qu'au voisinage d'un rayon issu de l'axe

____

(1) La courbe qui rencontre tous les rayons issus d'un même point sous le même angle est connue, en géométrie, sous le nom de *spirale logarithmique*.

de rotation du volant : mais les variations de cet angle n'ont pas d'influence sur la coupe dans les limites d'épaisseur qu'on est conduit, par les considérations précédemment exposées, à donner à la masse de fourrage contenue dans la bouche. Le moment résistant, ou produit de l'effort nécessaire pour sectionner le fourrage par la distance de cette force à l'axe du volant, augmente à mesure qu'on s'éloigne de l'axe : il convient donc de ne pas exagérer cette distance, ce qui oblige à maintenir dans les limites ci-dessus indiquées la largeur de la bouche ; on atténue les variations de l'effort moteur à développer en donnant au volant un poids assez considérable.

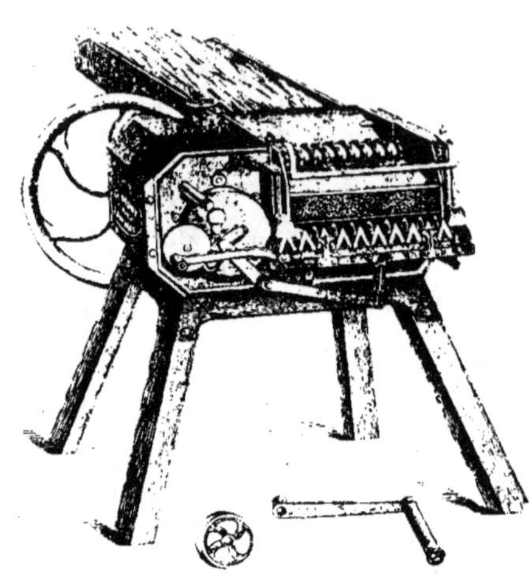

Fig. 290. — Hache-paille à scie de faucheuse (Mony).

Le nombre des lames fixées sur le volant est généralement de deux, mais parfois aussi de trois pour les grandes machines fonctionnant par manège ou par moteur.

On construit depuis peu, en France, un hache-paille dont l'organe de coupe est analogue à une scie de faucheuse (fig. 290). Le porte-lame, dont la longueur varie avec le débit que peuvent fournir les différents numéros de cette machine, est muni, à ses extrémités, de sabots guidés par des glissières et un balancier, conduit par une came de profil spécial, lui imprime un mouvement alternatif de direction verticale. Les doigts, en acier coulé ou en fonte malléable, ont un dos très effilé, de façon qu'ils pénètrent facilement dans le fourrage très serré qu'envoient les cylindres entraîneurs ; la scie est commandée par un plateau-manivelle et une bielle. Quant à la came, qui fait monter et descendre le porte-lame, son tracé est tel que l'ascension, relativement lente, soit suivie d'une descente très rapide et enfin d'un arrêt qu'on met à profit pour faire fonctionner les cylindres d'alimentation.

Modification de la longueur de coupe. — Les hache-paille les plus simples débitent le fourrage en fragments de longueur invariable; les cylindres entraîneurs sont simple-ment reliés, par engrena-ges d'angle, à l'axe du volant qui est alors muni d'une vis sans fin (fig. 294) et tournent avec une vi-tesse proportionnelle à la sienne. Mais les agricul-teurs préfèrent, en géné-ral, disposer de plusieurs longueurs de coupe, no-tamment pour pouvoir uti-liser le même appareil à diviser différentes sortes de fourrages ou pour adap-ter le même fourrage à des usages multiples. On peut très facilement obte-nir une longueur de coupe

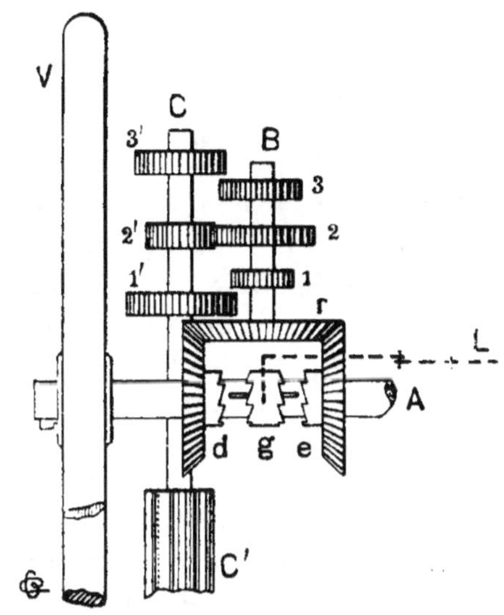

Fig. 294. — Principe de la modification de la longueur de coupe dans les hache-paille.

double de celle habituellement fournie par la machine en supprimant une lame sur deux; mais il faut alors, au moins pour les hache-paille à moteur, rétablir l'équilibre en accro-chant un contrepoids au bras du volant dont on a retiré la lame.

On préfère, en général, modifier la vitesse des cylindres d'alimentation; on y parvient par des moyens très variés, dont le plus simple consiste à interposer entre les axes des pignons mobiles, qu'on change suivant les besoins. Mais, comme on risque d'égarer ces pignons, on les place souvent sur deux arbres parallèles en relation l'un avec le volant, l'autre avec les cylindres, et on constitue un ensemble analogue à un changement de vitesse d'automobile; on y rencontre même parfois une marche arrière permettant d'embrayer les cylindres en sens inverse et de dégager soit une masse de fourrage trop considérable, soit l'ouvrier qui se serait fait imprudemment happer la main par les entraîneurs. On dispose ordinairement de deux ou de trois vitesses correspondant à autant de longueurs de coupe; on met en prise les pignons nécessaires *1, 2, 3, 1', 2', 3'* (fig. 291), en les déplaçant le long de l'un des arbres B et C. Quant au dispositif de marche arrière, il consiste fréquemment en deux pignons coniques *d* et *e* fous sur l'axe A du volant V, et réunis par une roue d'angle *r* qui entraîne l'arbre intermédiaire B de la transmission. Un double embrayage à griffes *g* solidarise à volonté avec l'axe l'un ou l'autre de ces pignons. Un levier L permet de mettre en prise les griffes de l'embrayage avec *d* ou avec *e*, ou de débrayer le mécanisme d'entraînement; notre figure 291 représente précisément la griffe *g* dans la position correspondant au débrayage. Le levier est souvent en relation avec un appareil automatique de sécurité sur lequel nous aurons l'occasion de revenir.

Alimentation automatique. — Le couloir d'alimentation est composé, au moins dans les modèles à faible et à moyen débit, par une simple planche, munie de deux rebords latéraux, boulonnée sur le bâti en arrière des cylindres entraîneurs. Pour les machines à moteur, on facilite l'alimentation au moyen d'un tablier sans fin, formé de lattes de bois montées sur deux chaînes parallèles, mobile entre deux panneaux fixes qui constituent avec lui le couloir. Des rouleaux cylindriques, fous sur leurs axes ou commandés simultanément par une chaîne et montés sur un cadre incliné, compriment peu à peu le fourrage, jeté simplement en long sur le tablier, et en réduisent assez l'épaisseur pour que les cylindres d'alimentation puissent le saisir aisément, sans que les ouvriers aient à intervenir.

Le mouvement continu des cylindres d'alimentation, tel que le produisent les mécanismes dont nous venons d'indiquer le principe, a donné lieu à certaines critiques basées principalement sur la pression qu'exerce, contre la face interne des lames, le fourrage continuellement entraîné hors de la bouche. C'est pourquoi on a voulu remplacer ce mouvement continu par un mouvement intermittent, transmis ordinairement par une manivelle oscillante et un cliquet en prise avec une roue à rochet. Le hache-paille à scie de faucheuse représenté par la figure 290 comporte aussi une alimenta-tion intermittente au moyen d'une petite roue à gorge dans laquelle est saisi un secteur excentré qui, lorsqu'il est déplacé dans le sens convenable, vient se blo-quer sur la roue et l'entraîne : en modi-fiant la longueur de la course du cliquet et du secteur, on ob-tient les longueurs

Fig. 292. — Hache-paille avec commande inter-mittente des entraîneurs (Pellier frères).

de coupe voulues. Mais ces organes ne se prêtent pas aisé-ment aux grandes vitesses ; c'est pourquoi on les a peu à peu supprimés sur les hache-paille ordinaires, et, d'ailleurs, l'obli-quité des lames par rapport à la bouche atténue beaucoup l'in-convénient signalé au début de ce paragraphe. Ces dispositifs semblent cependant revenir en faveur ; indépendamment de la machine représentée par la figure 288, qui date de 1909, on a vu apparaître en 1910 un hache-paille dont les cylindres sont entraînés par un rochet ; la bielle de commande a une longueur de course fixe, mais le rochet est masqué d'une quan-

Fig. 293. — Hache-paille sur colonne
(Wilder-Wallut).

tité variable à volonté par un écran cylindrique qui ne laisse

agir le chien que pendant la fraction de course nécessaire
(fig. 292). Si même on rabat complètement cet écran en avant,
on met en prise avec le rochet un deuxième chien qui, agissant
en sens inverse du premier, ramène la paille en arrière.

Bâti. — Hache-fourrages divers. — Le bâti des hache-
paille est fixé ordinairement sur quatre pieds en bois ou sur
une colonne à trépied (fig. 293) pour les modèles à bras de
faible débit ; ces pieds sont en fonte, et plus ou moins solidement entretoisés, suivant la puissance motrice nécessaire pour
actionner la machine, dans les hache-paille à bras plus grands,
pour un ou pour deux hommes, et dans tous ceux à manège
ou à moteur ina-
nimé (fig. 292, 294,
295, 297). Dans le
cas des machines
à deux hommes,
l'une des manivel-
les est fixée au
volant, l'autre à
l'arbre intermé-
diaire du change-
ment de vitesse.

Il est prudent
d'enfermer le vo-
lant des hache-
paille ou des
hache-maïs fonc-
tionnant par ma-
nège ou par mo-
teur dans une en-
veloppe, en fonte,
en tôle ou en gril-
lage, qui protège

Fig. 294. — Hache-paille à lames concaves (E. Tanvez).

le personnel contre les accidents. On peut même profiter de ce
dispositif de protection pour constituer un élévateur centrifuge
permettant de transporter à une certaine distance le fourrage
divisé ; il suffit de ménager quelques ouvertures au voisinage
de l'axe et de raccorder l'enveloppe, qui doit être alors en

tôle ou en fonte pleine, avec un conduit tangentiel pour constituer un ventilateur dont on augmente, au besoin, la puissance en ajoutant quelques palettes sur la périphérie du volant. Ce dispositif est surtout employé par les constructeurs français et américains. En Angleterre, on adjoint au hache-paille, qui est souvent de très grandes dimensions, un crible à secousses, placé en dessous de la machine, et qui est destiné à

Fig. 295. — Hache-paille à grand travail, pourvu d'un sasseur et d'un élévateur de longs brins (J. Crowley and Cº).

débarrasser la paille de la poussière ainsi que des éléments trop longs ; la matière divisée tombe dans une goulotte, où une chaîne à godets vient la puiser pour l'ensacher, ou quelquefois aussi dans un ventilateur. On trouve également des modèles destinés à être installés au-dessus de l'atelier de préparation des aliments du bétail ou au-dessus de la chambre à menues pailles ; la matière divisée tombe à travers une trappe pratiquée en C dans le plancher, tandis que la poussière est débitée en A et que les brins trop longs, recueillis dans une goulotte, sont élevés par une chaîne à godets B et renvoyés dans le couloir d'alimentation (fig. 295). Il existe enfin des hache-paille à très grand travail, qu'on peut adjoindre à une batteuse ; nous avons déjà signalé ce genre de machines Voy. p. 315 à 318 .

Par contre, le principe des hache-paille rotatifs ci-dessus étudiés a été appliqué à de tout petits appareils, rentrant dans la catégorie des *nourrisseurs de volaille* ; tel est celui représenté par la figure 296 ; pour mieux diviser la matière, qui peut consister en feuilles assez larges, l'une des lames est parfois formée d'un grand nombre de lamelles coupantes, perpendiculaires au plan du volant, tandis que l'autre est à tranchant continu, de façon à débiter les feuilles en menus fragments.

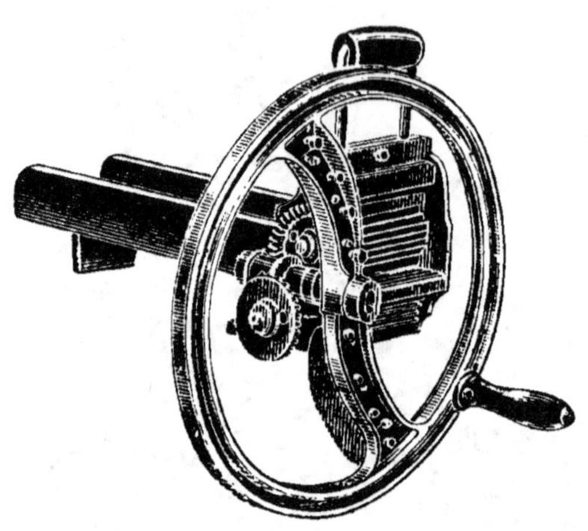

Fig. 296. — Nourrisseur économique de volailles Japy.

Nous n'avons pas distingué, dans cette étude, les hache-maïs des hache-paille ; ces deux genres de machines sont, en effet, à peu près confondus. Le maïs-fourrage étant assez résistant, devant être, en outre, débité rapidement et en fragments de faible longueur, les hache-maïs proprement dits sont ordinairement de grandes dimensions, mus par manège ou par moteur, et ne donnent que de faibles longueurs de coupe. Mais les hache-paille à manège ou à moteur, débitant des brins de 6 à 20 millimètres de longueur, peuvent servir indifféremment à couper les fourrages ordinaires ou le maïs.

Prévention des accidents. — Ces machines peuvent produire des accidents horribles toutes les fois qu'elles sont actionnées par un manège ou par un moteur inanimé.

Si un des ouvriers a l'imprudence d'avancer trop la main

dans le couloir d'alimentation, celle-ci est saisie par les cylindres entraîneurs et sectionnée en fragments de même longueur que ceux de fourrage ; en raison de l'affolement qui se manifeste dès les premiers cris du blessé, il y a bien des chances pour que l'accident soit grave. En admettant même

qu'un des assistants conserve assez de présence d'esprit pour débrayer aussi vite qu'il lui est possible de le faire le mécanisme de commande des cylindres, les hache-paille à moteur tournant à 200 tours, environ, par minute, il ne pourra en général pas éviter que les doigts soient quelque peu atteints par les lames. On a donc été conduit

Fig. 297. — Dispositif de sécurité pour hache-paille à moteur (Samuel Edward J. Crowley and Co).

à étudier des dispositifs de sécurité automatiques. Le plus simple, qui a été imaginé par M. de Lavaur, ingénieur agronome, et qu'on peut appliquer à tous les hache-paille existants, consiste à recouvrir le couloir d'alimentation. jusqu'à une distance un peu supérieure à la longueur de l'avant-bras et de la main, avec un grillage métallique. Mais on construit aussi des appareils spéciaux, qui comportent généralement une pièce basculante, en rapport avec l'embrayage du mécanisme d'alimentation ; si, par exemple, on articule, autour d'un axe parallèle aux cylindres, une plaque un peu oblique, maintenue dans une position convenable par un ressort, l'ouvrier, en engageant son bras, soulèvera cette plaque, et ce mouvement suffira pour débrayer le mécanisme. La figure 297 représente un dispositif du même genre ; on distingue sur ce dessin le tablier sans fin et le cadre à rouleaux, qui assurent l'alimentation automatique. Au-dessus du couloir, se trouve une traverse, supportée par deux montants articulés, que l'ouvrier déplace obligatoirement s'il avance la main au delà d'une certaine limite ; une bielle communique ce déplacement à un levier qui, suivant le degré d'imprudence de l'homme, débraye simplement les cylindres ou même les embraye en sens inverse, ramenant ainsi en arrière la masse de fourrages et le membre engagé.

Dynamique des hache-paille. — La résistance opposée à la machine dépend, bien entendu, de la nature des matières qu'on lui donne à travailler. Mais avec un fourrage donné, le travail mécanique nécessaire pour diviser un certain poids de substance n'est pas proportionnel à la longueur des brins coupés, ainsi que le prouvent les essais résumés dans le tableau n° 35. En outre, si on désigne par T le travail correspondant à la division en fragments d'une certaine longueur pour de la paille droite, le travail T', relatif à la même opération effectuée sur de la paille brisée, est lié à T par la relation :

$$T' = kT.$$

k étant un coefficient qui varie de 1,04 à 1,08.

Tableau n° 35. — ***Travail des hache-paille*** (Station d'essais de machines, 1890) (M. Ringelmann).

FOURRAGES.	LON-GUEUR de coupe. (milli-mètres).	KILOGRAMMÈTRES DÉPENSÉS par kilo de fourrage. Machines Harrisson-Mac Gregor.		
		À moteur.	À manège.	À bras.
Belle paille droite.........	4,75	1 285,38	1 067,08	»
	7	»	»	874,68
	9,5	»	542,42	»
	14	»	»	475,52
Grosse paille............	4,75	1 337,12	1 157,95	»
	7	»	»	929,44
	9,5	693,01	510,60	»
	14	»	»	467,68
	19	460,28	»	»
Foin	4,75	»	677,54	»
	7	»	»	663,04
	9,5	»	389,24	«
	14	»	»	407,74

A Chambly, où le courant électrique revenait à 0 fr. 45 par kilowatt-heure, le prix de revient du travail d'un hache-paille a pu être déterminé comme l'indique le tableau n° 36.

Tableau n° 36. — *Prix de revient du travail des hache-paille* (F. VUAILLET et G. COUPAN, 1907).

MACHINE BENTALL C. F. D. S.	TRAVAIL absorbé par seconde.	TEMPS nécessaire pour débiter 100 kg. de paille.	PRIX de revient par 100 kg. de paille coupée.
	Watts.	Minutes.	Fr.
A vide, entraîneurs débrayés.....	550	»	»
Id. entraîneurs em-} À 15mm.	640	»	»
brayés pour la coupe } À 25mm.	609	»	»
En travail (belle paille de blé) :			
Coupe à 8 mm.........	933	49	0,343
— à 15 —.........	1050	25 1/2	0,206
— à 25 —.........	945	18	0,134

BROYEURS D'ALIMENTS LIGNEUX.

On peut faire consommer par les animaux les jeunes pousses d'arbres ou d'arbrisseaux, après leur avoir fait subir une préparation spéciale, qui a pour but de les déchiqueter et de briser les épines, dont certaines variétés sont abondamment pourvues. C'est ainsi qu'on utilise normalement, en France, les sarments de vignes et surtout les ajoncs : lorsque les fourrages manquent, par suite de sécheresse, on peut avoir recours aux brindilles d'arbres. Sans nous occuper des opérations complémentaires qui, comme l'ensilage, rendent la matière délibrée plus assimilable, examinons rapidement les procédés de broyage. Ils comportent, en général, deux opérations distinctes : une division en petits fragments, avec une hache ou un fort hache-paille, puis un défibrage plus ou moins complet au moyen d'un maillet ou d'un broyeur.

Dans beaucoup d'exploitations bretonnes, on coupe l'ajonc en fragments de 4 à 5 centimètres de longueur, au moyen d'une petite hache surmontée d'une masse en bois assez pesante. Puis les fragments, légèrement humectés, sont placés dans une auge, et frappés avec un lourd maillet garni de forts clous à tête de diamant. Un ouvrier ne peut pas préparer, avec cette méthode, plus de 250 kilogrammes d'ajonc par jour.

Broyeurs d'ajonc et de sarments.

Les broyeurs d'ajonc ou de sarments, brindilles, etc., sont en général disposés pour faire les deux opérations ; la figure 298 montre la coupe d'un appareil de fabrication française. A la suite du couloir d'alimentation A se trouvent deux cylindres, B, B', qui fonctionnent comme les entraineurs des hache-paille, mais qui sont maintenus par des palier fixes ; aussi exercent-ils une compression énergique. Les ajoncs ou sarments,

Fig. 298. — Coupe du broyeur d'ajoncs (J. Garnier et Cⁱᵉ).

conduits lentement par ces cylindres, arrivent devant un tambour rotatif formé d'une série de lames, *f*, à tranchant lisse ou faucillé, montées en hélice sur les deux tourteaux en fonte, E, qui constituent ce tambour ; pour régulariser l'effort, le constructeur dispose les lames de façon que l'une d'elles commence à travailler dès que la précédente cesse d'agir. Le tambour tourne rapidement et découpe les tiges en fragments de 2 à 3 millimètres de longueur. Recueillis par le conduit F, ces fragments passent ensuite entre deux cylindres broyeurs, G, G', dont la périphérie est garnie de dents pyramidales, et qui sont placés côte à côte de façon que les saillies de l'un pénètrent dans les creux de l'autre. Le produit broyé tombe dans le coffre H. On peut, d'ailleurs, avec une trémie spéciale qui les envoie directement en F, concasser des grains avec les cylindres G, G'. La figure 299 donne la vue d'ensemble d'un broyeur analogue.

Il existe d'autres types de broyeurs; ils se rapprochent, en général. beaucoup des concasseurs à plateaux, mais les plateaux sont alors garnis de couronnes concentriques de dents, et non de rayons. On peut disposer, sur le plateau mobile, une lame tranchante, qui découpe les brindilles arrivant par une bouche, en tranches que les dents déchiquettent, ou se servir, au préalable, d'un hache-paille pour opérer une première division en fragments de 5 à 10 millimètres. M. Ringelmann estime qu'un concasseur à manège direct, avec denture appropriée, conviendrait très bien au broyage des frag-

Fig. 299. — Broyeur d'ajoncs ou de sarments, fonctionnant par moteur (Gautier et Cⁱᵉ).

ments fournis par un hache-paille. Mais il n'est pas nécessaire de pousser très loin le déchiquetage, et il vaut mieux défibrer que réduire en poussière. De même, pour les ajoncs, il est inutile d'exagérer l'action des broyeurs G, G, car les animaux consomment sans difficulté de l'ajonc contenant encore quelques épines, surtout quand on ne leur donne que les pousses de l'année.

On a tout récemment imaginé un broyeur dans lequel la substance à travailler (ajoncs, sarments, brindilles ou matières industrielles) introduite par le couloir *t* (fig. 300) est fragmentée tout d'abord par des palettes B, à claire-voie, montées sur un tambour T et animées d'un mouvement de rotation très rapide dans le sens de la flèche. Les fragments, froissés par les palettes B contre les cannelures dont est munie la partie supérieure C de l'enveloppe de la machine, se défibrent peu à peu et passent entre les barreaux cylindriques de la partie inférieure G ; ces barreaux, mobiles dans leurs montures, tournent autour de leurs axes, ce qui facilite le dégorgement. La matière défibrée est ensuite recueillie par les buses *b* et *b'*. Si l'on veut faire varier la dimension des produits broyés, il suffit de modifier l'écartement des barreaux; pour cela, on remplace les deux flasques demi-circulaires qui les

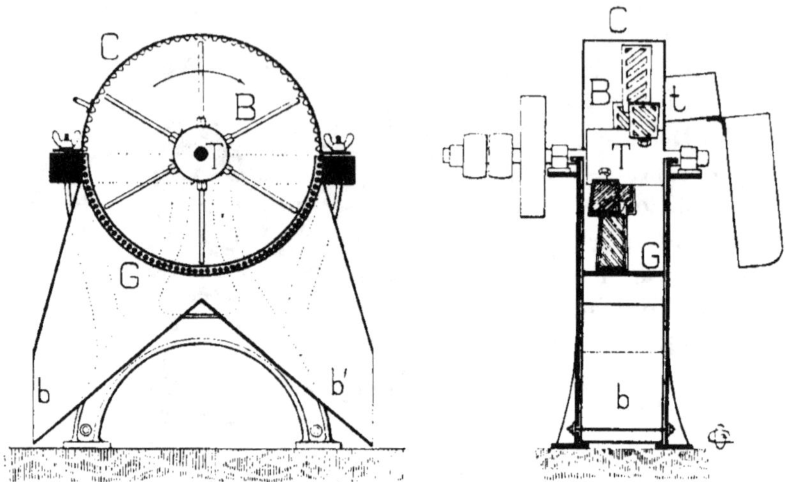

Fig. 300. — Broyeur effibreur centrifuge (Desclaud-Vignerot).

soutiennent par d'autres où les trous de guidage des barreaux sont plus rapprochés ou plus éloignés.

D'après les essais de M. Ringelmann, le broyeur d'ajoncs et de sarments représenté par la figure 298 nécessite, pour préparer 1 kilogramme de produit, les quantités de travail mentionnées dans le tableau n° 37.

Tableau n° 37. — *Dynamique des broyeurs d'aliments ligneux* (M. RINGELMANN).

TRAVAIL MÉCANIQUE ABSORBÉ PAR :	KILOGRAMMÈTRES nécessaires avec	
	des ajoncs.	des sarments.
La coupe...........................	1035	1094
Le broyage.........................	1681	1938
Le mécanisme.......................	630	386
Travail mécanique total...........	3346	3418

Pour 100 tours du tambour E, le débit de la machine, par décimètre de longueur des cylindres B, B', est de :

$$0^{kg}.424 \text{ avec les ajoncs.}$$
$$0^{kg}.613 \quad - \quad \text{sarments.}$$

Les différents modèles ont, comme longueur utile des cylindres, $0^m,20$, $0^m,30$ et $0^m,40$.

D'après M. Ringelmann, le prix de revient du broyage des sarments, avec un manège, est de 3 à 5 francs par 100 kilogrammes dans le midi de la France.

VII. — PRÉPARATION DES TUBERCULES ET DES RACINES.

Les tubercules et les racines peuvent être enduits de terre plus ou moins mélangée de pierres. Il convient donc de les nettoyer avant de les donner aux animaux. D'autre part, ces substances sont mieux utilisées quand on leur fait subir une préparation spéciale, simple division pour les racines, cuisson suivie d'une trituration quand il s'agit de tubercules.

NETTOYAGE DES TUBERCULES ET DES RACINES.

Nettoyeurs à sec ou décrotteurs. — Ce sont de grands cylindres à claire-voie, de $1^m,50$ à 3 mètres de longueur, et de 60 à 90 centimètres de diamètre, formés en général par une série de fers profilés disposés suivant les génératrices et laissant entre eux un intervalle de 3 à 5 centimètres ; ils tournent autour d'un axe légèrement incliné, avec une vitesse de trente à quarante tours par minute. La récolte sale est versée à l'extrémité la plus élevée du cylindre et chemine peu à peu, grâce à l'inclinaison de l'appareil, vers le bas de ce dernier ; mais, en roulant et en frottant continuellement les uns contres les autres, ainsi que contre la paroi à claire-voie, les tubercules ou les racines perdent la plus grande partie de la terre qui les enrobait, à condition que celle-ci ne contienne pas trop d'humidité.

La figure 301 donne l'aspect d'un de ces nettoyeurs à sec,

que l'on emploie presque exclusivement pour les racines, betteraves, navets, etc. C'est un petit modèle fonctionnant à bras ; mais il en existe de plus grands, actionnés par un manège ou par un moteur ; très souvent alors la partie la plus basse du cylindre est placée immédiatement au-dessus de la trémie du coupe-racines, qui est ainsi alimenté d'une façon continue (fig. 302).

Fig. 301. — Décrotteur à sec (Amiot).

Laveurs. — Le lavage est indispensable pour les récoltes provenant de terres très argileuses : c'est une sujétion grave pour les exploitations où l'on ne peut pas se procurer facilement de l'eau. Certains modèles de laveurs sont établis spécialement pour les pommes de terre, mais la plupart d'entre eux peuvent fonctionner indifféremment avec des tubercules ou avec des racines ; ces appareils sont généralement à fonctionnement discontinu.

Quelques-uns d'entre eux ne diffèrent des décrotteurs que par l'adjonction d'une auge demi-cylindrique, étanche, dans laquelle on met l'eau de lavage ; le cylindre à claire-voie est actionné à bras ou par manège ou moteur, suivant les dimensions de la machine. Tel est le laveur représenté par la

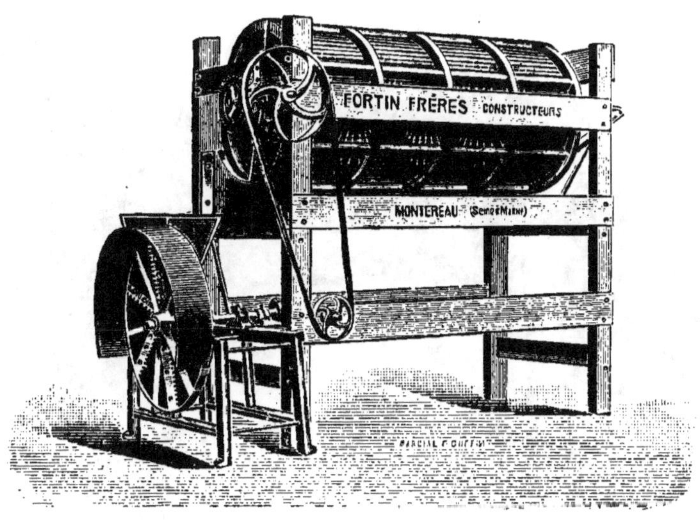

Fig. 302. — Décrotteur de racines à sec, fonctionnant par moteur et accouplé au coupe-racines (Biaudet-Fortin).

Fig. 303. — Laveur de pommes de terre (Gross-Faul).

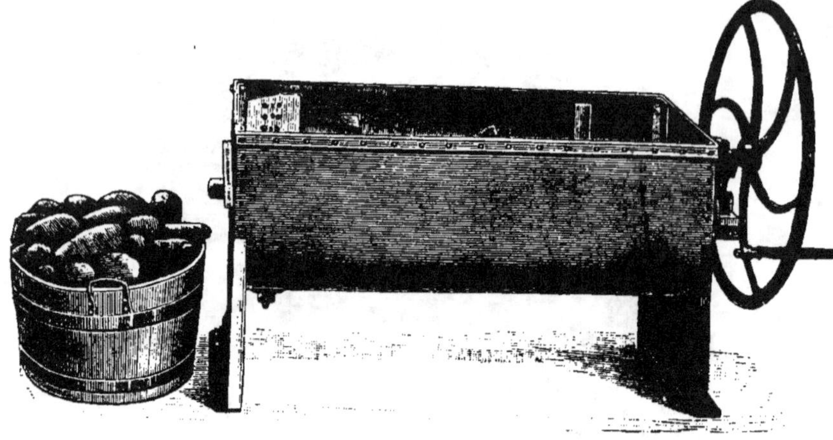

Fig. 304. — Laveur de racines (Défosse-Delambre).

figure 303: une portion de vis formée de lames ou de barreaux disposés suivant les génératrices d'un hélicoïde développable, remonte et déverse à l'extérieur les tubercules ou les racines nettoyés, quand on fait tourner le cylindre dans le sens convenable. En général, on tourne dans un sens pour laver et en sens inverse pour sortir la récolte [1]. Suivant les constructeurs, la vidange de la boue qui s'accumule au fond de l'auge est

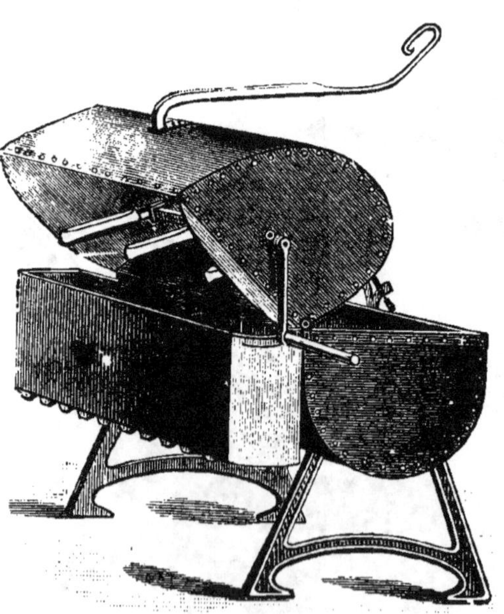

Fig. 305. — Laveur à cuve basculante (type de Beaurepaire) (Défosse-Delambre).

[1] Pour les appareils fonctionnant par manége ou par moteur, cela conduit à employer deux courroies, l'une droite, l'autre croisée.

assurée par une porte, ou par une bonde, ou encore en faisant basculer l'auge autour d'un axe. D'autres fois, l'auge elle-même, dont le fond est souvent incliné pour faciliter la sortie des boues, est munie d'un faux fond demi-cylindrique en tôle perforée ; un agitateur portant des palettes en bois et, à l'une de ses extrémités, deux palettes en fonte, sert à brasser les tubercules ou racines quand on le fait tourner dans un certain sens, tandis qu'en sens inverse il les chasse vers l'extrémité, où les palettes de fonte les soulèvent et les déversent en dehors de l'auge (fig. 304). L'axe de l'agitateur est commandé soit par une manivelle, soit par des poulies avec courroies droite et croisée.

On trouve enfin des modèles dans lesquels le faux fond est articulé sur l'un des bords de l'auge. Après avoir agité les racines pendant un certain temps, on soulève le faux fond avec un levier terminé par une poignée, et on déverse le contenu dans une caisse à claire-voie, où se produit l'égouttage (fig. 305).

Tableau n° 38. — *Laveurs de tubercules et de racines* (Concours spécial d'Arras, 1898) (M. Ringelmann).

CONSTATATIONS.	LAVEURS		
	Gross.	de Beau-repaire.	Défosse-Delambre.
Contenance en eau (litres)	60	200	270
Nombres de tours, par minute, du cylindre ou de l'agitateur	36	36	26.7
Travail à vide, en kilogrammètres. (Par seconde	1.55	1.14	7.75
(Par tour	2.6	4.9	17.4
Lavage des pommes de terre.			
Poids de tubercules contenus dans le laveur	21ᵏᵍ	40ᵏᵍ	80ᵏᵍ
Kilogrammètres (Par seconde	6.72	11.0	19.63
dépensés (Par tour	11.2	18,3	44.1
Lavage des betteraves.			
Betteraves fourragères contenues dans le laveur (Nombre	»	20	36
(Poids	»	30ᵏᵍ	50ᵏᵍ
Kilogrammètres (Par seconde	»	10.33	14.98
dépensés (Par tour	»	17.2	33.6

Dynamique des laveurs. — Les expériences effectuées sur les laveurs de racines à propos du concours spécial d'Arras en 1898 ont donné les résultats consignés dans le tableau n° 38. Ces chiffres montrent qu'un homme peut laver en une fois 20 kilogrammes de pommes de terre ou 15 kilogrammes de betteraves fourragères; le travail mécanique nécessité par tour peut être représenté par le poids des racines ou des tubercules contenus dans le laveur, multiplié par 0,57 (Ringelmann, *Concours spéciaux d'Arras*, p. 348).

DIVISION DES RACINES.

COUPE-RACINES.

On divise les racines en *tranches*, en *cossettes* ou en *languettes*. Les tranches planes, découpées par des couteaux droits, ont des dimensions variables, suivant la direction du plan du couteau par rapport à l'axe de la racine. Les cossettes, dont la longueur dépend de la région attaquée, ont pour section un trapèze plus ou moins régulier; elles sont obtenues au moyen de couteaux à tranchant interrompu, et les bases seules sont découpées, tandis que les côtés non parallèles, dont la pente moyenne est voisine de 45°, sont arrachés et non coupés. Les languettes, dont la section est tantôt rectangulaire, tantôt en forme de segment circulaire, sont, au contraire entièrement découpées soit au moyen de lames tranchantes perpendiculaires les unes aux autres, soit avec de petites lames cintrées.

Les tranches planes ne permettent pas un mélange suffisamment homogène avec les bales, la paille hachée et les autres matières qui servent à confectionner les rations; aussi ne trouve-t-on plus couramment, à l'heure actuelle, de machines à production moyenne ou importante débitant ainsi les racines. On obtient les tranches avec un couteau ordinaire ou avec une petite machine analogue à celle que représente la figure 306; les betteraves, navets, etc., sont placés, racine par racine, après avoir été lavés, dans une trémie dont les parois latérales sont formées de trois à quatre couteaux échelonnés; un poussoir en gradins, manœuvré par un levier, appuyant la racine sur les couteaux, la force à se diviser en six ou huit tranches, dont l'épaisseur est égale à l'écartement des lames de la trémie. On trouve, dans la même catégorie, de toutes petites machines portatives, où les couteaux sont portés par le levier mobile, la trémie ayant des

Fig. 306. — Coupe-racines à levier, fournissant des tranches (W. Brenton).

parois pleines en forme de gradins, ou encore de simples couteaux, parallèles entre eux, fixés perpendiculairement à l'extrémité d'un manche; dans ce dernier cas, on manœuvre l'appareil à la façon d'un pilon, une auge quelconque servant de mortier.

Organes de coupe. — Pour découper en cossettes, on fait usage, comme nous l'avons indiqué ci-dessus, de couteaux à tranchant interrompu, présentant un certain nombre de doigts, d, séparés par des intervalles, i, de même largeur que ces derniers ou un peu plus étroits (fig. 307); l'extrémité libre des doigts est taillée en biseau et affûtée. On fixe ces couteaux, au moyen de boulons *b*, sur des pièces animées d'un mouvement de rotation, et comme ils sont exposés à l'usure, les corps des boulons sont engagés dans des lumières allongées, L, qui permettent de remédier au raccourcissement des doigts, *d*. La saillie du biseau, par rapport à la face de l'organe rotatif qui est en contact avec les racines, détermine l'épaisseur de la cossette. Enfin, comme les racines, tassées les unes contre les autres, peuvent demeurer à peu près immobiles, on a le soin d'alterner, sur deux lames consécutives, les doigts *d* et les intervalles *i*, de façon que toute la partie qui aurait constitué une tranche, si les couteaux n'étaient pas interrompus, soit enlevée en deux fois. Il conviendrait, pour obtenir ce résultat avec une approximation suffisante, de rapprocher les deux couteaux successifs autant que la construction le permettrait.

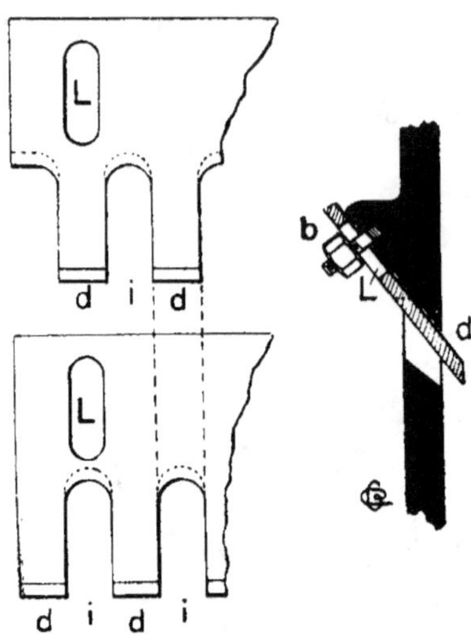

Fig. 307. — Disposition des lames dans un coupe-racines débitant en cossettes.

Pour obtenir les languettes, forme la plus recherchée en Angleterre et dans l'Europe centrale, tandis qu'en France on préfère généralement les cossettes, on fait usage de couteaux courbes ou repliés à angle droit et placés sur des plateaux ou sur des cylindres animés d'un mouvement de rotation. Ces organes de coupe peuvent être constitués par de petits éléments en acier noyés, par leurs bords, dans la fonte du plateau ou du cylindre (fig. 308). Mais, parfois aussi, le plateau étant en acier, les dents sont obtenues par découpage et emboutissage: on a soin, en tout cas, de faire alterner les saillies et les creux pour que toutes les parties des racines soient successivement tranchées (fig. 309). Afin de faciliter les réparations, les plateaux et les cylindres sont composés de plusieurs éléments boulonnés sur des disques ou sur des

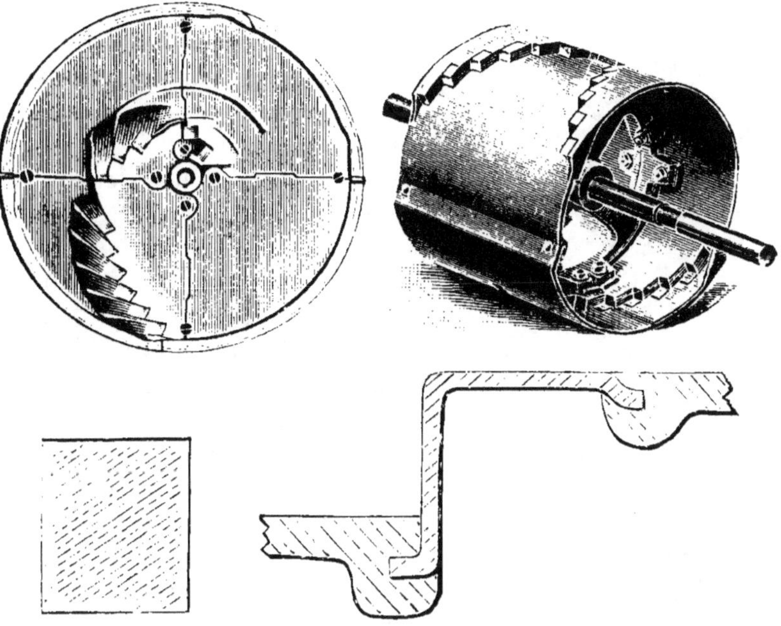

Fig. 308. — Coupe-racines, à plateau et à tambour, pour languettes rectangulaires (Gardner). En bas, détail du montage d'une lame (à droite) et coupe théorique d'une languette (à gauche).

tourteaux. L'affûtage de ces éléments est difficile; aussi se dispense-t-on généralement de l'effectuer.

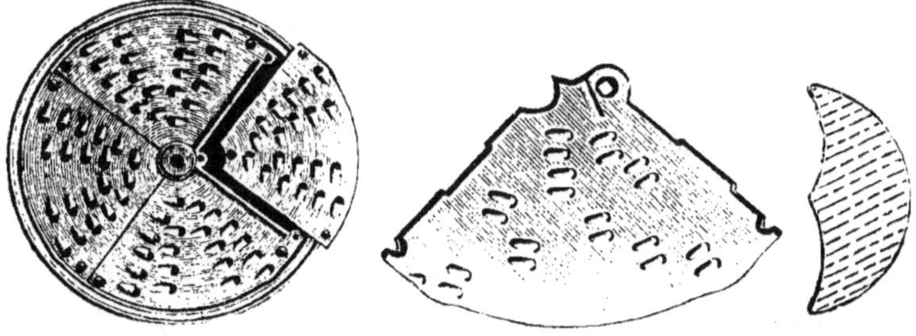

Fig. 309. — Disque et quadrant élémentaire d'un coupe-racines à couteaux emboutis. A droite, coupe théorique d'une languette (Bentall).

Enfin, la figure 310 montre l'aspect d'un couteau droit, fournissant des tranches, et monté également sur un élément en forme de quadrant.

Les couteaux pour cossettes peuvent être disposés sur des plateaux, sur des cylindres ou sur des cônes ; de même, ceux pour languettes peuvent être montés sur plateaux ou sur cylindres. Nous trouvons donc plusieurs catégories de machines.

Fig. 310. — Aspect d'un couteau droit fournissant des tranches.

Coupe-racines à plateau. — Le plateau en fonte, percé de lumières pour le passage des lames à tranchant interrompu, ou garni de plaques à couteaux courbes ou angulaires, est le plus souvent monté sur un axe horizontal. Il se déplace devant une trémie en fonte, à parois ajourées, affectant à peu près la forme d'un demi-cône coupé suivant son plan axial, la base en haut ; il y a cependant intérêt, au point de vue du débit, à contourner

Fig. 311. — Trémie d'un coupe-racines « Escargot » (Champenois-Delacourt).

l'axe aux environs du sommet, de façon que les racines soient en contact avec le plateau sur une plus grande surface (fig. 311) ; on a même construit des coupe-racines dont l'axe de la trémie était contourné suivant un cercle presque complet, de sorte que le plateau pouvait agir par les quatre cinquièmes, au moins, de son étendue. On obtient d'ailleurs le même résultat, plus simplement, en faisant traverser la trémie par l'axe du plateau, comme dans beaucoup de machines anglaises. Le poids du plateau est généralement suffisant pour qu'on puisse se dispenser d'adjoindre un volant à la machine.

Les ouvertures pratiquées dans la trémie, facilitant l'évacuation de la terre et des pierres, assurent ainsi une plus longue durée aux couteaux.

Ces coupe-racines sont supportés par un bâti en fonte, avec quatre pieds en bois ou en fonte. Suivant les dimensions du disque et le débit à obtenir, elles sont actionnées à bras (fig. 312), au moyen d'une ou de deux manivelles, par manège ou par moteur (fig. 313). Dans ce dernier cas, il est bon de protéger le plateau par une enveloppe en fonte ou en tôle, et l'on peut, comme pour les hache-paille, profiter de cette enveloppe pour constituer un projecteur centrifuge entraînant les cossettes dans un silo ou dans une pièce quelconque, à quelques mètres de distance.

On trouve aussi, notamment en Angleterre, des coupe-racines à plateau horizontal, analogues à ceux des distilleries ou des sucreries (1); le plus souvent, c'est le plateau qui est mobile, mais parfois aussi cet organe est fixe, et les racines sont alors entraînées par un agitateur qui tourne à quelques centimètres au-dessus du plateau.

Coupe-racines à cylindre et à cône. — Les lames tranchantes sont fixées suivant les génératrices d'un cylindre (fig. 314) ou d'un cône (fig. 315), sur la même ligne ou, si l'on veut faire des languettes, en une série de gradins constituant à peu près une hélice (fig. 308). Comme l'organe est léger, on monte un volant sur l'arbre. La trémie est placée au-dessus du tambour conique ou cylindrique et, dans beaucoup de modèles, on peut la démonter ou la faire basculer pour faciliter le nettoyage.

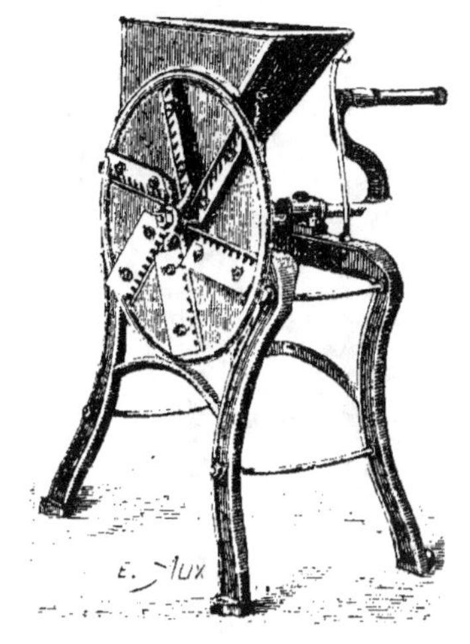

Fig. 312. — Coupe-racines à plateau, à bras (Champenois-Delacourt).

Fig. 313. — Coupe-racines à plateau fonctionnant par moteur (R. Wallut et Cie).

(1) Il va sans dire que, pour les usages agricoles, on n'emploie pas de couteaux compliqués comme dans les fabriques de sucre ou d'alcool, où l'on cherche à donner une forme spéciale aux languettes pour faciliter la diffusion.

Ces deux types sont équivalents au point de vue du travail fourni ; toutefois, comme les cossettes ou les languettes

Fig. 314. — Coupe-racines à cylindre
(G. Barrault).

tombent à l'intérieur du cylindre ou du cône et doivent être déversées latéralement, il y a intérêt à réserver la forme cylindrique aux appareils à faible et à moyen débit, car, si la longueur des génératrices du cylindre est trop considérable, le déversement se fait mal et la machine peut bourrer, à moins qu'on facilite le dégorgement avec des palettes obliques. La figure 314 représente un coupe-racines à cylindre dans lequel la trémie est munie, au voisinage de l'organe de coupe, d'une plaque articulée, maintenue par un ressort, qui peut céder si un objet dur, pierre, morceau de bois, etc., a été introduit accidentellement dans l'appareil.

Quant aux coupe-racines à cône, leur dégorgement est d'autant plus facile que l'angle est plus ouvert. Ils conviennent pour tous les débits (fig. 315).

Fig. 315. — Coupe-racines à cône
(Pilter).

Tous les coupe-racines à plateau, à cylindre ou à cône destinés à faire des cossettes peuvent être disposés de façon à découper en tranches en remplaçant les lames à doigts par des lames à tranchant continu.

DÉPULPEURS OU PULPEURS. — RAPES.

Presque abandonnés aujourd'hui, les dépulpeurs ont pour but de déchiqueter les racines, de façon que l'eau contenue dans les cellules imbibe plus profondément les matières sèches ajoutées dans la ration. Bien qu'on ait construit d'assez nombreux types de ces appareils, qui ont été très répandus en Angleterre, nous nous bornons à indiquer le principe de l'un d'eux (fig. 316); de nombreuses dents en forme de crochets sont implantées en hélice sur la périphérie d'un cylindre qui tourne en dessous d'une trémie : ces dents, qui entraînent la pulpe,

Fig. 316. — Dépulpeur à bordillet (Bentall).

sont nettoyées par une vis parallèle à l'axe du cylindre ayant même pas que les hélices d'implantation des dents et tournant avec la même vitesse angulaire que l'organe dépulpeur.

On emploie de préférence, aujourd'hui, des coupe-racines produisant des languettes très minces.

Râpes ou broyeurs à pommes de terre crues. — Nous rapprocherons des dépulpeurs les râpes à pommes de terre, qui déchiquettent les tubercules. Indépendamment des râpes de féculerie, dans lesquelles les organes actifs sont formés d'une série de lames de scie espacées de quelques centimètres et disposées suivant les génératrices d'un tambour cylindrique, on construit actuellement des râpes ou broyeurs destinés aux exploitations rurales; quelques constatations pratiques, qu'il y aurait d'ailleurs lieu de contrôler sérieusement, prouveraient, en effet, que les bovins profitent beaucoup mieux des tubercules râpés, et qu'on pourrait, avec cette manipulation peu coûteuse, se dispenser de les cuire.

La râpe représentée par la figure 317 remplit ce but ; les tuber-

Fig. 317. — Râpe-broyeur pour tubercules crus (Pellier frères).

cules placés dans la trémie sont saisis par une vis et poussés, du côté opposé à la manivelle, contre une plaque en acier, munie de stries profondes à arêtes saillantes, ainsi que de perforations. Cette plaque perforée est montée sur le même axe que la vis, mais, par un mécanisme d'ailleurs très simple, tourne en sens inverse du mouvement de celle-ci, ce qui évite que les tubercules se prennent en une masse tournant, sans progresser, en même temps que la vis. La matière broyée, passant au travers des perforations, est déversée à l'extérieur par une buse.

Considérations générales sur le travail des coupe-racines.

A la suite de 174 expériences dynamométriques effectuées sur différents systèmes de coupe-racines alimentés avec une dizaine de variétés de betteraves, divers tubercules, etc., M. Ringelmann a été conduit, le débit d'un coupe-racines étant influencé par la vitesse, le nombre et la longueur des lames, à rapporter le travail consommé à l'unité de surface coupée ; on conçoit, en effet, qu'une machine débite, pour un nombre de tours déterminé, un poids variable suivant la densité des racines et l'épaisseur des tranches, cossettes ou languettes, mais qu'elle donne, dans les mêmes conditions, une surface de coupe presque constante. Connaissant cette surface, l'épaisseur et la densité, il est facile, si on le désire, de rapporter les résultats au poids débité.

Les nombreuses expériences ci-dessus mentionnées ont

prouvé que le travail mécanique utile, nécessaire pour couper 1 mètre carré, sous une épaisseur d'un millimètre, est de $34^{kgm}.75$. Mais l'application de ce chiffre varie suivant qu'on coupe en tranches, en cossettes ou en languettes.

Pour les tranches, la densité des racines, évaluée au mètre cube, étant comprise entre 850 et 1130, il faut dépenser par kilogramme coupé un travail mécanique qui varie :

Entre 30,719 kilogrammètres pour une densité de 1130
Et   40.637   —   —   850

La quantité de travail mécanique utile, nécessaire pour couper 1 kilogramme de racines, est en raison inverse de la densité de ces racines et indépendante de l'épaisseur à couper.

Pour les cossettes à section trapézique, la petite base ayant pour largeur l celle du doigt qui la découpe, l'épaisseur étant e et la pente des côtés sensiblement égale à 45°, la grande base a une largeur égale à $l + 2e$; cette dernière base augmente donc en même temps que l'épaisseur. L'expérience a montré à M. Ringelmann que la somme du travail de coupe de la petite base et du travail d'arrachement des côtés est sensiblement égale à celui que nécessiterait la coupe de la grande base de la cossette. Chaque doigt agissant comme s'il coupait une longueur $l + 2e$, tout se passe, pour une surface de 1 mètre carré, comme s'il fallait trancher une surface égale à $1 + \dfrac{2e}{l}$ mètre carré. Aussi, plus les doigts sont étroits, plus la machine consomme d'énergie, pour la même épaisseur de cossettes et la même densité des racines.

De même, pour les languettes à section rectangulaire, la coupe d'une surface donnée l se compose de la coupe de la surface l, à l'épaisseur e, plus celle de la surface e. Par mètre carré coupé, la surface de coupe a pour expression $1 + \dfrac{e}{l}$ mètre carré ; il y a encore intérêt, au point de vue du travail mécanique, à augmenter autant que possible la largeur des languettes.

Quand les coussinets en fonte sont bien nettoyés, les coupe-racines agricoles, en bon état de propreté, ne consomment, à

25.

vide et par tour, que de 0^{kg}.86 à 1^{kgm}.94; mais, comme ces machines ne sont jamais tenues propres, ce travail à vide s'élève, en moyenne, à 2^{kgm}.60 et même à 4^{kgm}.44 pour les appareils en très mauvais état.

Au point de vue du nombre de tours nécessaires pour couper une certaine quantité de racines, les vides existant entre les racines placées dans la trémie obligent à faire parcourir aux couteaux une surface plus grande que celle qui est réellement débitée. Ainsi, pour donner 1 mètre carré de coupe, les couteaux doivent décrire une surface de :

4^{mq}.30 dans les machines à plateau, vertical ou horizontal.
5^{mq}.20 dans les machines à cylindre ou à cône.

La forme des racines influe d'ailleurs beaucoup sur l'étendue de la surface à faire décrire aux couteaux. La meilleure est la forme ovoïde régulière; les racines sphériques roulent facilement dans les trémies des machines à cylindre ou à cône. Enfin la forme allongée et contournée est la plus défavorable, parce qu'elle provoque des coincements trop intenses et des vides trop nombreux; il serait économique de couper, à la main, les racines analogues à la betterave « corne de bœuf » en deux ou trois tronçons, qui, jetés ensuite dans la trémie, s'y comporteraient comme les racines entières des autres variétés (1).

Tableau n° 39. — *Prix de revient du travail des coupe-racines* (F. VUAILLET et G. COUPAN, Chambly, 1907).

COUPE-RACINES LEQUEN.	TRAVAIL mécanique dépensé par seconde.	TEMPS nécessaire pour débiter 100 kilogrammes de betteraves.	PRIX de la division de 100 kilos de betteraves.
	Watts.		Fr.
A vide	343	"	"
En travail........	819	5 minutes.	0,019

(1) Extrait de l'étude publiée par M. RINGELMANN dans les *Annales agronomiques*.

Au cours des expériences de Chambly, un coupe-racines à cylindre a donné les résultats consignés dans le tableau 39 (courant à 0 fr. 45 par kilowatt-heure).

CUISSON ET BROYAGE DES TUBERCULES.

De nombreuses expériences ont prouvé que la cuisson augmente la valeur nutritive de certains aliments, comme les pommes de terre, les fèves, les pois et quelques autres graines. On l'applique surtout aux tubercules : si elle accroît la digestibilité des matières amylacées, il ne semble pas, jusqu'à présent du moins, qu'il y ait lieu de la faire subir aux fourrages ordinaires ni aux racines, sauf, peut-être, aux navets. Elle est indispensable pour les marrons d'Inde.

APPAREILS A CUIRE.

Nous les diviserons en appareils à eau bouillante et appareils à vapeur.

Appareils à eau bouillante. — Les plus simples consistent en une marmite placée sur le feu, parfois suspendue à une potence tournante. Tous ces appareils *à feu nu* utilisant assez mal la chaleur dégagée dans le foyer, on a construit des chaudières à retour de flamme, dans lesquelles le fourneau entoure complètement la marmite ; par des ouvertures et des chicanes convenablement disposées, les gaz chauds doivent, après avoir léché le fond, tourner autour de la paroi de la marmite avant de s'échapper par la cheminée (fig. 318).

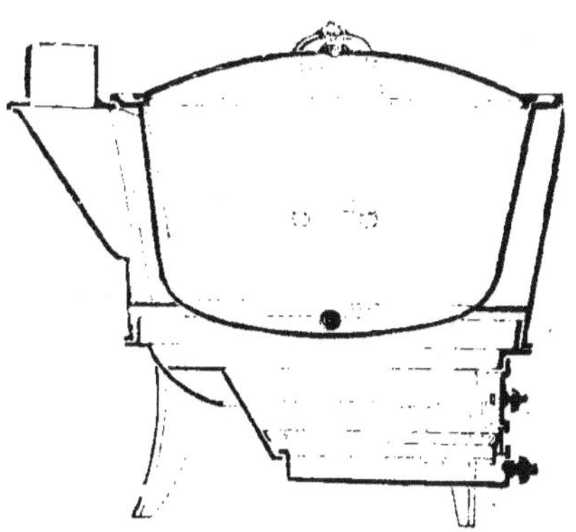

Fig. 318. — Coupe d'une chaudière à cuire à feu nu et à retour de flammes (Seneb).

Appareils à vapeur. — On réalise un appareil fonctionnant à la vapeur, sans pression, en surmontant la marmite des appareils précédents, munie, au besoin, d'un retour de flammes, d'une hausse métallique à fond perforé, dans laquelle on place les tubercules et qu'on ferme avec un couvercle. La vapeur émise par l'eau qui bout dans la marmite passe par les intervalles entre les tubercules, se condense sur eux et sur les parois de la hausse et retombe dans la marmite. Ces appareils donnent de bons résultats, mais la vidange de

Fig. 319. — Cuiseur de tubercules à bascule (Deroy).

la hausse est pénible. Aussi, tout en conservant le principe de ces cuiseurs, a-t-on facilité les manipulations en supportant le récipient et la chaudière, parfois aussi le foyer, par deux tourillons autour desquels l'ensemble peut tourner au moment voulu ; on bascule donc les tubercules, une fois cuits, dans un récipient quelconque ou même dans la trémie d'un broyeur (fig. 319).

Comme les pommes de terre, une fois cuites, gonflent souvent, éclatent même, et s'écrasent toujours plus ou moins, il est utile d'ajoindre au cuiseur un conduit central,

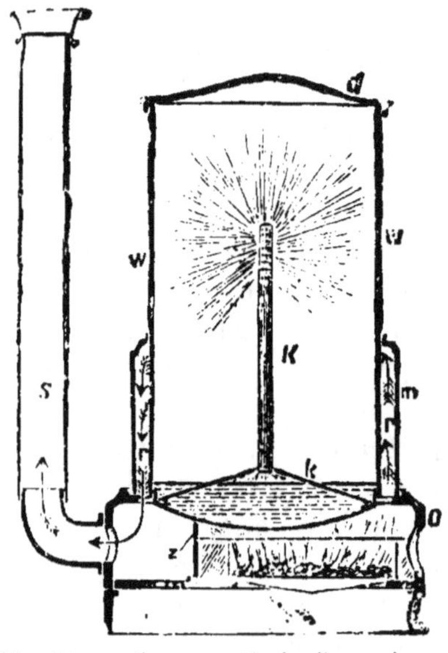

Fig. 320. — Coupe verticale d'un cuiseur à vapeur avec conduit central (Ventzky).

percé de petits orifices par où la vapeur s'échappe et circule
ainsi plus commodément que si elle devait traverser toute
la masse de tubercules. La figure 320 montre, en coupe,
un semblable appareil analogue, en somme, aux lessiveuses
universellement connues : le tube K, supporté par l'entonnoir k,
est terminé par une partie perforée ; les gaz chauds, provenant du foyer o, sont arrêtés par la chicane z et doivent circuler dans l'espace r ménagé entre la paroi W du cuiseur et
l'enveloppe m, pour se rendre à la cheminée S. Cet appareil
est basculé, également, à la fin du travail.

On construit aussi des cuiseurs dans lesquels la chaudière
est distincte du
récipient, ces deux
organes étant sim-
plement raccordés
par des tubulures.
Tel est, par exem-
ple, l'appareil re-
présenté par la
figure 321 ; la chau-
dière, en fonte,
chauffée par un
foyer à retour de
flammes, a la
forme d'une demi-
sphère et est fer-
mée par un cou-
vercle ; le réci-
pient, en tôle gal-

Fig. 321. — Cuiseur à chaudière séparée
(Vidal-Beaume).

vanisée, est pourvu, comme dans le cuiseur précédent, d'un
faux fond avec tube central, et d'un couvercle muni de poignées. La vapeur, amenée par un conduit vertical, pénètre
dans la masse de tubercules, et l'eau de condensation est
automatiquement évacuée par un siphon ; un tube métallique doublement coudé réunit la chaudière au cuiseur. Tous
les joints, aussi bien à la chaudière qu'au couvercle, sont constitués par une gouttière annulaire, portée par l'une des pièces
à assembler, dans laquelle pénètre une bague cylindrique

dépendant de l'autre pièce : en ayant soin de verser de l'eau dans les différentes gouttières, on réalise des points hydrauliques qui assurent l'étanchéité pour la très faible pression avec laquelle fonctionnent ces cuiseurs. Le récipient est supporté par un pied en fonte, et quatre tourillons permettent de le faire basculer quand on agit sur la poignée.

D'autres machines, plus compliquées, utilisent la vapeur produite, à 5 ou 6 kilogrammes par une locomobile ordinaire. Ce sont alors des récipients cylindriques étanches, fermés par des autoclaves et tournant lentement autour d'un axe horizontal. La vapeur arrive par un joint spécial, suivant l'axe du cylindre. Comme cette vapeur, provenant de la locomobile, entraîne des huiles de graissage, les aliments cuits prennent un goût désagréable, et les animaux refusent souvent de les consommer ; il est donc préférable d'avoir recours à un générateur spécial, par exemple à une petite chaudière du type Field [1]. Toutefois, l'obligation de se soumettre, pour de semblables machines, à la législation qui régit l'emploi des appareils sous pression, fait que ces cuiseurs ne sont pas employés en culture, bien qu'ils agissent vite et d'une manière très uniforme sur les aliments à traiter.

Ajoutons que les appareils ci-dessus décrits conviennent aussi bien pour les grains que pour les tubercules, à la condition de les munir de faux fonds appropriés.

Considérations générales sur la cuisson des aliments. — M. Ringelmann a déterminé le nombre de calories nécessaire pour cuire 1 kilogramme des principaux aliments délivrés sous cette forme au bétail : il est de :

```
94,0  calories pour les pommes de terre.
117.3    —         —        châtaignes.
93.0     —      pour l'orge,  après 24 heures de trempage.
124.0    —      pour le seigle après  5        —
110.6    —           —            12        —
106.2    —           —            14        —
100.7    —           —            18        —
```

Mais il faut ajouter à ces chiffres les calories consommées

[1] Voy. Les moteurs agricoles, par G. Coupan (Encyclopédie agricole).

Tableau n° 40. — *Cuiseurs de tubercules.*

APPAREILS.	ALIMENTS traités.	EAU.	COMBUSTIBLE.		OBSERVATIONS.	EXPÉRIMENTATEURS.
			Poids.	Nature.		MM.
		kg.	kg.			
Chaudière à hausse.						
Charlot...............	100 kg de pommes de terre.	17,68	8,75	Bois.	»	Ringelmann (Grignon.
Minangoin............	id.	33,0	6,6	Houille.	»	id.
Chaudière séparée.						
Richemond et Chandler...	id.	15 à 25	10 à 13 20 à 30	Houille. Bois.	» »	Fritz.
— — ...	id.	10 à 13	»	»	»	Pérels.
Société Eckert...........	id.	25	4 8 à 12 8 25	Houille. Lignite. Houille. Lignite.	1^m à 1^m,50 de surf. 0^m,3 à 0^m,7 de chauffe.	Wüst.
Barford et Perkins.......	id.	»	2 à 3	Houille.	»	Pérels.
Beaume...............	id.	18	16	Bois.	»	Ringelmann (Station d'essais de machines).
Faul.................	id.	»	12.7	Bois.	»	
Beaume...............	100 kg de seigle.	19.6	15.4	Bois.	»	
Faul.................	id.	»	7.8 24.9	Houille. Bois.	»	

pour échauffer le cuiseur, les pertes par rayonnement, par contact des parois avec l'air, etc.

Voici, d'après M. Ringelmann, les quantités de combustible et d'eau nécessaires pour cuire 100 kilogrammes d'aliments (tableau n° 40).

BROYAGE DES TUBERCULES CUITS.

Les tubercules insuffisamment cuits restant durs, les animaux qui avalent gloutonnement leur nourriture peuvent être victimes, du fait de ces *incuits* dissimulés dans une masse pâteuse, d'obstructions parfois graves. Il est donc prudent de les broyer grossièrement pour éviter des accidents ; lorsque la quantité à travailler est faible, on se sert ordinairement de pilons à long manche.

Les broyeurs de tubercules cuits consistent, en principe, en un

Fig. 322. — Broyeur de tubercules cuits à grille (Champenois-Delacourt).

arbre horizontal portant, implantées en hélice, des broches régulièrement espacées, et auquel une manivelle imprime un mouvement de rotation. En dessous de lui se trouve une grille légèrement concave, entre les barreaux de laquelle passent les broches. Les tubercules à broyer sont placés dans

une trémie qui surmonte la grille, et les broches les forcent
à passer à travers cette dernière (fig. 322). La machine est
supportée par quatre pieds ou fixée sur limons ; dans ce dernier cas, on peut la placer au-dessus d'une cuve ou d'un récipient quelconque.

On peut également utiliser pour ce travail la plupart
des broyeurs de pommes ; la figure 323 montre le principe

Fig. 323. — Broyeur à contre-plaque pour tubercules cuits (Simon frères).

d'une de ces machines. On se contente, en Angleterre, de
faire subir aux tubercules cuits une sorte de gaufrage : on les
fait passer entre deux cylindres garnis de dents, analogues à
celles des brise-tourteaux, mais beaucoup moins saillantes.

D'après M. Ringelmann, un homme peut traiter, avec une
machine à manivelle, 27 kilogrammes de pommes de terre
cuites par minute, soit, par heure de travail, repos compris,
1 200 kilogrammes environ.

VIII. — DIVISION DES SUBSTANCES TRÈS DURES.

BRISE-TOURTEAUX.

Les tourteaux sont livrés par l'industrie en plaques de dimensions et de formes variables ; les uns sont trapéziques, d'autres rectangulaires, d'autres circulaires. Leur épaisseur est ordinairement de 15 à 30 millimètres ; toutefois les tourteaux de soja, qui ne sont en réalité que des pains de graines comprimées et non des résidus d'huilerie, atteignent une épaisseur de 10 centimètres en moyenne. Pour faire consommer les tourteaux par le bétail, il faut les réduire en fragments de la grosseur d'une noisette, au moyen de broyeurs spéciaux.

A l'heure actuelle, les brise-tourteaux comportent, comme pièces travaillantes, deux cylindres broyeurs à axes parallèles et horizontaux. Ces cylindres tournent en sens inverse avec la même vitesse, d'ailleurs faible, sous l'influence d'engrenages en relation avec l'arbre moteur, auquel est adaptée une poulie ou une manivelle ; ils sont composés d'un axe carré, terminé par des tourillons cylindriques, sur lequel sont enfilés des disques étoilés, en fonte dure ; l'œil étant à section carrée, on voit que, si on emploie des étoiles à six branches, on peut, avec des disques identiques, à la seule condition de ne les enfiler sur l'arbre qu'après les avoir décalés d'un quart de cercle les uns par rapport aux autres, faire alterner les creux et les saillies dans chaque groupe de deux disques.

Les deux cylindres sont ensuite placés de façon que les pointes de l'un pénètrent dans les creux de l'autre, disposition qui facilite le concassage et qui, en outre, assure le nettoyage automatique des organes broyeurs.

Ces pièces travaillantes sont situées immédiatement en dessous d'une trémie étroite, à parois presque verticales, où les tourteaux ne peuvent être placés que verticalement, de façon qu'ils s'engagent par leur tranche entre les broyeurs. L'écartement de ces derniers est variable ; on le détermine, d'après les besoins, en agissant sur un excentrique ou sur une vis qui déplace simultanément les deux paliers de l'un des cylindres.

La machine, supportée par un robuste bâti, le plus souvent
en fonte, est ordinairement complétée par une grille criblante.
inclinée et fixe, dont les orifices sont suffisants pour retenir
les fragments de la dimension d'une noisette, mais laissent
passer la poussière et les parties trop fines du broyage ; ces
dernières peuvent être utilisées sous forme de buvées, mais il
est imprudent de les faire consommer à sec.

Dans les grands brise-tourteaux, le travail est complété par

Fig. 324. — Brise-tourteaux à une seule
paire de cylindres et à manivelle
(Pilter).

Fig. 325. — Brise-tourteaux à deux paires
de cylindres et commande par moteur
(Pilter).

une deuxième paire de cylindres, placée en dessous de la
première et pourvue d'une denture fine, pour achever la fragmentation commencée par les cylindres étoilés ; les produits
tombent ensuite sur un crible. Ces cylindres, qui sont simplement cannelés, comme ceux des concasseurs, peuvent s'engorger, avec certains tourteaux, si l'alimentation est trop abondante ou si leur écartement n'est pas bien réglé. Il y a lieu
de réserver les machines à deux paires de cylindres aux exploitations, pourvues d'un moteur, où la consommation en tourteaux est importante ; pour la plupart des usages agricoles,
les brise-tourteaux à une seule paire de cylindres donnent toute
satisfaction.

Il existe des types à bras à deux cylindres, fonctionnant avec une ou avec deux manivelles fig. 324. Les modèles à deux paires de cylindres sont ordinairement actionnés par un manège ou par un moteur fig. 325 : bien qu'ils comportent souvent aussi deux manivelles, le travail nécessité par le passage de certains tourteaux dans les deux organes broyeurs superposés est supérieur à celui que deux hommes peuvent fournir normalement.

Considérations générales sur le travail des brise-tourteaux. — Les tourteaux se comportent, au point de vue de leur fragmentation, de façons très diverses. Ceux de *sésame*, très tendres, empâtent légèrement les dents des broyeurs; ceux de *cocotier*, *coprah roux*, friables mais élastiques, empâtent les dents, et les morceaux brisés sont souvent laminés; le *lin de pays*, le *coton d'Égypte* et le *colza de pays* donnent des tourteaux friables relativement tendres, tandis que le *coton d'Égypte* marque *Sphinx* et l'*arachide* en fournissent de durs. Les tourteaux *Niger* (1 et d'*œillette blanche* sont durs et cassants : il faut appuyer sur les plaques pour qu'elles s'engagent entre les cylindres broyeurs ; ceux de *coton d'Amérique* sont durs et parfois incomplètement travaillés par les cylindres inférieurs; ceux de *lin d'Espagne* sont secs et cassants. Enfin les tourteaux de *soja* doivent être préalablement brisés à coup de masse, en raison de leur épaisseur considérable; ils empâtent les cylindres et sont, parfois aussi, mal travaillés par les cylindres inférieurs.

Nous donnons dans le tableau 41 quelques-uns des résultats obtenus par M. Ringelmann au cours de ses expériences (2). Le prix de revient du travail indiqué dans ce tableau, lorsque la machine est actionnée par un moteur à pétrole, est calculé en supposant que le moteur fonctionne dix heures par jour. Comme la quantité de tourteaux manipulée journellement dans une exploitation est relativement faible, il faut éviter de mettre la machine spécialement en marche pour le brise-tourteaux, car le prix de revient est alors très élevé.

(1) Provient du traitement des graines de *Guizotia oleifera* D. C.
(2) Voy. pour l'étude détaillée des brise-tourteaux, les Machines et ateliers de préparation des aliments du bétail, par M. Max. Ringelmann.

Tableau n° 41. — *Travail des brise-tourteaux* M. RINGELMANN.

NATURE DES TOURTEAUX	TEMPS utile pour briser 100 kg.	PRODUITS obtenus.		EFFORTS MOYENS sur la manivelle (R = 0m,355).	KILOGRAMMÈTRES dépensés par kilo.	PRIX DE REVIENT.	
		Sur le crible.	Sous le crible.			Pour briser 100 kg.	Par 100 kg. de protéine.
	min.	kg.	kg.	kg.	kgm.	fr.	fr.
I. — Machine à une paire de cylindres (Harrisson-Mac Gregor).						Moteur : 2 hommes.	
Sésame	53,6	65,44	34,56	2,35	94,25	0,290	0,69
Cocotier	66,4	43,48	56,52	2,4	119,22	0,367	1,78
Coprah roux	56,0	72,34	27,66	2,3	96,54	0,297	1,21
Lin de pays	36,5	64,94	35,06	3,4	91,90	0,283	0,90
Coton d'Égypte	39,0	56,98	43,02	3,0	88,24	0,271	1,08
Colza de pays	48,7	69,54	30,46	2,4	85,33	0,262	0,75
Coton d'Égypte (Sphinx)	40,6	78,04	21,96	5,2	158,21	0,487	1,90
Arachide	51,5	78,34	21,66	3,6	138,92	0,427	0,89
Niger	54,8	78,74	21,26	8,4	344,84	1,062	2,74
OEillette blanche	66,7	78,74	21,26	8,4	419,13	1,290	3,40
Coton d'Amérique	62,4	77,18	22,82	»	»	»	»
Lin d'Espagne	75,4	76,18	23,82	»	»	»	»
Soja	101,6	87,20	12,80	»	»	»	»
Moyennes générales	57,9	71,32	28,68	4,14	163,65		
II. — Machine à deux paires de cylindres (Nicholson).						Moteur à pétrole.	
Sésame	23,8	52,84	47,16	3,4	60,51	0,030	0,07
Cocotier	23,0	54,28	45,72	5,5	94,64	0,046	0,22
Coprah roux	21,3	71,98	28,02	8,3	132,47	0,064	0,26
Lin de pays	16,5	49,22	50,78	5,8	71,58	0,036	0,11
Coton d'Égypte	16,6	60,28	40,72	4,2	52,39	0,025	0,10
Colza de pays	21,1	59,12	40,88	5,6	88,33	0,043	0,12
Coton d'Égypte (Sphinx)	14,8	83,08	16,92	11,4	126,90	0,063	0,26
Arachide	19,7	72,44	27,56	7,8	115,14	0,056	0,11
Niger	20,5	78,60	21,40	8,7	133,79	0,065	0,16
OEillette blanche	18,9	70,68	29,32	13,4	189,85	0,093	0,24
Coton d'Amérique	34,2	85,60	14,40	8,6	220,42	0,108	0,24
Lin d'Espagne	31,4	78,60	21,40	9,6	223,45	0,109	0,31
Soja	46,8	87,40	12,60	14,0	490,95	0,240	0,51
Moyennes générales	23,7	69,52	30,48	7,42 (1)	105,56 (1)		

(1) Sans tenir compte des trois derniers chiffres, afin de rendre le résultat comparable avec les moyennes de la machine Harrisson.

Si l'on employait un manège à piste, avec un cheval donnant 40 kilogrammètres utilisables par seconde, on obtiendrait 108 000 kilogrammètres par heure durée effective du travail, quarante-cinq minutes ; on pourrait broyer 1 000 kilogrammes de tourteaux tendres, 700 kilogrammes de tourteaux durs et 500 kilogrammes de tourteaux très durs. Le prix de la journée étant de 4 francs pour le cheval et de 3 francs pour l'homme, le coût du broyage serait (M. Ringelmann) :

De 0fr.07 par 100 kg. pour les tourteaux tendres.
De 0fr.10   —   —   durs.
De 0fr.14   —   —   très durs.

La dernière colonne du tableau 41 montre qu'il ne faut pas envisager seulement le prix d'achat du kilogramme de protéine, mais aussi le coût du concassage, lorsque le brise-tourteaux doit être mû à bras ; avec un moteur à pétrole, il faut surtout se préoccuper du prix de revient de la protéine, et l'on peut négliger les variations des frais de travail.

BROYEURS DIVERS.

On emploie des machines dont les pièces travaillantes sont analogues à celles des brise-tourteaux et disposées de la même façon qu'elles, pour le broyage des os, verts ou cuits, des biscuits avariés, des biscuits pour chiens, des coquilles calcaires, etc. Lorsqu'il faut réduire ces substances en fragments très fins, on peut recourir également à des concasseurs du type à plateaux, pourvu de dents disposées suivant des couronnes concentriques.

IX. — MÉLANGE DES ALIMENTS.

Mélangeurs. — Le mélange des aliments composant certaines rations est ordinairement effectué à bras, en remuant la masse avec un bâton ou un pilon, ou encore en la pelletant. Quand il s'agit d'incorporer en un mélange intime certaines substances dont les unes, comme la paille hachée, les bales, etc., sont très légères, et d'autres, comme la mélasse,

sont visqueuses et lourdes, on peut recourir à des machines
spéciales, désignées ordinairement sous le nom de *mélangeurs*
de mélasse.

Dans l'un des premiers modèles
de mélangeurs construits en France,
deux trémies placées côte à côte et
pourvues d'agitateurs a et a' reçoivent,
l'une, t, le fourrage (paille ou foin
haché, bales, etc.), l'autre, t', la mélasse, qu'on peut employer sèche ou
humide (fig. 326). Les deux distributeurs d et d' envoient les matières
à mélanger à l'entrée d'un conduit
cylindrique C, où se meut un arbre A,
pourvu de palettes disposées en hélice. La manivelle de commande m
agit directement sur l'arbre A qui
entraîne d'ailleurs, au moyen de pi-

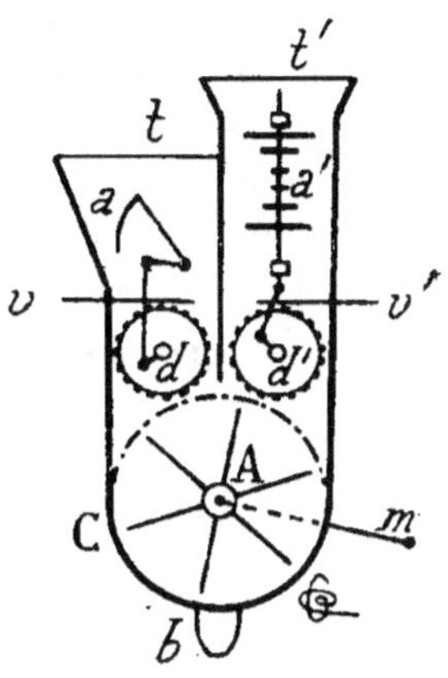

Fig. 326. — Schéma d'un
mélangeur de mélasse
(Say-Mahot).

gnons, les distributeurs d, d', et les agitateurs. Le fourrage mé-
lassé sort, par une buse, b, à l'autre extrémité du conduit C.

Un autre type de mélangeurs comporte (fig. 327) deux auges
horizontales, superposées ou adjacentes, en fonte émaillée,

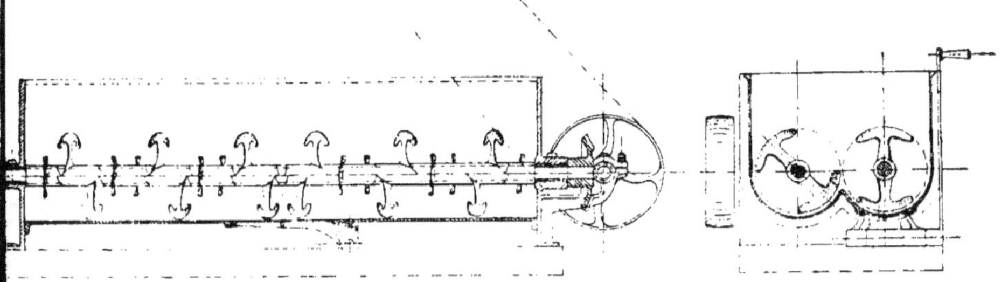

Fig. 327. — Mélangeur de mélasse (Aug. Denis).

qui peuvent, au besoin, être pourvues chacune d'une enveloppe où l'on fait circuler de l'eau chaude ; les agitateurs
sont formés d'arbres horizontaux pourvus de larges palettes
également émaillées, qui jouent le rôle de vis d'Archimède.
Les produits à mélanger, jetés dans une trémie, sont déversés

au milieu de l'une des auges, la supérieure dans le premier cas : l'arbre les chasse, en les malaxant, vers les deux extrémités, d'où ils passent dans la deuxième auge et sont ramenés à la partie médiane, où se trouve une buse de sortie.

Certains autres appareils sont analogues à des pétrins mécaniques.

Lorsque l'industrie livre ces produits mélangés et comprimés sous une forme analogue à celle des tourteaux, on les fragmente à l'aide de brise-tourteaux.